Denk-mal an Beton!

MATERIAL | TECHNOLOGIE | DENKMALPFLEGE | RESTAURIERUNG

VEREINIGUNG DER
LANDESDENKMALPFLEGER
IN DER BUNDESREPUBLIK
DEUTSCHLAND

MICHAEL IMHOF VERLAG 2008

Berichte zu Forschung und Praxis der Denkmalpflege in Deutschland 16

Titelbild
Fatima-Friedenskirche (1957–59) in Kassel, Architekt Gottfried Böhm
Schüttbeton mit gemahlenem Trümmerschutt (Foto: Sven Raecke, 2007)

Herausgeber
Vereinigung der Landesdenkmalpfleger in der Bundesrepublik Deutschland

Koordination und Redaktion
Michael Doose, Christine Kelm, Christine Kenner, Martin Mach (Arbeitsgruppe Restaurierung und Materialkunde)

Lektorat
Bärbel Arnold, Thomas Danzl, Petra Egloffstein, Margarethe Haberecht, Martin Hammer, Herbert Juling, Christine Kelm, Christine Kenner, Birgid Löffler-Dreyer, Martin Mach, Jeannine Meinhardt-Degen, Sven Raecke, Erwin Stadlbauer, Ortrud Wagner, Stefan Weise (Arbeitsgruppe Restaurierung und Materialkunde)

Grafische Umsetzung
Stephanie Döhring, Bildarchiv Denkmalschutzamt Hamburg

Umschlaggestaltung
Carolin Pfatschbacher, Michael Imhof Verlag

Reproduktion
Michael Imhof Verlag GmbH & Co. KG

© 2008
Michael Imhof Verlag GmbH & Co. KG
Stettiner Straße 25, 36100 Petersberg
Tel. 0661/9628286, www.imhof-verlag.de
Vereinigung der Landesdenkmalpfleger in der Bundesrepublik Deutschland

Druck
B.o.s.s Druck und Medien GmbH, Goch

ISBN
978-3-86568-451-6

Inhaltsverzeichnis

Vorwort
Prof. Dr. Gerd Weiß 5

MATERIAL

Hydraulische Bindemittel
Urs Müller/André Gardei/Sima Massah/Birgit Meng 9

Beton im mikroskopischen Bild
Herbert Juling 22

Fachwerkkonstruktion aus den Anfängen des Spannbetonbaus auf dem Prüfstand
Frank Weise 29

Häufige Schadreaktion in Betonen historischer Bauwerke und Denkmale
Stephan Pfefferkorn/Stefan Weise 38

TECHNOLOGIE

Die Betonschalendächer der Frankfurter Großmarkthalle
Sven Raecke 49

Beton als Baustoff für Silo- und Lagergebäude der Völklinger Hütte
Claudia Reck 53

Leipzig – Hauptstadt des Stahlbetons in Deutschland
Stefan W. Krieg 59

„Cement" am Neuen Museum 1841–1855
Jörg Breitenfeldt/ Wulfgang Henze 69

Betonschalenbauten auf dem Gelände der ehemaligen Deutschen Versuchsanstalt für Luftfahrt in Berlin-Adlershof
Matthias Dunger/Frank Lauterbach 82

Beton als Gestaltungsmittel für die Bauten der Interbau 1957 in Berlin
Brigitta Hofer 92

Das Bauwerk und seine Ausstattung
Axel Böcker 100

Beton-Polychromie? Von Mausgrau bis Kunterbunt!
Thomas Danzl 104

Polychromie des Jugendstils auf Kunststein am Beispiel St. Georg in Hockenheim
Hans Michael Hangleiter/Stefan Schopf 114

Die Skulpturen auf der Mathildenhöhe in Darmstadt
Hans Michael Hangleiter/Christine Kenner 119

The Watts Towers of Simon Rodia
Stefan Simon/Katharine Untch/David P. Wessel/Stephen Farneth 126

DENKMALPFLEGE

Bild oder Abbild?
Die Wiederherstellung von Betonoberflächen nach Sanierungsmaßnahmen
Uli Walter 137

Was macht den Beton denkmalwürdig?
Florian Zimmermann 143

Betoninstandsetzung nach technischen Regeln und Denkmalpflege
– ein Widerspruch?
Rolf P. Gieler 158

Möglichkeiten der Restaurierung von Denkmalen aus Beton
Bärbel Arnold 166

Die Weißfrauenkirche Frankfurt am Main
Peter Sichau 171

RESTAURIERUNG

Praxisansätze zum restauratorischen Umgang mit schadhaften Betonoberflächen
Peggy Zinke 181

Motorenfabrik Oberursel
Giesela Kniffler/Matthais Steyer 189

Restauratorische Betoninstandsetzung
Rochus Michnia 197

Erhaltung, Konservierung und Reparatur von Betonwerkstein, Steinputz und Edelputz
Marko Götz/Ivo Hammer 203

Sichtbeton und Restaurierung
Bruno Maldoner 213

Die Restaurierung des Schüttbetons an der Kirche
Maria Königin des Friedens in Kassel-Bad Wilhelmshöhe
Petra Egloffstein 218

Zum Umgang mit korrosionsbedingten Schäden an der Fassadenmalerei „Dorothea Erxleben"
Stefanie Dannenfeldt 227

Vorwort

Auch wenn der Beton als „opus caementitium" ein bereits in der Antike bekannter Baustoff war, setzte seine „Wiederentdeckung" und Verwendung in der Architektur erst im Laufe des 19. Jahrhunderts ein. Insbesondere die Entwicklung des durch Eiseneinlagen bewehrten Betonbaus führte zu einem sprunghaften Anstieg seiner Verwendung zunächst insbesondere im Ingenieurbau. Mit der Erarbeitung der statischen Grundlagen schaffte die Eisenbetonbauweise dann auch den Durchbruch im Hochbau noch vor dem Ersten Weltkrieg. Schon bald entdeckte man die mit den konstruktiven Lösungen sich eröffnenden neuen gestalterischen Möglichkeiten, die zu geradezu experimentellen Bauweisen verführten.

Aufbauend auf Erfahrungen der Vorkriegsmoderne wurde seit etwa 1955 bis 1975 der Beton als bevorzugter Werkstoff bei nach neuen Gestaltungslösungen ringenden experimentellen Raumgestaltungen eingesetzt. Das größte Betätigungsfeld war ohne Zweifel der Kirchenbau, bei dem die skulpturale Formung der Baumassen und des Raumes, für den der Beton besonders geeignet erschien, angestrebt wurde. Der Kirchenbau war zudem nicht in gleicher Weise wie andere Bauaufgaben auf stetige Erneuerung angelegt. Vergänglichkeit war nicht sein Ziel. Insofern wurde auch aus diesem Grund der vermeintlich dauerhafte Baustoff Beton bevorzugt eingesetzt. Wie problematisch sich der Baustoff in der Praxis gegenüber Witterungseinflüssen erwies, ist uns bekannt.

Seit den achtziger und neunziger Jahren sind vermehrt Sanierungsarbeiten festzustellen, die sich entsprechend der denkmalpflegerischen Intention um eine optische Angleichung der sanierten Flächen bemühen oder mit reversiblen Überdeckungen aus Metall arbeiten, die zumindest in der farblichen Wirkung den Betonoberflächen nahekommen. Unsere bisherigen Erfahrungen mit den Betonbauten des 20. Jahrhunderts zeigen, dass zur Erhaltung insbesondere der für die ästhetische Wirkung des Sichtbetons unerlässlichen Oberflächen dieselbe handwerkliche Sorgfalt angewendet werden muss wie zum Beispiel bei Natursteinfassaden. Entgegen der landläufigen Meinung müssen wir feststellen, dass die im Schalverfahren gegossenen Betonflächen eben häufig nicht unbearbeitet blieben, sondern noch eine Überarbeitung mit dem Stockhammer erfuhren.

Wodurch unterscheiden sich also überhaupt die Bauten der Moderne von unseren Denkmälern aus früherer Zeit? Wir können sie in gleicher Weise untersuchen und ihren Denkmalwert begründen. Die sich aus der Anwendung heutiger Normen und technischen Regeln ergebenden Mängel finden wir vergleichbar bei Bauten aus anderen Baustoffen. Die eingesetzten Materialien und die experimentelle Erprobung der Konstruktion mögen besondere Anforderungen bei einem notwendigen Ersatz stellen. Die grundsätzliche Aufgabenstellung einer Verlangsamung des zerstörenden Alterungsprozesses und einer Ertüchtigung für heutige angemessene Nutzungsanforderungen ist jedoch identisch.

Die sich ergebenden Schwierigkeiten sind nicht in der Unmöglichkeit einer Bewältigung der denkmalpflegerischen Aufgabenstellung begründet, sondern erwachsen aus den immer noch existierenden Vorbehalten gegenüber dem Werkstoff und der fehlenden Erfahrung im Umgang mit Bauten der Moderne, der ungenügenden Kenntnis der Materialien und ihrer Veränderungen im Laufe der Zeit. Es fehlen die Erfahrungen auf dem Gebiet der möglichen Reparaturmaßnahmen über einen längeren Zeitraum.

Die vorliegende Aufsatzsammlung soll insbesondere den praktizierenden Denkmalpflegern Argumentationshilfen geben. Anhand von Fallbeispielen wird gezeigt, wie die komplizierten Konservierungsprobleme an Oberfläche und Konstruktion gelöst werden können. Durch die gründliche Erforschung des Materials und seiner Anwendung sowie der möglichen Reparaturmethoden soll ein Ergebnis erzielt werden, das sowohl die Authentizität der Gestalt wie des originalen Materials bewahrt.

Es bleibt zu hoffen, dass der vorliegende Band als Vademecum für die Praxis dienen wird. Zugleich soll er dazu dienen, die in der breiten Öffentlichkeit bestehenden Vorbehalte gegenüber dem Werkstoff abzubauen und auf die architektonische Vielfalt und den unglaublichen Phantasiereichtum im gestalteten Stahlbeton aufmerksam zu machen.

Prof. Dr. Gerd Weiß

Vorsitzender der Vereinigung der Landesdenkmalpfleger in der Bundesrepublik Deutschland

MATERIAL

Hydraulische Bindemittel

Urs Müller, André Gardei, Sima Massah und Birgit Meng
Bundesanstalt für Materialforschung und -prüfung (BAM)
Unter den Eichen 87, 12205 Berlin
urs.mueller@bam.de

Einleitung

Die Entwicklung unserer modernen Gesellschaftssysteme ist eng verknüpft mit der Weiterentwicklung der Baukultur und der Infrastruktur. Undenkbar wäre der jetzige technologische Stand der Menschheit ohne unsere heutigen Wohn-, Repräsentations- und Ingenieurbauwerke. An dieser Entwicklung hat das Know-how zur Fertigung eines künstlichen, frei formbaren Steines – Mörtel oder Beton – einen nicht vernachlässigbaren Anteil. Die bald nach der Formgebung erfolgende Erhärtung des „Kunststeins" basiert auf dem Verkleben von Sand und größerer Gesteinskörnung mit Hilfe eines Bindemittels.

Im Gegensatz zu schon sehr viel älteren Bindemitteln (z.B. Luftkalk oder Gips) zeichnen sich hydraulische Bindemittel dadurch aus, dass sie durch eine Reaktion mit Wasser erhärten, und zwar nicht nur an der Luft, sondern auch unter Wasser und dass sie darüber hinaus dauerhaft wasserbeständig sind – also der Witterung auch unter feuchtnassen Bedingungen standhalten können. Der Weg bis zur heutigen – sich immer noch dynamisch weiterentwickelnden – modernen Beton- und Mörteltechnologie ist eng verknüpft mit der Weiterentwicklung des Wissens über die Reaktionsmechanismen während der Erhärtung und Alterung des Betons und der gezielten Produktion verschiedenartiger, jeweils ganz bestimmte Leistungsmerkmale aufweisender Zementarten im industriellen Maßstab.

Dieser Beitrag gibt einen Überblick von den in der Vergangenheit genutzten hydraulischen Bindemitteln bis hin zu den modernen Zementen. Dabei werden Bindemittel betrachtet, die bei Zugabe von Wasser im Wesentlichen zu Calciumsilikathydraten reagieren. Dabei richtet sich der Beitrag gezielt an Restauratoren bzw. im Bereich der Kulturguterhaltung tätige Ingenieure. Dazu werden die historischen Eckdaten zur Herstellung und Verwendung dieser Gruppe von Bindemitteln erläutert. Im Weiteren sollen Charakteristika von hydraulischen Bindemitteln aufgezeigt werden und Möglichkeiten der Bindemittelbestimmung in historischen Mörteln und Betonen.

Geschichte der Verwendung von zementartigen Bindemitteln

Die Verwendung hydraulischer Bindemittel zur Herstellung von Baustoffen reicht weit zurück in die technologische Entwicklungsgeschichte der Menschheit. Lange Zeit beruhte die Nutzung der spezifischen Eigenschaften dieser Gruppe von Materialien auf dem Zufallsprinzip. Schwache hydraulische Eigenschaften wurden durch tonige Verunreinigungen im Kalkstein erzeugt, ohne dass dieser Zusammenhang bewusst wahrgenommen wurde. Erst mit der Industrialisierung erfolgte die systematische Erforschung der Eigenschaften hydraulischer Bindemittel. Abbildung 1 gibt einen Überblick über deren technologische Entwicklung.

Puzzolanische und natürliche hydraulische Kalke

Hydraulisch erhärtende Baukalke bestehen vorwiegend aus Calciumhydroxid und Calciumsilikaten (mit Anteilen an Calciumaluminaten). Entsprechend ihrer Zusammensetzung und der Herstellungsweise werden grundsätzlich zwei Arten unterschieden, der hydraulische Kalk (HL) und der natürliche hydraulische Kalk (NHL). In der gültigen europäischen Baukalknorm[1] werden diese nach der jeweiligen Druckfestigkeit klassifiziert

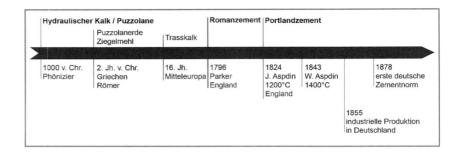

Abb. 1: Zeitleiste der Verwendung hydraulischer Bindemittel.

(HL/ NHL 2, HL/ NHL 3,5 und HL/ NHL 5). Die vorherige Baukalknorm[2] führte neben den Luftkalken, hydraulischen und hochhydraulischen Kalken zusätzlich den aus mergeligem Kalkstein unterhalb der Sintergenze gebrannten Wasserkalk als separate Baukalkart. Abhängig vom CaO-Gehalt und der Druckfestigkeit wird dieser schwach hydraulische Kalk heute den Weißkalken oder den hydraulischen Kalken zugeordnet.

Der natürliche hydraulische Kalk entsteht durch das Brennen von ton- oder kieselsäurehaltigem Kalkstein, wobei der Tonanteil bei etwa 5 bis 25 % liegt[3]. Bei den hydraulischen Kalken hingegen wird der aus einem reinen Kalkstein gebrannte Luftkalk mit sogenannten Hydraulefaktoren vermengt. Dabei handelt es sich um Zement oder Puzzolane natürlichen oder künstlichen Ursprungs. Letztere reagieren beim Anmachen des Mörtels mit dem durch Wasserzugabe gelösten Kalkhydrat ($Ca(OH)_2$) unter Bildung von Calciumsilikathydraten. Bei den natürlichen Puzzolanen handelt es sich meist um Aschen und Gesteine vulkanischen Ursprungs, als künstliches Puzzolan dient häufig gebrannter, gemahlener Ton (Ziegelmehl). Zur Calcinierung wird der als Ausgangsmaterial dienende Kalkstein stückig in Schachtöfen, heute auch in Ring- oder Drehrohröfen, unterhalb der Sintergrenze in einem Temperaturbereich von 800 bis 1000°C gebrannt. Beim anschließenden Trockenlöschen des Branntkalkes (CaO) fällt das für Mörtel und Putze verwendete Kalkhydrat ($Ca(OH)_2$) in Form von trockenem, feinem Pulver an.

Die Anfänge der Herstellung und Verwendung von hydraulischen Kalken zu Bauzwecken werden um 1000 v. Chr. datiert. So wurde im Zuge der Errichtung der Zisternen in Jerusalem mit dem Zusatz von Ziegelmehl vermutlich erstmals bewusst ein hydraulischer Stoff zur Herstellung eines wasserresistenten Kalkmörtels verwendet[3]. Im 6. Jh. v. Chr. stellten ebenfalls phönizische Baumeister durch die Beimengung von Santorinerde als natürlichem Puzzolan zum ersten Mal hydraulische Kalkmörtel her[4]. Zu dem am häufigsten verwendeten Baumaterial wurde der Kalk jedoch erst mit der ausgeprägten Bautätigkeit der Griechen und der Römer[5]. Den Römern, die bis ins 3. Jh. v. Chr. vornehmlich Lehm als Baustoff verwandten, gelang im 2. Jh. v. Chr. mit der Entwicklung des *opus caementitium*, der erweiterten Form der griechischen Mauertechnik des *emplekton*, eine der bedeutendsten Neuerungen in der Baugeschichte[4]. Dieses aus gebranntem Kalk und Bruchsteinen hergestellte Gußmauerwerk, der sog. römische Beton bzw. die römische Betonbauweise[6], kann als Ursprung des modernen Betons angesehen werden. Über die umfangreiche Bau- und Materialkunde der Römer liegen sorgfältige Aufzeichnungen vor, wobei die Schrift „De architectura" (um 20 v. Chr.) des Architekturtheoretikers Marcus Vitruvius Pollio, kurz Vitruv genannt, das wohl umfassendste Werk bildet[7]. Danach waren sich die römischen Baumeister der Wirkung des Zusatzes künstlicher und natürlicher Puzzolane durchaus bewusst und modifizierten ihre auf Sumpfkalk basierenden Mörtel mit Ziegelmehl und Puzzolanerde aus der Gegend um Neapel. Die so hergestellten, unter Wasser erhärtenden Mörtel boten sich aufgrund ihrer Wasserbeständigkeit und Festigkeit insbesondere für die Errichtung von Hafenanlagen und sonstiger Wasserbauten an. Der ursächliche Zusammenhang der Eigenschaften mit der Hydraulizität der verwendeten Materialien wurde hingegen nicht erkannt.

Hydraulische Kalke wurden auch im Mittelalter und in späteren Zeiten für den Bau von Burgen, Stadtmauern, Rathäusern und Kirchen verwendet, wobei der Zusatz von Ziegelmehl als Hydraulekomponente bis ins 19. Jh. gängige Praxis blieb. Unter den natürlichen Puzzolanen war insbesondere der rheinische Trass für den mitteleuropäischen Raum von herausragender Bedeutung [4]. Im 16. Jh. führte die Wiederentdeckung der Wirksamkeit des Baustoffes Trass durch die Holländer zu einem regen Handel mit Eifeler Tuffstein, der bald im gesamteuropäischen Raum ein wichtiger Wirtschaftsfaktor werden sollte [8]. Im 18. Jh. begann John Smeaton (1724-1792) den Zusammenhang zwischen Tongehalt und der Erhärtung der natürlichen hydraulischen Kalke unter Wasser zu erkennen[8], wodurch die Basis für die spätere Entwicklung der modernen Zementtechnologie gelegt wurde.

Abb. 2: Fassadenoberfläche in Quadersteinbauweise (a). Das Detailbild zeigt, dass es sich bei dem vermeintlichen Quadersteinmauerwerk um Putz handelt (b). Gründerzeitfassade in Ljubljana, Slowenien.

Romanzement

Im 18. Jh. erhöhte sich der Bedarf an puzzolanischen Zusatzstoffen (z.B. Trass) für Kalkmörtel bzw. natürlichem hydraulischen Kalk dramatisch. Dies war zum einen auf die beginnende Industrialisierung (vor allem in England) mit ihrem Bedarf an dauerhaften Ingenieurbauten, aber auch auf die zunehmende Verwendung von Ziegel als Baustein zurückzuführen[8]. Letzteres steht auch im Zusammenhang mit dem Zeitgeschmack im 18. und 19. Jh. bezüglich der Fassadengestaltung von Wohnhäusern und öffentlichen Bauten, die nicht in Stein ausgeführt wurden. Die Ausbreitung des Ziegelmauerwerks verlangte nach einer ansprechenden dauerhaften Veredelung der Fassadenoberfläche durch Verputzung, die ein Natursteinmauerwerk mit entsprechenden architektonischen Schmuckelementen nachahmte [9] (Abb. 2).

Romanzement wies alle geforderten Eigenschaften auf, um Ziegelfassaden entsprechend in Stuckmanier zu veredeln: hohe Dauerhaftigkeit im Außenbereich und ein schnelles Erstarren des Bindemittels zur Formgebung komplizierter Schmuckelemente. Romanzement wird häufig auch als *Romankalk* bezeichnet. Allerdings wird der Begriff *Romankalk* auch für Mischungen von Kalk und Romanzement verwendet (weitere Definitionen finden sich in *Cramer* [10]). Romanzement ist nicht durch eine Norm erfasst, lässt sich aber aufgrund seiner Druckfestigkeit und Zusammensetzung nach DIN EN 459-1 in NHL 5 einordnen[1.] Das Bindemittel wurde schon 1796 durch den Geistlichen James Parker als „Roman cement" in London patentiert[11]. Der ursprüngliche Term *„Roman cement"* sollte an die Qualität der in römischer Zeit verwendeten hydraulischen oder puzzolanischen Kalkbindemittel erinnern[12].
Romanzement wurde aus Mergel oder tonhaltigen Kalksteinknollen unterhalb der Sintergrenze gebrannt. Der Ausgangsstoff wurde hierbei vor dem Brennen zerkleinert. Das Material wird deshalb häufig auch als natürlicher Zement bezeichnet, da der Rohstoff die Komponenten Ton und Kalk bereits in einem natürlichen Mischungsverhältnis aufweist, im Gegensatz zum Portlandzement, bei dem der Ausgangsstoff durch Mischen von reinem Kalk und Ton aus unterschiedlichen Vorkommen erst erzeugt wird (s.u.). Romanzement weist deshalb auch eine größere chemische Schwankungsbreite auf, da Ausgangsstoffe mit unterschiedlichen Tongehalten verwendet wurden[13]. In der Regel wurde ein Ausgangsmaterial verwendet, das einen Tongehalt größer 25 Massen-% aufwies [9]. Das Calcinieren von Romanzement wurde in herkömmlichen Schachtöfen durchgeführt, wie sie auch zum Brennen von Kalk eingesetzt wurden [8, 14]. Für die Brenntemperaturen gibt es keine exakten Angaben aber zeitgenössische Beschreibungen[12] und erst vor kurzem durchgeführte Untersuchungen[15, 16] haben gezeigt, dass die optimalen Calcinierungstemperaturen im Bereich zwischen 800 und 1100 °C lagen. Romanzement wurde nach dem Brennen in vertikalen oder horizontalen Kugelmühlen aufgemahlen[14] und musste vor der Anwendung nicht gelöscht werden.

Typisch für Romanzemente ist deren beige bis bräunliche Farbe, deren rasche Erstarrung beim Mischen mit Wasser, die im Mittel bei 15 Minuten liegt und deren langsame Erhärtung und Festigkeitsentwicklung bei einer relativ hohen Anfangsfestigkeit [9]. Dies ist jedoch sehr stark abhängig von der chemischen Variabilität des Ausgangsstoffs, besonders bezüglich der Art der Tonminerale und deren Mengenanteilen. Entsprechend ergeben sich bei den zuvor genannten Eigenschaften starke Schwankungen.

Romanzement war bis in die 1840er Jahre der am meisten verwendete Zement und wurde vor allem für Unterwasserkonstruktionen und Erdbauwerke in Form von Mauermörtel eingesetzt [8]. Nach Beginn der industriellen Produktion von Portlandzement nahm die Verwendung von Romanzement zwar ab, dessen Produktion erfolgte aber bis kurz nach Ende des 1. Weltkriegs und in einigen europäischen Ländern noch bis vor Ausbruch des 2. Weltkriegs (z.B. in Spanien bis ca. 1936[14]). Eine besonders häufige Anwendung fand Romanzement während der Gründerzeitjahre. Hier wurde er als Material für die Fassadengestaltung der schnell wachsenden urbanen Siedlungsgebiete genutzt. Eindrückliche Beispiele der Anwendung finden sich in den Gründerzeitvierteln vieler europäischer Metropolen wieder (z.B. Paris, Wien, Budapest, Prag). Hinzu kommt die Reparatur und Fassadenumgestaltung von Gebäuden mit Romanzement, die vor der Gründerzeit entstanden sind[17].

Für Putz- und Stuckarbeiten wurde Romanzement meist vor Ort verarbeitet. Hierbei wurden das schnelle Erstarren, gute Hafteigenschaften zum Untergrund und eine gewisse Anfangsfestigkeit geschätzt. Romanzement wurde hierbei im Verhältnis 1:0,25 bis 1:1,5 zur Gesteinskörnung (in Form von gewaschenem kantigem Sand) verwendet [9]. Die Mörtel konnten nass in nass verarbeitet werden und das geringe Schwinden des Materials erlaubte einen mehrlagigen Auftrag[17]. Farbfassungen auf den frischen Arbeiten waren häufig. Oftmals wurden Leim- und Silikatfarben verwendet. Anwendungen von Romanzement zur Fassadengestaltung finden sich in Hughes et al.[17].

Mit dem Beginn der modernistischen Architektur nach dem 1. Weltkrieg kamen dekorative Elemente an Fassaden fast vollständig aus der Mode. Die Folge war ein drastischer Rückgang der Produktion von Romanzement in Deutschland. Das Material wurde schon in den dreißiger Jahren des 20. Jh. praktisch komplett von Portlandzement verdrängt. In der Folgezeit erfuhr das Wissen um die Verwendung und Verarbeitung von Romanzement einen Niedergang [9,15,16,17]. Reparaturen an Fassadenschmuckelementen von Gründerzeithäusern wurden oftmals mit Portlandzement ausgeführt, was häufig zu Folgeschäden an den Fassaden führte. Deshalb wurde von 2003 bis 2006 ein europäisches Projekt verwirklicht [18], das zum Ziel hatte, die Technologie und das Wissen zur Herstellung und Verarbeitung von Romanzement zu erneuern und zu aktualisieren. Die gewonnenen Ergebnisse sollen Grundlagen für die Neuproduktion von geeignetem Romanzement zur Restaurierung liefern und helfen, Fassaden mit Romanzement behutsam zu erhalten.

Moderne Zemente

1824 leitete J. Aspdin durch Brennen einer künstlichen Mischung von Kalkstein und Ton zu einem Bindemittel eine neue Ära in der Zementherstellung ein. Er bezeichnete sein neues Produkt als „Portlandzement", welches in Zusammensetzung und Eigenschaften zwar einem Romanzement glich und auch noch nicht bis zur Sinterung gebrannt war (s.o.), jedoch im Unterschied zu letzterem eine künstliche Mischungsoptimierung der Ausgangsprodukte Kalkstein und Ton vorsah [13,19,20].

Erst mit dem Erreichen höherer Brenntemperaturen konnten moderne Portlandzemente hergestellt werden. Bei über 1400 °C kommt es zur teilweisen Aufschmelzung und Sinterung der Phasen, die sich bei Temperaturen oberhalb von 800 °C aus den calcinierten Ausgangsprodukten bilden. Erhöhte Brenntemperaturen in diesem Bereich wurden zum ersten Mal von W. Aspdin, dem Sohn von J. Aspdin, in seinem 1843 neu gegründeten Werk erreicht[19]. Die Bedeutung von Schmelz- und Sinterprozessen erkannte Isaac Charles Johnson im Jahr 1844. In Deutschland wurde erstmals im Jahr 1850 Portlandzement nach englischem Vorbild hergestellt. Die erste kontinuierliche Produktion von Portlandzement in Deutschland nahm H. Bleibtreu in seinen beiden Zementwerken in Züllchow bei Stettin (1855) und in Oberkassel bei Bonn (1858) auf[8, 21].

Die weitere Entwicklung des Portlandzements wurde entscheidend von W. Michaëlis durch die genaue Angabe für die günstigste Zusammensetzung des Rohstoffgemischs in seinem Buch (1868) „Die hydraulischen Mörtel" beeinflusst. In Deutschland befassten sich erstmals E. Wetzel (1914), E. Spohn (1932) und H. Kühl (1936) im Rahmen ihrer Forschungen mit der so genannten Kalkgrenze, dem maximalen CaO-Gehalt, der durch SiO_2, Al_2O_3 und Fe_2O_3 gebunden werden kann. Ihre Arbeiten gaben eine bessere Vorstellung über die Vorgänge beim Brennen und Kühlen des Zementklinkers[21].

Ein weiterer Schritt in der Zemententwicklung war die Entdeckung der latenthydraulischen Eigenschaften von granulierten und glasig erstarrten Hochofenschlacken (Hüttensand) durch E. Langen (1862)[19,21]. Ab dem Jahr 1882 wurde in dem von G. Prüssing gegründeten Zementwerk Vorwohle dem Portlandzement Hüttensand beigemengt und zu dem als Kalkschlackenzement bezeichneten Bindemittel verarbeitet. Als Eisenportlandzement wurde zu Beginn des 20. Jh. Portlandzement bezeichnet, dem Hüttensand zugemischt wurde (entspricht dem heutigen Portlandhüttenzement). Als Hochofenzemente bezeichnete man dagegen Mischungen, die überwiegend aus Hüttensand bestanden, dem Portlandzement zugemischt wurde[10].

1908 entdeckte H. Kühl schließlich die sulfatische Anregung der granulierten Hochofenschlacke, auf der die Herstellung des Sulfathüttenzements (Gipsschlackenzement) beruht. Der von H. Passow eingeführte Begriff „Hüttensand" für granulierte Hochofenschlacke wird seit ca. 1902 verwendet[21].

Von technischer Bedeutung ist auch die Entwicklung des Tonerdezements, die auf ein französisches Patent (J. Bied, 1908) zurückgeht. Der Tonerdezement wird durch langsame Kühlung von Schmelzen mit Monocalciumaluminat-Zusammensetzung oder durch Sintern von gleichartig zusammengesetzten Rohmischungen aus Kalkstein und Bauxit hergestellt. Der Tonerdezement schützt allerdings den Bewehrungsstahl nicht ausreichend vor Korrosion, wie beim Portlandzement. Er ist in Deutschland deshalb im konstruktiven Ingenieurbau nicht mehr zugelassen. Seiner speziellen Eigenschaften wegen wird er allerdings für feuerfeste Mörtel und Betone sowie schnell erhärtende Zubereitungen verwendet[19].

Durch die Erfindung des Stahlbetons von J. Monier im Jahr 1878 und die hierdurch steigende Nachfrage nach Zement hoher Festigkeit wurde die maschinelle Entwicklung stark gefördert. So verlagerte sich die Entwicklung von Horizontalmahlgängen zur Klinker- und Rohstoffzerkleinerung hin zu unterschiedlichen Typen von Wälzmühlen, Siebkugel- und Rohrmühlen, um dem steigenden Mühlenleistungsbedarf und dem Verlangen nach besserer Energieeffizienz gerecht zu werden[21]. Auch die Brennverfahren zur Herstellung von Zementklinker basierten zunächst auf bekannter Technik, die aus der Kalkherstellung stammte, wie zum Beispiel die periodisch betriebenen Schachtöfen. Um 1895 wurde wohl der erste, nach dem Trockenverfahren arbeitende Drehrohrofen bei der Firma Atlas Cement Co. in den USA erprobt, was als entscheidende Entwicklung in der Technik der Brennverfahren angesehen wird[20]. Der Drehrohrofen wurde schnell zur Konkurrenz zum Schachtofen und hat sich langfristig bis zum heutigen Tage durchgesetzt[29] (Abb. 3). Der erste Versuchsdrehofen in Deutschland wurde von K.O. Forell 1896 gebaut und der erste größere Produktionsofen ging 1899 im Zementwerk Hannover in Betrieb[21].

Abb. 3: Moderner Drehrohrofen mit Zyklonvorwärmer (a), Drehrohrofen (b) und Satellitenkühler am Drehrohrofen (c).

Mit steigender Bedeutung von Zement kam es zur Formulierung definierter Qualitätsanforderungen. In Deutschland war Wilhelm Michaëlis maßgebend bei der Festlegung von Kriterien beteiligt, nach denen die Qualität von Zementen zu beurteilen war. Im Jahr 1876 kamen die Vertreter der Zementwerke und des „Deutschen Vereins für Fabrikation von Ziegeln, Thonwaren, Kalk und Cement" zum ersten Mal zusammen, um die „Normen zur einheitlichen Lieferung und Prüfung von Portland-Cement" auszuarbeiten und ins Leben zu rufen[21]. 1878 wurde sie durch das Land Preußen mittels Ministerialerlass eingeführt, nachdem eine Überarbeitung unter Mitwirkung des Berliner Architekten-Vereins und des Vereins Berliner Bau-Interessenten stattgefunden hatte. Ein weiterer Schritt in der Normung stellte die Einführung des ersten „Reinheitsgebots" für Portlandzement dar, das vom „Verein Deutscher Cement-Fabrikanten" beschlossen wurde. Sukzessiv folgte die Normierung von Eisenportland- (1909) und Hochofenzement (1917) und die Einführung der überarbeiteten Zementnorm DIN 1164[22] im Jahr 1932 durch das 1917 gegründete Deutsche Institut für Normung. Die nationalen Normen in der EU wurden 2002 dann endgültig durch die EN 197-1[36] ersetzt.

Die EN 197-1 unterteilt den Zement in fünf Hauptzementarten:
- Portlandzement CEM I
- Portlandkompositzemente CEM II
- Hochofenzement CEM III
- Puzzolanzement CEM IV
- Kompositzement CEM V

Diese Hauptzementarten werden entsprechend der Zugabemenge ihrer Hauptbestandteile in weitere 27 Zementarten unterteilt[23].

Charaktereigenschaften von hydraulischen Bindemitteln

Chemische Zusammensetzung hydraulischer Bindemittel
Hydraulische Kalke, Romanzement und die meisten modernen Zemente (z.B. Portlandzement, Hochofenzement, Trasszement) basieren auf Calciumsilikat- und, zu einem geringeren Anteil, Calciumaluminatverbindungen. Deren chemische Zusammensetzung lässt sich deshalb einfach in einem Dreistoffsystem mit SiO_2, CaO (+MgO) und Al_2O_3 (+ Fe_2O_3) als Eckpunkte darstellen. In Abbildung 4 sind Daten von Zementen, Hüttensand, Puzzolanen und historischen hydraulischen Kalken dargestellt.

Deutlich sind die Unterschiede in der chemischen Zusammensetzung von hydraulischen Kalken und der Zemente zu erkennen. Aufgrund des höheren Anteils an Freikalk sind hydraulische Kalke näher am CaO-Eckpunkt. Es zeigt sich dabei, dass hydraulische Kalke und Romanzement gegenüber den modernen Zementen wesentlich größere Streubreiten bezüglich ihrer Zusammensetzung besitzen. Dies ist auf Variationen im Tongehalt der Ausgangsstoffe zurückzuführen. Portlandzement und Hochofenzement zeigen dagegen wesentlich geringere Streubreiten in ihrem Chemismus. Die chemischen Daten von historischen Portlandzementen von Michaëlis zeigen gegenüber den heutigen Portlandzementen einen höheren SiO_2- und, in manchen Fällen, einen höheren Al_2O_3-Gehalt. Bezüglich Alkalien (Na_2O, K_2O) deuten die Daten von Michaëlis[13] von historischen Portlandzementen auf größere Streubreiten in den Gehalten hin. Heutige Portlandzemente besitzen dagegen meist ein Natrium-Äquivalent kleiner 1,1 Massen-%.

Aus der chemischen Zusammensetzung kann ein Maß für die Hydraulizität hydraulischer Kalke, der Zementationsindex (Cementation Index), berechnet werden. Diese Klassifikation wird heute vornehmlich in den englischsprachigen Ländern verwendet und mit der folgenden Formel ermittelt:

$$C.I. = \frac{1{,}1 \cdot \%Al_2O_3 + 0{,}7 \cdot \%Fe_2O_3 + 2{,}8 \cdot \%Si_2O_3}{\%CaO + 1{,}4 \cdot \%MgO}$$

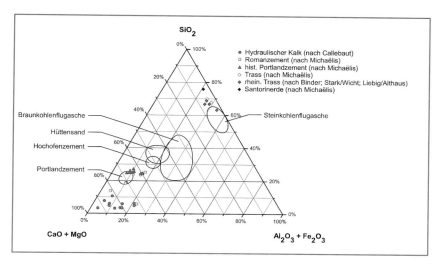

Abb. 4: Dreistoffsystem zur Darstellung der Zusammensetzung hydraulischer Bindemittel. Dargestellt sind Daten von Michaëlis[13], Callebaut[5], Binder[24], Liebig & Althaus[39], Stark & Wicht[3] und soweit nicht anders angegeben nach Wesche[25].

Boynton[26] teilte hierbei hydraulische Kalke in drei Klassen ein:
- schwach hydraulisch; mit Werten von 0,3 bis 0,5
- mäßig hydraulisch; mit Werten von 0,5 bis 0,7
- stark hydraulisch; mit Werten von 0,7 bis 1,1

Nach dieser Formel besitzen Romanzemente einen C.I.-Wert von 1,15 bis 1,6 und Portlandzemente von 0,98 bis 1,09.

Phasenzusammensetzung

Hydraulische Bindemittel zeigen eine typische Phasenzusammensetzung. Im Zuge des Brennens der Ausgangsstoffe Kalk und (Alumo-)Silikate ergeben sich entsprechende Reaktionsprodukte, die teilweise auch im erhärteten Mörtel oder Beton noch beobachtet werden können. Aufgrund dieser Phasen kann in den meisten Fällen eine qualitative Zuordnung des Bindemittels erfolgen. Um diese Phasen zu identifizieren eignet sich die Polarisationsmikroskopie an Dünnschliffen und Röntgenpulverdiffraktometrie (s. u.).

Die Hauptphasen im Portlandzement sind Tricalciumsilikat (Alit, C_3S), Dicalciumsilikat (Belit, C_2S), Tricalciumaluminat (C_3A) und Calciumaluminatferrit (C_4AF). Diese bilden die eigentlichen Klinkerphasen in Portlandzement. Daneben sind als Nebenbestandteile *Freikalk* (C) und *Periklas* (M) vorhanden (meist in Mengen unter 5 Massen-%). Gips wird Zement als Erstarrungsregler beim Mahlen der Klinkerkörner zugegeben. Dabei entwässert er in der Regel zu *Bassanit* oder *Anhydrit*. Die oben genannten Klinkerphasen treten meist zusammen in einem Korn auf. Nur fein gemahlene Zemente zeigen Alit und Belit als Einzelphasen. Hydratisierter Zementstein weist immer unhydratisierte Restklinkerkörner auf. Alit und Belit sowie die Ferritphase lassen sich deshalb gut unter dem Mikroskop in Dünnschliffen nachweisen[27] (Abb. 5). Alit bildet gut ausgebildete Kristalle mit teilweise sechsseitigem Querschnitt[28], die im Durchlicht meist farblos sind. Belit dagegen ist im Durchlicht farblos bis braun und zeigt immer gerundete Kristalle[28]. Zwischen den Kristallen von Alit und/oder Belit bildet sich innerhalb der Restklinkerkörner eine feinkristalline Matrix aus Ferritphase und Tricalciumaluminat aus. Sie bildet sich während der Abkühlung des Klinkers aus der Schmelzphase, die beim Sinterprozess entsteht.

Die überwiegende Anzahl der Reaktionsprodukte von Portlandzement mit Wasser sind feinkörnige und meist schlecht kristallisierte bis amorphe Hydratphasen. Die wesentlichen Phasen sind *Calciumsilikathydrat* (CSH), *Calciumhydroxid* (CH = Portlandit), welches bei der Hydratation von C_3S und C_2S gebildet wird, *Calciumaluminatsulfathydrate/Calciumaluminatferritsulfate* (Ettringit und Calciumaluminatmonosulfat, auch als Monosulfat bezeichnet, AFt und AFm)[29]. Diese Phasen bilden die Hauptmasse der Zementsteinmatrix in einem Zementmörtel oder Beton.

Abb. 5: Mikroskopbilder von Klinkerkörnern in Portlandzement mit überwiegend Alit und Belit (Dünnschliff, Durchlicht, II polarisiert).

Abb. 6: Carbonatisierung in Beton: a und b Dünnschliffbilder einer carbonatisierten Betonoberfläche. a Durchlicht (II polarisiert) und b bei gekreuzten Polarisatoren. Deutlich ist in b der beige verfärbte Zementstein zu erkennen, der die Carbonatisierungsfront andeutet. c Betonbruchflächen, die mit Indikatorlösung besprüht wurden.

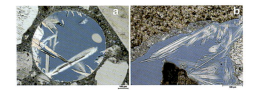

Abb. 7: Portlandit in der Luftpore eines Betons (a) und Ettringitkristalle in einem Riss eines Zementmörtels (b) (beide Bilder Durchlicht, II polarisiert).

Portlandit (CH) bewirkt zusammen mit den Alkalihydroxiden durch einen hohen pH-Wert die Passivierung von Stahl (Bewehrung) in Beton. Ausgehend von der Oberfläche wird Portlandit durch CO_2 aus der Luft jedoch carbonatisiert und der Zementstein verliert dadurch seinen Korrosionsschutz. Die Zementsteine historischer Betone und Zementmörtel sind oftmals carbonatisiert (Abb. 6), was in Beton häufig mit einer Korrosion der Bewehrung verbunden sein kann. Die Carbonatisierung lässt sich recht einfach mit einem Indikator (Phenolphthalein) sichtbar machen. Die Indikatorlösung wird hierbei auf eine frische Bruchfläche gesprüht, wobei carbonatisierte Bereiche farblos bleiben und alkalischer Zementstein sich rosa verfärbt [30] (Abb. 6). Zementbindemittel zeigen oftmals eine Rekristallisation von Portlandit und Ettringit in Luftporen und in Rissen (Abb. 7).

Historische zementgebundene Bauprodukte können verschiedene Zusatzstoffe enthalten, bei denen manche im Polarisationsmikroskop identifiziert werden können [27]. Hüttensand (granulierte und gemahlene Hochofenschlacke) besteht aus verhältnismäßig großen scharfkantigen Körnern, die unter UV-Licht im Mikroskop oftmals rosa fluoreszieren und häufig Reaktionssäume aufweisen können (latent-hydraulische Reaktion, Abb. 8a, b). Der ähnliche Trass reagiert rein puzzolanisch (d.h. durch Anregung z.B. mit Calciumhydroxid) und seine Partikel sind meist viel blasiger aber ebenfalls scharfkantig. Er zeigt aber im Gegensatz zu Hüttensand keine Fluoreszenz (Abb. 8c). Historische Betone und Zementmörtel können manchmal auch Flugasche enthalten, die seit den dreißiger Jahren des 20. Jh. in Beton eingesetzt wird (wobei die breite Verwendung von Flugasche in Beton in Deutschland erst Mitte der 1970er Jahre auftrat [31]). Flugasche ist unter dem Mikroskop einfach zu erkennen (Abb. 8d). Sie erscheint meist in Form kugeliger, seltener unregelmäßig gerundeter, Partikel, die mitunter hohl sein können. Meist sind die Partikel farblos, bräunlich bis schwarz. Flugasche reagiert puzzolanisch, mit höherem Calciumgehalt mitunter latent hydraulisch. Sie wird vor allem wegen der Verbesserung der Betonverarbeitung und Erhöhung der Dichtigkeit und damit auch der Dauerhaftigkeit des Betons verwendet.

Die Phasen, die beim Brennen von **natürlichem hydraulischem Kalk (NHL)** und **Romanzement** entstehen, sind sich sehr ähnlich. Bei beiden Materialien entstehen bei der Calcinierung u.a. *Belit* (C_2S), *Wollastonit* (CS), *Gehlenit* (C_2AS), *amorphe Ca-Aluminate*, C_4AF (in Romanzement) und natürlich *Freikalk* (C)[16]. Bei Verwendung von dolomitischem Kalk tritt zusätzlich *Periklas* (M) auf. Im Gegensatz zum Portlandzement werden bei der Herstellung von Romanzement und hydraulischem Kalk kein oder nur wenig Alit (C_3S) und C_3A gebildet, da dafür die Brenntemperaturen normalerweise nicht ausreichen (wenn vorhanden, dann durch lokale Temperaturspitzen im Brennofen [32, 33]). Belit zeigt in den beiden Materialien eine etwas andere Ausbildung als in Portlandzement. Belit tritt in hydratisiertem hydraulischem Kalk in einzelnen Körnern oder in Aggregaten von wenigen Partikeln auf, zwischen denen sich keine Schmelzphase wie in Portlandzementklinkern gebildet hat. Die Körnchen zeigen im hydratisierten Bindemittel meist einen Reaktionssaum (Abb. 9a, b). Die Hydratation basiert bei diesen Bindemitteln auf Belit und den Ca-Al-Fe-Verbindungen. Bei der Hydratation von Belit wird wie bei Alit Calciumhydroxid gebildet. Nach Weber[16] und Hughes[15] sind in Romanzement vor allem die amorphen Calciumaluminatphasen für das frühe Erstarren und die Anfangsfestigkeit des Bindemittels verantwortlich. Die Endfestigkeit wird durch die länger andauernde Hydratation von Belit verursacht. Gehlenit und Wollastonit (Abb. 9c) tragen hierbei nicht zur Hydratation bei. Neben den oben genannten Phasen treten besonders um Quarzkörner manchmal alkalireiche glasige Schmelzprodukte auf (Abb. 9d), welche typisch für natürliche hydraulische Kalke [34] und Romanzement sind.

Romanzement und NHL unterscheiden sich hauptsächlich im Tonanteil des Ausgangsmaterials. Bei ersterem werden Mergel bzw. Kalke mit einem Tonanteil größer 25 Massen-% verwendet bei letzterem bis 25 Massen-%. Demzufolge ist im NHL auch der Freikalkgehalt entsprechend größer, der bei diesem Bindemittel mit Wasser zu Calciumhydroxid (trocken-)gelöscht und ggf. gemahlen wird. NHL erhärtet deshalb zum einen Teil hydraulisch zum anderen durch Carbonatisierung des Calciumhydroxids. Im Romanzement ist der Freikalkgehalt wesentlich niedriger und trägt nicht zur Erhärtung bei. Er wird deshalb nicht gelöscht, sondern zu einem feinen Pulver aufgemahlen. Hierbei bleiben die schnell reagierenden Calciumaluminate erhalten, die vor allem für das frühe Erstarren verantwortlich sind. In NHL werden diese dagegen größtenteils beim Löschen schon hydratisiert, was wiederum für die längeren Erstarrungszeiten von hydraulischen Kalkmörteln verantwortlich ist.

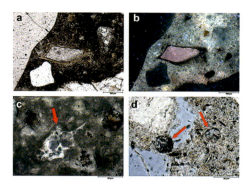

Abb. 8: Hüttensand mit Hydratsaum unter dem Polarisationsmikroskop im Durchlicht (a) und unter UV-Auflicht (b). Deutlich ist die rosa Fluoreszenz zu erkennen. c Trass, d Flugasche (soweit nicht anders angegeben Durchlicht, II polarisiert).

Mechanische Eigenschaften

Die mechanischen Eigenschaften historischer Mörtel oder Betone lassen sich naturgemäß nicht alleine über das Bindemittel definieren. Eine Vielzahl anderer Faktoren spielten hierbei eine Rolle, z.B. Erhaltungszustand, verwendeter Wasser/Bindemittelwert und Art der Gesteinskörnung. Untersuchungen des Festigkeitsverhaltens zeigen als Ergebnis entsprechend große Streuwerte. Trotzdem lassen sich grobe Anhaltspunkte bezüglich der zu erwartenden Festigkeiten bei Verwendung einzelner Bindemittel geben.

Bei modernen Zementen wurden in der Normung schon früh Mindestdruckfestigkeiten gefordert, die zwischen 1887 bis 1928 zwischen 16 und 28 MPa lagen[21,35] (bezogen auf einen Normmörtel). Seit den 1930er Jahren hat sich auch die Festlegung von Festigkeitsklassen von Zement durchgesetzt[35], die noch bis heute gilt, allerdings mit anderen Werten (32,5 MPa, 42,5 MPa und 52,5 MPa 28-Tage-Mindestdruckfestigkeiten[36]). Die bis zur Mitte des 20. Jh. erzielten Betonfestigkeiten waren bedingt durch den Zement aber vor allem wegen der damaligen Verarbeitung entsprechend niedriger. Aufgrund der höheren Wasser/Zementwerte und mangelnder Verdichtung erreichten die Betone in der Regel eine Druckfestigkeit von weniger als 35 MPa[35].

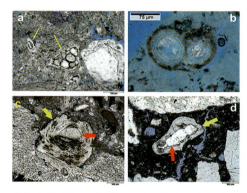

Abb. 9: Belit in natürlichen hydraulischen Kalkmörteln (a, b). Wollastonitsaum CS (gelber Pfeil) um Quarzkorn (roter Pfeil) im Kontakt zu Kalk (c). Glasiges, alkalireiches Schmelzprodukt (gelber Pfeil) um Quarzkorn (roter Pfeil) (d). Alle Bilder Mikroskopaufnahmen im Durchlicht, II polarisiert.

Die Festigkeiten von Romanzementprodukten wurden in der Literatur nur spärlich dokumentiert. Hughes et al.[17] berichten von Daten von 150 Jahre alten Putzen mit mittleren Druckfestigkeiten von 38 MPa, sowie Mörtel von Formteilen mit mittleren Werten von 44 MPa. Die Werte stammten jedoch von kurzen Prismen (40 x 40 x 20 mm³). Im Labormaßstab gebrannte Romanzemente erbrachten 28-Tage-Zementsteindruckfestigkeiten von 4 bis 16 MPa[16]. Allerdings erhöhten sich diese Werte erheblich mit zunehmender Lagerungsdauer. Nach 52 Wochen erbrachten die gleichen Proben eine Druckfestigkeit von 19 bis 23 MPa. Zu einem ähnlichen Ergebnis kommen auch Hughes et al.[15], die 28-Tage-Druckfestigkeiten von bis 4 MPa und 52-Wochen-Druckfestigkeiten von bis zu 15 MPa an Zementsteinproben (w/z = 0,65) ermittelt haben.

Die Festigkeiten von natürlichen hydraulischen Kalken hängen stark von deren hydraulischen Anteilen und ebenfalls von der Lagerungsdauer ab. So zeigen Normprismen von im Labor hergestellten Mörteln 28-Tage-Druckfestigkeiten von ca. 2 MPa (NHL 2) bzw. 3,3 MPa (NHL 5), sowie 34-Wochen-Druckfestigkeiten von 4,2 MPa (NHL 2) und 6,7 (NHL 5)[37]. Schäfer und Hilsdorf[38] und Lanas et al.[32] kommen zu ähnlichen Werten für hydraulischen Kalklabormörtel (Normprismen) mit Werten zwischen 2 und 6 MPa (28-Tage-Druckfestigkeit) bzw. 6 und 9 MPa (52-Wochen-Druckfestigkeit). Mörteldruckfestigkeiten von Kalk mit natürlichen Puzzolanen liegen in der Regel niedriger. Liebig und Althaus[39] sowie Papayianni und Stefanidou[40] bestimmten an Normprismen 90-Tage-Druckfestigkeiten zwischen 1,5 und 4,5 MPa.

Möglichkeiten der Bindemittelbestimmung
Eine oftmals gestellte Frage in der praktischen Denkmalpflege ist diejenige nach der Art des Bindemittels in Mörtel oder Beton. Neben den zu erwartenden Materialeigenschaften gibt die Bindemittelzusammensetzung auch wichtige Hinweise z.B. auf Alter und Herstellung des Materials. Leider lassen sich aufgrund der Farbe und des Erscheinungsbildes der Mörtel oftmals keine genauen Informationen über die Bindemittelart ableiten. Genauere Daten über die Phasenzusammensetzung liefern mikroskopische Untersuchungen an Dünnschliffpräparaten mittels Polarisationsmikroskopie (PM) und Rasterelektronenmikroskopie einschließlich mikrochemischer Analyse (REM-EDX) [41,42,43,44]. Für letztere Methode werden allerdings polierte Dünnschliffe benötigt. Die Untersuchung an Dünnschliffen ist unbedingt der mikroskopischen Untersuchungen an Bruchflächen vorzuziehen, da Dünnschliffe wesentlich bessere Informationen über das Materialgefüge und die statistische Verteilung einzelner Mörtel- und Betonkomponenten liefern.

Weitere Phasenuntersuchungsmethoden bestehen in der Röntgenpulverdiffraktometrie (XRD) und Fourier-Transform-Infrarotspektroskopie (FTIR). Der Schwerpunkt bei der XRD liegt im Nachweis von Klinkerphasen und kristallinen Hydratationsprodukten wie Portlandit, Monosulfat oder Ettringit. Die beiden Methoden lassen sich allerdings nur bedingt einsetzen, da die Gesteinskörnungen im Mörtel bzw. Beton meistens die Phasenzusammensetzung des Bindemittels maskiert. Um zu auswertbaren Ergebnissen zu kommen, ist es manchmal nötig, den Mörtel zu brechen, von Hand bindemittelreiche Stücke zu separieren und diese dann zu untersuchen.

Bezogen auf das Bindemittel gibt eine chemische Analyse Auskunft über den Anteil hydraulischer Komponenten und den Anteil an Bindemittel in einem Mörtel oder Beton. Die chemische Zusammensetzung des Bindemittels lässt sich am einfachsten über nasschemische Methoden bestimmen [45,46,47]. Hier sind insbesondere die in Säure löslichen Gehalte an CaO, MgO, SiO_2, Al_2O_3 und Fe_2O_3 wichtig, da sich nach Boynton [26] (s.o.) hieraus die hydraulische Aktivität eines Bindemittels berechnen lässt. Allerdings setzt die nasschemische Analyse voraus, dass keine carbonatischen Gesteinskörnungen im Mörtel bzw. Beton vorhanden sind, da diese bei der Säurebehandlung mit aufgelöst werden und das Ergebnis verfälschen. Besonders bei alten Rezepturen wurden häufig carbonatische Zuschläge verwendet. Diese lassen sich aber einfach durch eine vorangehende mikroskopische Untersuchung am Dünnschliff ermitteln.

Um die Anteile an Bindemittel und Gesteinskörnungen in Festbeton zu bestimmen, kann nach DIN 52170 [48] vorgegangen werden. Allerdings wird für die Analyse gefordert, dass diese am nicht carbonatisierten Bindemittel zu erfolgen hat, was bei Altbetonen nur selten gegeben ist. Eine Methode der Abschätzung von Bindemittelanteil und Gesteinskörnungen von hydraulischen Mörteln kann alternativ über eine mikroskopische Punktauszählung erfolgen [49,50]. Diese Methode ist jedoch für Festbeton weniger geeignet, da aufgrund der Größe der Gesteinskörnungen eine große Anzahl von Dünnschliffen ausgewertet werden müsste, um eine ausreichende statistische Sicherheit zu erhalten.

Für eine quantitative Bestimmung der Bindemittelanteile im Mörtel/Beton und der hydraulischen/puzzolanischen Anteile im Bindemittel selbst sind aufwändige chemische Analysen notwendig. Aufgrund der Phasenzusammensetzung, die mittels Polarisationsmikroskopie am Dünnschliff ermittelt wird, lässt sich aber schon eine erste Zuordnung der Bindemittelart vornehmen. Abbildung 10 gibt einige Merkmale wieder, die bei mikroskopischen Untersuchungen am Bindemittel auf deren Art schließen lassen.

Bindemittel	Farbe, makroskopisch	Mikroskopische Merkmale im Dünnschliffpräparat			
		Nicht hydratisierte Bestandteile	Hydratphasen/ Bindemittelmatrix	Gefüge	sonstiges
Portlandzement (PZ)	grau Carbonatisiert: beige	Klinkerkörner, bestehend aus Alit (C_3S) und/oder Belit (C_2S) mit bräunlicher Schmelzphase aus C_4AF und C_3A	Feinkörnige Matrix aus CSH Phasen Calciumhydroxid (CH) in Matrix, in Rissen und Luftporen Ettringit in Rissen und Luftporen	Porosität abhängig vom w/z-Wert, meist höherer Kapillarporenanteil Bei händischer Verarbeitung zahlreiche Luft- und Verdichtungsporen	Bei gekreuzten Polarisatoren: nicht carbonatisiert erscheint die Zementsteinmatrix schwarz; carbonatisiert erscheint sie beigefarben
Hochofenzement	Oxidiert (der Luft ausgesetzt): hellgrau Nicht oxidiert (im Kern): blaugrau Carbonatisiert: beige	Wie PZ; zusätzlich scharfkantige Hüttensandkörner (teilweise mit dünner Hydrathülle)	Wie PZ aber u.U. mit weniger CH	Porosität abhängig vom w/z-Wert, meist aber dichter als bei PZ Bei händischer Verarbeitung zahlreiche Luft- und Verdichtungsporen	Wie bei PZ
PZ + Puzzolane	Hell- bis dunkelgrau Carbonatisiert: beige	Wie PZ; zusätzlich kugelige Flugaschenpartikel oder kantige, blasige Trass bzw. vulkanische Aschepartikel	Wie PZ aber u.U. mit weniger CH	Porosität abhängig vom w/z-Wert, meist aber dichter als bei PZ Bei händischer Verarbeitung zahlreiche Luft- und Verdichtungsporen	Wie bei PZ Trasspartikel sind teilweise schwierig und nur mittels REM nachzuweisen
Romanzement	Beige bis bräunlich	Überwiegend Belit (C_2S) und Quarzkörner mit Reaktionssäume von Wollastonit (CS) bzw. Belit	Feinkörnige Matrix aus CSH- und CAH- Phasen	Porosität abhängig vom w/z-Wert, meist hoher Kapillarporenanteil Da händische Verarbeitung zahlreiche Luft- und	Zementstein ist meist vollständig carbonatisiert; lokal kann CH auftreten
Hydraulischer Kalk	Weiß, hellgrau bis hellbeige	Vereinzelt Belitkörner und Quarzkörner mit Reaktionssäumen von Wollastonit (CS) bzw. Belit Glasige Schmelzprodukte um Quarzkörner Knoten von nicht dispergiertem Kalk	Matrix überwiegend bestehend aus feinkörnigem Carbonat; CSH-Phasen nur als Hydratsaum um Belitkörner sichtbar CH nur lokal oder bei vor CO_2 geschützten Mörteln	Meist hoher Kapillarporenanteil Da händische Verarbeitung zahlreiche Luft- und Verdichtungsporen Teilweise Rissbildung im Bindemittel	
Kalk mit Puzzolanen	Weiß, gräulich, rötlich (Ziegelmehl)	Ziegel- oder Trass- bzw. vulkanische Aschepartikel Knoten von nicht dispergiertem Kalk	Matrix überwiegend bestehend aus feinkörnigem Carbonat	Meist hoher Kapillarporenanteil Da händische Verarbeitung zahlreiche Luft- und Verdichtungsporen Teilweise Rissbildung im Bindemittel	

Abb. 10: Mikroskopische Merkmale verschiedener Bindemitteltypen.

Schlussbetrachtung

Hydraulische Bindemittel, vor allem Zement, sind aus dem heutigen Bausektor nicht mehr wegzudenken. Erst mit der Entwicklung des Portlandzements und des Stahlbetons konnte eine völlig neue Bauweise realisiert werden, die sich radikal vom bisherigen unterschied. Die einzelnen Stufen dieser sukzessiven technologischen Entwicklung lassen sich auch am Material und in diesem Fall am Bindemittel ablesen. Aus denkmalpflegerischer Sicht ist das Bindemittel eines Mörtels oder Betons deshalb ein Zeuge des jeweiligen technologischen Standes bei der Errichtung eines Objekts oder Bauwerks. Es stellt sich gerade bei geschädigtem historischem Beton die Frage, ob dieser in jedem Fall im Sinne heutiger Instandsetzungsprinzipien ergänzt oder erneuert werden sollte oder ob in geeigneten Fällen auch Vorgehensweisen z.B. aus der Natursteinkonservierung angewendet werden können, um dadurch einen maximalen Substanzerhalt zu realisieren und die Authentizität eines Bauobjekts zu gewährleisten.

Literaturverweise

1. DIN EN 459-1: Baukalk – Teil 1: Definitionen, Anforderungen und Konformitätskriterien. Deutsche Norm, 23 S., Beuth Verlag, Berlin 2002.
2. DIN 1060-1: Baukalk – Teil 1: Definitionen, Anforderungen, Überwachung. Deutsche Norm, Beuth Verlag, Berlin 1995.
3. J. Stark; B. Wicht: Zement und Kalk – Der Baustoff als Werkstoff. Birkhäuser Verlag, Basel, Boston, Berlin 2000.
4. G. Haegermann; G. Huberti; H. Möll: Vom Caementum zum Spannbeton – Beiträge zur Geschichte des Betons. Bd. Band 1, Bauverlag GmbH, Wiesbaden und Berlin 1964.
5. K. Callebaut: Characterisation of historical lime mortars in Belgium: implications for restoration mortars. PhD Katholieke Universiteit Leuven, Leuven, 239 S., 2000.
6. H.-O. Lamprecht: Opus Caementitium – Bautechnik der Römer. Beton-Verlag, Düsseldorf 1984.

7   M. Vitruv: Vitruvii De Architectura libri decem – Zehn Bücher über Architektur. Primus Verlag, Darmstadt 1996.
8   T. Brunsch: Die historische Verwendung zementgebundener Kunststeine im Außenraum – im 19. und frühen 20. Jahrhundert unter besonderer Berücksichtigung Berlins und Brandenburgs. PhD Technische Universität Berlin, Berlin, 208 S., 2007.
9   D. Hughes; S. Swann; A. Gardner: Roman Cement: Part One, Its Origins and Properties. Journal of Architectural Conservation, Bd. 13, 2007, S. 21-36.
10 E. Cramer: Berichte der Kommission zur Aufstellung einheitlicher Benennungen für hydraulische Bindemittel. Zeitschrift für Angewandte Chemie, Bd. 27, 1914, S. 305.
11 F. Knapp: Chemical technology or chemistry, applied to the arts and to manufactures. Bd. 2, Lea and Blanchard, Philadelphia 1849, S. 391pp.
12 A. P. Thurston: Parker's „Roman" Cement. Transactions of the Newcomen Society, Bd. 19, 1938, S. 193-206.
13 W. Michaëlis: Ueber den Portland-Cement. Journal für Praktische Chemie, Bd. 100, 1867, S. 257-303.
14 M. J. Varas; M. Alvarez de Buergo; R. Fort: Natural cement as the precursor of Portland cement: Methodology for its identification. Cement and Concrete Research, Bd. 35, 2005, S. 2055-2065.
15 D. C. Hughes; D. B. Sugden; D. Jaglin; D. Mucha: Calcination of Roman cement: A pilot study using cementstones from Whitby. Construction and Building Materials, Bd. 22, 2008, S. 1446-1455.
16 J. Weber; N. Gadermayr; R. Kozlowski; D. Mucha; D. Hughes; D. Jaglin; W. Schwarz: Microstructure and mineral composition of Roman cements produced at defined calcination conditions. Materials Characterization, Bd. 58, 2007, S. 1217-1228.
17 D. Hughes; S. Swann; A. Gardner: Roman Cement Part Two: Stucco and Decorative Elements, a Conservation Strategy. Journal of Architectural Conservation, Bd. 13, 2007, S. 41-58.
18 Internet: http://heritage.xtd.pl/roman_cement.html (Stand 05/2008).
19 F. W. Locher: Zement – Grundlagen der Herstellung und Verwendung. 522 S., Verlag Bau + Technik GmbH, Düsseldorf 2000.
20 P. J. Krumnacher: Lime and cement technology: Transition from traditional to standardized treatment methods. Master, Blacksburg, Virginia 2001.
21 Internet: http://www.vdz-online.de/316.html (Stand: 6.6.2008).
22 DIN 1164 - 1: Zement – Teil 1: Zusammensetzung, Anforderungen Deutsche Norm, Beuth Verlag, Berlin 1994.
23 O. Hersel: Zemente und ihre Herstellung. Zement-Merkblatt Betontechnik, Bd. B 1 1.2006, 8 S., Verein Deutscher Zementwerke e.V., Düsseldorf 2006.
24 G. Binder: Bestimmung der Bindemittelgehalte von Altbetonen mit Hilfe der chemischen Analytik. Beton, Bd. 2004, 2004, S. 188-195.
25 K. Wesche: Baustoffe für tragende Bauteile. Bd. 2: Beton, Bauverlag GmbH, Wiesbaden und Berlin 1981.
26 R. S. Boynton: Chemistry and technology of lime and limestone. John Wiley & Sons, Inc, New York 1980.
27 D. A. St. John; A. B. Poole; I. Sims: Concrete petrography: A handbook of investigative techniques. 474 S., John Wiley & Sons, New York 1998.
28 F. Gille; I. Dreizler; K. Grade; H. Krämer; E. Woermann: Mikroskopie des Zementklinkers – Bildatlas. 75 S., Beton-Verlag GmbH, Düsseldorf 1965.
29 Zementtaschenbuch 2002. 844 S., Verein Deutscher Zementwerke e.V. (VDZ) 2002.
30 J. Stark; B. Wicht: Dauerhaftigkeit von Beton. 340 S., Birkhäuser Verlag, Basel, 2001.
31 D. Lutze; W. vom Berg (Eds.): Handbuch Flugasche im Beton. 134 S., Verlag Bau+Technik, Düsseldorf 2004.
32 J. Lanas; J. L. Pérez Bernal; M. A. Bello; J. I. Alvarez Galindo: Mechanical properties of natural hydraulic lime-based mortars. Cement and Concrete Research, Bd. 34, 2004, S. 2191-2201.
33 T. Gödicke-Dettmering; G. Strübel: Mineralogische und technologische Eigenschaften von hydrauli-schen Kalken als Bindemittel für Restaurierungsmörtel in der Denkmalpflege. In: Giessener Geologische Schriften Nr. 56, S. 131-154, Lenz-Verlag, Giessen 1996.
34 U. Müller; M. I. Kanan: The micro structure of traditional Brazilian lime plasters - The Custom House of Florianopolis. In: M. A. Cincotto; D. A. d. Silva; J. d. Oliveira; H. R. Roman (Eds.), VI Simpósio Brasileiro de Tecnologia de Argamassas – I International Symposium on Mortar Technology, Florianopolis, Brazil, 2005, UFSC-Universidade Federal de Santa Catarina, Departamento de Engenharia Civil, auf CD-Rom, 736-745.
35 M. Schmidt: Wie viel Norm verträgt ein Denkmal? IFS Bericht Nr. 30, Mainz 2008, S. 69-74.
36 DIN EN 197-1: Zement – Teil 1: Zusammensetzung, Anforderungen und Konformitätskriterien von Normalzement; Deutsche Fassung EN 197-1:2000 + A1:2004. Deutsche Norm, Beuth Verlag, Berlin 2004.
37 K. Kraus; A. Qu; G. Strübel: Eigenschaften von Mörteln und Kalken mit natürlichen und zugemischten hydraulischen Anteilen. IFS-Bericht Nr. 12, Institut für Steinkonservierung, Mainz 2001.

38 J. Schäfer; H. K. Hilsdorf: Struktur und Mechanische Eigenschaften von Kalkmörteln. In: F. Wenzel (Ed.) Erhalten historisch bedeutsamer Bauwerke - Baugefüge, Konstrukionen, Werkstoffe, Bd. Jahr-buch 1991, S. 65-76, Ernst & Sohn, Berlin 1993.

39 E. Liebig; E. Althaus: Pozzolanic Activity of Volcanic Tuff and Suevite: Effects of Calcination. Ce-ment and Concrete Research, Bd. 28, 1998, S. 567-575.

40 I. Papayianni; M. Stefanidou: Strength-porosity relationships in lime-pozzolan mortars. Construction and Building Materials, Bd. 20, 2006, S. 700-705.

41 F. Schlütter; H. Juling; G. Hilbert: Mikroskopische Untersuchungsmethoden in der Analytik histori-scher Putze und Mörtel. In: A. Boué (Ed.) Historische Fassadenputze - Erhaltung und Rekonstruktion, S. 45-68, Fraunhofer IRB-Verlag, Stuttgart 2001.

42 J. Elsen: Microscopy of historic mortars -- a review. Cement and Concrete Research, Bd. 36, 2006, S. 1416-1424.

43 C. Blaeuer; A. Kueng: Examples of microscopic analysis of historic mortars by means of polarising light microscopy of dispersions and thin sections. Materials Characterization, Bd. 58, 2007, S. 1199-1207.

44 H. Juling: Baustoffmikroskopie – Möglichkeiten der mikroskopischen Analytik an moder-nen und historischen Baustoffen. Praktische Metallographie Sonderband, Bd. 39, 2007, S. 55-64.

45 S. Wisser; D. Knöfel: Untersuchungen an Historischen Putz-und Mauermörteln. Teil 1: Analysen-gang. Bautenschutz + Bausanierung, Bd. 10, 1987, S. 124-126.

46 S. Wisser; D. Knöfel: Untersuchungen an Historischen Putz-und Mauermörteln. Teil 2: Untersuchungen und Ergebnisse. (Examination of historic mortars and plasterworks. Part 2: examination and results). Bautenschutz + Bausanierung, Bd. 11, 1988, S. 163-171.

47 D. Knöfel; P. Schubert: Handbuch: Mörtel und Steinergänzungsstoffe in der Denkmalpfle-ge. 225 S., Ernst & Sohn, Berlin 1993.

48 DIN 52170 Teil 1-4: Bestimmung der Zusammensetzung von erhärtetem Beton. Deutsche Norm, Beuth Verlag, Berlin 1980.

49 J. A. Larbi; R. van Hees: Quantitative microscopical procedure for characterising mortars in histori-cal buildings. In: Ibausil - 14. Internationale Baustofftagung, Weimar, Germany, 2000, S. 1051-1060.

50 RILEM TC 167-COM: COM-C1 Assessment of mix proportions in historical mortars using quantita-tive optical microscopy. Materials and Structures. (Materiaux et Constructions), Bd. 34, 2001, S. 387-388.

Beton im mikroskopischen Bild

Herbert Juling
Amtliche Materialprüfungsanstalt Bremen
Paul-Feller-Str. 1, 28199 Bremen
juling@mpa-bremen.de

Einleitung

Weitaus schwieriger als bei Metallen und Gesteinen gestaltet sich die mikroskopische Analyse moderner technischer Baustoffe, wie etwa Betonen. Auch nach Jahren ist die Ausbildung der Bindemittel dieser Materialien noch nicht abgeschlossen, wobei den Herstellungsbedingungen hinsichtlich der Eigenschaftsentwicklung entscheidende Bedeutung zukommt.

Es gibt erste Ansätze einer „Betonografie", die es erlauben, auch nach mehreren Jahren noch Aussagen über fehlerhafte Anfangsbedingungen zu treffen, bzw. Einschätzungen für die Dauerhaftigkeit geben zu können.
Dieser Beitrag soll zeigen, wie sich alter und neuer Beton im mikroskopischen Bild darstellen. Ausgehend von speziellen Präparationsstrategien werden neben der konsequenten Kombination aus licht- und elektronenstrahlmikroskopischen Methoden auch Spezialverfahren wie z.B. die Cryo-Rasterelektronenmikroskopie vorgestellt.

Ein Beispiel eines 22 Jahre alten Betonprüfkörpers aus einem Freilandversuchsgelände in Duisburg soll die mikroskopischen Möglichkeiten verdeutlichen.

Die Geschichte des Betons

Über das Mittelalter hinaus in Vergessenheit geraten und erst um 1700 wiederentdeckt, wurde der Beton durch ständige Weiterentwicklung zu dem Baustoff unserer Zeit. Schon ab 1844 spielt dabei der Portlandzement (benannt nach der südenglischen Halbinsel Portland), eine Mischung aus gebranntem Ton und Kalk, eine herausragende Rolle. Bereits 1868 stellt W. Michaelis in seinem Buch „Die hydraulischen Mörtel"[1] erste mikroskopische Untersuchungen zur Diskussion. 10 Jahre später gab es bereits die erste Zementnorm, die sich aber noch nicht auf den Beton bezog, sondern nur auf das Bindemittel Zement. Auch granulierte Hochofenschlacke kam schon sehr früh (ab 1882) als Zusatzstoff zum Einsatz. Man darf sich also nicht wundern, in historischen Betonen diese vermeintlich modernen, aber charakteristischen Partikel zu finden. Allerdings hieß der entsprechende Zement damals (ab 1901) noch „Eisenportlandzement", der 30% granulierte Hochofenschlacke enthielt. Mit noch höherem Schlackenanteil nannte man dieses Bindemittel ab 1907 „Hochofenzement".

Bereits 1903 tauchte in einem Patent des Bauunternehmers Jürgen Hinrich Magens zum ersten Mal der Begriff „Transportbeton" auf. Durch höhere Brenntemperaturen und damit einen höheren Anteil an schnell reagierenden Zementphasen wurde die Abbindegeschwindigkeit erhöht und eine höhere Anfangsfestigkeit erreicht. Das allerdings gestaltete sich als schwierig zu regulieren, so dass man häufig mit dem sog. „Löffelbinder" zu kämpfen hatte, eine Umschreibung der Tatsache, dass der Rührlöffel bereits nach kurzer Rührzeit im Beton festsaß. Man bediente sich daher der Zugabe von Sulfat (in Form von Gips), um dieses Verhalten zu regulieren. Es bildet sich in der Anfangsphase der Abbindung der frühe (und damit gewollte) Ettringit ($Ca_6Al_2[(OH)_{12}|(SO_4)_3]\cdot 26\,H_2O$) mit seinen

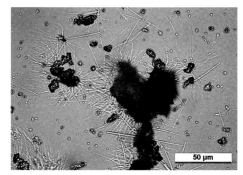

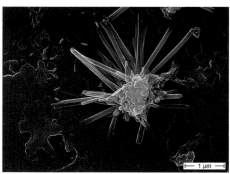

Abb. 1: Oben: Unter dem Durchlichtmikroskop bei Zugabe von Sulfatlösung sind die radial von den Zementkörnern wachsenden Ettringitnadeln ($Ca_6Al_2[(OH)_{12}|(SO_4)_3]\cdot 26\,H_2O$) zu erkennen.

Unten: Rasterelektronenmikroskopische Aufnahme der getrockneten Probe nach dem Versuch [REM SE, 20 kV]

nanometerfeinen Nadeln, die radial um die Zementkörner wachsen (Abb. 1) und somit das randliche Zusammenwachsen der hydratisierenden Oberflächen behindern.

Dadurch verzögert sich die Reaktivität und der Beton bleibt länger verarbeitbar. Der bereits erwähnte Wilhelm Michaelis (1840-1911) sprach damals vom „Cementbazillus"[2], womit er allerdings den unerwünschten Sekundär-Ettringit meinte, der durch nachträgliche Zufuhr von Sulfat entstehen und zu schweren Schäden führen kann. Der primäre Ettringit bildet sich dagegen im Laufe der ersten Abbindung zurück. Bereits 1909 wurde in einer ersten Betonnorm der Gehalt an Sulfat geregelt, um Folgeschäden durch das sog. „Gipstreiben" zu vermeiden.

Im Verlaufe der Betonentwicklung wurden immer mehr Zusatzstoffe und –mittel eingeführt, die die Eigenschaften des Betons in weiten Grenzen gezielt beeinflussen. Diese z.T. chemischen Zusätze sind mikroskopisch nur schwer oder gar nicht nachweisbar. Für die Sanierung und Restaurierung von Beton spielt aber in erster Linie das vorliegende Matrixgefüge die entscheidende Rolle, unabhängig davon, wie es in seiner Frühphase entstanden ist.

Präparation und Untersuchungsstrategie

Wie bei anderen Werkstoffuntersuchungen gibt es grundsätzlich zwei Methoden der Materialanalyse: Die Bruch- bzw. Oberflächenuntersuchungen und die Gefügeanalyse.

Wegen der geringen Tiefenschärfe des Auflichtmikroskops kommt bei der Bruchanalyse in erster Linie die Untersuchung mit dem Rasterelektronenmikroskop (REM) in Frage. Die reine topografische Aussage ist dabei begrenzt, aber insbesondere die energiedispersive Röntgenmikroanalyse (EDX) spielt bei der Identifikation von Mineralphasen wie z.B. Salzausblühungen, Mineralneubildungen und Treibern eine große Rolle.

Da Baustoffe gewollt oder zwangsläufig einen Wasser zugänglichen Porenraum besitzen, muss vor der Präparation eine geeignete Trocknung vorgeschaltet werden (außer bei der Untersuchung mittels Cryo-REM). Dabei müssen vorhersehbare Trocknungsartefakte berücksichtigt werden, die möglicherweise das gewünschte Analyseergebnis beeinflussen (z.B. Salzausblühungen oder Veränderungen mikrobiologischer Strukturen).

Ausgesprochen erfolgreich erweisen sich mikroskopische Untersuchungen von Baustoffen an Dünnschliffen, die so präpariert werden, dass sie sowohl im Polarisations-Durchlichtmikroskop (PolMi) als auch im REM analysiert werden können. Dazu werden die Proben in gefärbtem niedrigviskosem Kunstharz eingebettet. Bereits die Eindringtiefe des blauen Kunstharzes während der Einbettung gibt erste Aussagen über den für Wasser zugänglichen offenen Porenraum, also die kapillare Saugfähigkeit. Nach dem Aushärten des Einbettmittels werden Dünnschliffe mit für die PolMi-Untersuchungen üblichen Dicken (ca. 25 μm) hergestellt. Auf eine normalerweise in der Praxis übliche Abdeckung durch ein Deckgläschen wird allerdings verzichtet, um die Möglichkeit zu behalten, dieselben Proben auch im Rasterelektronenmikroskop untersuchen zu können.

Abb. 2: Mikroskopische Abbildungen einer Luftpore, in die Portlandit-Kristalle (Ca(OH)$_2$) aus einer Calciumhydroxidlösung von einem Kapillarriss ausgehend hineingewachsen sind.
a) Durchlichtmikroskopische Aufnahme
b) Unter gekreuzten Polarisatoren mit den typischen Interferenzfarben
c) Rasterelektronenmikroskopische Aufnahme [REM RE, 20 kV].

Die lichtmikroskopischen Abbildungen enthalten wichtige Farbinformationen, die die Identifikation bestimmter Phasen und Minerale anhand ihrer Eigenfarbe erlauben. Unter gekreuzten Polarisatoren können die kristallinen Bestandteile zudem anhand ihrer Licht- und Doppelbrechung sowie durch die dadurch bedingten Interferenzfarben erkannt werden (z.B. Gips, Salze, Karbonatisierungstiefe). Der offene Porenraum eines

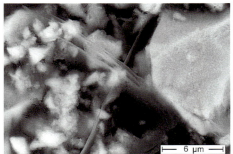

Abb. 3: Oben: Nach wenigen Stunden erkennt man in höherer Vergrößerung Ettringitkristalle, die die feinen Zementkörner auf Abstand halten (vgl. Abb. 1).

Unten: Nach weiteren Stunden entstehen erste Portlandit-Tafeln. Die dazwischen liegenden kleinen Zementteilchen (ca. 1 μm) erscheinen im RE-Bild bereits unscharf, da sie von einem feinen Calciumsilikathydrat-Flaum umschlossen sind. Die Ettringite sind bereits größtenteils wieder aufgelöst. [REM SE, 20 kV]

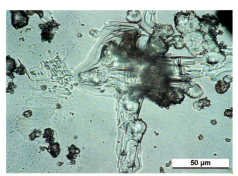

Abb. 4: Oben: Im weiteren Verlauf der frühen Matrixbildung entstehen die tafeligen Portlandit-Kristalle, die ebenfalls im Lichtmikroskop abgebildet und durch ihre Doppelbrechung unter gekreuzten Polarisatoren identifiziert werden können (vgl. Abb 1, oben).

Unten: Bis Ende des ersten Tages sind die feinen Portlanditkristalle zu größeren Gebilden herangewachsen und durchziehen das Gefüge. [REM SE, 20 kV]

porösen Materials wird durch das (üblicherweise blau oder gelb) eingefärbte Einbettmittel erkennbar. Diese wichtigen Farbinformationen fehlen bei der anschließenden Analyse derselben Probe im Rasterelektronenmikroskop (REM). Hier allerdings ist eine höhere Vergrößerung und damit Auflösung der Mikrostrukturen (Mikroporen und –risse) möglich. Außerdem bietet die angeschlossene EDX-Analyse die Möglichkeit der ortsaufgelösten Elementanalyse.

In einigen Fällen kommen weitere Untersuchungsmethoden zum Einsatz, wie z.B. die UV- und IR-Fluoreszenz-Analyse oder die Cryo-Rasterelektronenmikroskopie, mit der auch feuchte (und damit nicht vakuumbeständige) Proben hoch auflösend untersucht werden können.

Die ersten Tage im Leben eines Betons

Ein Beton wird niemals fertig! Auch nach Jahren und Jahrzehnten laufen in ihm Reaktionsprozesse ab, die das Bindemittel durch Mineralumwandlung oder -neubildung immer weiter entwickeln, schädigen oder festigen. Für dieses „ewige" Leben sind aber die Vorgänge entscheidend, die in der Anfangsphase ablaufen. Sie entscheiden darüber, ob ein Beton früh stirbt oder lange überdauert.

Mit Hilfe der Cryo-Rasterelektronenmikroskopie [3,4] kann die Matrixentwicklung von Frischbeton in den ersten Stunden mikroskopisch nachverfolgt werden. Bei dieser Methode werden die noch feuchten plastischen Betonproben in schmelzendem Stickstoff mit einer Abkühlgeschwindigkeit von ca. 1000K/sec eingefroren. Diese schnelle Abkühlung verhindert eine Eiskristallisation des Porenwassers und fixiert es in einem glasigen Zustand. Auf diese Weise können die ersten Stunden und Tage im Leben eines Betons dokumentiert werden.

Ettringit-Bildung
Bereits kurze Zeit nach dem Anmachen (Zugabe von Wasser zum Bindemittel) kann man unter dem Lichtmikroskop bei ausreichendem Sulfatangebot feine Ettringit-Kristalle abbilden, die von den Oberflächen der hydratisierenden (und Ca und Al liefernden) Klinkerkörner in die wasserreiche Umgebung wachsen und wie Abstandhalter zwischen den Zement-Teilchen wirken (Abb. 3, vgl. auch Abb. 1). Dadurch wird der direkte Kontakt zwischen den einzelnen Zementkörnern verschlechtert und ein zu frühes Ansteifen des Betons verhindert. Die Ausbildung von Ettringiten hängt von der lokalen Sulfat-Konzentration ab, die durch zugegebenen Gips (Calciumsulfat, $CaSO_4 \cdot 2\,H_2O$) erfolgt.

Moderne Zemente höherer Festigkeitsklassen können bedingt durch die Sichterklassierung des Klinkermahlguts gelegentlich einen erhöhten Anteil kolloidfeiner Klinkerteilchen enthalten. Bei Wasserzugabe reagieren diese sehr schnell und führen zu steifen Klümpchen, in denen man Sulfatnester aus nicht rechtzeitig aufgelöstem Gips bzw. Anhydrit ($CaSO_4$) findet.

Portlandite ersetzen Ettringite
Während die wasserreichen Ettringitnadeln schnell abgebaut werden, bilden sich jetzt die viel stabileren und härteren Portlandite, weil in der Porenlösung inzwischen ein hohes Angebot an Ca-Ionen besteht (Abb. 4). Gleichzeitig zwingt ein deutlicher Mangel an heterogenen Kristallkeimen zum Wachstum ausgedehnter (dünntafeliger) Portlandite, die zudem noch durch homogene Keimbildung zu treppenartigen Skeletten zusammenwachsen. (Abb. 5, unten)

Bildung von Calcium-Silikat-Hydraten (CSH)
Die im mikroskopischen Bild auffälligsten CSH-Bildungen in der Zement-

Matrix sind die Hydratationssäume um die im Kern noch trocken gebliebenen Klinkerkörner. Hier handelt sich um eine Umwandlung der Kristallstruktur durch Einlagerung von Wassermolekülen. Im Rückstreubild des Rasterelektronenmikroskops erscheinen diese Säume wegen des geringeren Rückstreuvermögens des wasserhaltigen Hydrats dunkler (Abb. 5, oben). Das Volumen dieses Hydratationsproduktes ist trotz Einlagerung zusätzlicher Moleküle allerdings geringer als die trockenen Calciumsilikate, weshalb es zu einem Schwinden der Betonmatrix kommt. Geschieht das im bereits erhärteten Zustand (z.B. durch Nachhydratation trockener Zementkerne, siehe unten), entstehen Mikrorisse.

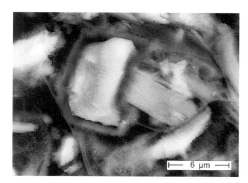

Auch nach 28 Tagen sind die größeren Zementkörner im Kern immer noch unhydratisiert (Abb. 5, unten). Das Gefüge wird von z.T. ausgedehnten Portlandit-Kristallen durchzogen.

Historischer Beton

Historische Betone aus der Zeit bis Anfang des 20. Jahrhunderts sind an der hauptsächlichen Komponente Belit (Dicalciumsilicat = $2CaO \cdot SiO_2$) zu erkennen, die auf die noch niedrige Brenntemperatur des Zementrohstoffs zurückzuführen ist. Diese Zementphase (zu erkennen an den runden Kornstrukturen) härtet relativ langsam aus, hinterlässt aber ein gut ausgebildetes Calciumsilikathydrat-Bindemittel. Die modernen Portlandzemente haben bedingt durch die hohe Brenntemperatur einen höheren Anteil an dem schnell reagierenden Alit (Tricalciumsilikat = $3CaO \cdot SiO_2$) und weisen Reste der Ferritphase (Tetracalciumaluminatferrit = $4CaO \cdot Al_2O_3 \cdot Fe_2O_3$) auf. In Abb. 6 sind mit Hilfe einer Elektronenstrahlmikrosonde erstellte Elementverteilungsbilder eines Portlandzementes für Silizium, Aluminium und Eisen einer Rückstreuelektronenabbildung (hier mit CP bezeichnet) gegenübergestellt. Man erkennt deutlich die einzelnen Phasen aufgrund der unterschiedlichen Elementzusammensetzung. Im RE-Bild (Abb. 6, oben links) ist zusätzlich noch der dunkle Hydratsaum um das Zementkorn herum zu erkennen.

Abb. 5: Oben: Bereits im Laufe des ersten Tages ist die Hydratation des Zementklinkers im REM zu erkennen. Es bildet sich ein in der RE-Abbildung des Rasterelektronenmikroskops dunkler CSH-Saum. An der hier abgebildeten Stelle ist ein Portlandit-Kristall (Ca (OH)$_2$) auf die Calciumsilikathydrathülle aufgewachsen.

Unten: Nach 28 Tagen ist das Bindemittelgefüge weitestgehend entwickelt, es sind aber noch die helleren Kerne größerer Zementteilchen zu erkennen. In diesem Bild sind auch die typischen treppenartigen Portlanditkristalle zu sehen, die das Gefüge durchziehen.
[REM SE, 20 kV]

Schon MICHAELIS beobachtete an den seinerzeit BELIT-reichen Portland-Zementen, dass hydratisierende Klinkerkörner randlich zusammenwachsen[1]. Es werden selbst nach 100 Jahren immer noch CSH-Phasen direkt durch randliche Hydratation der BELIT-reichen Klinkerkörner gebildet, was zu später Matrix-Verfestigung und auch zur Ausheilung feiner Risse führen kann.

Für Alit-reiche Portland-Zemente trifft das allerdings nicht mehr zu. Die Klinkerkörner werden hier zunächst durch Ettringit-Nadeln auf Abstand gehalten. Durch Ausbildung einer nach innen wachsenden dichten CSH-Schale sind die körnigen Bestandteile an der Festigkeitsentwicklung der Matrix praktisch nicht mehr beteiligt.

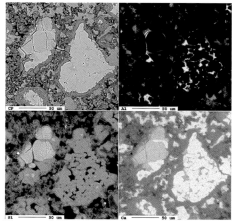

Die nach innen wachsende Hydratationsschale der Klinkerkörner bezieht ihr Wasser aus der Umgebung nur solange, bis die Schale undurchlässig wird. Umgekehrt, die gelösten Bestandteile des Klinkerkornes müssen als Ionen durch die gleiche Hydratationszone nach außen gelangen, was allmählich immer unwahrscheinlicher wird.

Abb. 6: Rückstreuelektronenabbildung (CP) und Elementverteilungsbilder für Al, Si, und Ca mit Hilfe einer Elektronenstrahlmikrosonde. Deutlich zu erkennen ist die Aluminatferrit-Phase anhand der Aluminium-Verteilung und die unterschiedlichen Calciumsilikat-Phasen anhand des Si/Ca-Verhältnisses. In den Elementverteilungsbildern bedeuten hellere Bereiche einen höheren Gehalt des jeweiligen Elementes.

Im Rückstreuelektronenbild (oben links) ist der dunkle Hydratsaum um die trockenen Zement-Klinkerkerne herum zu erkennen.
[15 kV]

Betonografie

Bereits ein kurzer Blick auf das Matrixgefüge im RE-Bild des REMs lässt den Anteil nicht hydratisierter Portlandzement-Körner abschätzen. Je höher ihr Flächenanteil, je kleiner die feinsten Klinkerrelikte und je ungleichmäßiger die PZ-Kornverteilung in der Fläche, desto geringer war der örtliche W/Z-Wert.

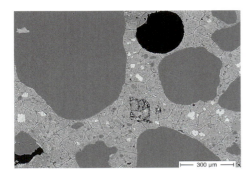

Abb. 7: Das nachträgliche Schwinden der Bindemittelmatrix kann zu einem feinen Risssystem führen. Unten: Über diese Zuwegbarkeiten kann Wasser eindringen und noch trocken gebliebene Kerne größerer Zementteilchen nachhydratisieren. Dabei kommt es wegen der Volumenverringerung zur Bildung von weiteren Mikrorissen.
[REM RE, 20 kV]

Abb. 8: Durch zu viel Anmachwasser bilden sich um die Zuschlagskörner sog. Wassersäume, die einen Hohlraum hinterlassen, aber sich später mit Portlandit-Kristallen verfüllen können.
Oben: Durchlicht; unten: unter gekreuzten Polarisatoren.
Das in der ersten Zeit verdunstende Wasser muss dem Beton nachgeliefert werden, indem man die Verdunstungsoberfläche feucht hält. Durch diese unverzichtbare Nachbehandlung wird dem Beton das für die Hydratation benötigte Wasser zur Verfügung stellt.

Ein Beton ist ein sich fortwährend verändernder und weiterentwickelnder Werkstoff, der praktisch nie sein Endstadium der Bindemittelentwicklung erreicht. Entscheidend für die späteren Eigenschaften sind die Bedingungen während der ersten Stunden und Tage nach Herstellung des Frischbetons (Anmachen).

Bei der Beurteilung eines Betons gehen die Rissfreiheit des Bindemittels, das Bindemittel/Zuschlag-Verhältnis, das Größtkorn des Zuschlages und die homogene Durchmischung ein. Alle diese Eigenschaften können qualitativ mikroskopisch beurteilt werden.

Beton kann für jede Anforderungsart spezifisch formuliert und hergestellt werden. An diesem Material auftretende Schäden entstehen in erster Linie durch Fehler bei der Herstellung. Die wichtigsten Parameter sind dabei u.a.

– die Feinheit des Zementes,
– der richtige Wasser/Zement-Wert,
– die darauf abgestimmte Sieblinie des Zuschlages,
– die Nachbehandlung während der Aushärtung.

Je feiner der Zement ist, desto höhere Endfestigkeiten des Betons werden erreicht. Weil feiner Zement eine größere Oberfläche hat, ist auch der Wasseranspruch größer. Theoretisch kann man das für die Hydratation des Zementes benötigte Wasser anhand des Volumens berechnen. Allerdings wird die Hydratation eines Zementklinkerteilchens beginnend an der Oberfläche immer langsamer, da der entstehende Hydratationssaum immer dichter und wasserundurchlässiger wird. Der Kern eines großen Zementklinkerteilchens bleibt daher trocken (unhydratisiert), was im Endeffekt zu einem geringeren Wasseranspruch führt.

Auch der Zuschlag hat einen Wasseranspruch, allein schon durch die Benetzung der Oberfläche. Aus allem zusammen bestimmt sich der optimale Wasser-Zement-Wert. Ist er zu niedrig, fehlt Wasser für die Hydratation des Zementes, eine evtl. Nachhydratation führt zu Schrumpfrissen. In ein durch chemisches Schwinden entstandenes feines Risssystem kann Feuchtigkeit eindringen und noch trocken gebliebene Zementklinkerkerne erreichen. Es kommt zu einer Nachhydratation, die wiederum mit einem lokalen Schrumpfen und Entstehung neuer feiner Risse einhergeht (Abb. 7).

Wird zu viel Wasser zugegeben, erhöht sich die Porosität und es bilden sich sog. Wassersäume um die Zuschläge. Als Folge davon entsteht eine nicht kraftschlüssige Verbindung zwischen Zuschlagskorn und Bindemittel, was zu Schwachstellen im Gefüge und zu geringerer Endfestigkeit führt. In älteren Betonen findet man gelegentlich, dass solche hohlen Wassersäume nachträglich durch die Kristallisation von Portlandit ($Ca(OH)_2$) verfüllt sind, wobei die dazu benötigte Calciumhydroxid-Lösung z.B. bei der Nachhydratation entstehen kann (vgl. Abb 8).

Die folgenschwerste (aber nicht vollständig vermeidbare) Veränderung des Matrixgefüges ist die Karbonatisierung. Sie führt zu einer Verminderung des pH-Wertes und damit zur Gefahr, dass in den Beton eingearbeitete Bewehrungsstähle korrodieren.

Alle diese Vorgaben kann man im Nachhinein an einem ausgehärteten Beton nachvollziehen.

Der Rückschluss auf die Herstellungsbedingungen durch Analyse des Festkörpergefüges („Betonografie") bedarf einer Grundlagenkenntnis der in den ersten Stunden nach Herstellung ablaufenden Abbindeprozesse.

Mit diesem Grundlagenwissen wird die rückführende Gefüge- und Schadensanalyse einer ausgehärteten Probe ermöglicht. Die Weiterentwicklung von modernen Mineralbaustoffen ist ohne eine gezielte mikroskopische Gefügeanalyse kaum noch denkbar.

Beispiel eines Beton-Freiland-Versuchskörpers

Nach 22-jähriger Bewitterung stellt sich die Situation wie folgt dar. Der Phenolphthalein-Test an einer abgebrochenen Ecke des Prüfkörpers (Abb. 9, oben) zeigt, dass die Karbonatisierung (d.h. die Umwandlung von Calciumhydroxid (Ca(OH)$_2$) in Calciumcarbonat (CaCO$_3$) durch Einwirkung von Kohlendioxid (CO$_2$ der Luft) etwa 10 mm vorgedrungen ist. Darunter verfärbt sich das noch stark alkalische Bindemittel nach Einsprühen mit wässriger Phenolphthalein-Lösung violett-rot (Abb. 9, unten).

Durch mikroskopisch-analytische Untersuchungen am Dünnschliff kann man die Situation des verwitterten Gefüges anschaulich darstellen. Im Durchlichtmikroskop erkennt man, dass die oberste Zone der Oberfläche sehr stark mit blau gefärbtem Einbettmittel getränkt, also hoch porös ist (Abb. 10a). Die Zuschlagskörner ragen aus dem Bindemittel heraus und geben der Betonoberfläche die typisch raue Struktur. Selbst in der äußersten scheinbar nicht mehr gebundenen Matrixzone finden sich aber noch Relikte nicht hydratisierter Zementkörner, erkennbar an den typisch braunen Körnern der Hochtemperatur-Schmelzphase (Aluminium-Ferrit). Unter dieser Zone wird das Matrixgefüge dichter. Dieser Bildausschnitt ist in den folgenden Abbildungen 10b bis 10e mit verschiedenen weiteren Untersuchungsverfahren abgebildet.

Im Polarisationsmikroskop unter gekreuzten Polarisatoren (Abb. 10b) ist die stark korrodierte Außenzone vollkommen abgedunkelt. Darunter beginnt an einer scharfen Grenze der carbonatisierte Bereich, der aufgrund der starken Brechung der Calciumcarbonatkristalle in polarisiertem Durchlicht hell aufleuchtet. Die Zuschlagskörner (hauptsächlich Quarze) erscheinen je nach Orientierung der Kristallachsen in der Schnittfläche des Dünnschliffpräparats hell oder dunkel.

Die korrodierte Außenzone ist auch im Rückstreubild des Rasterelektronenmikroskops gut zu erkennen (Abb. 10c). Das Einbettmittel erscheint wegen seiner geringen Rückstreuung dunkel. Es hat die Verwitterungszone durchtränkt und die offenen Poren gefüllt (vgl. die blauen Bereiche im Lichtmikroskop, Abb. 10a). In dieser Darstellung ist die Grenze zum carbonatisierten Bereich ebenfalls gut zu erkennen (vgl. Abb. 10b). Mit Ausnahme der wenigen großen Luftporen scheint das Bindemittel relativ dicht zu sein. Die Relikte einiger Zementkörner sind ebenfalls anhand der hellen (weil eisenhaltigen und daher gut rückstreuenden) Aluminiumferritphasen gut zu erkennen. Diese Zementphase ist auch nach 22 Jahren starker Bewitterung noch nicht hydratisiert. Die anderen Zementbestandteile Alit und Belit sind allerdings komplett hydratisiert, was an der dunklen Signalsausbeute zu erkennen ist.

Zusätzlich zu diesen gängigen Untersuchungsmethoden, die in der Baustoffanalyse üblicherweise zum Einsatz kommen, sind an dieser Probe noch Mikrosondenuntersuchungen durchgeführt worden, die das mikroskopisch-analytische Verständnis der Betonmatrixentwicklung noch weiter erhellen sollen. In den beiden folgenden Abbildungen 10d und 10e ist in demselben Bildausschnitt wie in Abb. 10c die Elementverteilung für Silizium und Calcium dargestellt. In dieser qualitativen Darstellung zeigt die Farbe blau einen geringen Gehalt des angegebenen Elementes an, während die Farbe rot einen hohen Gehalt ausweist. Anhand der Calcium-Verteilung kann man das Herauslösen infolge der Verwitterung gut nachvollziehen. In der verwitterten Zone ist kaum Calcium mehr

Abb. 9: Ein 22 Jahre alter Beton-Prüfkörper, der in einem Industriegebiet in Duisburg ausgelagert und der Freibewitterung ausgesetzt war.
Oben: Kompletter Prüfkörper, Oberfläche z.T. verwittert und mit Moos bewachsen;
unten: Phenolphthalein-Test an einer abgebrochenen Spitze (rote Linie im oberen Bild). Der Beton ist ca. 10 mm tief carbonatisiert.

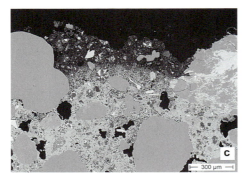

vorhanden. In der carbonatisierten Zone darunter steigt das Calciumsignal stark an und stammt vom dort vorhandenen Calciumcarbonat.

Die Siliziumverteilung zeigt demgegenüber ein zunächst überraschendes Ergebnis. Auf den ersten Blick erkennt man die Zuschlagkörner als rote, Silizium-haltige Bereiche. Das dazwischenliegende Bindemittel enthält neben hellblau erscheinenden Hüttensandbruchstücken (es handelte sich also hier um einen Hochofenzement) eine gleichmäßige dunkelblaue Verteilung an Silizium. Auch in der verwitterten calciumarmen Außenzone nimmt der Siliziumgehalt nicht ab. Damit ist klar, dass es sich bei dieser Verwitterung um einen Säureangriff handelte, der die Calciumsilikathydrate in Calciumsulfat (Gips) und Kieselsäure auflöste. Der Gips wurde im Laufe der Zeit heraus gewaschen (Löslichkeit: 2,5 g/Liter Wasser), die unlösliche Kieselsäure verblieb in Form von fein verteiltem Kieselgel zurück und ist nun noch in der Siliziumverteilung erkennbar.

Schlussbemerkung

In zunehmender Weise werden in Zukunft Gebäude oder Skulpturen aus Beton unter Denkmalschutz gestellt werden. Dabei stellt sich zwangsläufig die Frage, ob, wann und wie eine Restaurierung der verwitterten Oberflächen erfolgen kann. Um das zu entscheiden, muss ein ausreichendes Verständnis der chemischen Abläufe in diesem Baustoff vorhanden sein. Sobald die Carbonatisierungstiefe mit der einhergehenden pH-Wert-Verminderung einen möglicherweise vorhandenen Bewehrungsstahl erreicht, besteht auf jeden Fall Handlungsbedarf. Aber gerade die im Sinne der Denkmalpflege schützenswerte Oberfläche bedarf vor einer Maßnahme einer eingehenden Untersuchung, bei der die mikroskopische Analyse eine große Hilfe ist.

Dieser Beitrag hat hoffentlich ein wenig zum Verständnis dieses „Baustoffs ohne Grenzen" als Ausdruck der Baustofftechnik unserer Zeit beigetragen.

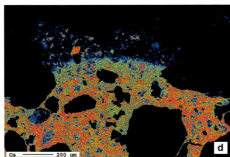

Literaturverweise

1. Michaelis, W.: Die hydraulischen Mörtel, Verlag von Quandt & Händel, Leipzig 1869.
2. Michaelis, W.: Der Cementbacillus. In: Tonindustrie-Zeitung 16, Nr. 6, 1892.
3. Juling, H.: Mikroskopische Cryo-Methoden für die mikroskopische Analyse von Baustoffen. Seminar der Universität Münster, WWU 052190, Licht – und Elektronenmikroskopie im Anwenderverbund, 25.2.1998, Münster 1998.
4. Schlütter, F.; Langenfeld, M.; Juling, H.; Blaschke, R.: Die ersten 75 Tage im Leben eines Putzes Kryo-REM-Untersuchungen zur Gefügeentwicklung eines HAZ-Putzes auf salzbelastetem Ziegel. In: Stark, J. (Hrsg.): 13. Internationale Baustofftagung ibausil, Weimar, Bd.1, 1997, S. 679-689.

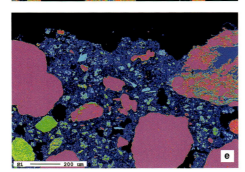

Abb. 10:
Mikroskopisch-analytische Abbildungen am Dünnschliff des Prüfkörpermaterials. Es handelt sich jeweils um denselben Bildausschnitt:

a) Durchlichtaufnahme
b) Unter gekreuzten Polarisatoren
c) Rückstreubild im REM
d) Calcium-Element-Verteilung
e) Silizium-Elementverteilung.

Fachwerkkonstruktion aus den Anfängen des Spannbetonbaus auf dem Prüfstand

Frank Weise
Bundesanstalt für Materialforschung und -prüfung (BAM)
Unter den Eichen 87, 12205 Berlin
frank.weise@bam.de

Einleitung

Der Anlass für die Bauzustandsanalyse der über der Empfangshalle des Flughafens Berlin Tempelhof befindlichen historisch bedeutsamen Fachwerkträger mit selbsttätiger Vorspannung war die geplante Umnutzung der über den Fachwerkträgern befindlichen Räume. So war hier die Aufstellung von Maschinen- und Ausrüstungstechnik vorgesehen, die einen stark erhöhten Lasteintrag in die Deckenkonstruktion und somit in die Fachwerkträger zur Folge hat. Für die Abschätzung der Realisierbarkeit der veränderten Raumnutzung war die Beurteilung der Tragfähigkeit der Fachwerkträger zwingend notwendig.

Der Bundesanstalt für Materialforschung und -prüfung (BAM) wurde in diesem Zusammenhang die Aufgabe übertragen, ein Prüfkonzept zur zerstörungsarmen Bauzustandsanalyse zu erarbeiten und dieses sowohl an einem gering als auch an einem hoch belasteten Fachwerkträger praktisch zu erproben. Die Auswahl geeigneter zerstörungsfreier Prüfverfahren basierte unter anderem auf dem ZfPBau-Kompendium[1].

Objekt

Einen optischen Eindruck von der räumlichen Einordnung der bautechnisch sehr bemerkenswerten Stahlbetonfachwerkträger in der dreischiffigen Abfertigungshalle vermittelt die Abb. 1.

Die zu untersuchenden Fachwerkträger haben eine Stützweite von 32,5 m und eine Höhe von 4 m. Über die gesamte Hallenlänge von 108 m sind hier 15 Fachwerkträger in 6 verschiedenen Ausführungen angeordnet. Allen ist gemeinsam, dass sie eine selbsttätige Vorspannung aufweisen. Aus baugeschichtlicher Sicht stellt diese von Dischinger und Finsterwalder bereits Anfang der dreißiger Jahre für den Brückenbau entwickelte Bauart den Anfang des Spannbetonbaus dar[2,3,4,5,6,7]. Das Konstruktionsprinzip dieser Bauart basiert auf der Vorspannung der durchgehenden Bewehrung in den Zugstäben vor dem Betonieren durch mittige Absenkung der Fachwerkträger mit den bereits betonierten Druckstäben und eventuell zusätzlich aufgebrachten Lasten infolge des Eigengewichtes. Hiermit verfolgt man nachstehende zwei Ziele:

- Verminderung der Zugspannungen und damit der Rissbildung im Beton,
- Reduzierung der Nebenspannungen im Fachwerkträger.

Abb. 1: Abfertigungshalle im Rohbau 1938 und im Betrieb 1997 (Fotomontage)

Einen Eindruck von der Herstellung eines solchen Fachwerkträgers vermittelt die Abb. 2.

Die prinzipielle Lage der Bewehrung in einem solchen Fachwerkträger zeigt die Abb. 3. Auffallend ist hierbei, dass der maximale Stabdurchmesser der Bewehrung bis zu 70 mm beträgt. Der Stahl weist eine Güte von St 52 auf. Problematisch war allerdings zur damaligen Zeit die Herstellung der Pressstumpfschweißverbindung auf der Baustelle zwischen den Stabstählen mit einem solch großen Durchmesser.[2] Das führte zu der Vermutung, dass die Schweißverbindung bei Aufbringung zusätzlicher Lasten nicht hinreichend tragfähig sei und somit bei der Erstellung des Prüfkonzeptes zu berücksichtigen ist.

Abb. 2: Fachwerkträger in der Rohbauphase 1938 im Abfertigungsgebäude ohne betonierte Zugstäbe mit Deckenauflast

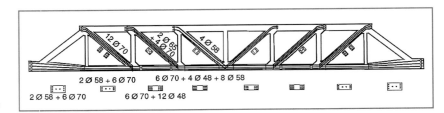

Abb. 3: Fachwerkträger mit schematischer Bewehrungslage

Prüfkonzept

Das erarbeitete Prüfkonzept beinhaltet sowohl Prüfungen an der Gesamtkonstruktion als auch an ausgewählten Konstruktionselementen (Abb. 4). Auf eine Tragfähigkeitsbestimmung mittels Probebelastung musste wegen der Gefahr des plötzlichen Versagens der Schweißnaht verzichtet werden. Zur Beurteilung der Stahl- und Schweißnahtqualität wurden an Vergleichsstahlproben mechanische Kennwerte ermittelt.

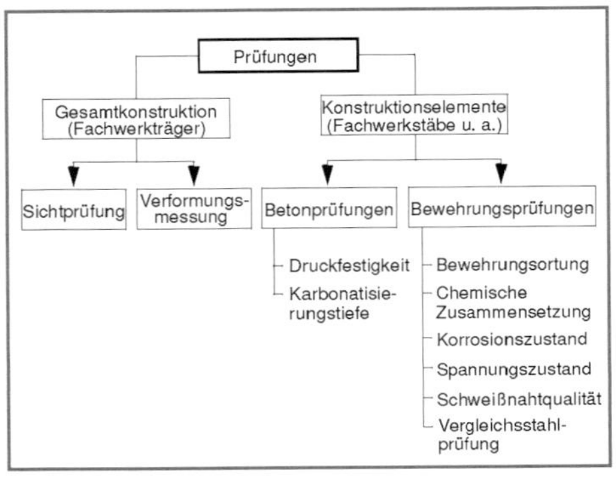

Sichtprüfung und Verformungsmessung

Die Prüfungen an der Gesamtkonstruktion ermöglichen eine qualitative Abschätzung des Tragverhaltens beider Fachwerkträger. Sie beinhalten die Sichtprüfung und Verformungsmessung. Die Sichtprüfung dient dabei dem Auffinden von Rissen, Abplatzungen und größeren Durchbiegungen. Die Verformungsmessung beschränkte sich hier auf die Ermittlung der Durchbiegung der Untergurte. Bei der Sichtprüfung beider Fachwerkträger wurden keine gravierenden Schäden festgestellt. Die Verformungsmessung in den Knotenpunkten des Untergurtes ergab, dass die Fachwerkträger unter Berücksichtigung herstellungsbedingter Ungenauigkeiten keine Durchbiegungen aufweisen.

Abb. 4: Prüfkonzept

Betonprüfungen

Druckfestigkeit

Die Ermittlung der Betondruckfestigkeit gestattet Rückschlüsse auf das Tragverhalten der Druckstäbe. Es gelangte hier vor allem das Ultraschallverfahren in Transmissionsanordnung[8] zum Einsatz. Zusätzlich wurde zur Kalibrierung eine lastgesteuerte Druckprüfung nach DIN 1048 Teil 2[9] an Bohrkernen durchgeführt. Die Prüfungen beschränkten sich auf die Vertikalstäbe V2 und V3, den auf Zug beanspruchten Untergurtstab U2 sowie auf den sich im Bereich des Obergurtes befindlichen Plattenbalken PB beim Fachwerkträger FWT2 (Abb. 5).

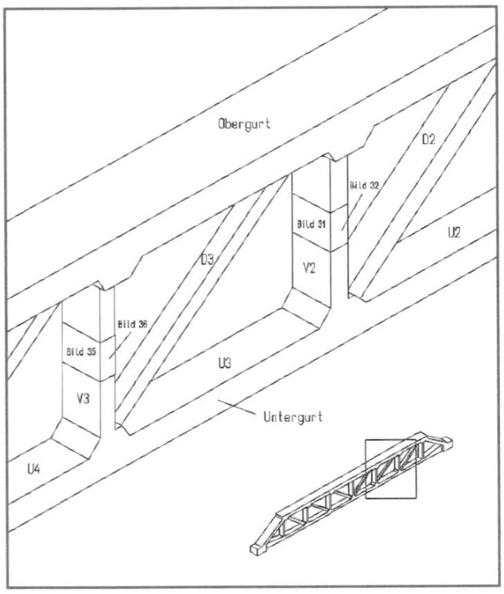

Einen Überblick über die Prüfergebnisse gibt die Tab. 1. Die am Bauwerk bei den Vertikalstäben V2 und V3 ermittelten Ultraschallgeschwindigkeiten weisen nur geringe Schwankungen auf und lassen so auf eine hohe Homogenität des Betons schließen. Eine vergleichende Betrachtung der Ultraschallergebnisse mit den ermittelten mittleren Betondruckfestigkeiten zeigt, dass beide Vertikalstäbe und der Plattenbalken PB eine relativ geringe Ultraschallgeschwindigkeit bei einer hohen Betongüte aufweisen. Das ist ein Indiz für einen geringen dynamischen Elastizitätsmodul, der hier durch einen hohen Zementsteinanteil verursacht wird. Die vorhandene Betonfestigkeitsklasse ist oft höher als gefordert. Für die weitere Überprüfung der Betongüte von B 35 mit dem Ultraschallverfahren am betrachteten Bauwerk kann ein Schwellwert von 3,5 km/s für die Ultraschallgeschwindigkeit empfohlen werden.

Karbonatisierungstiefe

Zur Abschätzung des Korrosionsschutzes der Bewehrung wurde an den für die Betondruckfestigkeitsuntersuchungen vorgesehenen Bohrkernen unmittelbar nach ihrer Entnahme die Karbonatisierungstiefe mit dem Phenolphthalein-Test bestimmt. Sie beträgt bei den Vertikalstäben

Abb. 5: Räumliche Einordnung der untersuchten Fachwerkstäbe

V2 und V3 sowie beim Plattenbalken PB trotz 60-jähriger Standzeit nur 1 mm. Beim Untergurtstab U3 hingegen erreicht diese wegen der geringeren Betongüte bei den Zugstäben mit 26 mm einen erheblich höheren Wert. Dieser wird jedoch wegen der größeren Betondeckung und dem fehlenden Feuchtezutritt als unkritisch beurteilt.

Bewehrungsprüfungen

Bewehrungsortung

Die Bewehrungsortung dient der Ermittlung von Anzahl und Lage der Bewehrungsstähle, die wiederum Rückschlüsse auf die Tragfähigkeit des Fachwerkträgers durch einen Vergleich von Soll- und Ist-Zustand ermöglicht. Sie ist gleichzeitig die Voraussetzung für die Ultraschalluntersuchungen zur Ermittlung der Betondruckfestigkeit und die gezielte Freilegung der Schweißnähte bei den Zwischenstücken.

Als Prüfverfahren kam hier primär das auf dem Transformatorprinzip basierende elektromagnetische Wechselfeldverfahren[10] zum Einsatz. Zusätzlich wurde das Radar-Verfahren[11] erprobt. Dieses basiert auf der Reflexion kurzer elektromagnetischer Impulse an Materialgrenzschichten mit stark unterschiedlichen dielektrischen Eigenschaften wie dies insbesondere beim Übergang von Beton zum Stahl hinreichend gegeben ist.

Das Bild 6 zeigt exemplarisch das Prüfergebnis der Bewehrungsortung mit den beiden Verfahren für einen Knotenpunkt des Fachwerkträgers FWT2. Als Prüffläche wurde hier die Unterseite des Untergurtes gewählt.

Konstr.-element	Ultraschallgeschwindigkeit v_{US}		Mittlere Betondruckfestigkeit β_d	Betonfestigkeitsklasse	
	Bauwerk	Bohrkerne			
	km/s		N/mm²	Soll	Ist
V2	3,45 - 3,78	3,67 - 3,92	44,2	B 35	B 35
V3	3,80 - 4,10	3,84 - 3,95	49,9	B 35	B 45
U2	-	3,39 - 3,48	22,6	B 15	B 20
PB	-	3,90 - 4,40	68,8	B 35	B 55

Tab. 1: Prüfergebnisse der Betondruckfestigkeitsermittlung

Das bei der bildgebenden Bewehrungsortung mit dem elektromagnetischen Wechselfeldverfahren gewonnene Amplitudenbild ist in der Mitte der Abb. 6 dargestellt. Es zeigt sich hier im mittleren Bereich (Teilbild 2), dass mit dem verwendeten Verfahren die Bewehrung wegen ihrer zu dichten Lage nicht hinreichend aufgelöst werden kann. Die beim Seitenvergleich (Teilbilder 1 und 3) feststellbare unterschiedliche Anzahl der Stabstähle resultiert aus der Einbindung zweier Stabstähle aus dem Diagonalstab D2 in den Untergurtstab U3. Die Ergebnisse der Radaruntersuchungen zeigen die Radargramme links und rechts des Amplitudenbildes. Diese wurden durch das Verfahren des Antennenpaares entlang der Messspuren 4-4 und 5-5 gewonnen. In einem solchen Radargramm wird die Intensität der reflektierten Signale als Grauwerte über den Ort, das heißt über den Verfahrweg des Antennenpaares einerseits und die Eindringtiefe der elektromagnetischen Impulse in das Bauteil andererseits, aufgetragen. Aufgrund der Abstrahlcharakteristik der Sendeantenne wird ein Stabstahl im Radargramm als Hyperbel widergespiegelt. Während die Zuordnung der Stabstähle zu den Hyperbeln im Radargramm der Messspur 5-5 relativ einfach ist, gestaltet sich diese bei der Messspur 4-4 ohne vorherige Kenntnisse der geplanten Bewehrungslage sehr schwierig.

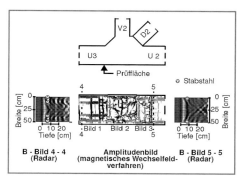

Abb. 6: Prüfergebnisse der Bewehrungsortung mit elektromagnetischem Wechselfeldverfahren und Radar bei einem Knotenpunkt des Fachwerkträgers FWT2

Zusammenfassend können für alle untersuchten Bereiche folgende Schlussfolgerungen gezogen werden:

- Zur Lösung dieses Prüfproblems ist das elektromagnetische Wechselfeldverfahren besser als das Radar-Verfahren geeignet.
- Die Anzahl und Lage der Stabstähle ist ohne Beanstandungen.
- Die Zwischenstücke für die Freilegung der Schweißnähte wurden erfolgreich lokalisiert.

Chemische Zusammensetzung

Die Ermittlung der chemischen Zusammensetzung des Stabstahls dient der Bestimmung der Stahlart zur Abschätzung seiner Schweißbarkeit, seiner Festigkeit und seines Korrosionsverhaltens. Als Prüfverfahren kam hier die funkeninduzierte Emissionsspektralanalyse[12] am Bauwerk

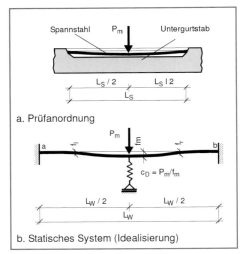

Abb. 7: Prüfprinzip beim statischen Verfahren

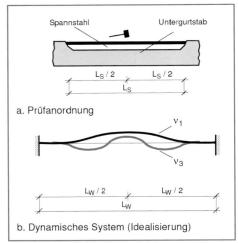

Abb. 8: Prüfprinzip beim dynamischen Verfahren

und im Labor zum Einsatz. Sie wurde ausschließlich an der freigelegten Hauptbewehrung und den Bügeln sowie an einem entnommenen Justierstab beim Fachwerkträger FWT2 durchgeführt.

Die Analyse ergab, dass die Hauptbewehrung und der Justierstab annähernd die gleiche chemische Zusammensetzung aufweisen. Sie zeichnet sich durch folgende chemische Charakteristika aus:

- geringer C-Gehalt (0,2 M%), der eine gute Schweißbarkeit bedingt,
- hoher Mn-Gehalt (ca. 1 M%), der eine hohe Feinkörnigkeit zur Folge hat,
- hoher Cu-Gehalt (0,4 - 0,6 M%) und Cr-Gehalt (ca. 0,4 M%), die eine hohe Korrosionsbeständigkeit hervorrufen,
- hoher Si-Gehalt (0,4 M%), der für die Sauerstoffbindung des Stahls im Herstellungsprozess und somit für dessen Beruhigung benötigt wird.

Die chemischen Charakteristika lassen den Schluss zu,[13,14] dass es sich hier um einen Mn-Cr-Cu- Stahl der Güte St 52 handelt und somit eine Übereinstimmung von Soll- und Ist-Zustand gegeben ist. Bei den Bügeln hingegen handelt es sich um den gleichfalls geforderten niedrig legierten Stahl St 37.

Korrosionszustand

Die Ermittlung des Korrosionszustandes beschränkte sich auf eine Sichtprüfung der partiell freigelegten Hauptbewehrung bei den Fachwerkträgern FWT2 und FWT9. Es wurden jedoch in all diesen Bereichen keine sichtbaren Korrosionserscheinungen mit Masseverlust festgestellt.

Spannungszustand

Zur Überprüfung der statischen Auslastung der Zugbewehrung wurde exemplarisch an einem Stabstahl messtechnisch die Spannkraft ermittelt und mit der rechnerisch bestimmten verglichen. Als Prüfverfahren gelangten dabei sowohl ein statischer als auch ein dynamischer Versuch zum Einsatz. Beide Verfahren erforderten aufgrund des großen Stabdurchmessers von 70 mm eine Freilegung des Bewehrungsstahls auf einer Länge von ca. 3 m. Der so freigelegte Stabstahl wurde dann als beiderseitig im Beton fest eingespannter Einfeldträger betrachtet.

Prüfprinzipien

Beim statischen Verfahren[15] wird dieser Einfeldträger mittig mit einer definierten Einzellast P_m belastet und dann die Auslenkung f_m in Trägermitte bestimmt (Abb. 7). Das Verhältnis von mittig aufgebrachter Einzellast und mittiger Auslenkung P_m / f_m, das auch als Federkonstante c_D bezeichnet wird, ist dabei ein Maß für die Spannkraft K_{stat}. So kann bei gleichbleibender Einzellast und zunehmender Auslenkung auf eine abnehmende Spannkraft geschlossen werden.

Beim dynamischen Verfahren[16] wird der beiderseitig eingespannte Einfeldträger mit einem Gummihammer zu Schwingungen angeregt (Abb. 8). Die erste Eigenfrequenz der Schwingung v_1 ist hier ein Maß für die Spannkraft K_{dyn}. Sie erhöht sich mit zunehmender Spannkraft.

Beiden Verfahren ist gemeinsam, dass die sichtbare freie Länge des Stabstahls L_s kleiner als die wirksame freie Stablänge L_w ist. Das ist darauf zurückzuführen, dass die Betoneinbettung des Stabstahls im Randbereich nicht völlig starr ist. Die Ermittlung der statisch bzw. dynamisch wirksamen freien Länge erfordert die Bestimmung zusätzlicher Messgrößen. So ist beim statischen Verfahren die Ermittlung der Auslenkungen im linken und rechten Randbereich des freigelegten Stabstahls f_l bzw. f_r erforderlich. Beim dynamischen Verfahren muss eine weitere Eigenfrequenz bestimmt werden.

Der funktionelle Zusammenhang zwischen der Spannkraft und den Messgrößen wird beim statischen Verfahren über die Lösung der

Differentialgleichung für die Biegelinie und beim dynamischen Verfahren durch die Lösung der Bewegungsdifferentialgleichung hergeleitet[17]. Weitergehende Untersuchungen wurden vorgenommen.[3]

Prüfobjekt und -durchführung

Die räumliche Einordnung des exemplarisch untersuchten Stabstahls beim Fachwerkträger FWT2 ist in Abb. 9 dargestellt. Einen Eindruck von der praktischen Durchführung der Arbeiten vor Ort vermittelt Abb. 10. So zeigt dieses den mit einem speziellen Verfahren[2] erschütterungsarm freigelegten Stabstahl mit der Prüfapparatur für das statische Verfahren. Im Gegensatz zu der üblichen Prüfapparatur[15] wird hier der ausreichend steife Untergurt des Fachwerkträgers selbst als Abstützung für die aufgebrachte Einzellast P_m benutzt. So wird diese mit einer Andruckschraube über einen Rahmen (vorn), der am Stahlbetonträger festgeklemmt ist, aufgebracht und mit einer Kraftmessdose gemessen. Ein gleichartiger zweiter Rahmen (hinten) trägt einen Wegsensor zur Messung der Auslenkungen.

Der gerätetechnische Aufwand für das dynamische Verfahren ist relativ gering. Auf dem freigelegten Spannstahl wird ein Beschleunigungsaufnehmer angebracht, der Stabstahl mit einem Gummihammer angeschlagen und der zeitliche Verlauf der Schwingungen registriert und abgespeichert. Mit Hilfe der Fouriertransformation wird aus dem zeitlichen Verlauf das Frequenzspektrum ermittelt, das i. w. aus einigen diskreten Eigenfrequenzen besteht. Über diese wird dann die Spannkraft K_{dyn} ermittelt.

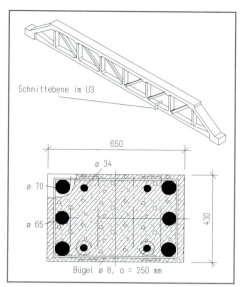

Abb. 9: Räumliche Einordnung des untersuchten Stabstahls beim Fachwerkträger FWT2

Prüfergebnis

Beim statischen Verfahren ergibt sich ausgehend von einer berechneten wirksamen Länge L_w von 2833 mm (sichtbare freie Länge L_s = 2670 mm) und einer gemessenen Federkonstanten c_D von 2505 N/mm eine Spannkraft K_{stat} von (271 ± 23) kN.
Im dynamischen Verfahren berechnet sich aus den gemessenen Eigenfrequenzen ν_1 = 43,35 Hz und ν_3 = 217,2 Hz unter Berücksichtigung der Geometrie und Materialkennwerte des Stabstahls eine Spannkraft K_{dyn} von (293 ± 23) kN. Das zeigt, dass die Ergebnisse der beiden sehr unterschiedlichen Prüfmethoden eine sehr gute Übereinstimmung aufweisen. Der Mittelwert berechnet sich zu:

$$K = (282 \pm 16) \text{ kN bzw. } \sigma = (72{,}2 \pm 4{,}2) \text{ N/mm}^2 \quad (1)$$

Die ermittelte Spannkraft liegt damit um ca. 14 % unter dem Sollwert der statischen Berechnungen von 328,5 kN. Das lässt den Schluss zu, dass das Tragverhalten des untersuchten Stabstahls bei U3 unkritisch ist.

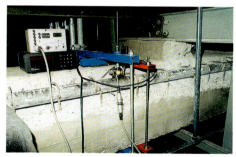

Abb. 10: Freigelegter Bewehrungsstahl mit Mess- und Belastungsrahmen für den statischen Versuch

Schweißnahtqualität

Ausgehend von den bereits erwähnten Problemen bei der Herstellung der Pressstumpfschweißverbindung auf der Baustelle zwischen den Stabstählen mit großem Durchmesser ist der Überprüfung der Schweißnahtqualität besondere Aufmerksamkeit zu schenken. Die Auswahl der hierfür geeigneten zerstörungsfreien Prüfverfahren basiert auf dem Merkblatt des Deutschen Verbandes für Schweißtechnik DVS 2911[18] und der DIN 8524 Teil 2[19]. So gelangten nach Freilegung der Schweißnähte folgende zerstörungsfreie Prüfverfahren zum Einsatz:

- Sichtprüfung
- Magnetpulverprüfung
- Ultraschallprüfung
- Radiografieprüfung

Die exemplarischen Prüfungen erfolgten an 3 Schweißnähten beim Fachwerkträger FWT2 und an 2 Schweißnähten beim Fachwerkträger FWT9. Die räumliche Einordnung der untersuchten Schweißnähte im Bereich der Zwischenstücke zeigt die Abb. 11.

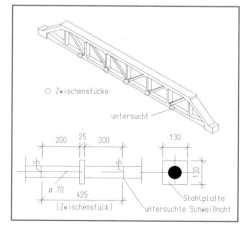

Abb. 11: Räumliche Einordnung der untersuchten Schweißnähte

*Abb. 12: Freigelegte Schweißnähte
12a) Fachwerkträger FWT2*

*Abb. 12: Freigelegte Schweißnähte
12b) Fachwerkträger FWT9*

Abb. 13: Prüfapparatur für die Magnetpulverprüfung

Sichtprüfung

Zur visuellen Beurteilung der Schweißnahtqualität wurden folgende Kriterien herangezogen:

- Bearbeitungszustand
- Kerben
- Schweißnahtüberhöhung

Einen optischen Eindruck von den erschütterungsarm freigelegten Schweißnähten vermitteln die Abb. 12 a und b. Während alle drei Schweißnähte beim Fachwerkträger FWT2 visuell keine Beanstandungen aufweisen, gibt das äußere Erscheinungsbild der beiden offensichtlich unbearbeiteten Schweißnähte beim Fachwerkträger FWT9 Anlass zu einer näheren kritischen Betrachtung. So stellt sich hier die Frage, ob die sichtbaren Kerben zu einer Querschnittsschwächung des Stabstahls führen. Nach Abarbeitung der Wülste waren jedoch keine signifikanten Querschnittsschwächungen erkennbar. Die teilweise noch sichtbaren kleineren Kerben sind jedoch wegen der ausschließlich statischen Belastung des Bauteils unkritisch zu beurteilen.

Magnetpulverprüfung

Sie dient dem Auffinden oberflächennaher Schweißnahtfehler senkrecht zum magnetischen Fluss[20]. Die Prüfung beginnt mit der Magnetisierung des Prüfkörpers und dem Aufbringen eines Magnetpulvers. Im Bereich des Fehlers kommt es dann infolge der Änderung des magnetischen Widerstandes zur Ausbildung magnetischer Streufelder. Der Streufeldgradient und somit der Fehler wird dann durch eine Magnetpuleransammlung sichtbar gemacht. Einen Eindruck von der Durchführung der praktischen Prüfung vor Ort vermittelt die Abb. 13. Die Prüfung ergab, dass alle drei Schweißnähte beim Fachwerkträger FWT2 wenige und die beiden Schweißnähte beim Fachwerkträger FWT9 viele Anzeigen aufwiesen, die jedoch alle in Anlehnung an die Prüfvorschrift[21] nach dem Beschleifen nicht registrierpflichtig waren.

Ultraschallprüfung

Diese in Anlehnung an DIN 54125[22] durchgeführte Prüfung dient dem Auffinden flächenhafter senkrecht zur Stabachse orientierter Fehler. Der Fehlernachweis basiert dabei auf der Änderung des Schallwellenwiderstandes infolge von Reflexion bzw. Schwächung des Schallbündels. Aufgrund der Geometrie der Schweißnähte wurde hier mit den Winkelprüfköpfen in verschiedenen Prüftechniken gearbeitet. So gelangten die Einkopf-, die Tandem- und die Durchschallungstechnik zum Einsatz. Die durch das Verfahren der Winkelprüfköpfe entlang der Stahloberfläche bei der Tandem- und Einkopftechnik erfassten Bereiche des Schweißnahtquerschnittes zeigt die Abb. 14. Die Gerätejustierung erfolgte an einem speziell hergestellten Kontrollkörper. Die Registriergrenze für die Schweißnahtfehler wurde in Anlehnung an DIN 54125[22] und DIN 54124[23] festgelegt.

Die Prüfungen ergaben, dass die fünf untersuchten Schweißnähte in allen Prüftechniken keine registrierpflichtigen Anzeigen aufweisen.

Radiografieprüfung

Sie dient dem Auffinden volumenhafter in Einstrahlrichtung orientierter Fehler. Der Fehlernachweis basiert auf der unterschiedlichen Schwächung der radioaktiven Primärstrahlung durch Dichte- und Dickenunterschiede im Prüfobjekt. Im vorliegenden Fall wurden die Prüfungen nach der Prüfvorschrift DIN 54111[24] in Prüfklasse A ausgeführt. Als Strahlungsquelle wurde Iridium · 192 mit einer Aktivität von 1620 GBq verwendet. Die Aufnahmen erfolgten aufgrund der Geometrie des Stabstahles in Zweifilmtechnik. Der Film-Focus-Abstand betrug 700 mm, die Belichtungszeit 60 min. Zur Reduzierung der kontrastmindernden Streustrahlung wurden partiell auf die Schweißnahtoberfläche Bleifolien aufgelegt.

Einen Eindruck von der praktischen Durchführung der Prüfung am Bauwerk vermittelt die Abb. 15.

Bei den ausschließlich am Fachwerkträger FWT2 geprüften drei Schweißnähten wurden keine registrierpflichtigen Anzeigen gefunden.

Prüfungen an Vergleichsstahlproben
Da einerseits eine Probenahme bei den Stabstählen der Fachwerkträger nicht möglich war und andererseits zur Beurteilung der Stahl- und Schweißnahtqualität mechanische Kennwerte wünschenswert sind, wurden drei größere Vergleichsstahlproben aus Bauwerken gleichen Alters mit einem Stahl gleicher Qualität und gleichartiger Schweißverbindung beschafft. Nach zerstörungsfreien Voruntersuchungen zur Stahlidentifikation und Überprüfung der Schweißnahtqualität erfolgten Zugversuche an speziell vorbereiteten Klein- und Großproben.
Die zylinderförmigen Rohlinge für die Kleinproben wurden dabei sowohl aus dem Bereich des Grundwerkstoffes als auch aus dem der Schweißnaht gewonnen (Abb. 16). Aus ihnen wurden anschließend zur Erfassung der lokal stark ausgedehnten Wärmeeinflusszone der Schweißnaht lange Proportionalstäbe nach DIN 50125 [25] hergestellt.

Die so hergestellten Proportionalitätsstäbe wurden anschließend nach DIN 10002 Teil 1 [26] mit einer servohydraulischen Universalprüfmaschine (100 kN) gezogen (Abb. 17).

Hierbei wurde ein unterschiedliches Verhalten von Schweißnaht (spröd) und Grundwerkstoff (duktil) festgestellt. Das führte zu der Befürchtung, dass bei den verbauten Stabstählen im Schweißnahtbereich die Gefahr des Sprödbruches besteht. Um dies zu verifizieren, wurde zusätzlich eine Großprobe nach DIN EN 10002 Teil 1 [26] mit einer servohydraulischen Universalprüfmaschine (15 MN) auf Zug beansprucht (Abb. 18). Es zeigte sich hier allerdings, dass die Bruchebene außerhalb des Schweißnahtbereiches auftritt und es sich hier aufgrund des vorgefundenen Bruchbildes um einen ausgesprochenen duktilen Bruch im Bereich des Grundwerkstoffes handelt [27]. Die Ursache hierfür liegt vermutlich darin begründet, dass die Sprödigkeit im Schweißnahtbereich durch die hohe Duktilität des Grundwerkstoffes kompensiert wird.

Die hohe Duktilität des Grundwerkstoffes hat jedoch den Nachteil, dass die vorhandene 0,2-Dehngrenze des verwendeten Stahls vorh $R_{p0,2}$ den erforderlichen Wert nicht erreicht (Abb. 19). Dies wiederum hat eine leichte Unterschreitung des damals geforderten Sicherheitsbeiwertes von 1,71 und somit eine geringfügige Einschränkung der Sicherheit des Fachwerkträgers zur Folge. Interessant ist in diesem Zusammenhang, dass nach Abschluss der Untersuchungen im Archiv ein Dokument von 1937 gefunden wurde aus dem hervorgeht, dass dieser Stahl trotz Kenntnis seiner eingeschränkten mechanischen Eigenschaften auf Anweisung der Neubauleitung verwendet wurde.

Zusammenfassende Beurteilung und Ausblick

Die an den Fachwerkträgern FWT2 und FWT9 durchgeführten Untersuchungen lassen folgende Aussagen zu:

- Das erarbeitete zerstörungsarme Prüfkonzept hat sich im praktischen Einsatz bewährt. Bei weiteren Untersuchungen an den Fachwerkträgern kann jedoch wegen der eingeschränkten Aussagefähigkeit auf den Einsatz von Radar und Radiografie verzichtet werden.
- Das statische und dynamische Verfahren eignen sich sehr gut für die Ermittlung der Spannkraft in Stabstählen mit einem großen Durchmesser.

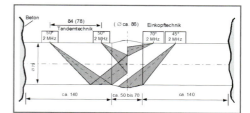

Abb. 14: Ausgewählte Prüftechniken bei der Ultraschallprüfung der Schweißnähte

Abb. 15: Aufnahmeanordnung für die radiografischen Schweißnahtuntersuchungen

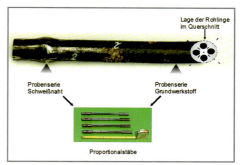

Abb. 16: Herstellung von Proportionalitätsstäben nach [25] aus einer Gesamtprobe

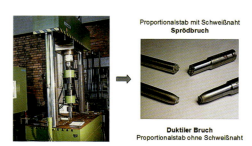

Abb. 17: Durchführung und Ergebnis der Zugversuche an Kleinproben

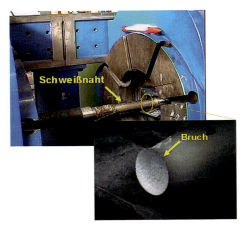

Abb. 18: Durchführung und Ergebnis der Zugversuche an der Großprobe

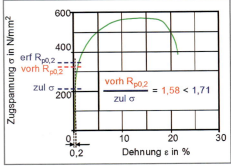

Abb. 19: Diagramm für Grundwerkstoff

- Alle fünf geprüften Schweißnähte besitzen eine hinreichende Tragfähigkeit.
- Die zusätzlich an Vergleichsstahlproben durchgeführten Untersuchungen zeigen, dass bei den verbauten Stabstählen im Schweißnahtbereich trotz großer Verformungsarmut infolge thermisch bedingter Gefügevergröberung keine Sprödbruchgefahr besteht. Eine hinreichende Sicherheit ist bei Einhaltung einer maximal zulässigen Zugspannung von 195 N/mm² gegeben.

Basierend auf den bisher gewonnenen Erkenntnissen und in enger Abstimmung mit den Tragwerksplanern, dem Prüfstatiker und der BAM hat die Berliner Flughafengesellschaft folgende Festlegungen zur weiteren Vorgehensweise getroffen:

- Auf die geplante Erhöhung der Verkehrslast in den Räumen über den Fachwerkträgern wird verzichtet. Die maximal zulässige Verkehrslast wird je nach vorhandener statischer Auslastung begrenzt.
- Eine turnusmäßige Bauwerküberwachung der Gesamtkonstruktion wird wie folgt festgeschrieben:
    - Sichtprüfungen (jährlich)
    - Verformungsmessungen (alle 3 Jahre)
- Bei Feststellung signifikanter Veränderungen bei vorstehenden Untersuchungen sind die bereits erprobten zerstörungsarmen Prüfungen an ausgewählten Konstruktionselementen durchzuführen.

Danksagung

Wir danken der Berliner Flughafengesellschaft für die interessante Aufgabenstellung und die finanzielle Unterstützung der Arbeit. Weiterhin sind wir den Ingenieurbüros Reiche und Rostalski für die tragwerksplanerische Begleitung der Untersuchungen dankbar. Nicht zuletzt gilt unser Dank aber auch allen beteiligten Mitarbeitern der BAM aus den Abteilungen I, V, VII, VIII und S für die geleistete Arbeit und die hohe Einsatzbereitschaft bei den nächtlichen Messeinsätzen.

---

1 http://www.bam.de/zfp-kompendium.htm
2 Reiche, G., Wartenberg, J.: Bauzustandsanalyse selbsttätig vorgespannter Stahlbetonfachwerkträger im Flughafen Berlin Tempelhof - Baugeschichte und Gesamtprüfkonzept. Bauingenieur 73 (1999).
3 Weise, F., Porzig. E., Mayer, N.: Bauzustandsanalyse selbsttätig vorgespannter Stahlbetonfachwerkträger im Flughafen Berlin Tempelhof - Zerstörungsarme Prüfungen. Bauingenieur 74 (1999).
4 Conin, H.: Gelandet in Berlin - zur Geschichte der Berliner Flughäfen. Berlin: Berliner Flughafengesellschaft mbH (Hrsg.), (1974).
5 Finsterwalder, U.: Eisenbetonträger mit selbsttätiger Vorspannung. Der Bauingenieur, 19 (1938) 35/36, S. 495-499.
6 Finsterwalder, U.: Eisenbetonträger mit Vorspannung durch Wirkung des Eigengewichtes. VDI-Zeitschrift, Bd. 82 (1938) 45, S. 1301-1304.
7 Schleusner, A.: Die Eisenbetonbauten des Welt-Flughafens Berlin-Tempelhof. Der Bauingenieur, 19 (1938) 45/46, S. 621-628.
8 Merkblatt für das Ultraschall-Impuls-Verfahren zur zerstörungsfreien Prüfung mineralischer Baustoffe und Bauteile. Deutsche Gesellschaft für Zerstörungsfreie Prüfung (DGZfP), Berlin, 1993.
9 DIN 1048 Teil 2 Prüfverfahren für Beton, Festbeton in Bauwerken und Bauteilen. Berlin: Beuth Verlag, Ausgabe Juni 1991.
10 Merkblatt für Bewehrungsnachweis und Überdeckungsmessung bei Stahl- und Spannbeton. Deutsche Gesellschaft für Zerstörungsfreie Prüfung (DGZfP), Berlin, 1990.

11 Maierhofer, Ch., Funk, Th.: Auswertung von Radarmessungen im Bauwesen: Signalverarbeitung - Visualisierung - Interpretation. Berlin: Deutsche Gesellschaft für Zerstörungsfreie Prüfung, Tagungsband des Querschnittsseminars Bildverarbeitung in Stutensee, Berichtsband 50 (1995) S. 101-110

12 Brauner, J., Glaubitz, K.-D., Kremer, K.-J.: Einsatz eines beweglichen Spektrometers für die betriebliche Prüfung auf Werkstoffverwechslungen. Stahl und Eisen 100 (1980) Nr. 22 S. 1323 bis 1328

13 Dubbel, H.: Taschenbuch für den Maschinenbau. Band 1 (9. Auflage) Berlin: Springer Verlag (1943)

14 Kuntscher, W., Kilger, H., Biegler, H.: Technische Baustähle. Eigenschaften - Behandlung - Verwendung - Prüfung (3. Auflage) Halle/Saale: VEB Wilhelm Knapp Verlag (1958)

15 Mayer, N.: Spannkraftmessung in Erdankern - Berechnungsgrundlagen und Anwendung eines neuen Meßgerätes. VDI-Berichte 313 (1978) S. 275-278.

16 Sato, H., Taniguti, T., Iwata, Y.: Axial Force Estimation of Elastically Clamped Beam by Measuring Natural Frequencies. Nippon Kikai Gakkai Ronbunshu 53 (1987) S. 1629-1635

17 Gasch, R., Knothe, K.: Strukturdynamik. Band 2: Kontinua und ihre Diskretisierung. Springer-Verlag Berlin, Heidelberg (1989).

18 Merkblatt DVS 2922: Prüfen von Abbrennstumpf-, Preßstumpf- und MBP-Schweißverbindungen. Deutscher Verband für Schweißtechnik e. V., Technischer Ausschuß, Arbeitsgruppe „Widerstandsschweißen und verwandte Verfahren" Ausgabe März 1991

19 DIN 8524 Teil 2 Fehler an Schweißverbindungen aus metallischen Werkstoffen, Preßschweißverbindungen, Einteilung - Benennung - Erklärungen. Berlin: Beuth Verlag, Ausgabe März 1979

20 DIN 54130 Zerstörungsfreie Prüfung, Magnetisches Streufluß-Verfahren, Allgemeines. Berlin: Beuth Verlag, Ausgabe April 1974.

21 AD-Merkblatt HP 5/3 Zerstörungsfreie Prüfung der Schweißverbindungen. Carl Heymanns Verlag KG, Ausgabe Juli 89.

22 DIN 54125 Prüfung von Schweißverbindungen mit Ultraschall. Berlin: Beuth Verlag, Ausgabe Januar 1989.

23 DIN 54124 Manuelle Prüfung von Schweißverbindungen mit Ultraschall. Berlin: Beuth Verlag, Ausgabe Januar 1989.

24 DIN 54111 Teil 1 Zerstörungsfreie Prüfung, Prüfung metallischer Werkstoffe mit Röntgen- und Gammastrahlen, Aufnahme von Schmelzschweißverbindungen. Berlin: Beuth Verlag, Ausgabe Mai 1988.

25 DIN 50125 Prüfung metallischer Werkstoffe, Zugproben, Richtlinie für die Herstellung, Berlin: Beuth Verlag, Ausgabe April 1951.

26 DIN EN 10002 Metallische Werkstoffe; Zugversuch; Teil1: Prüfverfahren (bei Raumtemperatur), Berlin: Beuth Verlag, Ausgabe April 1991.

27 Zugversuche an zwei Probekörpern. Prüfungsbericht der MPA Stuttgart, 1998, unveröffentlicht.

Häufige Schadreaktion in Betonen historischer Bauwerke und Denkmale

Stephan Pfefferkorn* und Stefan Weise
* Hochschule für Technik und Wirtschaft Dresden
** Institut für Diagnostik und Konservierung an Denkmalen in Sachsen und Sachsen-Anhalt e.V.

Einleitung

In der 2. Hälfte des 18. Jahrhunderts und 1. Hälfte des 19. Jahrhunderts wurde vor allem in der aufblühenden Industrienation England, aber auch in Frankreich und Deutschland usw. nach wasserbeständigen Bindemitteln gesucht. In den ersten Versuchen wurden dabei die hydraulischen Kalke aus natürlichen Kalkvorkommen mit hohem Tonanteil weiterentwickelt. Wesentliche Entwicklungsschritte bildeten die Patentierungen des so genannten Romanzements (1796 durch James Parker) und des Portlandzements (1824 durch Joseph Aspdin). Dabei handelte es sich jedoch um keine echten Zemente im heutigen Sinn, sondern um hoch hydraulische Kalke. Ein Portlandzement nach heutiger Definition wurde wahrscheinlich im Jahr 1843 zuerst von William Aspdin, einem Sohn des Joseph Aspdin, hergestellt. Er hat die Rezeptur der Ausgangsstoffe Kalkstein und Ton optimiert und diese Mischung über der Sintertemperatur – damals noch in einem Schachtofen – gebrannt. Durch diese hohen Brenntemperaturen entstehen Produkte mit anderen mineralogischen Zusammensetzungen als bei dem bis dahin praktizierten Kalkbrand. Die auf diesem Wege hergestellten Portlandzemente[1], wie diese Bindemittel auch weiterhin genannt wurden, besitzen besondere hydraulische Eigenschaften, wie eine schnelle Erhärtung, hohe Festigkeiten, Erhärtung auch unter Wasser und Wasserbeständigkeit im erhärteten Zustand.

Diese Eigenschaften waren der Grund, weshalb sich dieses neue Bindemittel trotz seines deutlich höheren Preises gegenüber den Kalken schnell durchsetzte. Ab 1850 begann auch in Deutschland (Buxtehude, Lüneburg, Itzehoe; ab 1855 in Stettin) die Produktion dieses neuen Bindemittels.

Im Jahr 1862 fand man heraus, dass auch abgeschreckte und gemahlene Schlacke aus der Eisenerzverhüttung im Hochofen hydraulische Abbindeeigenschaften aufweisen kann, wenn diese Reaktion basisch oder sulfatisch angeregt wird. Im Unterschied zum Portlandzement erfolgt die Erhärtungsreaktion zwar langsamer, aber es entsteht dabei auch beträchtlich weniger Hydratationswärme. Dies führte bald zur Zumahlung solcher Hüttensande zum Portlandzement (ab 1880), um gezielt verschiedene Eigenschaften des erhärtenden und erhärteten Betons zu beeinflussen. In Deutschland erfolgte die Normung dieser Mischbinder als Eisenportlandzemente (1909) bzw. als Hochofenzemente (1917) recht spät. Doch sind Zemente auch heute noch neben dem Portlandzement (CEM I) als Portlandhüttenzement (CEM II HS) und mit höherem Hüttensandgehalt als Hochofenzement (CEM III) genormt und werden in großem Umfang eingesetzt.

Mit der Patentanmeldung durch den französischen Gärtnermeister Joseph Monier 1878 über die Herstellung von Pflanzkübeln aus Eisengeflecht und Zementmörtel war der Stahlbeton geboren. Zu einem Ingenieurbaustoff wurde er aber erst 1892, als François Hennebique die erste Plattenbalkenkonstruktion errichtete.

Beton- und Stahlbetonbauwerke rücken in der letzten Zeit aus verschiedenen Gründen zunehmend in das Bewusstsein der Denkmalpflege. Dabei handelt es sich um Bauwerke, Plastiken und skulpturähnliche Objekte, die in den ersten Jahrzehnten der Betonanwendung, aber auch später entstanden sind. Einer Zeit also, in der sich einerseits die Betonbauweise sehr stürmisch entwickelte und die Baumeister und Ingenieure andererseits offenbar nur sehr grobe Erfahrungen zur Dauerhaftigkeit von Betonkonstruktionen hatten. Genauere Anforderungen an die Durchbildung von Stahlbetonkonstruktionen sowie an die notwendigen Zusammensetzungen und Eigenschaften des Betons bei zu erwartenden physikalischen und chemischen Belastungen sind erst in den letzten Jahrzehnten entwickelt und standardisiert worden. Dies bedeutet, dass ältere Betonbauwerke den gegebenen Umwelteinflüssen in der Regel nicht gewachsen sein dürften. Die Pflege solcher Denkmale erfordert vertiefte Kenntnisse zu Schadprozessen im Beton und Erfahrungen beim Umgang mit solchen Schäden am Denkmal.

Im Folgenden werden grundsätzliche Erläuterungen zur Zusammensetzung und zur Erhärtung von Beton gegeben und auf deren Grundlage relevante Schadensprozesse erläutert.

Zusammensetzung und Erhärtung von Zementbeton

Bis etwa in die siebziger Jahre sprach man bei Beton von einem Dreistoffsystem: Zement, Zuschlagstoffe (Kies, Sand, gebrochene Körnungen) und Wasser.[2] Die Verarbeitbarkeit wurde beeinflusst durch

- die Kornzusammensetzung der Zuschlagstoffe
- den Gehalt des Anmachwassers
- den Zementgehalt (in Zusammenhang mit der Menge des Anmachwassers)

Im Allgemeinen wurde die Konsistenz jedoch relativ steif eingestellt (erdfeucht) und in der Schalung durch Stampfen verdichtet. Dabei besteht die Gefahr der Entstehung von Kiesnestern mit großer Haufwerksporosität im Betonkörper selbst, vor allem aber im Bereich von Arbeitsfugen (i. e. Schüttlagen, Abschnitte von Tagewerken).

Die Betonerhärtung erfolgt als chemische Reaktion des Wassers mit dem Zement. Der Zuschlagstoff ist an der Reaktion nicht beteiligt. Der entstehende feste Zementstein haftet aber auf den Kornoberflächen und verkittet somit das Haufwerk des Zuschlagstoffs zu einem festen Körper.

Das Bindemittel Portlandzement, das aus einer Mischung aus Kalkstein und Ton bei Temperaturen von mindestens 1350 °C gebrannt wird, besteht aus dem so genannten Portlandzementklinker, der sich wiederum aus verschiedenen Mineralen zusammensetzt (siehe Tab. 1).

Tab. 1: Wesentliche Minerale des Portlandzementklinkers

PZ-Mineral	chemische Formel	vereinfacht	Bildungstemp.	Anteil
Tricalciumsilikat	$3\,CaO \cdot SiO_2$	C_3S (Alit)	> 1300°C	45 - 80 M.-%
Dicalciumsilikat	$2\,CaO \cdot SiO_2$	C_2S (Belit)	> 1000°C	0 - 32 M.-%
Tetracalciumaluminatferrit	$4\,CaO \cdot (Al_2O_3, Fe_2O_3)$	$C_4(A,F)$	> 1100°C	4 - 14 M.-%
Tricalciumaluminat	$3\,CaO \cdot Al_2O_3$	C_3A	> 850°C	7 - 15 M.-%
freies CaO, MgO				1 - 7,5 M.-%

Die Herstellung erfolgt seit etwa 1900 in Drehrohröfen im Gegenstromprinzip. Der fertig gebrannte Klinker verlässt den Drehrohrofen in Form von wallnussgroßem Granulat.[3] Durch die geringe spezifische Oberfläche würde dieses nicht mit Wasser reagieren und muss deshalb anschließend mit relativ hohem Energieaufwand gemahlen werden.

Durch die Zugabe von Anmachwasser hydratisieren die Minerale. In diesem Prozess gehen die Brennprodukte in Lösung, um später einen Kristallfilz mit unterschiedlich langen Kristallnadeln zu bilden, durch den die Festigkeit des Zementsteins entsteht.

Bei der Hydratation der Calciumsilikate (C_3S, C_2S) wird in der wässrigen Lösung Calciumoxid abgespalten, das überwiegend als Calciumhydroxid auskristallisiert und teilweise im Porenwasser des Zementsteins in Lösung bleibt.

Weiterhin werden während des Brennprozesses in den Portlandzementklinker Alkalien (Natrium- und Kaliumoxide) eingebunden. Im Zuge der Hydratation lösen sie sich im Anmachwasser und befinden sich später im ständig vorhandenen Porenwasser des erhärteten Zementsteins. So sowohl durch diese Alkalien als auch durch das gelöste Calciumhydroxid entsteht dauerhaft ein basisches Milieu mit pH-Werten von 13,5 und höher, weshalb Bewehrungsstahl im Beton vor Korrosion geschützt ist.

C_3A erhärtet sehr schnell im Anmachwasser – so zügig, dass der Beton erstarren würde, bevor er fachgerecht verarbeitet wäre. Um dies zu vermeiden, wird dem Zementklinker Gips als Abbinderegler zugemahlen (max. 3 – 5 %). Das dadurch entstehende Ettringit behindert die Plastizität des Frischbetons nicht.

Schadensprozesse an historischen Baukörpern aus Beton- und Stahlbeton

Bei den hier erläuterten Schäden kann es sich nur um eine Auswahl der häufigsten und wichtigsten Prozesse handeln. Der Schwerpunkt wird auf solche chemischen und physikalischen Einflüsse gelegt, die für Bauwerke mit langer Stand- und Nutzungszeit relevant erscheinen. Namentlich mechanische Einflüsse, wie Kriegseinwirkungen oder Rissbildungen infolge Überlastungen durch Umnutzungen, Baugrundbewegungen etc. werden hier ausgeblendet.

Karbonatisierung des Betons

Bei der Erhärtung der Calciumsilikatminerale des Portlandzementklinkers kristallisiert als Nebenprodukt Calciumhydroxid, das keinen Beitrag zur Festigkeitsbildung leistet. Aber im Porenwasser des erhärteten Zementsteins ist stets ein Teil dieses Kalkhydrats gelöst, so dass das Porenwasser einen pH-Wert von mindestens 13,5 besitzt. Im Kontakt mit der Bewehrung führt dies zu einer permanenten Passivierung des Stahles. Der Stahl ist damit vor den korrosiven Einflüssen der Witterung geschützt. Dringt jedoch Kohlendioxid der Atmosphäre über das kapillare Porensystem in den Beton ein, wird das Calciumhydroxid zu Kalkstein umgesetzt:

$$Ca(OH)_2 + CO_2 + H_2O \rightarrow CaCO_3 + 2\,H_2O$$

Zunächst besitzt dieser Vorgang keine schädigende Wirkung. Verbrauchtes Calciumhydroxid wird in der Porenlösung ersetzt, indem im Zementstein eingelagerte Kalkhydratkristalle in Lösung gehen. Ist dieser Vorrat aber zu Ende, führt dies zu einer Neutralisation der Porenlösung. Der pH-Wert wird gesenkt. Die Festigkeit des Betons wird nicht herabgesetzt. Diese Reaktionsfront bewegt sich von der Betonoberfläche in das Innere hinein, was zunächst nicht visuell wahrnehmbar ist. Erreicht sie jedoch den Bewehrungsstahl, wird sein Korrosionsschutz aufgehoben und er beginnt zu rosten, wenn der pH-Wert kleiner als 9 wird. Durch die Volumenvergrößerung des Rosts entstehen Risse in der Betondeckschicht, die schließlich abgesprengt wird (Abb. 1 und Abb. 2). Der vollkommen der Witterung ausgesetzte Bewehrungsstahl kann nun schneller korrodieren. Weil die Bewehrung im Stahlbeton planmäßig die im Bauteil durch Belastung entstehenden Zugkräfte aufnimmt, können die mit der Korrosion verbundenen Querschnittsminderungen der Bewehrung in der Folge zu statischen Schäden führen.

Die Geschwindigkeit, mit der sich die Karbonatisierungsfront von der Oberfläche in den Bauteilkern hineinbewegt, hängt maßgeblich von der Wegsamkeit des Porensystems und damit von der Betongüte ab. CO_2 kann sowohl über die Gasphase als auch in Wasser gelöst an den Reaktionsort gelangen. Diffundiert CO_2 als Gas in den Beton, darf das Porensystem nicht durch Wasserfüllung versperrt sein. Andererseits findet die eigentliche Karbonatisierung ausschließlich im Wasser statt, so dass der Beton eine Mindestfeuchte besitzen muss. Frei bewitterte, dem Regen ausgesetzte Oberflächen karbonatisieren deshalb langsamer als vor Witterung geschützte Betonoberflächen (Simsunterseiten u.ä.).

In Wasser gelöstes CO_2 ergibt Kohlensäure. Diese Lösung kann eine relevante Schadreaktion nur auslösen, wenn sie ständig durch das offene Porensystem an den Reaktionsort strömen kann, wie dies im Beispiel von Abb. 2 der Fall war.

Bewehrungskorrosion durch Chlorid-Ionen

Wenn einzelne, freie Chlorid-Ionen auf die Oberfläche des Bewehrungsstahls gelangen, sind diese in der Lage, lokal begrenzt die Passivierung des Stahls aufzuheben. In der Folge findet an dieser Stelle eine Auflösung des Stahls mit hoher Materialabtragungsrate statt. Von außen nicht immer bemerkbar, können auf diese Weise in kurzer Zeit einzelne Bewehrungsstähle infolge Korrosion durchtrennt und damit die Statik des gesamten Bauteils beeinträchtigt werden.

Quelle solcher Chlorid-Ionen können die bei der Betonherstellung verwendeten Stoffe selbst sein (Chlorgehalte in Zuschlägen, Zement, Wasser). Des Weiteren war es bis zur Mitte des 20. Jahrhunderts durchaus üblich, die Erhärtung des Betons durch Zusatz von Calciumchlorid zu beschleunigen. Bei Winterbauten fungierte der Calciumchloridzusatz durch die Absenkung des Schmelzpunktes des Wassers als Frostschutzmittel. Außerdem können Chlorid-Ionen später von außen in den Beton gelangen:

Abb. 1: Durch Betonkarbonatisierung freiliegende Bewehrung. Detail einer Plastik aus Kunststein.

- durch Einsatz von Taumitteln (Natrium-, Calcium- und Magnesiumchlorid) auf Straßen, Gehwegen, Treppen etc.,
- durch direkten Kontakt mit Meerwasser oder im Bereich des Sprühnebels von Meerwasser,
- infolge von Bränden, an denen chlorhaltige Baustoffe beteiligt sind (PVC, Chlorkautschuk).

Ein Schadenspotenzial stellen dabei nur solche Chlorid-Ionen dar, die chemisch ungebunden als dissoziierte Ionen in wässriger Lösung vorliegen. In diesen Lösungen gelangen sie auch durch das Porensystem des Zementsteins an die Oberflächen des Bewehrungsstahls. Für den Transport von Chlorid-Ionen sind also ein kontinuierliches Kapillarporensystem und eine erhöhte Wassersättigung dieser Porenräume notwendig.

Frostschäden

Aufgrund seiner Dichteanomalie vergrößert Wasser, wenn es zu Eis gefriert, sein Volumen um 9 %. Wird das Eis in seiner Ausdehnung behindert, führt dies zu Kristallisationsdrücken, die in dem behindernden Material Zugspannungen hervorrufen, dessen Festigkeit übersteigen und dadurch Rissbildungen provozieren können. Dies trifft ebenso für poröse Stoffe wie den Beton zu, wenn deren Poren mit Wasser gesättigt sind. Ist jedoch nur ein Teil der Poren mit Wasser gefüllt, wird bei dem Gefriervorgang der entstehende Eisdruck ausgeglichen, indem noch flüssiges Wasser in freie Porenräume ausweichen kann. Dies ist möglich, weil das Wasser während des Abkühlungsprozesses nicht gleichzeitig gefriert:

Abb. 2: Durch Betonkarbonatisierung und Rostsprengung freiliegende Bewehrung im Dachgeschoss des ehemaligen Erlwein-Speichers in Dresden. Der Beton der geneigten Stahlbetondachflächen besaß ein leistungsfähiges Kapillarporensystem.

- Die Abkühlung erfolgt im Bauteil von außen nach innen.
- Aufgrund verschiedener thermodynamischer Bedingungen in Poren unterschiedlicher Durchmesser gefriert zuerst das Wasser in den größeren Poren.

Demzufolge wäre ein solches poröses System bei einem Porenfüllungsgrad von 91 % frostsicher. Tatsächlich liegt dieser Grenzwert jedoch, weil z.B. die Eisbildung in Porenhälsen die Wasserwanderung behindern kann. Der tatsächliche kritische Wassersättigungsgrad ist also geringer und hängt maßgeblich von der Porenstruktur im Beton ab. STARK/WICHT 2001 geben nach experimentellen Ermittlungen dafür einen Wert von 90 % an.

In der Regel treten sichtbare Schäden nicht nach den ersten Frost-Tau-Wechseln auf. Vielmehr entstehen bei jedem einzelnen Wechsel Mikrorisse, die das Gefüge erst nach mehreren Frost-Tau-Zyklen zermürben und Makrorisse bilden. Darüber hinaus finden nach SETZER 2003 Wasserwanderungsprozesse im Porensystem statt, die nach wiederholten Frost-Tau-Wechseln zur Erhöhung des Porensättigungsgrades im Beton führen.

Intensiviert wird der Schadensprozess, wenn der Beton während der Tauphase die Möglichkeit hat, flüssiges Wasser über seine Oberfläche aufzunehmen. Das noch feste Eis im Betoninnern zieht flüssiges Wasser regelrecht an, was zur sukzessiven Akkumulation von Feuchtigkeit in den Poren führt. Durch diese zunehmende Porensättigung wird der Schadensprozess spürbar forciert. Besonders davon betroffen sind horizontale Betonflächen, von denen schmelzender Schnee nicht ausreichend abfließen kann, und ähnliche Situationen.

Durch die Beaufschlagung von Tausalzen ($NaCl$, $CaCl_2$, $MgCl_2$) wird zwar der Schmelzpunkt herabgesetzt. Jedoch erhöht sich durch diese Stoffe der Feuchtegehalt im Beton, wenn sie einmal in das Porensystem gelangt sind:

- Die Hygroskopie dieser Salze zieht Feuchtigkeit aus der Luft an. Zusätzlich behindert sie das Austrocknen in Trockenperioden.
- Es findet ein Konzentrationsausgleich statt, der dazu führt, dass flüssiges Wasser in die mit Salzen kontaminierten Gefügebereiche gezogen wird.

Bei nun folgenden tiefen Temperaturen, ist die Wirksamkeit der Eisexpansion erheblich größer, weil die Porensättigung höher ist.

Als Schadensbild können Risse entstehen, die sich netzförmig über die Oberfläche verteilen oder sich auch an der Bauteilgeometrie orientieren. Materialverlust tritt zuerst in den am stärksten durchfeuchteten Bereichen auf. Das sind vor allem Ecken und Kanten, weil dort das Betonvolumen über zwei bzw. drei Oberflächen Wasser aufnehmen kann. Gelegentlich werden einzelne Bereiche in den Betonflächen abgesprengt (pop-out). Dies ist auf einzelne stark saugende Zuschlagstoffkörner zurückzuführen, wo im Frostfall darüber liegende Betonschichten abgehoben werden.

Kalktreiben durch Hydratation von freiem Calciumoxid

Bei der Rezeptierung der Ausgangsstoffe für den Sinterbrand bei der Zementherstellung ist ein bestimmtes Verhältnis von Calciumoxid zu Silizium-, Aluminium- und Eisenoxiden einzuhalten. Wird dem Brand zu viel Kalkstein zugegeben, kann dieser nicht an den anderen Oxiden gebunden werden. Es entsteht freies Calciumoxid. Wird dieser Brandkalk mit Wasser versetzt, löscht er zu Kalkhydrat bei gleichzeitiger Volumenverdopplung ab:

$$CaO + H_2O \rightarrow Ca(OH)_2$$

Wenn der Anteil ungelöschten Kalkes zu hoch und darüber hinaus der Zement grob aufgemahlen ist, kann es geschehen, dass dieses Kalklöschen erst nach der Zementerhärtung bei einer oder mehreren Wiederbefeuchtungen stattfindet. Die folgenden Volumenvergrößerungen führen dann zu Treibrissen, die das Betongefüge zerstören können. Bei der heutigen Zementtechnologie besteht dieses Risiko faktisch nicht mehr. Aber die historische Zementherstellung war in dieser Hinsicht bis weit in das 20. Jahrhundert noch nicht abgesichert. Außerdem war die Mahlfeinheit der ersten Zemente wesentlich geringer, so dass der freie Kalk bei der Betonherstellung nicht immer vollkommen ablöschen konnte.[4] Dieser Effekt wurde dadurch unterstützt, dass früher der Beton in sehr steifer Konsistenz – also mit wenig Wasser – angemischt wurde.

Bei planmäßiger Wiederbefeuchtung der Betonbauteile (Bewitterung, Verkehrsbauwerke) historischer Bauwerke dürfte dieses Reaktionspotential entweder mit oder auch ohne Schadenserscheinungen bereits aufgebraucht sein. Bei Bauteilen aber, die ständig trockenem Klima ausgesetzt waren (Innenbauteile), können diese Reaktionen durch neuerliche intensive Durchfeuchtungen plötzlich geweckt werden.

Alkali-Kieselsäure-Reaktion
Im Vergleich zu den andern Schadensprozessen an Betonbauteilen wird die so genannte Alkali-Kieselsäure-Reaktion (AKR) in der Fachliteratur erst relativ spät beschrieben (zw. 1920 und 1930 erste deutliche Rissschäden an Brücken und Fahrbahnen in den USA, 1940 erste Vermutungen zur chemischen Reaktion). In Deutschland war AKR als wirtschaftlich relevante Schadensreaktion bis Ende der 1960er Jahre ohne Bedeutung. Später häuften sich auch hier typische Schadensbilder, wie sie zuvor in Nordamerika, Island, Dänemark u.a. aufgefallen sind. Dabei kommt es zu Volumenvergrößerungen von Bauteilen, die im Zentimeterbereich liegen. Risssysteme durchziehen die Betonoberfläche. Aus den Rissöffnungen dringt ein durchsichtiges Gel nach außen, das später eintrocknet und sich weißlich verfärbt. Über einzelnen Zuschlagstoffkörnern wird der Beton kraterförmig abgesprengt.

Die Ausgangssubstanzen für diese Treiberscheinungen sind Alkalien (Na- und K-Hydroxid), die vorwiegend aus den hydratisierenden Portlandzementklinkermineralien stammen, aber durchaus auch erst später zugeführt werden können (z.B. Taumittel), und unkristallisierte (amorphe) oder sehr feinkristalline Kieselsäure, die in bestimmten Gesteinsarten[5] in den Zuschlagstoffen zu finden ist. Bei der Reaktion entsteht ein Alkali-Kieselsäure-Gel, das bestrebt ist, Wasser aufzunehmen und dadurch expandiert.

$2\ NaOH + SiO_2 + n\ H_2O \rightarrow Na_2SiO_3 \cdot n\ H_2O$
$n = 2, 3, 5, 6$ (feste Phase)
$n > 6$ (flüssige Phase)

Diese Reaktion findet örtlich begrenzt an oder in den Gesteinskörnern statt, weshalb hier konzentrierte Expansionsdrücke aufgebaut werden, die sich in Form von Rissbildungen entspannen. Aus den Rissen kann das Gel abfließen, das an der Atmosphäre mit dem CO_2 der Luft reagiert und schließlich weiße Sinterfahnen bildet. Liegt ein alkaliempfindliches Zuschlagkorn dicht unter der Betonoberfläche, wird der darüber liegende Beton abgesprengt (pop-out). Die wesentliche Voraussetzung für das Zustandekommen der Reaktion ist die Gegenwart von viel Wasser und relativ hohen Temperaturen (20 bis 60°C). Darüber hinaus wirken sich Durchfeuchtungszyklen auf die Reaktion sehr befördernd aus. Deshalb kann davon ausgegangen werden, dass im Prinzip vor allem solche Betonbauteile betroffen sind, die sehr stark der Witterung und anderer Feuchtebelastung ausgesetzt sind. Dazu zählen vor allem Brücken (Abb.3) und Betonfahrbahnen, Wasserbauwerke, aber auch stark exponierte, dem Regen, Wind und der Sonne ausgesetzte Konstruktionen (Abb. 5).

Schädigende Ettringitbildung
Schadwirkungen am Beton durch Einfluss von Sulfaten werden bereits im ausgehenden 19. Jahrhundert beschrieben. Dabei reagieren

Abb. 3: Giebichensteinbrücke in Halle/Saale (1928). AKR-Schäden an den Pfeilerskulpturen Pferd und Kuh. In den unteren Bereichen der Tierskulpturen sind deutlich aus Rissen austretende weiße Sinterfahnen zu erkennen (HEMPEL & WEISE 2008).

Aluminatverbindungen (v. a. das Calciumaluminathydrat des erhärteten Zementsteins, aber auch Aluminiumoxid und Calciumhydroxid) mit Gips und viel Wasser zu Ettringit.[6]

$$3\ CaO \cdot Al_2O_3 \cdot 6\ H_2O + CaSO_4 \cdot 2\ H_2O + 26\ H_2O \rightarrow 3\ CaO \cdot Al_2O_3 \cdot 3\ CaSO_4 \cdot 32\ H_2O$$

$$C_3A\text{-Hydrat} + Gips + Wasser \rightarrow Ettringit$$

Infolge des Einbaus von enorm viel Wasser in das Kristallgitter und der Ausbildung von langstengeligen Kristallen entstehen eine ca. 3 bis 5-fache Volumenvergrößerung und erhebliche Kristallisationsdrücke, die zur Sprengung des Betongefüges führen können. Die Treiberscheinungen äußern sich durch ein relativ feinmaschiges Risssystem. Findet der Prozess nur an einer Seite eines Bauteils statt, kann es zu erheblichen Verformungen kommen (Abb. 4).

Die durch diese Expansionskräfte hervorgerufenen Schäden können so verheerend sein, dass diese Kristalle bereits Ende des 19. Jahrhunderts als „Cementbacillus" bezeichnete wurden.
Man unterscheidet inneren und äußeren Sulfatangriff. Bei innerem Angriff wird die Ettringitreaktion durch Stoffe gespeist, die aus dem Zement selbst stammen (Abbinderegler Gips, Schwefelverbindungen und Aluminate aus den Zuschlägen, Verpressen von porenreichen gipshaltigen Mörteln mit Zementsuspensionen). Bei äußerem Sulfatangriff dringen Sulfatlösungen (sulfathaltige Wässer, Sulfatbelastung aus der Atmosphäre) in das erhärtete Betongefüge ein und reagieren mit C_3A-Hydraten zu Treibmineralen.
Neben den vorhandenen Sulfat-Ionen sind die generelle Gegenwart von viel Wasser und Temperaturen über 10 °C die Voraussetzungen für die Ettringitreaktion. Noch effektiver erweisen sich Feuchtewechsel, die mit jedem Durchfeuchtungszyklus neue Sulfat-Ionen an den Reaktionsherd bringen.

Abschließende Bemerkungen

Bei den meisten hier erläuterten Schadreaktionen in Beton handelt es sich um Treiberscheinungen mit entsprechenden Rissausbildungen. Eine wesentliche Voraussetzung für alle dieser Reaktionen ist die Gegenwart von ausreichenden Mengen Wasser im Gefüge. Deshalb sind vor allem Bauteile gefährdet, die planmäßig Niederschlagswässern, fließenden und stehenden Wässern sowie Sprühnebeln ausgesetzt sind. Wenn das chemische Potential im Gefüge vorhanden ist, kann davon ausgegangen werden, dass während der langen Standzeit historischer Beton- und Stahlbetonbauten sich diese Reaktionen unter den genannten Nutzungsbedingungen bereits längst offenbart haben oder auch schon abgeschlossen sind. Geraten dagegen bisher weitestgehend intakte Betonstrukturen in feuchte Umgebungsbedingungen (z.B. durch langjährige Vernachlässigung, undichte Dächer, defekte Sperrungen etc.), können diese Schadreaktionen bei Vorhandensein aller anderen notwendigen Prämissen auch noch nach langer Standzeit starten. Es gilt also nicht uneingeschränkt die Aussage, dass Beton, der bereits 100 Jahre schadfrei überstanden hat, auch weitere 100 Jahre ohne Schäden existieren würde. Dies trifft nur zu, wenn sich die unmittelbaren Umgebungsbedingungen nicht ändern.
Das typische Schadensbild für Treibreaktionen sind über die Betonoberfläche verteilte Rissnetze (map cracking). Diese Phänomene können jedoch von ganz unterschiedlichen chemischen Reaktionen herrühren (Frosteinwirkung, schädigende Ettringitbildung, AKR, Kalktreiben). Vor der Erstellung eines Sanierungs- und Restaurierungskonzeptes sind deshalb wissenschaftliche Untersuchungen, die von entsprechend geschultem

Abb. 4: Rissbildungen und Verwölbung einer Fahrwegplatte durch schädigende Ettringitbildung.

Fachpersonal ausgeführt werden, unerlässlich, um die Schadensursachen sicher eingrenzen und entsprechende wirkungsvolle Sanierungskonzepte mit sinnvollem Aufwand festlegen zu können.

Quellen:

HEMPEL, S.; WEISE, S.: Restoration of Buildings and Monuments, Vol. 14, No. 1, 2008 – Schadensaufklärung an Betonskulpturen – Verwendung gefügemorphologischer Methoden unter Berücksichtigung denkmalpflegerischer Aspekte.

POMMER, D.: 100 Jahre Bauen mit Beton in Mitteldeutschland. – Beton in der Denkmalpflege, IfS-Bericht Nr. 17/2003, Mainz 2003.

SCHMIDT, M.: Wie viel Norm verträgt ein Denkmal? – Substanzschonende Betoninstandsetzung denkmalgeschützter Bauwerke, IfS-Bericht Nr. 30/2008, Mainz 2008.

SETZER, M. J.: Die Mikroeislinsenpumpe – Eine neue Sicht bei Frostangriff und Frostprüfung. – ibausil, proceedings, Weimar 2003.

STARK, J.; WICHT, B.: Zement und Kalk. – Birkhäuser, Basel 2000.

STARK, J.; WICHT, B.: Dauerhaftigkeit von Beton. – Birkhäuser, Basel 2001.

WENDEHORST, R.: Baustoffkunde. – Dr. Max Jänecke Verl, Leipzig 1944.

---

1 Benannt nach dem als Baustoff beliebten Kalkstein mit blaugrauer Farbe, der auf der Halbinsel Portland in Großbritannien gewonnen wurde.

2 Heute werden die Verarbeitbarkeitseigenschaften des Frischbetons und die Gebrauchseigenschaften des Festbetons darüber hinaus durch Zusatzstoffe (Flugasche, Silica etc.) und Zusatzmittel (Verflüssiger, Verzögerer, Luftporenbildner u.v.a.m.) eingestellt.

3 Bei den ersten Bränden im Schachtofen wurden die Rohstoffe zu Ziegeln geformt und aufeinander gestapelt. Der typische Klang dieser Steine nach dem Brand führte zur Bezeichnung „Klinker". Auch diese Steine mussten zerstoßen und gemahlen werden.

4 Treibreaktionen, die während des plastischen Zustands des Frischbetons stattfinden, führen nicht zu Rissschäden, weil der Beton diesen Expansionen genügend ausweichen kann.

5 Amorphe Kieselsäure: vor allem in Opalsandsteinen und Flinten (Feuerstein); fein- und kryptokristalline Kieselsäure: in Porphyren, Tuffen, aber auch Granite, Basalte; neuerdings haben sich auch gestresste Quarze als alkaliempfindlich erwiesen: faktisch alle silikatischen Gesteine, die mechanisch beansprucht wurden (Metamorphite, Grauwacken, gebrochene Gesteinskörnungen).

6 Daneben können auch Thaumasitreaktionen auftreten, ebenfalls ein Treibmineral, jedoch mit geringerer Treibwirkung. Im Gegensatz zur Ettringitreaktion verbinden sich Calciumsilikathydrate und Calciumcarbonat mit dem Gips. Die Schadwirkung ist weniger von Rissen als von Gefügezermürbungen und Festigkeitsreduzierung geprägt. Zur Reaktion kommt es unterhalb von 5 °C. Diese Schadreaktion hat in reinen Beton- und Stahlbetonbauteilen bisher wenig Bedeutung.

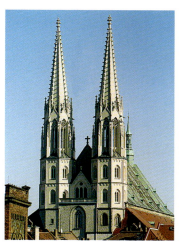

Abb. 5: Risse in den Krabbenwerksteinen aus Beton am Turmhelm der Petrikirche Görlitz, die u.a. durch Überlagerung mehrerer Ursachen (Karbonatisierungsschwinden, Ettringitbildung, AKR) entstanden sind. (Fotos: Heidelmann & Klingebiel, Dresden)

TECHNOLOGIE

Die Betonschalendächer der Frankfurter Großmarkthalle

Sven Raecke | Dipl.-Restaurator (FH)
Landesamt für Denkmalpflege Hessen
S.Raecke@denkmalpflege-hessen.de

Die Frankfurter Großmarkthalle

Die Großmarkthalle ist elementarer Bestandteil eines stadtplanerischen Gesamtkonzeptes zum „Neuen Bauen" in Frankfurt, welches zwischen 1925-1930 unter Stadtbaurat Ernst May und dem Frankfurter Oberbürgermeister Dr. Ludwig Landmann realisiert wurde. Das Bauwerk Großmarkthalle gilt heute als richtungsweisender Zweckbau der Klassischen Moderne. (Abb. 1)

Die gesamte Anlage wurde von Dezember 1926 bis Oktober 1928 am Mainufer im Frankfurter Ostend errichtet. Die Planungen erfolgten unter Leitung des Stadtbaudirektors Prof. Martin Elsässer durch das Frankfurter Hochbauamt.

Abb. 1: Ansicht der Großmarkthalle in Richtung Norden. Erkennbar sind die Hallendrittel mit ihren je zugehörigen 5 Zylinderschalen im Dachbereich.

Der kommunale Großbau diente schwerpunktmäßig dem Handel und der Versorgung des gesamten Rhein-Main-Gebietes mit frischem Obst und Gemüse. Weiterhin entwickelte sich ein Großumschlagplatz für den internationalen Früchte- und Südfrüchteimport im nord- und westdeutschen Raum.

In der Planung der Markthalle wurde deren Größe auf lange Sicht hin bedacht. Die Abmessungen der stützenfreien Dachkonstruktion sind mit 220 m Länge und 37,50 m freier Spannbreite beachtlich und die Konstruktion erweckt besonderes Interesse. Durch die Bauweise „Zeiss-Dywidag" wurde es 1927/28 überhaupt erst möglich, einen Raumgrundriss solchen Ausmaßes wirtschaftlich und dauerhaft in Stahlbeton zu überspannen. Auf dieses System wird nachfolgend näher eingegangen. (Abb. 2)

Die Schalenbauweise System „Zeiss-Dywidag"

Der Wunsch, eine große Fläche stützenfrei zu überspannen, ist seit jeher Bestreben der Ingenieurbaukunst. Die zu überdachenden Bauaufgaben lassen sich für den Massivbau in runde und längsrechteckige Raumgrundrisse unterteilen.

Abb. 2: Ansicht des östlichen Hallendrittels im Dachbereich mit Blick auf die aussteifenden Wandscheiben an den Schalenenden

Die massive Überwölbung von kreisrunden Räumen wurde bereits im alten Rom zu einer erstaunlichen Vollendung gebracht, wie es an der Rotationskuppel des Pantheons mit ihrer Spannweite von 44 m deutlich wird. Diese Spannweite wurde erst 1913 durch den Bau der Breslauer Jahrhunderthalle mit 65 m Kuppelspannweite in Stahlbeton übertroffen.

Bei der Überdachung rechteckiger Raumgrundrisse ist zuerst an die durch Steinbauweise hervorgebrachten unterschiedlichen Gewölbeformen zu denken: Entweder sind die Gewölbe als ineinander zusammengesetzte Kuppeln ausgeführt und entsprechen somit der zuerst genannten Bauaufgabe, oder deren räumliche Kraftwirkung wird durch Rippen und Stützen geschaffen, so dass der eingewölbte Raum nicht stützenfrei überspannt werden konnte.

Erst durch die Entwicklung der revolutionären Betonschalenbauweise „Zeiss-Dywidag" wurde die stützenfreie Überspannung von großen rechteckigen Raumgrundrissen in Massivbauweise möglich. Die nach

Abb. 3: Werbeanzeige Anzeige für das System „Zeiss – Dywidag". Aus: Ernährungsamt und Hochbauamt Frankfurt a. M. [Hrsg.]: Die Neue Großmarkthalle in Frankfurt a. M. : Zur Eröffnung am 25. Oktober 1928; Frankfurt 1928, S. 44

dieser epochemachenden Bauart hergestellten Betonschalen sind durch zwei Merkmale charakterisiert:
Zum einen durch den Verzicht der Aussteifung der Kuppelschale mittels Rippen, Binder, etc. und durch die Schaffung des statisch tragenden Baugliedes „Betonschale". Zum anderen nimmt das Eigengewicht dieser filigranen Betonkonstruktion – im Vergleich zu den damals üblichen Stahlbetonkonstruktionen – mit erhöhter Spannweite nur unwesentlich zu. Somit zeichnen sich die errichteten Kuppeln durch ein äußerst geringes Eigengewicht und sparsamen Materialeinsatz (Beton und Bewehrungsstahl) aus.

Das völlig neue Herstellungsverfahren für Betonkuppeln wurde erst mit dem sog. „Zeiss-Netzwerk" möglich. Im Jahr 1923 konzipierte Carl-Zeiss-Jena Geschäftsführer Walter Bauersfeld eine Konstruktion aus miteinander verbundenen Flachstahlstäben, mit denen eine mathematisch definierte Schalenform präzise abgebildet werden kann[1]. Ausgangspunkt dieser Entwicklung lag in Überlegungen zum Bau von Planetarienkuppeln zu Beginn der 1920er Jahre. Die Anwendung des „Zeiss-Netzwerkes" aus Flachstählen ermöglichte erstmals – neben der präzisen Formabbildung – die Vermeidung von Ausrüstungsspannungen. Hierdurch wurde es u.a. möglich, die Möglichkeiten des Stahlbetons weitestgehend auszunutzen. „Dieses Netzwerk stelle eine solche Präzisionsarbeit dar, wie das früher [vor 1928] im Bauwesen völlig unbekannt war".[2]

Die geschaffene Möglichkeit der massiven Überdachung von runden oder elliptischen Raumgrundrissen mittels Rotationskuppeln reichte allerdings den stetig steigenden Anforderungen im Industriebau nicht aus. Benötigt wurden hier Schalenformen, mit denen es möglich war, auch rechteckige Raumgrundrisse in Stahlbeton zu überdachen. Hier liegt die Geburtsstunde der mit dem Deutschen Reichspatent 431629 geschützten Systembauweise für zylindrische Betonschalengewölbe im System „Zeiss-Dywidag", „um dessen Entwicklung sich die Herrn Dr. Bauersfeld der Firma Carl Zeiss, Jena, Oberingenieur Dischinger und Dipl.-Ing. Finsterwalder von der Firma Dyckerhoff & Widmann A.-G. verdient gemacht haben." (Abb. 3)[2]

Die revolutionäre Bauweise, bei der beliebig aneinander zu reihende zylindrisch gekrümmte dünne Betonschalen, die an beiden Enden von einer Wandscheibe ausgesteift sind, stellt die einschneidende Abkehr von der kreisrunden Rotationskuppel dar. Durch die ingenieurtechnische Optimierung der Schalengeometrie entsteht das statisch tragende Bauglied Betonzylinderschale, welches aneinander gereiht ohne Rippen, Aussteifungen, etc. somit stützenfrei zur Überdachung von großen rechteckigen Räumen verwendet werden konnte. Mit der Anwendung des „Zeiss-Netzwerkes" als Lehrgerüst, durch welches sich die Schalengeometrie äußerst exakt abbilden lässt und die bereits erwähnte Vermeidung von Ausrüstungsspannungen ermöglicht wurde, ist diese Bauweise überhaupt umsetzbar. Anzumerken ist, dass am Anfang der Bauweise das „Zeiss-Netzwerk" die Bewehrung für die Spritzbetonschicht darstellte und erst im Zuge der weiteren Entwicklung sich zum verwendungsfähigen Lehrgerüst entwickelte.

Ausführung der Betonschalendächer

Die Dachkonstruktion der Großmarkthalle ist ein Ergebnis der Zusammenarbeit zwischen Elsässer und den Ingenieuren Dischinger und Finsterwalder der Firma Dyckerhoff & Widmann A.-G. aus Wiesbaden-Biebrich. Die Dimensionierung der Halle war weit kühner als alle bisherigen Ausführungen. Die Stadt Frankfurt forderte deshalb 1927 die Durchführung von Belastungstests an einer Versuchstonne, die im Maßstab 1:3 auf dem Gelände errichtet wurde. Der mit der Prüfung beauftragte Ingenieur formulierte zusammenfassend: „Der Gesamteindruck des Verhaltens der Probetonne war während des gesamten Verlaufs der Belastungsversuche ein ganz vorzüglicher"[3].

Diese Form der Tonnengewölbe wurde in der Frankfurter Großmarkthalle erstmals im großen Stil ausgeführt: Die architektonisch rhythmisierende Dreiteilung der Dachkonstruktion stammt von Elsässer, die Konstruktion und Berechnung erfolgte durch Dyckerhoff & Widmann A.-G. Die Gestaltung des Halleninnenraumes beschrieb ELSÄSSER wie folgt: „15 Tonnengewölbe mit Abmessungen von 14,00/37,50 m auf [17 m hohen] schräg ansteigenden leichten Stützen gelagert, überspannen die riesige Halle ".[4] (Abb. 5)

Die Betonbauarbeiten wurden durch die Aktiengesellschaften Dyckerhoff & Widmann A.-G. Wiesbaden-Biebrich und Wayss & Freytag A.-G. Frankfurt ausgeführt. Im Jahr 1928 stellte das Bauwerk die damals weltweit größte stützenfrei in Beton überspannte Hallenkonstruktion dar.

Der Bau des Hallendaches begann 1927 im Osten und wurde in westliche Richtung fortgeführt. Während der Ausführung kam es in den einzelnen Hallendritteln zu Abweichungen im Hinblick auf die Wärmedämmung und Ausbildung der Wandscheiben.

Für die Gewölbeschalen wurden freitragende, leicht auf- und abzubauende Lehrgerüste verwendet, die aus so genannten „Zeiss-Netzwerken" zusammengebaut sind. (Abb. 4) Die bereits genannten Ideen Bauersfelds, welche zum „Zeiss-Netzwerk" führten, wurden für die Großmarkthalle weiterentwickelt: Für das Traggerüst wurde ein durch Winkeleisen zusammengesetztes doppeltes „Zeiss-Netzwerk" verwendet, bei dem die einzelnen Eisen durch „Zeiss-Sterne" verbunden waren. „Die Glieder der Netzwerke werden in Serienarbeit an der Stanze bzw. am Automaten hergestellt, und es wird dadurch eine weitgehende Verbilligung erzielt, vor allem auch deshalb, weil die Netzwerke bei Ausführung mehrerer Tonnen am gleichen Bauwerk mehrfach benutzt werden können."[5]

Auf das Zeiss-Netzwerk wurde die Gewölbeschalung aufgelegt und anschließend der mehrfach bewehrte Beton teils im Spritzbetonverfahren, teils selbstverdichtend aufgebracht. Die angestrebte Schalenstärke betrug hier 8 cm, im Anschluss an die Randglieder und Endscheiben wurde eine Schalenstärke von 10 cm beabsichtigt.

Das Ausrüsten erfolgte – aufgrund der Konstruktion des „Zeiss-Netzwerkes" – ohne die gefürchteten Ausrüstungsspannungen, so dass die Zylinderschalen mit minimalem Materialaufwand errichtet werden konnten.

Architekturoberflächen der Schalendächer

Nach dem Ausschalen wurden die Zylinderschalen und Querträger von unten mit einer dünnen Schicht rauen Spritzbetons versehen. Deutlich sind an den bauzeitlichen Schalenuntersichten die Abdrücke der Schalungsbretter unter der aufgespritzten Schicht erkennbar. (Abb. 6) Die Notwendigkeit dieses Auftrages liegt im Schallschutz für den Halleninnenraum begründet. Die aussteifenden Querwände an den Schalenenden wurden – entgegen der Schalenuntersichten – glatt verputzt.

Die erforderliche großräumige und helle Wirkung entstand maßgeblich durch einen pigmentierten Kalkanstrich. Dieser vereinheitlichende Anstrich wurde auf die gesamte Oberfläche im Halleninnenraum aufgebracht. Die unterschiedlichen glatten und rauen Oberflächen wurden also vereinheitlichend zusammengefasst: Die Zylinderschalendächer,

Abb. 4: Ansicht des „Zeiss – Netzwerkes" als Lehrgerüst. Die doppelt ausgeführten Winkeleisen sind über „Zeiss – Sterne" miteinander äußerst präzise verbunden. Aus: Kleinlogel, A.: Die Schalengewölbe der Großmarkthalle Frankfurt a.M.; in: Beton und Eisen, Heft II, S. 25

Abb. 5: Ansicht des Halleninnenraumes kurz nach der Eröffnung 1928. Die Architekturoberflächen wurden mit einem vereinheitlichenden weißen Kalkanstrich zusammengefasst. Aus: aus: Ernährungsamt und Hochbauamt Frankfurt a. M. [Hrsg.]: Die Neue Großmarkthalle in Frankfurt a. M. : Zur Eröffnung am 25. Oktober 1928; Frankfurt 1928, S. 29

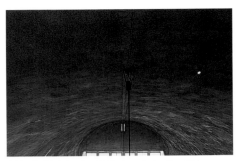

Abb. 6: Blick in eine Zylinderschale. Deutlich erkennbar sind die Schalungsabdrücke unter der aufliegenden Spritzbetonschicht. Die aussteifende Querwand ist glatt verputzt. Der einst helle Anstrich ist heute nicht mehr wahrnehmbar.

Querträger, Stützen und die angrenzenden Zwickelausfachungen erhielten den gebrochen weißen Kalkanstrich.

Abschließend sei auf den heute überlieferten Bestand am Bauwerk hingewiesen: Im Zweiten Weltkrieg wurden die westlichen fünf Betonschalendächer einschließlich der zugehörigen Stützen- und Trägerkonstruktion vollständig zerstört. Nur die insgesamt 10 Schalen des östlichen und mittleren Hallendrittels sind bis heute überliefert. Die Dachkonstruktion des westlichen Hallendrittels stammt aus dem 1950er Jahren. Bauzeitliche Architekturoberflächen sind nur noch im mittleren Hallendrittel erhalten.

Die der Bauweise „Zeiss-Dywidag" 1928 von Elsässer zugesprochene Dauerhaftigkeit und Beständigkeit ist heute – nach über 70 Jahren Standzeit der Frankfurter Großmarkthalle – mehr als bestätigt.

---

1 B. Kurze: Industriearchitektur eines Weltunternehmens: Carl Zeiss 1180-1945; Arbeitshefte des Thüringenischen Landesamtes für Denkmalpflege und Archäologie, Neue Folge 24, Erfurt 2006, S. 64.

2 A. Kleinlogel: Die Schalengewölbe der Großmarkthalle Frankfurt a.M.; in: Beton und Eisen, Heft I., S. 3-16; Forts. Heft II., S. 25-28, Berlin 1928, hier S. 12.

3 A. Kleinlogel (wie Anm. 2), S. 27.

4 Ernährungsamt und Hochbauamt Frankfurt a.M. (Hrsg.): Die neue Großmarkthalle in Frankfurt a.M.: Zur Eröffnung am 25. Oktober 1928; Frankfurt 1928, S. 11.

5 A. Kleinlogel (wie Anm. 2), S. 28.

Beton als Baustoff für Silo- und Lagergebäude der Völklinger Hütte

Dipl. Ing. Claudia Reck M. A.
Weltkulturerbe Völklinger Hütte
c.reck@voelklinger-huette.org

Einführung

Der erste Eindruck, den man im Allgemeinen von einer Eisenhütte hat, ist die dominierende Präsenz von Stahlkonstruktionen. Die Verwendung von Beton erscheint in einem eisenproduzierenden Werk möglicherweise erst einmal nicht plausibel. Und doch ist Beton hier ein ideales Material, das bereits früh als Baustoff vor allem für großformatige Silogebäude eingesetzt wurde.

Im Gegensatz zu Maschinenhallen, deren Wände demontierbar sein mussten, um größere Maschinen ein- und auszubauen, war diese Flexibilität bei Lager- und Silogebäuden nicht notwendig. Veränderungen am Gebäude beschränkten sich im Allgemeinen lediglich auf Erweiterungen. Daher setzte man hier schon früh den kostengünstigen Baustoff Beton ein.

Bei der Völklinger Eisenhütte wurden mit Beginn des 20. Jahrhunderts die Stahlblechsilos nach und nach durch Betonbunker ersetzt. Zu dieser Zeit bestanden bereits zahlreiche Zementwerke im benachbarten Lothringen, die in der Lage waren, eine ausreichende Menge des Baustoffs zu produzieren. Der Beginn der Zementproduktion in Lothringen ist um das Jahr 1890 einzuordnen. Im Jahre 1913 sind zwischen Metz und Thionville mit Rombach/Rombas, Diedenhofen/Thionville, Diesdorf/Distroff und Hagendingen/Hagondange (Préfalor) mindestens vier Zementwerke in der Nähe der dortigen Hüttenwerke in Betrieb.[1] Sie verwerteten den anfallenden Hüttensand zur Produktion von Hochofen- und Eisenportlandzement. Es kann davon ausgegangen werden, dass von dort der Zement für die ersten Betonbauten der Völklinger Hütte geliefert wurde, zumal die Familie Röchling, als Eigentümerin der Hütte, durch eigene Industrieanlagen in Lothringen dort geschäftliche Beziehungen besaß.

Die kurzen Transportwege waren jedoch nur ein Grund, der Beton für die frühen Silogebäude der Völklinger Hütte zu einem kostengünstigen Baumaterial machte. Ein weiterer war die Tatsache, dass benötigte Zuschläge von der Hütte selbst hergestellt werden konnten. Hierfür verwendete man Anfang des 20. Jahrhunderts vor allem Hüttensand und Splitt.

Übersicht

Der Einsatz von Beton bei der 1881 als Röchling'sche Eisen- und Stahlwerke gegründeten Völklinger Hütte erfolgte zunächst zum Erstellen von Fundamenten und Unterkonstruktionen. Ende des 19. Jahrhunderts begann man Bauten und Maschinen auf Betonfundamente zu stellen, anstelle auf Fundamente aus Bruch- und Vogesensandstein wie bisher. Die erste Maschine der Völklinger Hütte, die auf Betonfundamente gestellt wurde, war 1897 die Dampfgebläsemaschine 5.[2]

Erster größerer Einsatzbereich von Beton war wohl die 1897 erbaute Hüttenkokerei. Der Kohleturm, den man im selben Jahr dort errichtete, ist zwar noch eine Stahlkonstruktion, gegründet ist er aber schon auf Beton. Ebenfalls für die Kokerei wurde 1897 ein kleiner Kohlebunker mit sechs Taschen aus Beton gebaut. Er ist heute nicht mehr vorhanden, seine Reste gingen in der Bunkervergrößerung von 1912 auf, die sich heute dort befindet.

Zu Beginn des 20. Jahrhunderts wurden sowohl die Konstruktionen von Bahntrassen als auch die großen Silogebäude der Völklinger Hütte in Beton erstellt. Die Unterkonstruktion der Schmalspurhochbahn und die

Abb. 1: Seilbahn der Völklinger Hütte mit Bogenbrücke über die Saar (im Hintergrund), hist. Aufnahme o. Datum, Privatbesitz Hille

Abb. 2: Kokssilo, Rekonstruktion der Überdachung, Foto Claudia Reck 2008

daran anschließende Brücke über die Saar wurden 1913 bereits aus Eisenbeton errichtet. Die Ausführung übernahm die Fa. Wayss & Freytag. Die Saarbrücke wurde als Bogenbrücke von 64,5 m Spannweite ausgeführt, die Fahrbahn an Zugstangen daran aufgehängt. Zement für diese Anlage wurde von der Zementfabrik Hagendingen / Hagondange im benachbarten Lothringen geliefert. Die Zuschlagsstoffe Splitt und gemahlener Schlackensand kamen kostengünstig aus dem eigenen Werk.[3] Die Brücke wurde im zweiten Weltkrieg bis auf die Widerlager zerstört und später durch eine Stahlkonstruktion ersetzt. Die daran anschließende Unterkonstruktion der Schmalspurhochbahn ist heute noch erhalten.

Vielleicht waren die guten Erfahrungen beim Brückenbau der Grund dafür, dass auch in den nächsten Jahren Bauaufträge für größere Betonbauten ausschließlich an die Firma Wayss und Freytag vergeben wurden. Dazu gehörten zu Beginn des 20. Jahrhunderts mit der Möllerhalle und dem Wasserturm die größten und aufwändigsten Speichergebäude der Hütte. Sie sind, neben der Gebläsehalle, nicht nur die imposantesten Bauten der Hütte, sondern auch bautechnisch und architektonisch bedeutend.
Weitere frühe Silobauten der Völklinger Hütte stammen aus den 20er Jahren des 20. Jahrhunderts. Das Kokssilo wurde 1926 als Erzlager für den benachbarten Brecher gebaut, erst später erfolgte seine Nutzung als Bunkeranlage für Koks. Leicht geschwungen wurde es unter die bestehende Bahntrasse eingefügt. Ein Dach schützte die Erzwagen beim Entladen vor der Witterung. Das Kokssilo wurde 2003 umfangreich saniert und den Besuchern zugänglich gemacht. Die Silotaschen wurden saniert, aber das Dach war aufgrund seiner schlank dimensionierten Konstruktion so stark geschädigt, dass es nicht gehalten werden konnte. Wegen seiner Bedeutung für den Produktionszusammenhang entschloss man sich daher für eine Rekonstruktion.

Das benachbarte Rohstofflager wurde 1928 im Zusammenhang mit der Sinteranlage gebaut. Hier wurden alle Rohstoffe zwischengelagert, die in der Sinteranlage weiterverarbeitet wurden. Vermutlich handelt es sich um einen Umbau eines bereits vor 1911 dort vorhandene Silos. Mit Erweiterung der Sinteranlage 1938 erfuhr auch dieses Silo nochmals eine Vergrößerung.
Die zwei Jahr jüngere Pechgießhalle befindet sich abseits des Besucherbereichs. Die offene Hallenkonstruktion erhebt sich über einem unterirdischen, betonierten Pechbehälter. Als eines der letzten vorhandenen Anlagenteile der Kohlenwertstoffbetriebe der Hüttenkokerei, steht das Gebäude heute isoliert. Der Produktionszusammenhang ging mit Abriss der meisten Teile der weißen Seite Kokerei verloren.
Letztes großes Lagergebäude, das auf dem Gelände der Völklinger Hütte in Beton ausgeführt wurde, ist der Kohleturm der Kokerei. Während des Zweiten Weltkrieges war der Koksbedarf so hoch, dass man sich 1942 zum Bau einer neuen Koksbatterie und damit auch zum Bau eines neuen Kohlenturms entschloss. Der Turm übernahm die Funktion des alten Stahlsilos, das damit außer Betrieb ging. Beide Kohletürme sind bis heute erhalten und dominieren den Anlagenbereich der Hüttenkokerei.

Eigene Zementproduktion der Völklinger Hütte

Ab 1927 besaß die Hütte ein eigenes Zementwerk, in dem der im Hüttenwerk anfallende Hüttensand zu Zement verarbeitet wurde. Hüttensand ist ein Nebenprodukt des Hochofenprozesses. Er entsteht durch Granulieren der anfallenden Hochofenschlacke in kaltem Wasser und hat hydraulische Eigenschaften.
Bereits mit dem Bau des zweiten Hochofens wurde ab 1885 an der Völklinger Hütte die Hochofenschlacke direkt am Hochofen zu Hochofensand granuliert. Der Hochofensand wurde aber zu dieser Zeit noch zum größten Teil auf die Halde verbracht. Nur sehr geringe Mengen verwendete

man schon damals zur Herstellung von Schlackensteinen oder Mörtel. Ab 1913 richtete die Hütte eine eigene kleine Schlackesteinfabrik, sowie eine Schlackenbrecherei zur Verarbeitung von flüssiger Schlacke ein.[4] Doch auch diese hütteneigenen Betriebe stießen bald an die Grenzen ihrer Kapazität.

Der immer weiter anwachsende Anfall von Hüttensand führte 1927 dann zum Bau der hütteneigenen Zementfabrik. Dort konnten in einem Drehofen von 60 m Länge 200 bis 250 t Portlandzementklinker in 24 Stunden hergestellt werden. Durch Zusatz von Gips und Hüttensand wurden im Zementwerk der Völklinger Hütte Portland-, Eisenportland- und Hochofenzement hergestellt.[5]

Ab Sommer 1927 ist davon auszugehen, dass sämtliche hütteneigenen Betongebäude mit selbstproduziertem Zement erstellt wurden.

Die Möllerhalle

Noch 1904 hatte man das so genannte alte Erzsilo aus Stahlblech errichtet. Als 1913 dieser Bunker nicht mehr ausreichte, entschied man sich für Beton als geeigneten Baustoff des neuen Gebäudes. Das Silo mit den gewaltigen Ausmaßen von 120 m Länge und über 30 m Breite stellte bis zur Werksstilllegung den „Bauch" der Hüttenanlage dar. Hier wurden sowohl Erz, als auch alle weiteren Möllerstoffe in die Wagen der elektrischen Hängebahn verladen, um sie auf die Gichtbühne und damit zu den Hochöfen zu transportieren.

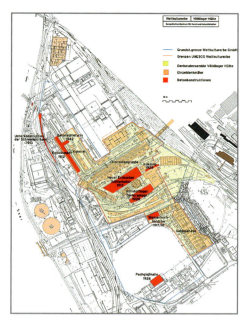

Abb. 3: Die Betonbauten der Völklinger Hütte, Zeichnung Claudia Reck

Die Möllerhalle wurde ab 2000 in verschiedenen Bauabschnitten umfangreich saniert und für Besucher zugänglich gemacht. Dazu wurde eine neue Laufebene aus Holz eingezogen und einige Silotaschen aufgeschnitten um eine Durchgänglichkeit zu erreichen. Auf diese Weise wurde etwa ein Drittel der Silofläche zu Ausstellungszwecken umgebaut. Die übrige Fläche blieb unberührt, mitsamt ihrer noch vorhandenen Füllungen. Bei der Sanierung wurde sehr darauf geachtet, dass das Gebäude seine Authentizität und seine historischen Gebrauchsspuren nicht verliert. Daher blieben auch die Siloinnenwände unberührt und wurden keiner Betonsanierung unterzogen. Auf ihnen lagerte sich im Laufe der Jahre der rötliche Erzstaub ab, der bis heute das Siloinnere charakteristisch einfärbt.

Durch die Instandsetzung des Silodaches wurden die Wände der Bewitterung entzogen. Der fortgeschrittene Verfallsprozess konnte damit gebremst werden, sodass heute eine regelmäßige Begehung mit Entfernen der losen Betonteile ausreicht um die Sicherheit der Besucher sicherzustellen. Auf diese Weise konnten die Wände ihren Charakter bewahren.

Abb. 4: Möllerhalle, Außenansicht, Reparaturstellen an der Längswand, weisse Beschichtung an der Kopfseite (links im Bild), Foto Claudia Reck 2008

Neu ergänzte Wandstücke im Innenraum wurden in grauem Normalbeton erstellt. Auf eine farbliche Angleichung wurde bewusst verzichtet. Es ist durchaus erwünscht, dass eine Unterscheidung von historischer Substanz und neuer Ergänzung sichtbar ist.

Woher der Beton für die Möllerhalle kam, ist unbekannt. Aber man kann vermuten, dass er, ebenso wie für die zeitgleiche Saarbrücke, in Lothringen produziert wurde, wo die ersten Betonfabriken bereits Ende des 19. Jahrhunderts in der Nähe der Hüttenwerke entstanden.[6]

Die Verdichtung der Silowände erfolgte durch Stochern; eine Verdichtung mittels Rüttlern war Anfang des 20. Jahrhundert noch unbekannt. An den Innenwänden entstanden aus diesem Grund Kiesnester. Die wellenförmigen Schüttlinien sind heute noch gut zu erkennen.

Abb. 5: Möllerhalle, Innenwände, Foto Edgar Bergstein 2005

An den Außenwänden konnten Betonsanierungen nicht vermieden werden. Die zu sanierenden Wandflächen wurden jedoch auf einzelne Reparaturstellen minimiert, die flächenbündig angearbeitet wurden. Auf eine farbliche Angleichung mittels Beschichtung wurde auch hier verzichtet. Lediglich eine historisch vorhandene weiße Beschichtung an der

Abb. 6: Möllerhalle, Blick durch die aufgeschnittenen Silotaschen mit neubetonierten Wandflächen in grauem Beton, Foto Claudia Reck 2008

Abb. 7: Wasserhochbehälter, Außenansicht, Foto Claudia Reck, Dez. 2007

Abb. 8: Kokerei mit Stahl- und Betonkohleturm, Foto Edgar Bergstein, Jan. 2005

Kopfseite des Gebäudes wurde nach Durchführung der Betonsanierung erneuert.

Sanierungsprinzip war eine ingenieurmäßige Reparatur, wie sie so auch zu Betriebszeiten der Hütte durchgeführt worden wäre.

Der Wasserhochbehälter

Mit dem Wasserhochbehälter entstand 1917/18 das dritte große Betonbauwerk der Firma Wayss & Freytag auf dem Gelände der Völklinger-Hütte.

Der Turm, in der Formensprache eines klassischen modernen Industriebaus, verzichtet weitgehend auf Dekorationselemente. Seine massige Gestalt setzt in der Silhouette des Hüttengeländes ein Gegengewicht zur dominanten Hochofengruppe.

Der Betonskelettbau stand ursprünglich auf Stützen, die vermutlich in den 30er Jahren geschlossen wurden um Lagerflächen einzubauen. In seinem leicht auskragenden Kopf befinden sich zwei rechteckige Wasserbecken mit einem Fassungsvermögen von insgesamt 3.000 Kubikmetern. Damit zählt der Wasserturm, der bis heute als Wasserreservoir für die Firma Saarstahl in Betrieb ist, zu den größten in Deutschland.

1917/18 war, vermutlich aufgrund der Kriegssituation, sehr wenig Zement verfügbar. Aus diesem Grund erhielt der Wasserturm eine extrem magere Zementmischung von 1:6 für die Wasserbecken und 1:7 für alle übrigen Bauteile. Auch die Dichtung der Becken erfolgte nur mit Zementputz ohne Beimengungen und ohne Anstrich. Die Dachfläche erhielt ursprünglich keinen Dachbelag, sondern nur einen äußeren Glattstrich, der heute zusätzlich mit einer Bitumenbahn abgedichtet ist.[7]

In seinem Inneren sind auch einige der Ausstattungselemente in Beton ausgeführt. Alle Geländer und Umwehrungen um die Wasserbecken sind extrem schlank dimensionierte Betonkonstruktionen. In diesem Bereich befinden sich heute die größten Schäden, aber auch die Dachkonstruktion und die Außenwände sind in sehr schlechtem Zustand. Reparaturmaßnahmen wurden durch den Nutzer bisher lediglich punktuell durchgeführt.

Die Instandsetzung des Gebäudes wird mittelfristig das größte und anspruchsvollste Projekt für Betonsanierung auf dem Gelände der Völklinger Hütte werden.

Der Kohlenturm

Da während des Zweiten Weltkrieges der Stahl- und damit auch der Koksbedarf extrem hoch war, wurde bei der Völklinger Hütte in den Ausbau der Kokerei investiert und mit der Batterie 4 eine zusätzliche Koksbatterie angelegt. Weil damit die Kapazität des alten Stahlkohleturms erschöpft war, wurde zusätzlich ein neuer Kohleturm errichtet. Er übernahm die Speicherung von Kohle sowohl für die bereits vorhandenen wie auch für die neuen Koksbatterien.

Die zum Kohleturm im Archiv des Weltkulturerbes vorhandenen Zeichnungen legen die Vermutung nahe, dass für den Turm unterschiedliche Planungsvarianten entwickelt wurden. Neben Plänen, die den tatsächlich ausgeführten Zustand des Gebäudes wiedergeben, existiert auch eine Zeichnung, datiert von 1941, die einen mit vorspringenden Lisenen gestalteten Betonturm zeigen, wie er in den 20er Jahren auf zahlreichen Kokereien zur Kohlelagerung errichtet wurde (Abb. 9).

Während des Krieges reichte das Budget jedoch möglicherweise nicht aus und es kam eine um sämtliche dekorativen Elemente bereinigte Version zur Ausführung. Der Turm zeigt trotzdem eine sehr durchdachte und klare Gestaltung. Die Proportion und Gliederung des Baukörpers mit seinem vorspringenden Treppenhaus und der Ausbildung von zwei

Dachterrassen über den Silotaschen, geht weit über eine rein funktionale Gestaltung hinaus.

Offenbar standen zu Kriegszeiten nicht ausreichend Baumaterialien zur Verfügung, so dass der Turm mit extrem wenig Zement hergestellt wurde; obgleich davon auszugehen ist, dass es sich um Zement aus hütteneigener Produktion handelte. Beim Einbringen des Betons wurde nicht auf eine ausreichende Verdichtung geachtet, sodass starke Entmischungen mit Kiesnestern entstanden. Darüber hinaus wurden zum Teil Zuschläge extrem großer Korngrößen verwendet. Auch auf ausreichende Betonüberdeckungen wurde nicht geachtet. Stellenweise befanden sich die Eisen direkt unter der Betonoberfläche.
Aus den genannten Gründen war die Betonoberfläche in extrem schlechtem Zustand. Die Carbonatisierung des Betons war weit fortgeschritten, die dicht unter der Oberfläche befindlichen Eisen waren korrodiert und hatten die Oberfläche abgesprengt. Das ganze Ausmaß der Zerstörung wurde erst nach Sandstrahlen der Oberfläche deutlich.

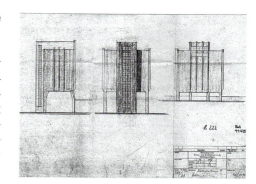

Abb. 9: Zeichnung Kohleturm 1941[8]

2007/2008 wurde der Turm umfangreich saniert. Die Oberflächen von drei Fassadenseiten waren nahezu vollständig zerstört und mussten komplett erneuert werden. Dazu wurde in einer ersten Schicht Spritzbeton aufgebracht. Um eine dauerhafte Lösung zu erreichen, wurde diese Schicht ca. 2 cm dicker ausgeführt als die ursprüngliche war. Damit wurde eine ausreichende Überdeckung erreicht. In einem zweiten Schritt wurde ein pigmentierter Feinspachtel aufgebracht, der dem ursprünglichen Farbton nachempfunden war. Zur Festlegung des Farbtons wurden in Abstimmung mit dem Denkmalamt zahlreiche Farbmuster angelegt.
Erstaunlicherweise gab es eine Fassade in wesentlich besserem Zustand. Die den Koksbatterien zugewandte Ostseite war an der Oberfläche mit gesintertem Kohlestaub überzogen, der offenbar eine schützende Wirkung hatte. Hier reichte eine partielle Reparatur der Schadstellen. Eine Farbangleichung der Reparaturstellen mit pigmentiertem Beton führte aufgrund der Ungleichmäßigkeit der vorhandenen Kohlestaubschicht nicht zu dem gewünschten Ergebnis. Daher wurden die Reparaturstellen mit Mineralfarbe überarbeitet. Obwohl eine optische Einheitlichkeit auch auf diesem Wege nicht vollständig erreicht werden konnte, wählte man diesen Weg und entschied sich gegen einen kompletten Anstrich über die gesamte Fassadenseite, dem eine Abstrahlung der vorhandenen Sinterschicht vorausgegangen wäre. Der historische Zeugniswert der Kohlenstaubschicht, die eine Menge über Luftverschmutzungen und Arbeitsbedingungen aussagt, wurde höher eingestuft als eine optische Gleichmäßigkeit der Fassade.

Abb. 10: Stütze Kohlenturm, Zustand der Betonoberfläche nach Sandstrahlen, Foto Claudia Reck, 2007

Fazit

Beim Erhalt einer museal genutzten Industrieanlage ist die Betonsanierung ein Schwerpunkt der Sanierungsarbeit, für den es keine Standardlösungen gibt. Für jedes Objekt müssen individuelle Lösungen gefunden werden, die dem Erhaltungszustand und der Bedeutung des Objektes Rechnung tragen. Hier reicht die Bandbreite von reinem Witterungsschutz über Reparaturmaßnahmen in unterschiedlichen Dimensionen bis hin zur Rekonstruktion von Teilbereichen. Die notwendigen Festlegungen zur Zusammensetzung des neu eingebrachten Betons, eventueller Ertüchtigung der historischen Konstruktion, möglichen Reprofilierungen, sowie zu Anstrichen und optischen Angleichungen an den Altbestand müssen jedes Mal aufs Neue getroffen werden.

Abb. 11: Schadensbild mit zementarmen Wandstellen und mangelhafte Stahlüberdeckung, Foto WPM Dez. 2006

Abb. 12: Kohlenturm nach der Sanierung, Nordfassade, Foto Claudia Reck 2008

1 Dr. Müller: Fabrik- und Hausindustrie. In: Lothringen und seine Hauptstadt. Festschrift zur 60. Generalversammlung der Katholiken Deutschlands in Metz 1913 (Hrsg. Dr. A. Ruppel), Metz 1913, S. 230-241.
2 Richard Nutzinger, Hans Boehmer, Otto Johannsen: 50 Jahre Röchling Völklingen, Saarbrücken 1932, S. 180.
3 Richard Nutzinger, S. 189.
4 Hermann Hille, Claudia Reck: Schlackengranulierung an der Völklinger Hütte. Technikhistorische Dokumentation, Völklingen 2005.
5 Richard Nutzinger, S. 293 ff.
6 Zementfabrik Rombach bei Hagendingen / Hagondange seit 1899 (bis heute in Betrieb), Zementwerk Diesdorf / Diestroff seit 1893.
7 R. Grün, Dr. Lewe, B. Löser, F. Lorey: Flüssigkeitsbehälter Röhren, Kanäle, Handbuch für Eisenbetonbau (5. Band), Berlin 1923, S. 248-251.
8 Zeichnung Archiv Weltkulturerbe Völklinger Hütte, BA 1145.

Leipzig – Hauptstadt des Stahlbetons in Deutschland

Stefan W. Krieg
Stadt Leipzig, Amt für Bauordnung und Denkmalpflege
Abteilung Denkmalpflege, 04092 Leipzig
stefan.krieg@leipzig.de

*Dem Andenken meines Vaters
Professor Dr. Werner Krieg (1908–1989)*

In Leipzig ist Deutschlands ältester Bau mit einem vollständigen monolithischen Tragwerk nach dem System Hennebique erhalten. Zusammen mit der von Wilhelm Kreis entworfenen Betonhalle als Gegenstück zu Bruno Tauts berühmtem „Monument des Eisens" und der Großmarkthalle, die für viele Jahre die am weitesten gespannte Massivbaukuppel der Welt war, sind damit in Leipzig deutsche Meilensteine des Stahlbetonbaus wie in keiner anderen Stadt vereint.[1] Ein Kolloquium zur Betonsanierung hätte daher kaum einen würdigeren Veranstaltungsort finden können.

Der älteste Stahlbetonbau Deutschlands: die Notendruckerei C. G. Röder

Die Notendruckerei C. G. Röder, 1846 gegründet und seit 1873 in Reudnitz, einem Dorf vor den Toren Leipzigs, ansässig, hatte seit 1863 mit dem Einsatz von Steindruckschnellpressen einen gewaltigen Aufschwung genommen. Mit den Druckaufträgen z. B. der Edition Peters waren 1870 rund 200 Mitarbeiter beschäftigt. 1873–1890 war in mehreren kleinen Bauabschnitten eine Vierflügelanlage am Gerichtsweg entstanden, noch ganz traditionell als Mauerwerksbau mit Gussstützen und Stahlsteindecken bzw. Kappendecken auf Walzträgern.[2]

Am 28. Februar 1898 stellt der Architekt Max Pommer einen Bauantrag für einen daran anschließenden weiteren Flügel entlang der Perthesstraße (Nr. 3), er sollte in seinen Fassaden und der Konstruktion dem Bestand genau entsprechen. Erst die Tekturpläne vom 26. April sehen einen Bau nach dem „sich gut bewährenden System Hennebique" vor. Der Baugenehmigung am 7. Mai 1898 folgen die Rohbauprüfung am 24. September und die Schlussabnahme am 23. Dezember 1898; Arbeitsbeginn in den neuen Räumen war der 7. Januar 1899. Damit ist dieser Bau der älteste Stahlbetonbau Deutschlands mit vollständigem mehrgeschossigem System nach Hennebique; ihm sind nach derzeitiger Kenntnis nur einzelne Decken und kleinere Einheiten in der neuen Bauweise vorangegangen, während der bisher als ältester Stahlbetonbau des ehemaligen Deutschen Reiches geltende Lager- und Silokomplex am Straßburger Hafen von dem bekannteren Pionier des Betonbaues Eduard Züblin zusammen mit Wayss & Freytag erst im folgenden Jahr 1899 errichtet wurde.[3]

Bei der Außengestaltung wie auch den Maßverhältnissen folgte Pommer den schon bestehenden (aber heute abgebrochenen) Flügeln, die er teilweise ebenfalls geplant hatte, schuf also einen schlichten Putzbau mit segmentbogigen Sichtziegelstürzen als einzigem Zierrat und mit einem Pappdach.

Über die Einzelheiten der Konstruktion geben die Bauaktenzeichnungen keine Auskunft. Während im Dachgeschoss-Grundriss die hölzernen Dachstuhlteile in ihren annähernd realen Querschnitten wiedergegeben sind, sind die Betonstützen der übrigen Geschosse nur durch kleine Kreuze gekennzeichnet, und der Querschnitt des Gebäudes lässt eben-

Abb. 1: Äußerlich unscheinbar: Der älteste deutsche Bau mit einem mehrgeschossigen Stahlbeton-Skelett nach dem System Hennebique, der Erweiterungsflügel der Druckerei C. G. Röder, Leipzig, Perthesstr. 3, 1898 von Max Pommer errichtet

Abb. 2: Anstelle der Wiese ursprünglich der Altbau, an den 1898 der erste Flügel angebaut wurde; die übrigen folgten zwischen 1904 und 1910.

Abb. 3 und 4: Im Innern des Druckereiflügels Perthesstr. 3 ist das System aus Stützen, Unterzügen, Balken und Platten gut zu erkennen. Neben der Abfasung der Kanten finden sich hier auch die Bleche als Verbindung der Bewehrungsstäbe, wie sie die frühe Darstellung des Hennebique-Systems zeigt.

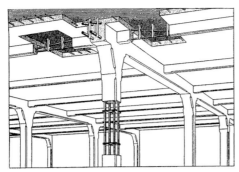

Abb. 5: Die Hennebique-Konstruktion in ihrer ältesten Form mit glatten Bewehrungsstäben, die durch gelochte Blechstreifen miteinander verbunden sind; der Verbindung der Balken mit der Deckenplatte dienen Blechbügel. Beide nur für die ältesten Beispiele typischen Merkmale sind an Fehlstellen der Stützen und Balken erkennbar.

Abb. 6: Der Druckereiflügel in der Perthesstr. 3, wie er im Januar 1899 in Betrieb genommen wurde.

Abb. 7: Geschäftshaus Gruner, Leipzig, Ecke Brühl/Hainstr. Max Pommer errichtete es 1899 als ersten Stahlbetonbau in der Leipziger Innenstadt.

falls kaum etwas von der Konstruktion erkennen; man ahnt allenfalls in der Schraffur der Decken etwas von Balken und Rippen, die sich in ihrem Querschnitt kaum von den übrigen Decken unterscheiden. Mit 11 Seiten statischer Berechnung werden auch entsprechende Zeichnungen nachgeliefert; beide Unterlagen lassen – abweichend von den Bauplänen – ihren Verfasser nicht erkennen. Sowohl aus dem Titelblatt „Statische Berechnung Fabrikvergrößerung des Herrn C. G. Röder zu Leipzig" als auch aus dem „Beisein zweier Vertreter der Firma Martenstein & Josseaux" bei zwei Probebelastungen der fertigen Decken im August 1898 ist darauf zu schließen, dass die Berechnungen bei diesem ersten deutschen Lizenznehmer Hennebiques erfolgt waren. Die Probebelastungen wie die Berechnungen erwiesen die Decken übrigens als unzureichend bemessen, da Martenstein & Josseaux das Eigengewicht der Konstruktion vergessen hatten, wie der findige Baubeamte Pierre Bastine bemerkte; deswegen und „da es sich hier um ein neues, in Deutschland noch wenig bekanntes Bausystem handelt", mussten die Druckmaschinen auf Rahmen oder Schwellen gestellt werden, die ihre Last auf mehrere Balken verteilen sollten.

Dies sollte bei den nächsten Entwürfen für denselben Auftraggeber schon anders sein, indem dort die Dimensionen der Tragkonstruktion in Grundrissen und Schnitt deutlich zu erkennen sind und die Berechnungen im Büro Max Pommers erfolgen. Der Entwurf ist nun soweit systematisiert, dass die statische Berechnung mit nur wenigen Positionen auskommt. In der Zwischenzeit hatte Max Pommer bereits mehrere weitere Bauten mit Hennebique-Tragsystem ausgeführt, darunter das Geschäftshaus Gruner (Brühl/Ecke Hainstraße) und das Lagergebäude der Papiergroßhandlung Sieler & Vogel (Goldschmidtstraße 29a), beide 1899 im Rohbau fertig und mit prächtigen Fassaden versehen.

Während diese Bauten saniert sind und für Wohn- und Geschäftszwecke genutzt werden, ist das Gebäude Perthesstraße 3 ungenutzt; die Treuhand-Liegenschaftsgesellschaft bemüht sich seit Jahren um eine Abrissgenehmigung, vernachlässigt den Bauunterhalt und unternimmt offenbar wenig, um einen neuen Nutzer zu finden. Es bleibt zu hoffen, dass sich für diesen ältesten deutschen Stahlbetonbau bald ein verständnisvollerer Eigentümer und damit eine neue Hoffnung auf Erhalt finden.

Der Architekt Max Pommer, 1847 als Sohn eines Kaufmanns in Chemnitz geboren, war nach einer Zimmermannslehre mit Besuch der Baugewerbeschule wohl 1864 zu Conrad Wilhelm Hase in Hannover gegangen und hatte dann nach Studium am Polytechnikum und gleichzeitiger Arbeit in Hases Büro für mehrere Schüler Hases als Bauleiter gearbeitet. Ab 1871 in Leipzig, machte er sich 1879 als Architekt selbständig. Daneben baute er auf eigene Rechnung und wurde mit der Übernahme der Lizenz für das Hennebique-System auch zum Bauunternehmer. Maßgeblichen Anteil daran hatte Hermann Meyer, der Besitzer des Verlages „Bibliographisches Institut", für den er nach einem Wohnhaus noch zwei Villen baute, auch ab 1892 Teile des Verlagsgebäudes errichtete (das sich übrigens neben der Druckerei C. G. Röder befand) und der ihn bei seinen ersten Schritten als Bauträger finanziell unterstützte.

Und Hermann Meyer beauftragte ihn von Anfang an mit den Planungen für seinen „Verein zur Erbauung billiger Wohnungen" und berief ihn 1900 zum Vorstand seiner daraus umgestalteten Stiftung Meyersche Häuser mit für die damalige Zeit überdurchschnittlich guten Arbeiterwohnungen in vier Wohnanlagen.

Mit der Übernahme der Lizenzen der Hennebique-Patente für Teile von Sachsen kommt Max Pommer eine wichtige Pionierrolle für die Einführung dieser Bauweise in Deutschland zu. Sie ist auch darin dokumentiert, dass er aus eigener Tasche einen Paris-Aufenthalt zweier Leipziger Baubeamten – darunter der schon erwähnte Pierre Bastine – bezahlte, damit diese im Büro Hennebique genauere Kenntnisse der neuen Konstruktion erwerben konnten. Sie befähigten sie im Folgenden zur baupolizeilichen Prüfung der entsprechenden statischen Berechnungen, nach meiner Kenntnis erstmals beim erwähnten Papierlager im September 1899.

Max Pommer blieb auf diesem Feld freilich nicht lange allein. Bei Errichtung des Leipziger Hauptbahnhofes wurden deshalb bereits fünf Firmen mit Betonarbeiten beschäftigt: Neben Max Pommer war es die Leipziger Firma Rudolf Wolle und die Dresdener Firma Johann Odorico, ferner die Leipziger Niederlassung von Dyckerhoff & Widmann (später Dywidag) und die Leipziger Niederlassung der in Dresden und Leipzig aktiven Firma Kell & Löser, deren bekanntestes Werk die Dresdner Tabakmoschee Yenidze sein dürfte (sie zierte auch das Briefpapier der Firma). Von den genannten Firmen besteht außer der Dywidag nur noch die Firma Max Pommer als heute mittelständisches Bauunternehmen, das nach der üblichen Verstaatlichung 1972 nun seit 1991 wieder in Familienbesitz ist.

Abb. 8: Geschäftshaus Gruner, Leipzig, Ecke Brühl/Hainstr. Max Pommer errichtete es 1899 als ersten Stahlbetonbau in der Leipziger Innenstadt.

Die Betonhalle

Die Firmen Rudolf Wolle und Kell & Löser teilten sich um die Jahreswende 1912/13 die Ausführung eines weiteren Höhepunktes in der Geschichte des Bauens mit Beton.[4] Das Jahr 1913 sah in Leipzig neben der Einweihung des Völkerschlachtdenkmals am 100. Jahrestag des Sieges über Napoleon auch eine Internationale Baufach-Ausstellung (heute Altes Messegelände, Prager Straße 100). Obwohl nicht erhalten, ist das von Bruno Taut für den Deutschen Stahlwerksverband errichtete „Monument des Eisens" in die Architekturgeschichte eingegangen als bedeutender Versuch, eine Stahlkonstruktion in die Sphäre des Geistig-Künstlerischen zu heben.[5]

Auch der Deutsche Betonverein beabsichtigte mit seiner „Betonhalle" den Nachweis, dass Betonkonstruktionen ohne Verputz oder Verkleidung künstlerischen Ansprüchen genügen können. Auch wenn sie als Ausstellungsgebäude der Stadt Leipzig über die Dauer der Baufachmesse hinaus erhalten blieb, hat sie deutlich weniger Anerkennung in der Architekturgeschichtsschreibung gefunden. Es ist offenbar nicht mehr zu ermitteln, wie Wilhelm Kreis, ein Protegé Paul Wallots, an den Auftrag für dieses Gebäude kam. Möglicherweise entwarf er bereits 1911 im Auftrag der Stadt Leipzig einen Kuppelbau als Festsaal, für den zu diesem Zeitpunkt noch die Lage in einem Park vorgesehen war.[6] Dies würde erklären, wieso zwischen dem endgültigen Baubeschluss und der Einreichung der Baupläne nur etwa zwei Wochen lagen, in denen der Bau schwerlich mit allen Einzelheiten der Gestaltung auszuarbeiten war.

Abb. 9: Papierlager der Firma Sieler & Vogel, Leipzig, Goldschmidtstr. 29a. Auch hinter dieser von Max Pommer 1899 errichteten Fassade verbirgt sich ein Hennebique-Gerüst.

Er umfasst eine Kuppel mit 31,40 m Spannweite und 6,80 m breitem Umgang sowie zwei anschließenden Flügeln. Ein Portikus und die flache Form der Kuppel suggerieren eine äußere Ähnlichkeit mit dem Pantheon in Rom, die im Inneren durch eine gleichmäßige Säulenstellung und die schuppenartige Musterung der Kuppelfläche geringer ausfällt. Die Anknüpfung an das Pantheon ist sicher nicht nur nobilitierend gemeint, sondern bewusst gewählt, um mit der Erinnerung an die wohl berühmteste Caementitium-Kuppel der Antike auf die lange Tradition des Betons zu verweisen.

Die Architektursprache ist von einer Derbheit, die die spätere Affinität des Architekten zu den Nationalsozialisten schon erahnen lässt. Die Anklänge an historische Formen sind so deutlich, dass offensichtlich keine Überwindung dieser Architektursprache angestrebt ist, sondern ein bewusstes Anknüpfen erkennbar wird, das freilich kaum als gelungen

Abb. 10: Baurat Max Pommer (1847–1915) in seinem letzten Lebensjahr.

Abb. 11: Die Betonhalle von Wilhelm Kreis und das Monument des Eisens von Bruno Taut während der Internationalen Baufach-Ausstellung Leipzig 1913.

Abb. 12: Gesamtansicht der Betonhalle von Wilhelm Kreis.

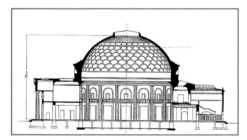

Abb. 13: Schnittzeichnung durch die Betonhalle um 1912.

Abb. 14: Inneres der Betonhalle 1913.

bezeichnet werden kann. Immerhin wird der Bau in den zu seinen Lebzeiten erschienenen Monographien gar nicht oder nur marginal erwähnt, Kreis hat ihn wohl auch selbst nicht eben für ein Hauptwerk gehalten. Wie souverän gestaltet dagegen Hans Poelzig seine gleichzeitigen Ausstellungsbauten aus Beton in Breslau![7] Gerade auch im Vergleich zu Bruno Taut und seinem Monument des Eisens wird man von einer verpassten Chance sprechen müssen: Statt der modernen Bauweise mit einem ästhetisch überzeugenden Konzept die Achtung architektonisch gebildeter Kreise zu sichern, wie es Taut gelang, ist die Lieblosigkeit der architektonischen Formensprache Kreis' erschreckend, die allenfalls den Zeitgenossen entging, aber für eine dauerhafte und durchaus berechtigte Missachtung des Bauwerks in der Architekturgeschichtsschreibung gesorgt hat. Dabei haben die ausführenden Firmen Kell & Löser mit der Konstruktion der Kuppel und Rudolf Wolle mit dem eindrucksvollen Portikus als steinmetzmäßig überarbeitete Sichtbetonkonstruktion aus Weißzement und Muschelkalkmehl durchaus Neuland betreten und dies zusätzlich mit finanziellen Einbußen und erheblichem Zeitdruck.

Während an den Seitenflügeln die Konstruktion verputzt ist, ist der Portikus von der Firma Rudolf Wolle mit Vorsatzzement und steinmetzmäßiger Überarbeitung bewusst als Sichtbetonbau gestaltet. Hinsichtlich der Spannweite blieb die Kuppelhalle hinter der zwei Jahre früher errichteten Betonkuppel der Kirche in St. Blasien im Schwarzwald mit einer Spannweite von 34 m und der Aufhängung einer weiteren Stuckkuppel an der Unterseite der besonders flachen Konstruktion deutlich zurück.[8] Und die gleichzeitig mit dem Leipziger Bau in Breslau von Max Berg errichtete Jahrhunderthalle war mit ihren 65 m Spannweite der Hauptkonstruktion eine Klasse für sich.

Die Pläne wurden im November 1912 eingereicht und am 20. Dezember 1912 genehmigt, Ende März 1913 war der Rohbau fertiggestellt, am 3. Mai 1913 das ganze Gebäude. Nachdem das Gebäude 1914 die internationale Ausstellung für Graphik und Buchkunst beherbergt hatte, wurde es ab 1918 in die Technischen Messen einbezogen, die ab 1918 auf dem Gelände der Internationalen Baufachausstellung stattfanden. Mit der Einweihung des neuen Messegeländes in Leipzig 1996 verlor sie ihre Funktion; seit 2007 beherbergt die Kuppelhalle eine Diskothek; für die Sanierung des Daches wurden Fördermittel des Freistaats Sachsen bereitgestellt, während die Fassaden nur sparsam ausgebessert wurden.

Die Großmarkthalle

Anders als die Betonhalle ist der „Kohlrabizirkus" – wie die Leipziger liebevoll-abschätzig die Großmarkthalle nennen – ein bedeutender Schritt in der Entwicklung des Stahlbetonbaus und ein beeindruckendes Bauwerk (An den Tierkliniken 42).[9]

Die 1891 errichtete Zentralmarkthalle am Rand der Innenstadt hatte dem Groß- und Einzelhandel gedient, war aber schnell dem steigenden Güterumschlag nicht mehr gewachsen und hatte keinen Gleisanschluss. Auf Beschluss des Stadtrates wurde daher ab 1923 die bisherige Markthalle nur noch für den Einzelhandel genutzt und zugleich eine provisorische Großmarkthalle aus ehemaligen Flugzeug-Hangaren an den Gleisen des Bayerischen Bahnhofs in Betrieb genommen, die bereits vor der Baugenehmigung fertig gestellt war. Ihre schon 1925 geplante Erweiterung mit weiteren basilikalen Hallen unterblieb aus finanziellen Gründen. Erst 1928/29 konnte das eigentliche Hauptgebäude mit den beiden Kuppeln errichtet werden, als erster Bauabschnitt, dem noch eine dritte Kuppel und ein Verwaltungshochhaus folgen sollten, die aber nicht mehr ausgeführt wurden. Der Großmarkt versorgte nicht nur Leipzig, sondern auch weitere Bereiche Sachsens und Thüringens mit Frischwaren, bis Ende 1995 die neue Halle in Radefeld im neuen Güterverkehrszentrum nahe dem Flughafen in Betrieb ging.

Stadtbaurat Hubert Ritter nutzte die Verzögerung des Baues zwischen 1925 und 1927 zum Studium neuerer Markthallen und änderte seine Pläne dabei grundlegend. Während die Bauaufgabe im 19. Jahrhundert zunächst mit Gusseisenbauten gelöst worden war (London, Hungerford Market 1826; Paris, Les Halles 1853–57), die gegen 1880 Stahlkonstruktionen wichen, kamen seit Anfang des 20. Jahrhunderts Stahlbetonkonstruktionen auf. Die Markthallen in Stuttgart und München folgten dem Basilikatyp, bei dem ein höheres Mittelschiff eine gute Belichtung auch der mittleren Bereiche ermöglicht. Nachteilig ist bei ihm die Vielzahl von Stützen, die den Innenraum verstellen und seine Aufteilung erschweren. Die nur ein Jahr zuvor fertig gestellte Markthalle in Frankfurt/Main hatte durch ihre Überdachung mit einer Reihe von flachen Tonnengewölben die Zahl der Stützen erheblich senken können. Als Basilika hätte die Leipziger Markthalle in ihrer ursprünglich geplanten Größe etwa 88 Stützen erhalten, bei einer Anlage in der Art der Frankfurter wären es immer noch 35 gewesen. Ritter entschied sich daher in Zusammenarbeit mit dem Ingenieur Franz Dischinger für die Zeiss-Dywidag-Kuppelkonstruktion und konnte die Stützen im ausgeführten Bau auf acht reduzieren.

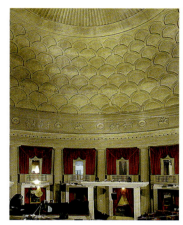

Abb. 15: Inneres der Betonhalle 2008 mit Einbauten zur Nutzung als Diskothek.

Die Konstruktion war einige Jahre früher für die Zeiss-Planetarien im Zusammenwirken zweier bedeutender Ingenieure entwickelt worden. Walter Bauersfeld (1879–1959) schuf bei Carl Zeiss Jena neben einer Fülle weiterer Erfindungen auch den Projektionsapparat, der es ermöglichte, den gestirnten Himmel an einer Kuppel nachzuahmen. Von ihm stammte das Stabwerk der Kuppel, das Buckminster Fullers geodätische Kuppeln der 1960er Jahre um vierzig Jahre vorwegnahm. In Franz Dischinger (1887–1953) fand er bei der Baufirma Dywidag einen Partner, der die Grundlagen für die statische Berechnung schuf. Die feinmechanische Präzision des Herstellers optischer Geräte traf sich so mit der Innovation einer Pionierfirma des Stahlbetonbaus. Das in die ersten Planetariumskuppeln nach Entwurf von Bauersfeld einbetonierte räumliche Stabwerk war mit außerordentlicher Präzision hergestellt worden. Die theoretischen Untersuchungen von Dischinger ergaben, dass dieses Skelett für die Tragwirkung der Kuppel nicht erforderlich war, sondern durch eine Bewehrung mit normalen Rundeisen ersetzt werden konnte. Das kostspielige Stabwerk diente bei den nun folgenden Kuppelbauten als wiederverwendbare Schalung. Dischinger fand weiter heraus, dass neben der Kugelform auch Tonnengewölbe herstellbar waren; mit ihnen überdeckte er die Großmarkthalle Frankfurt. Noch während sie im Bau war, erkannte er schließlich, dass auch Durchdringungen von Abschnitten aus Tonnengewölben eine vergleichbare Tragwirkung erzielen und so eine nochmalige Steigerung der Spannweite zulassen.

Abb. 16: Inneres der Kuppel der Betonhalle 2008.

In Leipzig bildete Dischinger daher zwei achteckige Gewölbe aus der Zusammenfügung von acht Tonnenabschnitten. An den Schnittkanten der Tonnenflächen sind aussteifende Grate stärker ausgebildet. Sie übernehmen keine Lastabtragung, sondern hindern die Schalen lediglich am Beulen oder Ausknicken. Sie ruhen auf schrägen Pfeilern, die durch schräg stehende Bögen als Unterstützung der Gewölbeflächen untereinander verbunden sind. Den Kuppelschub nehmen ein großer Zugring in der Kellerdecke und ein leichterer in der Höhe der Eckzwickel auf, die von der Achteckform der Kuppel zum Rechteck des Grundrisses vermitteln. Der riesige Raum wird durch Oberlichtöffnungen in beiden Kuppeln mit 28 m Durchmesser und ein 3 m hohes Lichtband unter der Decke ausreichend und gleichmäßig beleuchtet. Zwischen den beiden Kuppeln liegt ein breiter Gang mit Glasdach, und die Eckzwickel sind mit gläsernen Pyramidendächern beleuchtet.

Abb. 17: Portikus der Betonhalle von Wilhelm Kreis.

Die aus technischen Erfordernissen gefundene Form der Doppelkuppel fasste Ritter architektonisch durch eine betont horizontale Gliederung des vorgelagerten Bürotraktes, der auch durch seine Klinkerfassade bewusst von der hellgrau verputzten Betonkonstruktion abgesetzt ist. Zu Ritters

Abb. 18: Detail der Säulenordnung am Portikus der Betonhalle.

Abb. 19: Detailansicht der Säulenschäfte des Portikus: Gut zu erkennen sind der mit Muschelkalk vermischte Vorsatzbeton und die sorgfältige Scharrierung.

Abb. 20: Detail des Portikus-Giebels mit formgepresstem Vorsatzbeton, der ebenfalls steinmetzmäßig überarbeitet wurde.

Abb. 21: Großmarkthalle Leipzig, Gesamtansicht von der Straße An den Tierkliniken aus.

Abb. 22: Großmarkthalle Leipzig, Blick in die Nordkuppel nach Norden kurz nach der Fertigstellung.

Bedauern konnte der gewaltige Baukörper in seiner Lage an der auch damals kaum von Personen benutzten Zufahrt des Bayerischen Bahnhofs keine besondere städtebauliche Wirkung ausüben. Dies mag zusammen mit seinem Zweck die relative Unbekanntheit des eindrucksvollen Baus erklären. 1928 war er mit 75 bzw. 78 m Durchmesser und je 6000 qm Fläche unter einer Kuppel der weltweit größte massive Kuppelbau. Ritter und Dischinger berichteten stolz, dass die geplanten 3 Kuppeln zusammen das Konstruktionsgewicht (etwa 6340 Tonnen) der Kuppel der Jahrhunderthalle in Breslau von Max Berg (1913) erreicht hätten, die mit 65 m Durchmesser vor Leipzig den Weltrekord gehalten hatte. Sie war freilich mit ihren gewaltigen Bogen- und Balkenkonstruktionen sehr viel wuchtiger ausgefallen und hatte die damaligen Grenzen dieser Konstruktionsart erreicht, die erst mit Dischingers Neuentwicklung überschritten wurden. Der Leipziger Markthalle folgte ein Jahr später die in Basel mit nur einer Kuppel von 60 m Durchmesser, wiederum nach Dischingers Berechnungen. Erst 1976 sollte die Betonschale des King Dome in Seattle mit 202 m Spannweite dieses Maß übertreffen, doch wurde diese Halle bereits 2000 wieder abgebrochen.[10]

Der Verlust der ursprünglichen Funktion im Jahr 1995 war bedauerlich, aber durch die Veränderung der Transportwege unvermeidlich. So war es ein Glücksfall, dass zu diesem Zeitpunkt die Sanierung bereits abgeschlossen war, für die die Treuhand-Liegenschafts-Gesellschaft andernfalls sicher schwerlich Geld aufgebracht hätte. Seither gab es die unterschiedlichsten Lösungsansätze, wie die gewaltigen Flächen und Räume neu zu nutzen wären.

Seit 1999 wird die südliche Kuppel im Winter als „Eislaufdom" genutzt; ein Vorhang trennte diese Nutzung von anderen in der nördlichen Kuppel wie etwa dem Gastspiel des Circus Roncalli, das trotz seines Erfolges leider bisher nicht wiederholt wurde. Nach langen Verhandlungen ist 2002 eine Trennwand errichtet worden, die nun die ehemals durchgehende Halle in zwei Brandabschnitte unterteilt. Der Versuch, wenigstens die Türen mit Brandschutzverglasung zu versehen, um zumindest eine kleine Sichtverbindung zu erhalten, wurde mit technischen und finanziellen Schwierigkeiten ausgehebelt.

Und außerdem ...

Neben diesen drei Objekten gibt es natürlich eine Vielzahl weiterer bedeutender Betonbauten in Leipzig. Dass hier mehrere Betonbaufirmen bzw. ihre Niederlassungen ihr Auskommen fanden, spricht ja eine deutliche Sprache. Zunehmend verdrängten die Monier- und Hennebique-Konstruktionen die bis dahin gebräuchlichen preußischen Kappen oder Steineisendecken in den zahlreichen Industrie- und Messebauten der Stadt. Doch sollen im Folgenden weniger typische Gebäude vorgestellt werden.

Der Leipziger Hauptbahnhof

Rechtzeitig zur Internationalen Baufach-Ausstellung und der Einweihung des Völkerschlachtdenkmals 1913 war der erste Bauabschnitt des Hauptbahnhofs nach Entwurf des Dresdner Büros von William Lossow und Max Kühne fertig gestellt worden. Am eindrucksvollsten waren hier sicher für die Zeitgenossen die riesigen Stahlbetonbögen mit je rund 45 m Spannweite zwischen der knapp 300 m langen Querbahnsteighalle und den sechs Schiffen der stählernen Bahnsteighalle. Der Bauablauf mit Weiterführung des Bahnbetriebs ohne Unterbrechung bedingte jedoch, dass nur der erste Bogen von Westen als beidseitig fundamentierter Bogen errichtet wurde, während die übrigen an ihn angehängt wurden. Als daher dieser erste Bogen im Zweiten Weltkrieg von einer Fliegerbombe zerstört wurde, folgten ihm die restlichen fünf wie die Dominosteine. Beim Wiederaufbau wurde auch das Tonnengewölbe über dem Querbahnsteig grundlegend verändert; analog dem ursprünglichen Zustand sind die Sichtbetonflächen wieder steinmetzmäßig überarbeitet.[11] 1913 waren nur die westlichen drei Bögen samt dem auf ihnen ruhenden Gewölbe des Querbahnsteigs von Dyckerhoff & Widmann fertig gestellt worden; ein weiterer Bogen durch die Firma Max Pommer und die restlichen beiden durch Rudolf Wolle folgten 1914. Die Einweihung des fertig gestellten Hauptbahnhofs fiel 1915 schon mitten in den Ersten Weltkrieg. Heute ist der Eindruck durch den Einbau eines Einkaufszentrums 1996–97 nochmals stark verändert.[12]

Ein Jugendstil-Baukasten

Schon seit etwa 1880 hatten Fertigteile aus Stampfbeton (mit sporadischen Eisen als Ansätzen einer Bewehrung) im Mietwohnungsbau die Sandsteinverzierungen verdrängt. Ein Hersteller solcher Bauteile, Louis Körner, gab im Oktober 1900 Leipzigs bedeutendstem Jugendstil-Architekten Paul Möbius (1866–1907) den Auftrag für ein Wohn- und Geschäftshaus an der Äußeren Hallischen Straße (heute Georg-Schumann-Straße 124/126). Er wollte in einem Laden seine Produkte, also Fensterbänke, Fensterrahmen, Giebel und Gesimse, zeigen, die er auf dem geräumigen Hof hinter dem Haus herstellte. Und er wollte für seine Firma werben, indem er die Fassade vollständig aus solchen Betonteilen errichtete. Der Zusatz von Steinsplitt und die steinmetzmäßige Bearbeitung der Oberflächen macht sie einer Natursteinfassade ähnlich; ein liebloser Anstrich 1992 lässt dies heute kaum erkennen.

Abb. 23: Großmarkthalle Leipzig, Blick aus der Nordkuppel in die Südkuppel kurz nach der Fertigstellung.

Abb. 24: Großmarkthalle Leipzig, Nordfassade. Nach Süden sollten nach Errichtung einer dritten Kuppel eine ähnliche Fassade und ein Verwaltungshochhaus errichtet werden, blieben aber unausgeführt.

Die Aufgabe war in dieser Form neu. Natürlich hatte es auch im Historismus die Vorfertigung entsprechender Bauteile aus Naturstein gegeben, und bei einer ganz aus Stein errichteten Fassade musste sich der Architekt neben der Gestaltung der Einzelformen auch mit dem Fugenschnitt der Teile befassen; doch war es nicht üblich, sie so zu fertigen, dass sie an beliebiger Stelle eingebaut werden konnten. Dieses Prinzip kam aber bereits seit dem Mittelalter bei den Formsteinen für den Zierrat der Backsteinarchitektur vor, doch bildeten dort normale Ziegel das Hauptelement der Wand. Eine derart systematische Entwicklung von zusammenpassenden Elementen aus Beton, die sich nicht nur zum Schmuck, sondern zum lückenlosen Aufbau ganzer Fassaden eignen, ist neu. Möbius zeigt sich der Aufgabe gewachsen, indem er aus seiner selbst entwickelten Formensprache mit vegetabilen Gebilden wenige Elemente auswählt und proportional so aufeinander abstimmt, dass sie verschiedene Funktionen an der Fassade übernehmen können. Geschickt wird so der Eindruck einer reich verzierten Fassade erzielt. Im Folgenden hat Möbius bei zwei Häusern (Dittrichring 10 und Härtelstraße 23) das Prinzip der seriellen Fertigung auch auf noble Sandsteinfassaden übertragen. Der Vorteil für Bauherrn und Steinmetzbetrieb lag in der vereinfachten Kalkulation und einem beschleunigten Versetzen der Teile ohne umfängliche Nacharbeit auf der Baustelle.[13]

Abb. 25: Leipzig, Hauptbahnhof, Querbahnsteighalle nach Nordwesten.

Möller-Brücken

Der Bauunternehmer Rudolf Wolle, den wir bereits als Ausführenden bei der Kuppelhalle von Wilhelm Kreis und beim Hauptbahnhof kennen lernten, war neben der Firma Drenckhahn & Sudhop in Braunschweig der wichtigste Betrieb, der Brücken und Massivdecken nach dem Patent von Professor Max Möller aus Braunschweig ausführte. Sie sind durch eine gar nicht oder wenig bewehrte Fahrbahntafel gekennzeichnet, die durch fischbauchartige Unterzüge mit meist frei liegenden stählernen Untergurten ausgesteift werden. Die heute nicht mehr gebräuchliche Konstruktion bestach durch einfache Schalung und rein vertikale Belas-

Abb. 26: Leipzig, Doppelhaus Louis Körner, Georg-Schumann-Str. 124/126. Die Fassade besteht vollständig aus Betonfertigteilen mit Vorsatzbeton und Scharrierung, die sich in verschiedenen Bereichen der Gliederung wiederholen.

Abb. 27: Leipzig-Lützschena, Bismarckturm kurz nach der Fertigstellung.

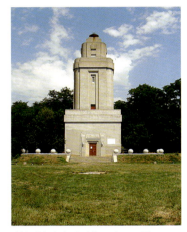

Abb. 28: Leipzig-Lützschena, Bismarckturm 2008.

Abb. 29: Leipzig-Lützschena, Bismarckturm. Durch die Wiederherstellung des Vorplatzes ist unterhalb des Feinspachtels noch originale Oberfläche freigelegt worden, die deutlich die natursteinhafte Qualität des Vorsatzbetons und der steinmetzmäßigen Überarbeitung mit verschiedenen Strukturen zeigt.

tung der Widerlager, die sich in einem günstigen Preis niederschlugen und so zahlreiche Ausführungen bewirkte. Im Bericht über die Internationale Baufach-Ausstellung in Leipzig 1913 wirbt die Firma Rudolf Wolle mit zahlreichen ausgeführten Brücken in dieser Bauweise, darunter auch der Rossbrücke über die Enz in Pforzheim mit 28,40 m Spannweite.[14] In Leipzig hat sich auf rund 300 m Länge die Überdeckung des Pleißemühlgrabens am Dittrichring erhalten, die aus 264 Einzelträgern mit Stützweiten zwischen 11,70 m und 13,40 m besteht. Auf ihr verlaufen heute zwei Fahrspuren des Innenstadtrings, der durch die Montagsdemonstrationen in die Geschichte einging. 1992 erhielt die Materialforschungs- und Prüfungsanstalt für Bauwesen Leipzig vom Tiefbauamt der Stadt den Auftrag zur Überprüfung der Tragfähigkeit. Belastungsversuche mit zwei je 41,5 t schweren Autokranen ergaben eine über den Erwartungen liegende Tragfähigkeit der Konstruktion, die als einzige Maßnahme ein Überholverbot für LKWs erforderlich machte.[15] Übrigens hatte auch das Betonskelett von Rudolf Wolles eigenem Geschäfts- und Wohnhaus (Gottschedstraße 12) das vollständige Ausbrennen des Gebäudes im Zweiten Weltkrieg schadlos überstanden, während die vorgeblendete Sandsteinfassade bis auf geringe Reste beseitigt werden musste.[16] Seine Firma errichtete auch das Fundament und das Skelett des Völkerschlachtdenkmals aus Stahlbeton.

Die Schwarzenbergbrücke aus umschnürtem Gusseisen

Nicht erhalten ist dagegen ein ebenfalls zur Baufachmesse 1913 errichteter Fußgängersteg, die Schwarzenbergbrücke, über eine Eisenbahnstrecke. An ihm war die von Fritz von Emperger entwickelte Mischkonstruktion aus Gusseisen und Beton („umschnürtes Gußeisen") erstmals in größerem Maßstab erprobt worden.[17]

Der Bismarckturm in Leipzig-Lützschena

Auf einen Aufruf der Deutschen Studentenschaft hin wurden bis in die Zeit nach dem Ersten Weltkrieg hinein 234 Türme zur Erinnerung an den ersten Kanzler des Deutschen Kaiserreichs errichtet. Während rund vierzig Türme den Entwurf „Götterdämmerung" von Wilhelm Kreis mehr oder weniger geschickt variieren, mit dem er den 1898/99 ausgeschriebenen Wettbewerb gewonnen hatte, gibt es auch vier Türme aus Beton, so etwa in Konstanz. In Lützschena errichtete die Betonbaufirma Max Pommer 1914/15 den von Hermann Kunze entworfenen, in drei Stufen schlanker werdenden Turm auf quadratischem Grundriss.[18]

Der Turm ist derzeit ein Musterbeispiel für eine völlig verfehlte und zudem unvollendet gebliebene Betonsanierung. Unter Missachtung der liebevoll mit Vorsatzbeton und steinmetzmäßiger Überarbeitung gestalteten Oberfläche wurde eine Spachtelmasse als Untergrund für eine Kunstharzbeschichtung aufgetragen, diese letztere unterblieb bis heute. Die mangelhafte Ausführung der Spachtelarbeiten und das Fehlen der Deckbeschichtung haben die Schäden an der Bewehrung nicht bremsen können, zugleich ist der beabsichtigte Effekt, der Turm sei aus einem riesigen Felsblock herausgearbeitet, völlig zunichte gemacht worden. Eine Besserung ist angesichts der leeren Kassen Leipzigs – das den 1994 an die Gemeinde Lützschena-Stahmeln verkauften Turm durch die Eingemeindung Anfang 1999 zurückbekommen hat – und die ebenfalls begrenzten Mittel des überaus rührigen Bismarckturm-Vereins Lützschena-Stahmeln e. V. leider in absehbarer Zeit kaum zu erwarten.

Die Versöhnungskirche in Leipzig-Gohlis

Für eine bereits 1913 gegründete evangelisch-lutherische Gemeinde konnte nach einem Wettbewerb 1928 1930–32 ein Kirchenbau errichtet werden.[19] Hans Heinrich Grotjahn hatte mit verschiedenen Entwürfen den ersten und dritten Preis sowie einen Ankauf erzielen können und wurde mit der Ausführung betraut. Sein Ausführungsprojekt ist ein aus Kuben zusammengefügter Bau, dem ein Betonskelett zu ungeahnter stützenfreier Weite verhilft. Grotjahn hatte sich bei seinen Wettbewerbsentwürfen wie auch den Überarbeitungen des Ausführungsprojektes sehr ausführlich mit dem modernen Kirchenbau beider christlicher Kirchen befasst und daraus manche Anregung gezogen. So konnte er – der in diesen Jahren vor allem Wohnhäuser und ein kleineres Rathaus errichtete – einen der eindrucksvollsten Kirchenbauten dieser Jahre schaffen. Durch die Farbfenster des Thorn Prikker-Schülers Odo Tattenpach und eine wichtige Orgel der Orgelbewegung ist die Versöhnungskirche ein Gesamtkunstwerk des ausklingenden Neuen Bauens. Die Ausführung des Betonskeletts hatte wieder die Firma Rudolf Wolle; die nahezu abgeschlossene Sanierung der letzten Jahre hat freilich eine immer wieder gegenüber den Plänen reduzierte Bewehrung und ihre mangelhafte Betonüberdeckung ausgleichen müssen; dabei sind die verlorene Schalung und Ausfachung des Turmskeletts mit Bimssteinen größeren Betonquerschnitten gewichen.

Abb. 30: Leipzig-Gohlis, Versöhnungskirche, Südfassade.

Zwei Hochhäuser und das Neue Gewandhaus

Nach dem Zweiten Weltkrieg sind mit dem Sektionshochhaus der Universität (Augustusplatz, 1968–72 nach Entwürfen von Hermann Henselmann u. a., heute City-Hochhaus in neuer Verkleidung) und dem Wintergartenhochhaus als höchstem Wohnhochhaus der DDR (Wintergartenstraße, 1970–74 nach Entwurf von Frieder Gebhardt) in Gleitbauweise zwei mit ihren Höhen von 142 m und 95 m weithin sichtbare Landmarken an die beiden östlichen Eckpunkte des historischen Zentrums errichtet worden.[20] Auch das Gewandhaus an der Südseite des Augustusplatzes weist mit seinem durch alle Geschosse diagonal verlaufenden Boden des Großen Saales in komplizierter Dreiecksgeometrie und den in Gleitschalung hergestellten Wänden des Mendelssohn-Saales konstruktiv anspruchsvolle Bauteile auf, die durch nicht minder komplexe Stahlkonstruktionen in den Wänden und der Decke des Großen Saales ergänzt werden. Das Planungskollektiv des 1981 eingeweihten Baus leitete Rudolf Skoda; die Tragwerksplanung ist im Wesentlichen Rolf Seifert zu verdanken.[21]

Abb. 31: Leipzig, City-Hochhaus am Augustusplatz, 1968–72 als Sektionshochhaus der Universität errichtet.

Die Eisenbahn-Brücke über die Lindenthaler Straße

Abschließend sei noch ein ganz moderner Brückenbau erwähnt: Im Zuge der S-Bahn-Strecke Leipzig-Halle errichtete Jörg Schlaich 2004 eine Eisenbahnbrücke über die Lindenthaler Straße in Leipzig-Gohlis. Nachdem die Stadt Leipzig einen Entwurf abgelehnt hatte, bei dem Fußgängertunnel durch die Brückenwiderlager geführt hätten, konnte die Vergabe des Entwurfs an das renommierte Büro Schlaich in Stuttgart erreicht werden. Er gestaltete eine elegante Mischkonstruktion aus einer überaus schlanken Spannbeton-Brückentafel mit bogenförmigen Versteifungsträgern aus Stahlblech mit Betongurt, wobei die Spannweite zwischen den geböschten Widerlagern durch Stahlguss-Pendelstützen um zwei Seitenjoche von je 6,70 m auf 24,40 m reduziert werden konnte. Die kompakten Bauteile und der Verzicht auf Lager und Fugen dienen auch zur Langlebigkeit und Erleichterung der Wartung.[22]

Leipzig hat bis zum Zweiten Weltkrieg – auch durch etliche hier nicht erwähnte Fabrikgebäude – eine Pionierrolle im Stahlbetonbau in Deutschland gespielt. Auch danach sind mit dem Wintergartenhochhaus, dem Gewandhaus und der Eisenbahnbrücke von Jörg Schlaich bemerkenswerte Stahlbetonbauten entstanden.

Abb. 32: Leipzig, Wohnhochhaus an der Wintergartenstraße, 1970–74 in Gleitbauweise mit verlorener Schalung gebaut.

Abbildungsnachweis:

Abb. 5, 6, 7, 27: Adam 1998 (wie Anm. 2).
Abb. 10: Familienarchiv Pommer.
Abb. 11, 14: Winfried Nerdinger, Ekkehard Mai: Wilhelm Kreis. Architekt zwischen Kaiserreich und Demokratie 1873–1955. München 1994.
Abb. 13: Archiv Stefan W. Krieg
Alle übrigen Abbildungen: Stefan W. Krieg.
Für die Bildbearbeitung danke ich von Herzen Iris von Hoesslin, München.

1. Der Anspruch einer Tagung im Herbst 2006 im Deutschen Museum, München sei die heimliche Hauptstadt des Stahlbetons in Deutschland, wurde bereits von mehreren dortigen Vortragenden bestritten.

2. Stefan W. Krieg: Sozialreform und Stahlbeton. Max Pommer – ein Pionier auf vielen Gebieten. In: Leipziger Blätter 47 (Herbst 2005), S. 71–73. Ders.: Deutschlands ältester Stahlbetonbau steht in Leipzig. In: Denkmalschutz-Informationen 30. 2006, Heft 2, S. 55–57. Zu Max Pommer vgl. auch: Thomas Adam: Die Anfänge industriellen Bauens in Sachsen. Leipzig 1998. Dieter Pommer: 100 Jahre Bauen mit Beton in Mitteldeutschland. In: Beton in der Denkmalpflege. 2. Aufl. Mainz 2004 (IFS-Bericht 17), S. 1–12.

3. 100 Jahre Wayss & Freytag 1875–1975. Frankfurt/M. 1975, S. 37f. Senta Everts-Grigat, Karlheinz Fuchs: Züblin. 100 Jahre Bautechnik 1898–1998. Stuttgart 1998, S. 17.

4. Offizieller Führer durch die Internationale Baufachausstellung mit Sonderausstellungen Leipzig 1913. Leipzig 1913, S. 21f. Max Bulnheim: Die Betonhalle. In: Hans Herzog (Hg.): Bericht über die Internationale Baufach-Ausstellung mit Sonderausstellungen Leipzig 1913. Leipzig 1917, S. 194–199.

5. Kurt Junghanns: Bruno Taut 1880–1938. Berlin 1983, S. 27. Bruno Taut 1880–1938. Ausstellungskatalog Berlin 1980, S. 41–43.

6. Anette Hellmuth: Die Planungs- und Baugeschichte der Alten Technischen Messe Leipzig 1913–1993. Dissertation Universität Leipzig 1997, S. 26.

7. Julius Posener: Hans Poelzig. Sein Leben, sein Werk. Braunschweig/Wiesbaden 1994, S. 98–101. Jerzy Ilkosz: Hans Poelzigs Projekte für die Jahrhundertausstellung in Breslau 1913. In: Jerzy Ilkosz, Beate Störtkuhl: Hans Poelzig in Breslau. Architektur und Kunst 1900–1916. Delmenhorst 2000, S. 389–448.

8. Spangenberg: Eine Eisenbetonkuppel von 34 m Spannweite (Vortrag beim Dt. Beton-Verein 1912). In: Deutsche Bauzeitung. Mitteilungen über Zement, Beton- und Eisenbetonbau 9, 1912, S. 81–84, 89–94.

9. Winfried Nerdinger: Großmarkthalle und Rundling – Hubert Ritters Hauptwerke und ihre Stellung in der Architektur der 20er Jahre. In: Hubert Ritter und die Baukunst der zwanziger Jahre in Leipzig. Dresden 1993, S. 42–44, Abb. 82–108. Peter Leonhardt: Moderne in Leipzig. Architektur und Städtebau 1918 bis 1933. Leipzig 2007, S. 120–123 (dort auch die ältere Literatur).

10. http://www.takenaka.co.jp/takenaka_e/dome_e/history/tech/table.html (Zugriff am 01.06.2008).

11. Manfred Berger: Historische Bahnhofsbauten I. Sachsen, Preußen, Mecklenburg und Thüringen. 2. Aufl. Berlin 1986, S. 128–135.

12. Stefan W. Krieg: Bahnhöfe und Denkmalpflege. In: Renaissance der Bahnhöfe. Die Stadt im 21. Jahrhundert. Braunschweig Wiesbaden o. J. [1996], S. 233–241, hier 237–239.

13. Stefan W. Krieg, Bodo Pientka: Paul Möbius. Jugendstil in Leipzig. München 2007, S. 76–79, 110f., 116f.

14. Hans Herzog (Hg.): Bericht über die Internationale Baufach-Ausstellung mit Sonderausstellungen Leipzig 1913. Leipzig 1917, Anhang, S. XII–XIII.

15. Jochen Quade, Lutz-Detlef Fiedler und Elke Reuschel: Historisch interessante Brückenkonstruktionen aus Möllerträgern – Experimentelle Tragsicherheitsbewertung. In: Bautechnik (71) 1994, Heft 1, S. 41–47. Zu Max Möller vergleiche auch: http://www.bauwerk.axbach.de/veroeff/artikel-moeller.html. (Zugriff am 01.06.2008).

16. Stadt Leipzig, Amt für Bauordnung und Denkmalpflege, Bauakte Gottschedstr. 12.

17. Fritz von Emperger: Die Fürst Schwarzenberg-Brücke, die erste Bogenbrücke aus umschnürtem Gußeisen. In: Hans Herzog (Hg.): Bericht über die Internationale Baufach-Ausstellung mit Sonderausstellungen Leipzig 1913. Leipzig 1917, S. 191–194.

18. Emanuel Haimovici: Der Bismarck-Turm bei Leipzig. In: Beton und Eisen 14, 1915, 149–152. Günter Kloss, Sieglinde Seele: Bismarck-Türme und Bismarck-Säulen. Petersberg 1997, S. 114f. Stefan W. Krieg: Betonierte Verehrung: Der Bismarckturm in Lützschena-Hänichen. In: Leipziger Blätter 45 (Herbst 2004), S. 88–89. http//:www.bismarcktuerme.de (Zugriff am 01.06.2008). Herrn Jörg Bielefeld sei an dieser Stelle für ergänzende Hinweise gedankt.

19. Das Folgende nach: Die Bau- und Kunstdenkmäler von Sachsen. Stadt Leipzig, Die Sakralbauten. Berlin/München 1995, Bd. 2, S. 1129–1141. Thomas Trajkovits: Versöhnungskirche und St. Bonifatius – zwei Kirchenbauten der klassischen Moderne in Leipzig. In: Kirchliche Kunst in Sachsen. Festgabe für Hartmut Mai zum 65. Geburtstag. Beucha 2002, S. 243–259. Stefan W. Krieg: Die Versöhnungskirche im Kirchenbau der zwanziger Jahre in Leipzig und Deutschland. (Beitrag zur Festschrift der Versöhnungskirche zum 75. Jubiläum der Weihe 1932, im Druck).

20. Joachim Schulz, Wolfgang Müller, Erwin Schrödl: Architekturführer DDR. Bezirk Leipzig. Berlin 1976, S. 36, 39.

21. Rudolf Skoda: Neues Gewandhaus Leipzig. Berlin 1985.

22. http://de.structurae.de/structures/data/index.cfm?ID=s0010799. http://www.sbp.de/de/html/projects/detail.html?id=985. (Zugriff am 01.06.2008).

„Cement" am Neuen Museum 1841-1855
Die Erforschung und Anwendung damals so genannter „Cemente" beim Bau des Neuen Museums zu Berlin

Jörg Breitenfeldt
Restaurierung am Oberbaum, Berlin
Pfuelstr. 5
10997 Berlin

Wulfgang Henze
Bundesamt für Bauwesen und Raumordnung
Referat IVA2
Am Kupfergraben 2
10117 Berlin

Abb. 1: Neues Museum in Berlin.

Wulfgang Henze
„Cement" und Zement

Die heute durch Euronormen geregelten Zemente haben wenig gemeinsam mit den als Cemente (manchmal auch Cämente) bezeichneten Baustoffen des 19. Jahrhunderts. Diese waren:

Hydraulisch erhärtende Mörtel ohne Zusatz von Kalkhydrat, aber auch nur die Bindemittel dafür, die gebrannt werden mussten. Natürliche Cemente: Roman Cement, auch als Parkers Patent Cement bezeichnet; künstliche Cemente (Gemische von Kalkstein und Ton): Portland-Cement.

Luftkalkmörtel mit Zusatzstoffen, durch die sie hydraulisch erhärteten (Puzzolan, Trass, Santorin, Schlacken, Ziegelmehl, gepulverter Feuerstein u. v. m.). Als Besonderheit sei Chalcedon-Cement genannt, d. i. gebrannter Chalzedon, der mit einem Teil Kalk und zwei Teilen weißem Sand einen marmorähnlichen, hydraulischen Mörtel ergibt.

Scott's Cement: Mischung von Branntkalk und schwefliger Säure, ähnliche hydraulisch erhärtende Bindemittel (die auf Dauer jedoch durch Wasser gelöst werden), auch durch gemeinsames Brennen von Kalkstein und Gips.

Medina-Cement: Bindemittel aus niedrig gebrannten dolomitischen (hoch magnesia-haltigen) Kalksteinen, wobei beim Brennen nur Magnesiumoxid, nicht jedoch Kalziumoxid gebildet wird.

Sorellscher Cement: Bindemittel aus einer Mischung aus Magnesiumoxid (aus Dolomit oder Magnesit gebrannt) und konzentrierten Magnesiumsalzlösungen.

Keanes (auch Keenes) Cement (Marmor-, Alabaster-Cement): Nach Tränkung mit Alaunlösung ein zweites Mal hoch gebrannter Gips.

Pariancement: Mit Boraxlösung hoch gebrannter Gips, Lowitzscher Cement: Gemisch von 2/3 Kreide und 1/3 Kolophonium, erhitzt und mit der gleichen Menge Sand sowie etwas Steinkohlenteer vermischt.

Oel-Cement: Schamotte-Mehl mit einem Zusatz Bleiglätte (PbO) in heißem Leinöl angesetzt.

Mastix-Cement: Gemisch von ca. 1/3 Sand und 2/3 pulverisiertem Kalkstein mit einem Zusatz von Bleiglätte (PbO) in Leinöl mit Standölzusatz gekocht

U. v. a. m.

Im Allgemeinen wurde jeder Mörtel bzw. dessen Bindemittel als Cement bezeichnet, wenn er hydraulisch erhärtete oder auch nur einigermaßen wasser- bzw. wetterfest abband.

Neben der Bezeichnung Cement war der Begriff hydraulischer Kalk für einige hydraulisch erhärtende Bindemittel gleichfalls üblich. Unklar und im Rahmen dieser Arbeit nicht zu klären, ist die Abgrenzung dieser Begriffe. Es scheint, als wären die Begrifflichkeiten durchaus verschwommen, da eine Definition des Materials Cement (im Unterschied zum hydraulischen Kalk) damals fehlte, nämlich das Erreichen der Sintertemperatur beim Brennen des Zementklinkers.

Es gab, auch in Preußen, zahllose Nachstellversuche für die wirtschaftlich sehr erfolgreichen englischen Cemente: Den 1796 für James Parker patentierten Roman-Cement aus natürlichen Kalkseptarien in südenglischen Mergeltonvorkommen und den 1824 patentierten Portland-Cement von Joseph Aspdin (1778-1855) aus einer künstlichen Kalk-Ton-Mischung. 1842 erhielt der Wegebaumeister Althoff den für die Herstellung eines brauchbaren Cementes aus einheimischen Steinen ausgesetzten Preis des Vereins zur Beförderung des Gewerbefleißes für seinen Cement aus dem in der Umgebung von Bielefeld anstehenden Kalkstein.[1]

Für Berlin wichtig waren die Kalkvorkommen bei Rüdersdorf, sowohl wegen der Lieferung von Kalkstein, als auch der Herstellung von Branntkalk. Seit 1837 wurden Versuche unternommen, aus einem auf dem Krienberg vorkommenden Kalkstein, der wegen seiner Beimengungen zu Branntkalk nicht geeignet war, Cement herzustellen. 1844 wurde die Firma Haslinger und Schondorff zu Moabit „nach englischem Muster eingerichtet", da der Berliner Magistrat eine „bedeutende Quantität" Cement bestellte (nach der Formulierung im Notizblatt des Architektenvereins zu Berlin von 1847 wurde durch die Bestellung des Magistrats die Fa. Haslinger und Schondorff hervorgerufen). Diese Firma isolierte den „Cementstein" und stellte daraus einen Cement her, was bis dahin nicht gelungen war, aus dem separierten Gestein vom Krienberg wurde ein hydraulischer Kalk gebrannt. Beide Bindemittel konnten „nach dem Urteil der Sachverständigen den Roman-Cement überall ersetzen, wo ein sehr schnelles Binden nicht durchaus erforderlich ist." Der Kriendorfer Cement ist sicherlich der, der unter dem vaterländischen Markennamen „Borussia-Cement"[2] vertrieben wurde.

Im boomenden Cementgeschäft warben einige Firmen damit, dass sie in eigenen Fabriken Cement aus englischem Cementstein brannten, z.B. die Berliner Firma Woderb und Goslich. Damit sollten auch die Qualitätsverluste vermieden werden, die durch die lange Lagerung und den Seetransport der importierten Cemente vermieden werden .

Im Auftrag „einer Königlichen Behörde" führten Haslinger und Schondorff Vergleiche zwischen frisch gebranntem Roman-Cement aus englischem Cementstein (sicherlich den Kalkknollen aus Südengland) und importiertem englischen Roman-Cement durch, was natürlich zugunsten des frisch gebrannten Cementes ausging. Interessant war die Feststellung, dass der englische Cement wesentlich schwerer als der in Moabit gebrannte war. Die Erklärung dafür lautete: „In England nämlich wird der Cement mit Steinkohlen gebrannt und mit den Schlacken derselben vermengt, die bekanntlich viel schwerer sind als der Cement selbst."[3]

Nach heutigem Verständnis handelte es sich bei all diesen Cementen um hydraulische Kalke, sie wurden in Kalköfen bei 900-1000 °C gebrannt. Erst 1844 gelang es Isaac Charles Johnson (1812-1911), Mitarbeiter der Firma John Bazley White & Sons, einer Konkurrenzfirma Aspdins, einen Zement herzustellen, der auch heutigen Regeln entsprach, und der gleichfalls unter dem Produktnamen Portland-Cement vertrieben wurde. Er entdeckte zufällig, dass nicht allein die Mischung Kalk/Ton sowie etliche geheimnisvolle Beimischungen für die Qualität des hydraulischen Bindemittels entscheidend waren, sondern vielmehr das Brennen der Zementklinker bis zur Sinterung, also bis ca. 1450 °C. Erst dann werden die für die Erhärtung des Zementes ausschlaggebenden Mineralien aus Kalziumoxid, Siliziumdioxid (Kieselerde) Aluminiumoxid (Tonerde) und Eisenoxid gebildet. Nach den Akten zum Bau des Neuen Museums und den darin enthaltenen Werbeschriften war bis nach 1850 dieses als Qualitätskriterium für „Cemente" nicht bekannt oder publik.

Cement in Schinkels Museum, dem Vorgängerbau

In wesentlicher Sekundärliteratur[4], die immer wieder gerne abgeschrieben wird, ist zu lesen, dass in Schinkels Altem Museum erstmals in Preußen Portland-Zement angewendet wurde. Schinkel benutzte Cement für zwei Mauerwerksschichten im Fundamentbereich, die eine Horizontalsperre gegen aufsteigende Feuchtigkeit bewirken sollten, sowie im Mauerwerk aus porösen Leichtziegeln der oberen Kuppelbereiche der Rotunde. Es handelte sich dabei sicherlich um Parkers Roman-Cement, der weit verbreitet war und nach Ablauf der Schutzfrist 1810 reichlich Nachahmer fand. Aspdin errichtete seine erste Portland-Cement-Fabrik in Wakefield 1825. Der Rohbau des Alten Museums war Ende 1826 fertig gestellt.

Übrigens rief der „englische Cement" schwere Schäden in der Rotundenkuppel hervor. 1833, weniger als drei Jahre nach der Fertigstellung, mussten umfangreiche Renovierungsarbeiten ausgeführt werden, da Ausblühungen die erste Farbfassung schwer geschädigt hatten. Möglicherweise waren das Salze aus der Reaktion des Gipsputzes, der auf die Kuppelflächen aufgetragen wurde, mit dem frischen, noch nicht vollständig abgebundenen Cement-Mörtel des Mauerwerks.

Selbstverständlich benutzte hydraulische Bindemittel beim Bau des Neuen Museums

Bei den Anschlägen zu den Fundamentmauern aus Rüdersdorfer Kalkstein wurde sowohl Kalkmörtel als auch „gewöhnlicher Rothmörtel" genannt: Der Zusatz von Ziegelmehl für die hydraulische Erstarrung von Luftkalkmörtel war allgemein üblich. Den Branntkalk lieferten hauptsächlich das Königliche Bergamt aus Rüdersdorf und der Kaufmann Woderl aus Tarnowitz in Oberschlesien (heute Tarnowskie Gory), Ziegelmehl lieferte der Tonwarenfabrikant Ernst March.

Roman-Cement war zurzeit der Errichtung des Neuen Museums keine Neuheit mehr. In den Akten zum Bau des Neuen Museums ist die Vielzahl von Importeuren und Nachahmern des Parkers'schen Roman-Cementes ersichtlich.[5] Unter anderen lieferten der Kaufmann Woderl aus Tarnowitz (s. o.), Haslinger und Schondorff aus Moabit, Grissel aus Berlin, Emil Müller, der Hamburger Vertreter von White & Sons, in Berlin vertreten durch Karl Klaener, Hermann Hoffstädt, der Berliner Vertreter von Francis & Sons. Im Unterschied zum oben erwähnten Rotmörtel, der in feuchtebelasteten Fundamentbereichen eingesetzt wurde, wurde Roman-Cement, aber auch „hydraulischer Kalk", bei hoch belasteten Bauteilen, wie z. B. Gurtbögen angewandt.
Für den sandsteinimitierenden, durchgefärbten Fassadenputz wurden, wie Jörg Breitenfeldt nachstehend zeigen wird, nach Versuchen mit neuen Bindemitteln, doch wieder bewährte hydraulische Materialien benutzt.

Anwendung neuartiger hydraulischer Bindemittel

Neuartig war in Berlin zur Roh- und Ausbauzeit des Neuen Museums Portland-Cement. Rohbau und Außenputz wurden mit bekannten Bindemitteln ausgeführt. Nur für zwei Ausbaudetails (nach 1846) wurde Portland-Cement eingesetzt; da in diesem Zeitraum Lieferungen der Firma White & Sons erfolgten, möglicherweise sogar der bis zur Sinterung gebrannte Zement dieser Firma. Es handelte sich dabei zum einen um den Mauermörtel der tragenden Säulenkerne im Ägyptischen Hof, hier war wohl die hohe Druckfestigkeit Grund für dessen Anwendung, zum anderen um Fußbodenflächen im Nordkuppelsaal, wo die natürliche Farbe des Cementes für den Einsatz entscheidend waren.

Friedrich August Stüler setze im Neuen Museum für Tür- und Fensterfasche und andere hochbelastete Ausbaudetails in großem Umfang den aus England importierten Marble-Cement ein, der hart und marmorartig erstarrt. Weiter soll auf dieses Material hier nicht eingegangen werden, da es sich um ein reines Gipsprodukt handelte.

Die Tests mit verschiedenen Bindemittelproben Mai/Juni 1850

Die Bindemitteltests, die in den „Erfahrungssätzen, welche während des Baus gesammelt wurden – Preisermittlungen von beim Bau des neuen Museums ausgeführten Arbeiten"[6] dokumentiert sind, dienten allein der Erprobung eines bis dato unbekannten Cementes, dem dort so genannten Kopkaschen Cement, von dem vier kleinere, in Blechbüchsen verpackte Proben vorlagen.

Die Herkunft des Kopkaschen Cements ist unbekannt. Es kann vermutet werden, dass sich der Produktname auf den Herstellungsort bezieht. Kopka (heute Kopce) war bzw. ist ein Stadtteil der oberschlesischen Kreisstadt Lublinitz (heute Lubliniec). In deren Nähe gab es Mergelvorkommen, in denen Kalkknollen enthalten waren, möglicherweise ähnlich dem südenglischen Rohstoff für Roman-Cement.

Als Vergleichsmaterialien für die Prüfung des Kopkaschen Cements wurden „hinlänglich durch Erfahrung bekannte und gebräuchliche Cemente" benutzt:

Hydraulischer Kalk aus Joachimsthal: Die Herkunft dieses Kalkes ist nicht ganz klar, möglicherweise wurde er vom „Neuen Kalkofen" in Elsenau, einem Ortsteil Joachimsthals (am Nordende des Werbellinsees) der im Zusammenhang mit einer königlichen Ziegelei stand, geliefert, oder auch von der 1827 gegründeten Kalkfabrik des Th. Buschius in Wildau (heute ein Ortsteil von Eichhorst am Südende des Werbellinsees). Am Werbellinsee gab es Mergel- und Wiesenkalkvorkommen, die als Grundstoff für hydraulische Kalke dienten.

Roman-Cement, dessen Herkunft nicht benannt wurde. Es wurde nur angemerkt, dass der Cement bereits über den vergangenen Winter in einem Raum eingelagert war und „deshalb höchstwahrscheinlich schon stark an seiner Güte verloren hatte".

Portland-Cement, dessen Herkunft auch nicht erwähnt wurde. Die Verwendung in diesem Test belegt jedoch, dass inzwischen (1850) über die Eigenschaften von Portland-Cement Erfahrungen vorlagen, wobei nicht geklärt ist, ob es sich um den Aspdinschen Cement oder einen seiner Nachahmer bzw. der neuen Qualität des hochgebrannten White'schen Cements handelte.

Als Qualitätsmerkmale wurden verglichen: Die Abbindezeit, getestet durch Fingerdruck, die Härte, getestet nach 34 Tagen durch die

Eindringtiefe einer mit 32 ½ Pfund belasteten, scharfen, eisernen Spitze, die Sprödigkeit oder Festigkeit durch ein ½ Pfund schweres, aus einer Höhe von 2 Fuß fallendes Gewicht und der an der Oberfläche entstehende weiße Ausschlag.

Ein Resümee wurde nicht aufgeschrieben. Die Abbindezeiten lagen zwischen 30 Minuten (Joachimsthaler Kalk und Roman-Cement) und 1 Stunde 40 Minuten (Kopkascher Cement aus Büchse III). Der festeste Zement war der Portland-Cement, gefolgt von den Kopkaschen Cementen aus Büchse II und I, der Roman-Cement war am weichsten, hier drang die eiserne Spitze ¼ Zoll tief ein (ca. 9 mm!) und ¼ Zoll im Umkreis war die Mörteloberfläche zersprungen, diese schlechte Qualität des Roman-Cementes war sicherlich durch dessen zu langer Lagerung über den Winter verursacht.

Eine weitere Anwendung des Kopkaschen Cements wurde bei den Recherchen zu dieser Arbeit nicht erkennbar, nach 1850 war auch kaum noch Bedarf an hydraulischen Bindemitteln im Neuen Museum vorhanden, die oben referierten Versuche dürften also eher Bedeutung für den Erkenntnisgewinn der Königlichen Bauverwaltung gehabt haben.

Dies entsprach Stülers Einstellung über die Verpflichtungen der königlichen Bauverwaltung (des öffentlichen Auftraggebers) zur Forcierung des technischen Fortschritts. In einem Schreiben an die Potsdamer Oberrechenkammer, der Finanz-Kontrollbehörde legt er seine Ansichten dar, die auch heute noch durchaus aktuell sind: „Ebenso darf nicht unerwähnt bleiben, daß beim Bau des neuen Museums manche und ziemlich ausgedehnte Versuchsarbeiten ausgeführt wurden, um entweder im Allgemeinen die Ansicht über neue Constructionen und Materialien, oder deren eigenthümliche Verwendung festzustellen, oder auch nur für die besondere Anwendung im neuen Museum die nöthige Sicherheit zu gewinnen. Alle größeren Bauausführungen dürften sich der Verpflichtung solcher Versuche zur Bereicherung der Erfahrungen in der Bau-Technik nicht zu entziehen haben, indem einzig hierbei die geeignete Gelegenheit geboten wird."

Und weiter: „Ebenso sind neue Fabrikationen, sobald sie sich zweckmäßig erweisen und größere Anwendung bei eintretender Kostenermäßigung versprechen, von bedeutenderen Bau-Ausführungen durch Absatz selbst in dem Falle zu unterstützen, wenn die Preise vermöge nothwendiger Einrichtungen und Anlage von Maschienen anfänglich den wahren und spätern Werth der Producte überschreiten."[7]

Sicherlich handelte es sich bei dem Kopkaschen Cement um eines der zahllosen neuen Produkte, die um die Mitte des 19. Jahrhunderts auf dem Gebiet der hydraulischen Bindemittel entwickelt wurden. Erst 1876 erfolgte die erste Normierung von Baustoffen durch den „Deutschen Verein für Fabrikation von Ziegel, Tonwaren, Kalk und Cement".

Jörg Breitenfeldt

Die Erforschung und Anwendung damals so genannter „Cemente" beim Bau des Neuen Museums zu Berlin am Beispiel des Fassadenputzes

„Am liebsten ist mir immer ein Bewurf, den man nicht anzustreichen braucht, da der Anstrich sich doch nie lange hält. Das Fleckige ist mir nicht unangenehm."[8]

Als geradezu programmatisch für den Umgang mit der Fassade des Berliner Neuen Museums kann diese Äußerung des damaligen Oberbauleiters des Neuen Museums Carl Wilhelm Hoffmann im Jahr 1845 verstanden werden. An der Fassade wurden seinerzeit aufwändige Versuche mit den so genannten Öl-Cementen, Roman- und Portlandcementen sowie mit hydraulischen Kalkmörteln unternommen. Das Material als solches erfuhr mit seiner natürlichen Materialität als sichtbare Oberfläche eine besondere Wertschätzung. Die damals noch neuen Cementsorten versprachen, diese Eigenschaft aufzuweisen. Langjährige Erfahrungen lagen allerdings weder für den modernen Öl-Cement noch für den neuen Portlandcement vor. Es wurde also mit den neuen Materialien ausgiebig experimentiert.

Der Architekt Friedrich August Stüler erstellte seine ersten Bauanschläge für das Neue Museum im Jahr 1842. Wenig später, im Frühjahr 1843, wurde bereits mit dem Bau begonnen. Heute zählt das Bauwerk nicht nur zu den bedeutendsten Museumsbauten des 19. Jahrhunderts, sondern kann auch als ein wichtiges Beispiel der beginnenden Industrialisierung des Bauwesens angesehen werden. Anhand der Planung und Umsetzung des Putzes der Fassaden des Neuen Museum soll beispielhaft gezeigt werden, wie sich die zunehmende industrielle Produktion von Baumaterialien auf neue Bauaufgaben auswirkte.

Eine auffallend schnelle Entwicklung im Bereich der Fabrikation von Baumaterialien sowie eine Verwissenschaftlichung des Bauwesens prägten diese Zeit. Nie zuvor standen innerhalb eines so kurzen Zeitraumes so viele verschiedene neue Materialien zur Verfügung. Keine Zeit vorher hatte jemals so vielfältige und geradezu verwirrende Auswahlmöglichkeiten an Baumaterialien. Bei ihrer Anwendung war es kaum noch möglich, auf die alten handwerklichen Erfahrungen zurückzugreifen. Neue Erfahrungen mussten erst gesammelt werden. Damit einher ging die Entwicklung und Anwendung neuer Prüfverfahren, wodurch erste Grundlagen für später eingeführte Baunormen geschaffen wurden. Dies war anfangs noch ein steiniger Weg, welcher zwangsläufig auch Irrwege und Fehler beinhaltete.

Die Stüler'sche Idee zum Fassadenputz

Friedrich August Stüler bezieht sich in seinen frühen Bauentwürfen zur Fassade des Neuen Museums auf die Fassade des Alten Museums seines geschätzten Lehrmeisters Karl Friedrich Schinkel und erläutert, dass die Gestaltung der Architektur des Neuen Museums bereits „[...] durch die des älteren Museums gegeben" sei und „nur diejenigen Modifikationen [...]" zeigen wird, welche „die gegen jenes verschiedene Anlage des Gebäudes und [eine] Vermeidung von offenbaren Wiederholungen bedingte."[9]

Vorausgesetzt, dass der in einem Vermerk von 1965 festgestellte gefärbte Außenputz der ursprünglichen Fassade für das Alte Museum zutreffend ist, erklärt sich, dass auch Stüler, wie bereits Schinkel vor ihm, eine materialsichtige Verputzung der Fassade ausführen wollte.[10] Den neuen Möglichkeiten der Zeit entsprechend wird dafür von Stüler eine hochmoderne Materialvariante vorgesehen und er plant, die Umfassungsmauern außerhalb mit „Oel-Cement (Pierre artificiel)"[11] zu putzen.

Im Januar 1842 bittet Stülers Oberbauleiter Carl Wilhelm Hoffmann den damaligen Hamburger Stadtbaumeister und ihm mutmaßlich noch von früher aus Berlin bekannten Architekten Carl Ludwig Wimmel, um Mitteilung des Preises und der Verarbeitung von „Oelcement für Mauerputz".[12] Etwas später, im Februar wird auch die Firma Brunkhorst & Westphalen von Hoffmann um Auskunft gebeten. Aus dieser Korrespondenz ist erstmals ersichtlich, dass es offensichtlich bereits einige praktische Erfahrungen mit diesem neuen Material gab, da die Firma mitteilen konnte, dass die „[...] Sorte 4 und 7 die hier und in Hamburg gangbarsten sind."[13] Wimmel hatte mit Franz Gustav Forsmann in den Jahren 1839-41 gerade die Hamburger Börse fertig gestellt. Diese wiederum wurde in späterer Zeit durch den Hamburger Stadtbrand vom September 1842 beschädigt. Infolgedessen bot der Verputz des Gebäudes noch lange ein für uns aufschlussreiches „Ärgernis", da die „Cementlappen" noch Jahre später herunterhingen.[14]

Heute ist dieses historische „Ärgernis" ein Indiz für die Anwendung des leinölhaltigen Oel-Cementes an dieser Fassade. Der Oel-Cement hatte der starken Hitze des Brandes nicht standgehalten.

Somit schließt sich der Kreis zu Stülers Anfrage an Ludwig Wimmel. Wimmel kannte sich mit diesem Material aus. Da zwischen Berlin und Hamburg ein reger Geschäftsverkehr für die Materialbeschaffung aus England herrschte, dürften Stüler und Hoffmann folglich das Material aus eigener Anschauung in Hamburg gekannt haben, allerdings noch vor dem Brand.

Herkunft des neuartigen Oel-Cementputzes (Pierre artificiel), Mastic-Cement oder auch Oel-Mastic-Cement

Die frühesten deutschsprachigen Angaben zum so genannten Oel-Cement oder auch Mastic-Cement sind in einem Artikel der von Otto Linné herausgegebenen „Mittheilungen des Gewerbevereins für das Königreich Hannover" von 1837 zu finden und später etwas ausführlicher im „Journal für praktische Chemie" aus dem Jahre 1838.

In den „Mittheilungen des Gewerbevereins" von 1837 berichtet der Chemiker und Mineraloge Dr. Friedrich Heeren über seine Erfahrungen mit dem so genannten englischen Mastic-Cement, wonach dieser aus 35 Gewichtteilen Sand, 62 Teilen gepulvertem Kalkstein und 3 Teilen Bleiglätte besteht, wovon 100 Teile mit 7 Teilen Leinölfirnis durchgearbeitet und so verwendet werden. Dr. Heeren: „Es gibt in vielen Schriften eine solche Menge von Vorschriften zur Zubereitung von Mörteln, Kitten etc., daß es unmöglich ist, sie hier alle anzuführen. [...] In London, Paris, Antwerpen und anderen Orten wird seit einer Reihe von Jahren eine Masse verarbeitet, welche in England Mastic-Cement, in Belgien Mastic, in Frankreich pierre artificielle genannt wird, und deren man sich theils zur Anfertigung von Statuen u. dgl. Kunstwerken, theils zu architektonischen Verzierungen, als einer Art künstlichen Sandsteins, theils zum Ausfugen der Mauerstein, so wie zur Reparatur alter Mauerwerke und schadhaft gewordener Sandsteine bedient."[15]

Nach seinem Besuch der Fabriken in Frankreich und Belgien, „wo deren Herstellung übrigens geheim gehalten wurde", erfahren wir weiter, dass er eigene Versuche mit einem „vollkommen genügenden Resultat" angestellt habe.[16]

Vermutlich spätestens ab 1839 wird das Material nun auch in Deutschland von der Firma Brunkhorst & Westphalen in Hamburg hergestellt und konnte somit auch an der Hamburger Börse zum Einsatz kommen. Es ist anzunehmen, dass die Kenntnis der Herstellung auf die Forschungsergebnisse von Dr. Friedrich Herren zurückgeht. Später stellt im Übrigen wiederum die Firma Brunkhorst und Westphalen ab 1850 den ersten deutschen Portlandzement her.

Erprobungsphase und Anwendungsversuche

Das erste Mal, im September 1844, also knapp ein Jahr vor Beginn der Fassadenarbeiten, bittet Hoffmann nun Brunkhorst & Westphalen um die Übersendung einiger Tonnen des Materials zur Probe, da die „betreffenden Arbeiten für den Bau des Museums jetzt anfangen können [und] der Museumsbau so weit vorangeschritten ist, [dass] im Jahre 1845 bis 46 die Oelcement-Arbeiten angefertigt werden können und deshalb jetzt einige Leute mit der Arbeit bekannt zu machen [seien.]"[17]. Einige Wochen später werden dann insgesamt sechs Tonnen Oel-Cement verschiedener Qualitäten geliefert.

Da bis Januar 1845 immer noch keine Entscheidung über die Verwendung des Materials gefallen war, wird Brunkhorst ungeduldig und bittet dringend um eine baldige Bestellung des Materials. Aus einer Antwort Hoffmanns darauf geht nun hervor, dass vorerst noch Versuche mit den gelieferten Proben unternommen werden sollten. Diese Versuche werden dann bis zum Frühjahr 1845 durchgeführt. Gleichzeitig werden auch Versuche mit Romanzement, Portlandzement und hydraulischem Kalkmörtel unternommen.

Wie geplant, wird im Juni 1845 mit der endgültigen Verputzung der Fassade begonnen. Allerdings nun überraschend und entgegen der früheren Konzeption mit hydraulischem Kalkmörtel.

Aus einem Brief Hoffmanns an Stüler erfahren wir, dass die Versuche mit dem Oel-Cement nicht überzeugend verliefen.[18] Dieser Brief bleibt die einzige Nachricht in den Akten, weshalb die Fassaden schließlich mit einem traditionellen hydraulischen Kalkmörtel und nicht mit den neuen Materialien verputzt wurden, ist aber umso aufschlussreicher:

„Sie möchten, lieber Freund, Auskunft über die zum äußeren Bewürfe der Gebäude hier angewandten Zementarten, und ich muss um Entschuldigung bitten, dass ich sie schon einige Zeit darauf warten ließ.

Der Oelcement bewährt sich dafür nicht. Wenn auch die Blasen bei ganz sorgfältiger Arbeit vielleicht zu vermeiden wären, so geht doch das Oel nach und nach heraus und die Masse wird weich, bröcklig, sandig, filzig, feinrissig etc., auch ist das Mauerwerk durch den Bewurf zu sehen, die Fugen dunkler, die Steine heller.

Der Romancement, schwarz, gibt mit einem scharfen Sande, gut vermischt und gehörig verarbeitet, einen sehr guten, haltbaren Bewurf, in dessen nicht die Farbe, wie Sie wissen zu kalt und tot und bleibt es später, wenn sie auch bisher grau war. Sind die Salze heraus, so hält sich ein Anstrich in Oel, Mischfarbe und sonstiger Farbe darauf 1-3 Jahre, je nach der Lage der Fronten des Gebäudes.
Der Portlandcement, bei gleicher Mischung wie der Roman, verfällt in eine grünlich graue Farbe, jedoch scheckig und es treten ebenfalls Salze heraus, wenn auch nicht so stark wie bei dem Roman, dann er sonst von Güte und Eigenschaften ziemlich gleich ist.

Ich habe (Sorgen Fassade, mit der Film sachen) damit überwerfen lassen, einige andere Privatgebäude und öffentliche sind auch damit geputzt und sollen später mit einer Art Zementbrei, vom selben Material, überstrichen werden, wovon man sich einen gleichen und dauerhaften Anstrich verspricht.

Der gelbe Mindener, hier auch Brauner Cement genannt, ist gleichfalls fest und gut, sieht aber ohne Anstrich gar zu erdig aus und der Anstrich hält ebenso wenig , ich habe ein paar Fassaden damit beworfen und diesen Bewurf dann noch mit einer Anmischung aus 2 (Techniken) dieses Cementes, 1 (Technik) Muschelkalk und 1......... feiner Sand überfassen und glatter überwintern lassen, was eine etwas bessere Härte gibt, sich seit vorigen Herbst gut gehalten hat und sehr hart ist, auch keine Salze zeigt, obgleich die Fassade danach etwas fleckig ist.

Am liebsten ist mir immer ein Bewurf, den man nicht anzustreichen braucht, da der Anstrich sich doch nie lange hält. Das Fleckige ist mir nicht unangenehm, das Herauswandern der Salze hört mit der Zeit auf."[19]

Auch die Versuche mit Romancement und Portlandcement verliefen also nicht so erfolgreich, dass sie für die Ausführung empfohlen werden konnten. Noch heute zeugen vereinzelte Restflächen am Neuen Museum von diesen ersten Versuchen mit Portland- und Romancement, eventuell auch mit Oel-Cement, wie einige 1997 angefertigte Analysen nahe legen.

Die Entscheidung gegen die Verwendung des Oel-, Roman-, und Portlandcementes fiel also erst im Frühjahr 1845. Als Gründe lassen sich neben den von Hofmann benannten Faktoren auch weitere anführen: Die Kosten für Oel-Cement und Portland-Cement waren erheblich höher als für hydraulischen Kalk. Eine Tonne Oel-Cement kostete ca. 6 Taler, eine Tonne englischer Portlandzement kostete ca. 5 2/3 Taler, eine Tonne hydraulischer Kalk dagegen lediglich 2 bis 2 1/2 Taler. Die Anwendung des Oel-Cementes war, wie aus den Anwendungsvorschriften hervorgeht, derart aufwändig und langwierig, dass die Verputzung der Fassade sicher erheblich länger gedauert hätte als die veranschlagten eineinhalb Jahre. „Die Leute [mussten erst] mit der Arbeit bekannt"[20] gemacht werden. Erfahrene Handwerker standen weder für die Verarbeitung des neuen Portlandcementes noch für die Anwendung von Oelcement zur Verfügung. Zudem fehlten in den Sommermonaten die Arbeitskräfte, wie aus der Korrespondenz dieser Jahre hervorgeht. Um eine unbehandelte verschiedenfarbige Putzoberfläche zu erzielen, musste das Material mit Pigmenten gefärbt werden. Das war mit den an sich dunklen, graubraunen und grün wirkenden Cementen kaum möglich.

Die historischen Musterflächen

Bis auf einige Musterflächen ist also die ursprünglich geplante Verputzart der Fassade nie zur Ausführung gekommen. Die für die Muster angewendeten Cemente zeigen immer noch eine dunkle, graublaue bis braune und fast schwarze Eigenfarbigkeit, ebenso wie Hoffmann einst bemerkte. Man hatte sie daher zunächst lediglich durch verschiedenfarbige Tünchen der Restfassade angeglichen und schließlich bei späteren Renovierungen überstrichen. Bemerkenswert ist die betonartige Härte der Proben. Vermutlich deswegen wurden die Versuchsflächen bei den zwischenzeitlich immer wieder vorgenommenen Renovierungsarbeiten nie entfernt.

Die Musterflächen sind auf dem westlichen Abschnitt der Südfassade und der angrenzenden Westfassade sowie unterhalb des Westtympanons zu finden und sind insgesamt ca. 10 m^2 groß.

Wie die im Rahmen der restauratorischen Untersuchung 1997 durchgeführten Materialuntersuchungen ergaben, handelt es sich bei den Stüler´schen Musterflächen meist um Kalkzementmischungen mit einem ca. fünfzigprozentigen Bindemittelanteil und mit Zuschlägen aus Schlacke, welche auch bei Hochofenzementen verwendet wurden.

Bei einigen Flächen konnten im Material erhebliche Anteile von Öl nachgewiesen werden. Somit liegt natürlich die Vermutung nahe, dass es sich bei diesen auch um Reste des Oel-Mastic-Cementes der Firma Brunkhorst & Westphalen handeln könnte. Bekanntlich wurde dem Material sowohl vor als auch während der Verarbeitung Leinölfirnis zugegeben. Bisher indes sind keine anderen erhaltenen Exemplare dieser interessanten Werktechnik bekannt geworden und es fehlt an Vergleichsbeispielen.

Die Versuchs- und Musterfelder offenbaren die noch vorherrschende Unerfahrenheit mit den frühen Portlandzementen bzw. Kunststeinen und die Irrwege der frühen Zementanwendung. Die ersten Versuche und Anwendungen mit Portlandzement als Fassadenputz wurden mit einem viel zu hohen Zementanteil im Verhältnis zu den Zuschlägen vorgenommen und das Material war zu hart für einen Fassadenputz.

Die Fassade bis 1860

1846 wurden die Arbeiten an den Fassaden abgeschlossen. Der Fassadenputz wurde im Sinne einer farbigen Sandsteinfassade mit gefärbten Putzen hergestellt.

Die mit unterschiedlich farbigen Mörteln geputzten Quader wurden durch Fugen unterteilt. Die Farbtöne reichten von Grau über Ocker bis Rot.

Durch die Art der Verputzung war zwar die Wiedergabe einer auf Fernwirkung angelegten Sandstein-Charakteristik möglich, jedoch konnte keine wirkliche Imitation beabsichtigt worden sein.

Die Fassade zeigte noch bis 1860 diese originäre und sandsteinimitierende Putz-Quaderung, danach wurde sie mit Ölfarbe und einmal abschließend mit verschiedenfarbiger Wachsfarbe Abschnitt für Abschnitt überstrichen. Von diesem Anstrich sind heute kaum noch verifizierbare Reste erhalten geblieben. Immerhin lassen die Hinweise in den Akten den Schluss zu, dass dieser erste Anstrich noch die Quaderfarbigkeit der ursprünglichen Fassadengestaltung aufnahm. Durch Verwendung verschiedenfarbiger Farbtöne folgte die Gestaltung der Stüler´schen Idee. Alle späteren Anstriche waren dagegen einfarbig, und die eigentliche Ästhetik einer sichtbaren und mehrfarbigen Putzoberfläche geriet in Vergessenheit.

Die Praxis mit den neuen Erfindungen

Auf welche Rezepte und Verarbeitungsvorschriften konnten die Baumeister und Ingenieure jener Zeit bei Anwendung der neuen Cemente zurückgreifen? Am Beispiel des Baugeschehens des Neuen Museums zeigen sich prinzipiell zwei Möglichkeiten. Primär wichtig waren die Vorschriften der Hersteller oder nahezu gleichbedeutend die Übersetzungen der meist noch fremdsprachigen Gebrauchsanweisungen durch die entsprechenden Lieferanten. Letztlich entscheidend und für die Praxis besonders relevant waren dessen ungeachtet immer die eigens angestellten Versuche. Normen gab es für die neuen Materialien noch lange nicht. Zum Beispiel wird erst im Jahr 1878 durch das Land Preußen eine Zementnorm eingeführt.

Eine besondere Rolle in dieser Zeit spielten namentlich deutsche Materialwissenschaftler mit Veröffentlichungen ihrer Versuche über die neuen Materialien. Noch wurde zugegebenermaßen kopiert und nachentwickelt, was in den seinerzeit bereits weiter entwickelten Ländern England, Frankreich und Belgien schon produziert und noch geheim gehalten wurde.

Es ist indes bemerkenswert, wie schnell neue Erfindungen durch die rasant ihre Produktion erweiternden nationalen Fabriken zum Einsatz gebracht, aber auch wieder verworfen wurden. Für das Neue Museum lassen sich Beispiele anführen, wie ein ursprünglich meist vornehmlich englisches Produkt, mit dem der Bau begonnen wurde, am Ende durch ein deutsches Produkt ersetzt wird.[21] Wie die Tätigkeit des Erfinders von Portlandzement William Aspdin in den Produktionsstätten der Firma Brunkhorst & Westfalen in Buxtehude bei Hamburg, Lüneburg und Itzehoe/Lägerdorf belegt, gab es daneben aber auch intensive internationale Kooperationen, welche diese Entwicklung beförderten.

Auch das Publikationswesen im Umfeld der Bau- und Ingenieurswissenschaften nimmt Mitte des 19. Jahrhunderts deutlich zu. Dies zeigt sich speziell in Form von vielen neuen handwerklichen und kunstgewerblichen Technologiebüchern natur- und bauwissenschaftlicher Art, Zeitschriften und Journalen. Beim Studium dieser neuen Werke für das praktische Baugewerbe fällt auf, dass die meisten Artikel noch Kolportage-Charakter tragen und sich kaum zuverlässig erschließen lässt, woher die Informationen stammen. Meist werden noch in vielfältiger Weise Verarbeitungsanweisungen und Materialangaben interpretiert und mit tatsächlichen oder vermeintlichen eigenen Erfahrungen modifiziert. Den Ausgangspunkt bilden aber in der Regel immer noch die Gebrauchs- und Verarbeitungsanweisungen der Fabrikanten.

Schlussbetrachtung

Insbesondere für den Bau des Berliner Neuen Museums lässt sich feststellen, dass viele der modernen und innovativen Ideen ihren Anfang in England nahmen. Die Engländer wiederum standen hart mit den Franzosen und Belgiern in Konkurrenz. Zum Ende des Baugeschehens wurden dann die englischen Materialien mehr und mehr von den deutschen Materialien verdrängt. Die deutschen Fabrikanten holten den einstigen Abstand offensichtlich schnell auf.
Die Bedeutung der historischen Musterflächen am Neuen Museum in Berlin liegt in der bisherigen Einzigartigkeit der Befunde. Die Stüler'schen Muster stehen am Anfang einer Entwicklung von neuen zementhaltigen Baumaterialien bis zum heutigen selbstverständlichen Einsatz von Zementen in der Bauindustrie.

Die Versuchsfelder aus verschiedenen Cementen des 19. Jahrhunderts sind auch ein seltenes Zeugnis des materialtechnisch experimentierfreudigen 19. Jahrhunderts und der beginnenden Industrialisierung des Bauwesens. Wegen der umfassenden Einzigartigkeit und der damit gegebenen denkmalpflegerischen Bedeutung ist selbstverständlich ein vollständiger Erhalt der Flächen vorgesehen. Die Stüler'schen und Hofmann'schen Musterfelder am Neuen Museum werden im Rahmen des Wiederaufbaus des Neuen Museums restauriert und somit als Zeugnis dieser spannenden Zeit belassen.

Literaturverzeichnis

Breitenfeldt, Jörg (1997): Die Fassade des Neuen Museums in Berlin – Restauratorische Untersuchung. Bundesamt für Bauwesen und Raumordnung Berlin für Stiftung Preußischer Kulturbesitz. Dokumentation der Voruntersuchungen am Außenputz des Neuen Museums.

Breitenfeldt, Jörg (1997b): Die Marmor-Cemente – eine vergessene Materialtechnik des 19. Jahrhunderts. In: Berlin.; Berlin. (Hg.): Denkmalpflege nach dem Mauerfall. Eine Zwischenbilanz. Berlin: Schelzky & Jeep (Beiträge zur Denkmalpflege in Berlin, 10).

Brunkhorst & Westphalen (01. Sept. 1842): Anweisung zur Verarbeitung des Oel-Mastic-Cement der Firma Brunkhorst & Westphalen, in: Acta der königl. Baukom. für das Neue Museum, Putz-Arbeiten, Geheime Staatsarchiv Preußischer Kulturbesitz, GSA PK I.Rep 137 II, H Nr.01 Blatt 16.

Brunkhorst & Westphalen (30. September 1844): Brief von Brunkhorst & Westphalen an Hoffmann. Geheimes Staatsarchiv Preußischer Kulturbesitz, GSA PK I. Rep 137 II, H Nr.03 Blatt. Loseblattsammlung.

F.A. Stüler (1842): Kostenanschlag. Zentralarchiv SMB PK I/BV, 108 Bd. 1 Blatt Nr. 124. Loseblattsammlung.

F.A. Stüler (1842): Kostenanschlag des Neuen Museums mit Erläuterungsbericht, Band I. Zentralarchiv SMB PK I/BV, NM 45.

Dr. Heeren (1837): Über den sogenannten englischen Mastix-Cement: Mittheilungen des Gewerbevereins für das Königreich Hannover. Hannover: Helwing.

Dr. Heeren (1838): Über den sogenannten Mastic-Zement. In: ERDMANN, Otto Linné (Hg.): Journal für praktische Chemie. Practical applications and applied chemistry; covering all aspects of applied chemistry. 15 Bände. Leipzig: Verlag von Johann Ambrosius Barth (3), S. 430–436.

Hoffmann, Carl Wilhelm (13. Januar 1842): Anfrage von Hoffmann an Stadtbaumeister Wimmel nach Preis und Verarbeitung von „Olcement für Mauerputz" zur Verwendung als Fassadenputz. Geheimes Staatsarchiv Preußischer Kulturbesitz, GSAPK I. Rep 137 II, H Nr.01. Loseblattsammlung.

Hoffmann, Carl Wilhelm (1844): Brief von Hofmann an Brunkhorst & Westphalen, in: Acta der königl. Baukom. für das Neue Museum, Maler-Arbeiten und Decorations Anschlag, Geheimes Staatsarchiv Preußischer Kulturbesitz, GSA PK I. Rep 137 II, H Nr.03 Blatt 87.

Hoffmann, Carl Wilhelm (1845): Brief Hoffmanns an die Maurermeister Lindner, Mappes, Hahnemann, Schneider, Bergemann in: Acta der königl. Baukom. für das Neue Museum, Putz-Arbeiten, Geheimes Staatsarchiv Preußischer Kulturbesitz, GSA PK I. Rep 137 II, H Nr.01 Blatt 168.

Hoffmann, Carl Wilhelm (29.04.1845): Zementarten. Geheimes Staatsarchiv Preußischer Kulturbesitz, GStA PK I. HA Rep. 137 II H Nr.1, 166-167. Schreiben von Hoffmann vom 29.04.1845 zum Oelcement. Auf einen Hinweis von Frau Sabine Hermsmeier im Jahr 2006.

Mühlfried, Klaus: Baukunst als Ausdruck politischer Gesinnung – Martin Haller und sein Wirken in Hamburg. Hamburg: Staats- und Universitätsbibliothek Carl von Ossietzky.

Schade (22.06.1965): Vermerk zur farbigen Fassung des Alten Museums in Berlin / 1. Anstrich des Außenbaus. SMB PK I/BV Abschrift. Abschrift.

Schirrmacher: „Dem Maler Arendt können für den Anstrich der Fassade des Mittelbaus am neuen Museum mit Sicherheit = drei Hundert Thaler abschlägig gezahlt werden, welches hierdurch bescheiniget."; in Zentralarchiv SMB PK I/BV 124 Blatt 18 u. 21.

Stüler, August (1862): Das neue Museum in Berlin. 24 Tafeln. Berlin: Ernst & Korn (Bauwerke / August Stueler, [1]).

Verein Deutscher Zementwerke e.V. Forschungsinstitut der Zementindustrie / Dr. rer. nat. M. Schneider: Geschichtliche Entwicklung der Zemente. Portlandzement. Verein Deutscher Zementwerke e.V. (Düsseldorf). Online verfügbar unter http://www.vdz-online.de/316.html.

---

1 Amtlicher Bericht über die Allgemeine Deutsche Gewerbe-Ausstellung zu Berlin im Jahre 1844, Zweiter Teil, 2, S. 78 in http://www.digitalis.uni-koeln.de.

2 Des Ingenieurs Taschenbuch, herausgegeben vom Verein „Die Hütte" Dritter Teil Bauwissenschaft, Verlag Ernst & Korn, Berlin 1857, S. 7.

3 Quelle zu Haslinger und Schondorff: Über den in Moabit angefertigten Cement; nach der Mittheilung der Herren Haslinger und Schondorff; in: Notizblatt des Architektenvereins zu Berlin, 1847, S. 12.

4 Paul Ortwin Rave, Karl Friedrich Schinkel, Berlin Erster Teil, Bauten für die Kunst, Kirchen/ Denkmalpflege, Herausgegeben von der Akademie des Bauwesens im Deutschen Kunstverlag Berlin 1941, S. 47.

5 Geheimes Staatsarchiv-Preußischer Kulturbesitz (GSA PK), I. Rep. 137 II. H Nr. 03, Acta der königl. Bau-Commission für den Bau des neuen Museums, Korrespondenz über Maurermaterial.

6 GSA PK, I. Rep. 137 II. H Nr. 41, P. 23 ff.

7 GSA PK, I. Rep. 137 II. H Nr. 40 Vol. 1, P. 313 ff.

8 Hoffmann, Zementarten (29.04.1845), S. 166.

9 F.A. Stüler, Kostenanschlag des Neuen Museums mit Erläuterungsbericht, Band I (1842b).

10 „In den mit den Maurern abgeschlossenen Arbeitskontrakten ist allgemein zur Bereitung des feinen Quaderputzes für die Fassaden bemerkt: 'Sollte der Kalk hierzu gefärbt werden, so geschieht diese, so wie überhaupt das Einlöschen des Kalkes, auf Kosten des Baus.` Die Ausgaben für Farben finden sich infolgedessen weder unter den Maurer- noch unter den Malerarbeiten; bei gelegentlichem Suchen in anderen Abteilungen der Revisionsprotokolle waren sie bisher nicht aufzufinden. [...] Wahrscheinlich war der Außenputz gefärbt und der Kalkfarbenanstrich eine nachträgliche Korrektur." Schade, Vermerk zur farbigen Fassung des Alten Museums in Berlin / 1. Anstrich des Außenbaus (22.06.1965).

11 F.A. Stüler, Kostenanschlag (1842a), S. 124.

12 Hoffmann, Anfrage von Hoffmann an Stadtbaumeister Wimmel nach Preis und Verarbeitung von „Olcement für Mauerputz" zur Verwendung als Fassadenputz (13. Januar 1842).

13 Brunkhorst & Westphalen, Brief von Brunkhorst & Westphalen an Hoffmann (30. September 1844).

14 „Ein weiterer Leserbriefschreiber [Anm.d.V. Datiert 14. September 1879] trug dem genius loci wenigstens insofern Rechnung, als er der „häßlichen Börse, an der die Cementlappen schon seit Jahren herunterhängen", das Schicksal wünschte, das Johanneum zu beherbergen, das ja an diesem Ort seinen Ursprung habe. Tatsächlich bot der Verputz der Börse ein Ärgernis, da der verwendete Ölzement der starken Hitze des Brandes nicht standgehalten hatte." Mühlfried, Baukunst als Ausdruck politischer Gesinnung – Martin Haller und sein Wirken in Hamburg, S. 293.

15 Dr. Heeren, in: ERDMANN, Journal für praktische Chemie, 430, (S. 430).

16 Dr. Heeren, in: ERDMANN, Journal für praktische Chemie, 430, (S. 430).

17 Hoffmann, Brief von Hofmann an Brunkhorst & Westphalen, in: Acta der königl. Baukom. für das Neue Museum, Maler-Arbeiten und Decorations Anschlag, GSA PK I. Rep 137 II, H Nr.03 Blatt 87. (1844).

18 Hoffmann, Zementarten (29.04.1845).

19 Ebenda.

20 Hoffmann, Brief von Hofmann an Brunkhorst & Westphalen, in: Acta der königl. Baukom. für das Neue Museum, Maler-Arbeiten und Decorations Anschlag, GSA PK I. Rep 137 II, H Nr.03 Blatt 87. (1844).

21 So wurde z. B. der englische Marble-Cement der Firma Charles Francis & Sons später durch den Deutschen Marmorzement der Berliner Firma Ernst March ersetzt. Breitenfeldt, in: Berlin./Berlin., Denkmalpflege nach dem Mauerfall.

Betonschalenbauten auf dem Gelände der ehemaligen Deutschen Versuchsanstalt für Luftfahrt in Berlin - Adlershof
Geschichte und Restaurierung

Matthias Dunger
Landesdenkmalamt Berlin
Klosterstraße 47, 10117 Berlin
und
Frank Lauterbach
c/o Büro für Umweltplanung
Volmerstraße 9, 12489 Berlin

Vorgeschichte

Der erste reguläre Flugplatz für Motorflugzeuge in Deutschland wurde 1909 am südöstlichen Stadtrand von Berlin, zwischen den Vororten Johannisthal und Adlershof angelegt. In der Sorge, dass das Deutsche Reich bei der Entwicklung der Fliegerei nach dem Prinzip „schwerer als Luft" insbesondere gegenüber Frankreich zurückfallen könnte, hatte eine Gruppe von luftfahrtbegeisterten Industriellen und Militärs unter Führung des Bauunternehmers Arthur Müller ein ausreichend großes Gelände vom Forstfiskus pachten können. Nur wenige Wochen nach der weltweit ersten Flugveranstaltung auf dem Flugplatz Betheny bei Reims wurde der Johannisthaler Flugplatz am 26. September 1909 mit einer großen Flugschau mit den Vorführungen ausländischer „Aviatiker" eröffnet. Noch 1910 gründete Arthur Müller die „Terrain-Aktiengesellschaft am Flugplatz Johannisthal-Adlershof", um das Gelände anzukaufen und durch Verkauf und Verpachtung weiter zu verwerten. Die „Deutsche Flugplatz-Gesellschaft" wurde aufgelöst und durch die „Flug- und Sportplatz GmbH" ersetzt, die die Flugvorführungen organisierte, Programme vertrieb, die Flugzeugschuppen an Konstrukteure und Fliegerschulen vermietete und den Flugplatzbetrieb koordinierte. Bis zum Ersten Weltkrieg bildete so der Flugplatz Johannisthal das führende Zentrum des deutschen Motorfluges und der frühen Luftfahrtindustrie. Sichtbare bauliche Spuren aus diesen ersten Jahren des Flugbetriebes auf dem Gelände sind kaum überliefert, handelte es sich dabei doch um überwiegend provisorische und schnell errichtete Holzschuppen und Baracken.

Unter den zahlreichen mit der Fliegerei verbundenen Unternehmungen, die sich rings um das Flugplatzgelände ansiedelten, nahm die 1912 durch Vertreter aus Wirtschaft, Ingenieurwissenschaften, Militär und Deutschem Reich gegründete Deutsche Versuchsanstalt für Luftfahrt – DVL – bald eine herausragende Stellung ein. Am 28. Juni 1912 schloss die DVL einen ersten Pachtvertrag mit der Terrain-Aktien-Gesellschaft über ein Grundstück an der Adlershofer Seite des Flugplatzes, der später erweitert wurde und Benutzungsrechte für den eigentlichen Flugplatz einschloss. Mit ihren Bauten und Versuchsanlagen breitete sie sich in den Jahrzehnten bis zum Ende des Zweiten Weltkrieges auf der südöstlichen Hälfte des Flugplatzes aus und prägte das gesamte städtebauliche und architektonische Erscheinungsbild des Geländes. Zu den ersten Aufgaben der DVL gehörte die Durchführung des Wettbewerbs um den „Kaiserpreis für den besten deutschen Flugzeugmotor", der am 27. Januar 1912 ausgeschrieben und dessen Ergebnisse am 27. Januar 1913 vorliegen sollten. Bis zum Oktober 1912 waren fünf Motorprüfstände einschließlich aller Messvorrichtungen betriebsfähig, darunter das erste, bis heute überlieferte massive Werkstatt- und Laboratoriumsgebäude mit einer Werkstatthalle und einem niedrigeren, eingeschossigen Anbau für Heizung, Büro und Nebenräume für die ab 1913 so genannte

Physikalische Abteilung der DVL. Durch die große Nähe der DVL zu Reich und Militär stand sie in erster Linie im Dienste der Rüstungsforschung und militärischen Nutzung des Flugplatzes. Mit Beginn des Ersten Weltkrieges übernahmen die Militärs Gebäude und Einrichtungen als Prüfanstalt und Werft der Fliegertruppen und führten die ingenieurtechnischen Forschungen und Untersuchungen im Interesse der Rüstungsforschung weiter. Die am Rande des Flugplatzes angesiedelte Flugzeugindustrie wie die Albatros-Werke, Rumpler oder die Luftverkehrsgesellschaft (LVG) produzierte währenddessen Kriegsflugzeuge zu Tausenden.

Obwohl nach dem Ersten Weltkrieg auf der Grundlage des Versailler Vertrages alle militärischen Einrichtungen abgebaut oder vernichtet werden mussten, ermöglichte die privatrechtliche Stellung der DVL deren Fortbestand und die Weiterführung ihrer Aktivitäten. Auf einem 11 Hektar messenden Gelände wurde ihr eine Reihe von Gebäuden zur Nutzung überlassen, während das Flugplatzgelände wieder als Sport- und Verkehrsflugplatz genutzt wurde. Die Tätigkeit konzentrierte sich nun auf Untersuchungen für den zivilen Luftverkehr wie beispielsweise die Zulassung und Prüfung von Luftfahrzeugen.

Der provisorische Charakter der zahlreichen Werkstatt- und Versuchsbauten sowie der schlechte Zustand des Flugplatzes selber veranlassten die DVL über einen Neubau an anderem Ort nachzudenken. Für den geplanten Standort Britz entwarf Hans Poelzig 1929 ein umfangreiches Neubauprojekt. Dessen Verwirklichung scheiterte jedoch an der sich verschlechternden finanziellen Situation, so dass schließlich am alten Standort Adlershof festgehalten wurde, zumal die Stadt Berlin im gleichen Jahr das Flugplatzgelände von der Terraingesellschaft übernehmen konnte. Das bereits 1928 unter der Leitung des Architekten Herman Brenner für die DVL entwickelte Bedarfs- und Bauprogramm, das zur Grundlage für alle Standortüberlegungen diente, wurde nun ab 1930 für Adlershof mit einer Bebauungsplanung konkretisiert und dessen Umsetzung bereits 1931 mit dem Neubau eines Luftschraubenprüfstandes und den Vorbereitungen für den Bau des Großen Windkanals in Angriff genommen. Mit der Machtübernahme der Nationalsozialisten flossen schon ab 1933 die finanziellen Mittel für den Ausbau des Geländes reichlich. In dem Bewusstsein der enormen Bedeutung der DVL für die Rüstungstechnik wurde ein neuer Ausbauplan aufgestellt und noch im November 1933 beschlossen. Die unmittelbare Einflussnahme der Nationalsozialisten wurde dadurch gewährleistet, dass sämtliche Vorstandsmitglieder des immer noch privatrechtlichen Vereins durch das Reichsluftfahrtministerium bestellt wurden. Der im Besitz Berlins befindliche Flugplatz Johannisthal wurde durch das Reich erworben und der DVL als anstaltseigenes Fluggelände überlassen. Die neu zu erbauenden Anlagen blieben im Eigentum des Reiches und sollten nach einem 1938 geschlossenen Vertrag einschließlich des gesamten Grundbesitzes der DVL auf 30 Jahre kostenlos zur Benutzung überlassen werden.

Bis in die ersten Kriegsjahre hinein wurde nun nach einem 1935 beschlossenen Generalbebauungsplan auf dem weitläufigen Terrain unter der Leitung Hermann Brenners ein umfangreiches Bauprogramm mit Institutsgebäuden, Versuchs- und Laborgebäuden, Werkstätten und Flugzeughangars nach streng funktionalen Kriterien verwirklicht. Das erklärte Ziel des Architekten war hierbei die Abkehr von den bis dahin verbreiteten Provisorien, die Schaffung einer baulichen Ordnung und eine größtmögliche ingenieurtechnische Rationalität in Konstruktion und Ausführung. Nach eigenem Bekunden galten die Bestrebungen einem der „wissenschaftlich – technischen Arbeit der DVL gemäßen eigenen Stil ohne falsche Repräsentation".[1] Während aus den ersten, für die Geschichte der Fliegerei so bedeutsamen Jahren nur wenige Spuren überliefert sind, hat diese zweite „historische Schicht" bis heute das gesamte Gelände nördlich und südlich der das Areal teilenden Rudower Chaussee wesentlich geprägt. Zu den interessantesten Aspekten dieser Bauten gehört dabei die konsequente Anwendung modernster Konstruktionsweisen und hier insbesondere die Verwendung von Betonschalenkonstruktionen. Während die erste große (nicht überlieferte) Flugzeughalle im Zuge des forcierten Ausbaus der DVL nach 1933 zunächst noch als Stahlskelettbau mit Vollwandbindern von einer Spannweite von 70 Metern errichtet wurde, entstanden die Flugzeughallen für die so genannte Flugabteilung auf der östlichen Hälfte des Geländes nunmehr als Stahlbetonskelettbau mit einem durch eine segmentbogenförmige Betonschale gebildeten Dach, das auf der Torseite auf einem großen Betongitterträger aufliegt. Die Betonschale wurde unter einem traditionellen ziegelgedeckten Satteldach verborgen. In den zuletzt errichteten Hangars auf der Westseite des Geländes dokumentiert sich die konstruktive Weiterentwicklung, in dem die Betonschale im Querschnitt nicht mehr als Kreissegment, sondern als stark überkrümmte flache Ellipsenschale ausgebildet wurde und so die Biegungsmomente reduziert werden konnten. Die Konstruktionsweise auch dieser Hallen geht auf die Planungen der Pioniere der Schalenkonstruktion, Franz Dischinger und Ulrich Finsterwalder zurück und wurde zwischen 1934 und 1939 mehrfach (u.a. auch in Pillau, München-Riem, Bug auf Rügen) verwirklicht. Ob der Verzicht auf das Satteldach hier aus architektonischen, eher wirtschaftlichen oder gar aus Gründen des Luftschutzes erfolgte, kann mit Bestimmtheit nicht mehr gesagt werden, es ist aber festzustellen, dass dieser Bautyp zu den interessantesten Schöpfungen des modernen Betonbaus gerechnet werden muss.

Abb. 1: Hangar, Zustand 1992

Neben den beeindruckenden Großbauten entstanden zahlreiche weitere Labor- und Versuchsbauten wie z.B. die Halle eines Motorprüfstandes, die mit einer Reihe nebeneinander liegender Tonnenschalen gedeckt wurde, wie sie Ulrich Finsterwalder erstmals 1927 für die Großmarkthalle in Frankfurt/Main plante. Mit den zahlreichen Betonschalenkonstruktionen auf dem Gelände der Wissenschaftsstadt ist geradezu eine Mustersammlung der seinerzeitigen Möglichkeiten des Betonschalenbaus entstanden. Offensichtlich gehen diese Bauten auf eine enge Zusammenarbeit des Architekten Hermann Brenner mit dem Bauingenieur Ulrich Finsterwalder zurück, der 1933 die Leitung des Konstruktionsbüros der Dywidag – Hauptverwaltung in Berlin übernommen hatte. Die eigenwilligsten und in ihrer Form ausschließlich ihrem unmittelbaren technischen Zweck folgenden Bauten stellen jedoch die Versuchsanlagen des heute so genannten „Aerodynamischen Parks" dar, der Große Windkanal, der Trudelturm und der schalldämpfende Motorenprüfstand.

Der Große Windkanal

Abb. 2: Windkanal, Trudelturm und schalldämpfender Motorenprüfstand um 1935, aus: 25 Jahre DVL 1912 - 1937, Berlin 1937

Mit dem Bau des Großen Windkanals wurde 1932 begonnen. Es ist charakteristisch für die wirtschaftliche Situation in jenem Jahr, dass diese Baustelle die größte in Berlin war. 1935 konnte der reguläre Messbetrieb aufgenommen und durch ein geschicktes Management im 2-Schicht-Betrieb voll ausgelastet werden. Eine vorgelagerte und mit einem Gleis mit dem Messhaus verbundene Vormontagehalle ermöglichte den unabhängigen Versuchsaufbau und damit die weitgehende Vermeidung von Stillstandszeiten. Seine Funktionsweise folgte der so genannten Göttinger Bauart, bei der ein geschlossener, ringförmig gelenkter Luftstrom möglichst ungestört von äußeren Einflüssen gesteuert werden kann. Dem voraus ging die Errichtung eines kleineren Windkanals, der neben seiner eigentlichen wissenschaftlichen Bestimmung zugleich als Modell für die Errichtung des Großen Windkanals diente. Er gehörte zu den Niedergeschwindigkeits-Windkanälen mit den seinerzeit weltbesten Leistungsparametern, in dem Triebwerke von Flugzeugen in Originalgröße, ganze Flugzeugrümpfe oder Modelle bis zu 4,5 m Spannweite bei Windgeschwindigkeiten von bis zu 65 m/s geprüft werden konnten.[2]

Erstmals wurden hier die Röhren für die Luftführung aus Beton in der Zeiss-Dywidag-Schalenbauweise der Firma Dyckerhoff & Widmann hergestellt. Bei einer durchschnittlichen Wandstärke von lediglich 7 cm erreicht der im Bereich des Gebläses runde Querschnitt von ca. 8,5 Metern Durchmesser kurz vor der Düse stattliche 14 mal 10 Meter in elliptischer Form. An den 4 Umlenkpunkten wird die Betonschale durch Stahlbetonrahmen ausgesteift. Auch die vertikalen Umlenkschaufeln in den Eckpunkten bestehen aus Beton und haben an den hinteren Kanten Korrekturschaufeln aus Blech, die der besseren Glättung des Luftstroms dienen. Die Oberflächenbeschaffenheit des Betons im Inneren, sowohl an den Umlenkschaufel als auch in der Röhre selbst ist von beeindruckender Präzision und Glätte. Der Bereich des separat fundamentierten Gebläses und das Messhaus sind durch Trennfugen jeweils vom eigentlichen Kanal geschieden, um Schwingungsübertragungen soweit wie möglich zu vermeiden. Um die Temperaturspannungen des Bauwerkes zu kompensieren, sind die Auflager z. T. beweglich gelagert und die Oberflächen mit einem reflektierenden Schutzanstrich versehen. Die Konstruktion der Röhre folgt offenbar dem von Franz Dischinger verfolgten Weg, einfach gekrümmte Zylinderschalen über eine traditionelle, möglichst exakt ausgeführte Holzschalung zu betonieren und die Bewehrung konzentriert in den Bereichen der Hauptzugspannungen anzuordnen. Die erste zylindrische Eisenbetonschale entstand so 1924 in Jena. Ulrich Finsterwalder, der 1923 zu Dyckerhoff und Widmann kam, hatte dieses Konstruktionsprinzip erfolgreich fortgesetzt und es ist zu vermuten, dass er die Konstruktionsplanung bei Dyckerhoff und Widmann für die DVL verantwortete.[3]

Abb. 3: Windkanal, Foto 2008

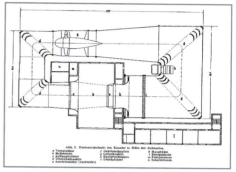

Abb. 4: Grundriss des Großen Windkanals, aus: Der 5 x 7 m Windkanal der DVL, in Luftfahrtforschung Bd. 12, 1935, Nr. 6

Schalldämpfender Motorenprüfstand

Zur Prüfung ganzer Flugzeugtriebwerke auch im Dauerlauf entstand von 1933 bis 1934 der schallgedämpfte Motorenprüfstand. Die eigenartige Bauform als beiderseits offener Kanal mit mehrfacher Umlenkung ist in erster Linie dem Zweck geschuldet, eine möglichst große Geräuschdämpfung zu erzielen. Durch die jeweils zweimalige 90°-Umlenkung des Luftstromes im An- und im Abstrom und das Belassen der inneren Holzverschalung in den senkrechten Türmen als zusätzliche Absorptionsschicht wurde ein sehr guter Schalldämmungseffekt erzielt.[4] Der eigentliche Versuchsraum liegt als in Schalenbauweise ausgeführtes Tonnengewölbe zwischen den Türmen und konnte wahlweise für die Untersuchung von Flugzeugmotoren oder für die Schleuderprüfung von neuentwickelten Luftschrauben genutzt werden. Die Betonschale wurde daher an den bei eventuellem Bruch besonders gefährdeten Bereichen verstärkt. Die charakteristischen Türme mit einer Höhe von ca. 15 Metern sind als stehende Zylinderschalen ausgeführt und am oberen Rand trompetenähnlich aufgeweitet. Mit dieser auffälligen Form ist ein ästhetisch beeindruckender Effekt erzielt, in dem die Eleganz und Schlankheit der Konstruktion demonstriert und gleichzeitig die notwendige Randaussteifung erzielt wird. Das vorgelagerte Funktionsgebäude nahm Vorbereitungs-, Beobachtungs- und Werkstafträume auf und wurde baulich vom eigentlichen Prüfstand getrennt.

Abb. 5: Schalldämpfender Motorenprüfstand, Foto 2008

Trudelturm

Der Trudelturm (eigentlich „Trudelwindkanal") stellt wohl das markanteste der drei Bauwerke dar. Er wurde zwischen 1934 und 1936 errichtet und sollte zur Simulation von Trudelzuständen – dem einseitigen Abreißen der Strömung an den Tragflächen – mit Hilfe von Flugzeugmodellen dienen. Ein durch ein Gebläse erzeugter senkrecht aufsteigender Luftstrom konnte dabei so reguliert werden, dass ein beim Trudeln absinkendes Flugzeugmodell getragen wurde und die Bewegungsabläufe mit Messkameras protokolliert werden konnten. Die Betonkonstruktion wurde so ausgelegt und abgedichtet, dass die Anlage auch unter Überdruck

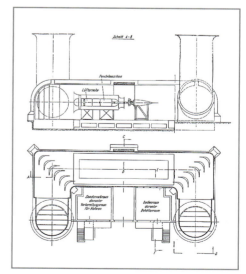

Abb. 6: Schalldämpfender Motorprüfstand, Schnitte, nach: Deutsche Luftwacht. Ausgabe Luftwissen. Band 3 (1936)

(bis max. 3 bar) betrieben und unterschiedliche Luftdichten simuliert werden konnten. Diese in der verwirklichten Komplexität wohl weltweit einmalige Anlage dürfte zu den bedeutendsten Zeugnissen der Luftfahrtforschung gehören. Zwar ist die Betonschalenkonstruktion hier mit durchschnittlich 30 cm Wanddicke wesentlich stärker, die Monumentalität – die Höhe beträgt nahezu 20 Meter, der maximale Umfang 12 Meter – der skulpturale Charakter und die singuläre Erscheinung jedoch erheben den Trudelwindkanal zu einem technischen Monument im eigentlichen Wortsinne und haben ihm zu einem festen Platz in der Literatur zur Geschichte des Betonbaus verholfen.

Nachkriegsgeschichte

1945 wurde das Gelände so gut wie kampflos von der Roten Armee übernommen, alle rüstungstechnisch interessanten Geräte und Anlagen demontiert und in die ehemalige Sowjetunion verbracht. Auf dem östlichen Teil des Geländes wurde in den fünfziger Jahren das Wachbataillon des Ministeriums für Staatssicherheit stationiert, dafür neue Kasernen errichtet und die Hangars z.T. als Kraftfahrzeughallen genutzt. Das Flugplatzgelände diente bis 1990 als Truppenübungsplatz. Auf dem weiter westlich gelegenen Areal wurden Institute der Akademie der Wissenschaften der DDR angesiedelt, die sowohl Baulichkeiten der DVL übernahmen als auch durchaus anspruchsvolle Neubauten errichteten. Die Entwicklung nach 1945 hatte die schon zuvor praktizierte Abschottung – die Versuchsanlagen der DVL auf dem Nordgelände waren durch eine Mauer von der Straße geschieden, Nord- und Südgelände durch einen unterirdischen Straßentunnel verbunden – fortgeführt, mit beiden Einrichtungen das Gelände für eine breitere Öffentlichkeit unzugänglich gemacht und dem öffentlichen Bewusstsein entzogen. Immerhin verzeichnete die 1978 für den Stadtbezirk Treptow aufgestellte Denkmalliste das „Gelände des ersten deutschen Motorflugplatzes", ohne dabei jedoch konkrete Denkmale oder Bauten zu benennen. Die großzügige Ortsangabe, die dabei das gesamte Gelände unter Auflistung der umschließenden Straßen beschrieb, ermöglichte nach 1990 die Inventarisation der Baudenkmale und ihre Unterschutzstellung nach dem Überleitungsgesetz, ohne aufwändige Eintragungsverfahren durchführen zu müssen.

Auch wenn die gesamte technische Ausstattung verloren war bzw. die Reste später dem permanenten Schrottbedarf der DDR-Volkswirtschaft zum Opfer fielen, waren die Betonschalenkonstruktionen selbst größtenteils unverändert überliefert. Windkanal und Trudelturm hatten mehr oder weniger unberührt auf dem abgeschotteten Areal der Akademie der Wissenschaften die Zeiten überdauert und befanden sich in einem schlechten und sanierungsbedürftigen, aber insgesamt überlieferungsfähigen Zustand. Die Betonröhre des Windkanals war im Inneren einschließlich der Umlenkschaufeln völlig unverändert erhalten. Auch die in ihrer Modernität überzeugende Gestalt des Messhauses einschließlich der überwiegend originalen Stahlverbundfenster schien abgesehen von dem verschlissenen jüngeren Putz und zweier nachträglich angefügter eingeschossiger Anbauten weitgehend ursprünglich, das stellenweise schon freiliegende Stahlbetonskelett zeigte jedoch deutliche Verfallserscheinungen mit freiliegenden und korrodierenden Bewehrungen. Im Inneren waren die in die Messhalle ragende Luftdüse und der Auffangtrichter des Windkanals abgebrochen und die Öffnungen vermauert worden, um nutzbare Räume zu erhalten. Der Trudelturm hatte keine weitere Nutzung erfahren, Einbauten wie die druckfeste Beobachtungskabine oder die innere Abdichtung mit Kupferfolie waren noch in Spuren erkennbar. Die Außenoberfläche wies noch Reste des originalen Reflexionsanstriches zur Dämpfung von Temperaturspannungen auf. Der schallgedämpfte Motorprüfstand war für die Akademie zur Tischlerwerkstatt umgebaut und damit den größten Veränderungen ausgesetzt worden. Diverse Fenster- und

Abb. 7: Trudelwindkanal, Foto 2008

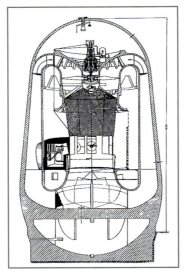

Abb. 8: Schnitt durch den Trudelwindkanal, aus: Thiel und Huffschmid, Der Trudelwindkanal der DVL, in: Jahrbuch 1942 der Deutschen Akademie der Luftfahrtforschung, Bericht der Deutschen Versuchsanstalt für Luftfahrt e.V. Berlin-Adlershof, Institut für Aerodynamik

Tordurchbrüche, Anbauten und Veränderungen des Funktionsgebäudes hatten die Architektur entstellt. Die inneren senkrechten Umlenkschaufeln waren herausgebrochen, Zwischenwände- und Decken eingezogen, die Zu- bzw. Abluftöffnungen vermauert und die Kuppel des Tonnengewölbes mit Heißbitumenmasse übergossen worden.

Sicherung und Instandsetzung ab 1997

Die vom Berliner Senat beschlossene Entwicklung Adlershofs zum Wissenschaftsstandort und der damit verbundene Umzug der naturwissenschaftlichen Fakultäten der Humboldt-Universität Berlin nach Adlershof bot die Möglichkeit einer städtebaulichen Neuordnung. Insbesondere auf dem von der Akademie der Wissenschaften genutzten Areal um die Versuchsbauten der DVL prägten Baracken, Provisorien und An- und Umbauten das Erscheinungsbild. Mit der völligen Neugestaltung des Geländes unter Einbeziehung der wichtigsten Baudenkmäler wurden die drei Bauten unter dem Label „Aerodynamischer Park" in das Gestaltungskonzept einbezogen und bilden heute einen zentralen Platz zwischen Institutsgebäuden und Bibliothek bzw. Medienzentrum, das gleichfalls aus historischen Werkstattgebäuden hervorgegangen ist.

Abb. 9: Schalldämpfender Motorprüfstand, Foto 1992

Bei der Konzeption der Instandsetzung der Baudenkmäler musste die Frage nach einer eventuellen zukünftigen Nutzung berücksichtigt werden. Dabei konnte allen Beteiligten vermittelt werden, dass eine „wirtschaftlich tragfähige Nutzung" nicht nur aus konservatorischer, sondern auch schlicht statischer und baupolizeilicher Sicht nicht möglich ist. Weder Trudelturm noch die Röhre des Windkanals lassen einen geordneten Zugang, geschweige denn Fluchtwege ohne die Denkmaleigenschaft gefährdende Eingriffe zu. Der Motorenprüfstand dagegen eignet sich mit seinem langgestreckten tunnelähnlichen Raum hervorragend als Veranstaltungsort, zusätzliche Öffnungen an den Stirnseiten sind bereits zu Zeiten der Werkstattnutzung eingebracht worden. Die Instandsetzung konnte sich somit ganz auf die Sicherung des originalen Bestandes konzentrieren. Die Aufgabenstellung bei allen Gebäuden war durch den unterschiedlichen Erhaltungszustand verschieden, jedoch immer im Hinblick auf die Betoninstandsetzung und Oberflächenbeschichtung einerseits und die Frage nach Konservierung und Rekonstruktion andererseits zu beantworten.

Der Erhaltungszustand der drei Betonbauten vor Beginn der Instandsetzungen stellte sich 1997 als durchweg schlecht dar, alle baulichen Veränderungen oder partiellen Reparaturen schienen überwiegend provisorisch und in schlechter Qualität ausgeführt. Am meisten schien der Motorenprüfstand verändert, extrem gefährdet waren die „Trompetenöffnungen" der Türme. Hier lag ein großer Teil der Bewehrung frei und größere Betonscherben drohten abzustürzen. Dagegen schien die Überlieferungsqualität des Windkanals insgesamt besser zu sein, hier war durch die ausgebliebene Nutzung der Betonröhre in erster Linie der durch fehlende Instandsetzung hervorgerufene Verfall zu beklagen. Insbesondere die Oberseite der Betonröhre war stark verwittert, alle ehemaligen Beschichtungen weitestgehend verloren. An vielen Stellen hatte sich eine reiche Vegetation aus Moosen, Flechten, selbst Gras und Büschen angesiedelt. Auch hier lag die Bewehrung an vielen Stellen frei, zahlreiche Risse unterschiedlicher Qualität zeigten an der Innenseite mit sichtbaren Kalkablagerungen deutliche Spuren der Betonkarbonatisierung. Frühere Reparaturen, z.B. zum Verschluss von Wanddurchbrüchen waren teilweise in schlechter Qualität ausgeführt oder wieder schadhaft geworden. In witterungsgeschützten Bereichen waren Reste eines schwarzen Anstrichs auf dem originalen Reflexionsanstrich erhalten geblieben. Der Trudelwindkanal zeigte gleichfalls die klassischen Betonschäden, hier hatte jedoch die größere Wandstärke naturgemäß zu weniger substanzgefährdenden

Abb. 10: Trudelwindkanal, Treppe und erkennbare Reste des originalen Reflexionsanstrichs

Schäden geführt. Auf der Oberfläche waren je nach Bewitterung noch größere Reste des originalen Reflexionsanstriches zu erkennen. Viele kleine Krater, die vermutlich durch Beschuss entstanden sind, vereinzelte Betonabsprengungen, teilweise freiliegende Bewehrungen und Risse wie auch am Windkanal und die Betonkarbonatisierung waren wegen der größeren Wandstärke und der größeren Betonüberdeckung etwas weniger problematisch. Die elegante Betontreppe war jedoch stark angegriffen, die originale Zugangsöffnung vermauert.

Die unterschiedliche Überlieferungsqualität der Bauten erforderte eine differenzierte Herangehensweise. Das Ziel sollte in der größtmöglichen Sicherung der originalen Substanz mit allen Bearbeitungs- und Nutzungsspuren der ursprünglichen Zweckbestimmung bestehen. Da die Denkmaleigenschaft sowohl für die seinerzeitigen Verfügungsberechtigten als auch die Planer außer Frage stand, war das Prinzip „Konservierung statt Sanierung" insbesondere bei den dünnwandigen Bauteilen (Windkanalröhre) Konsens. Der Verzicht auf die vollständige Sanierung aller karbonatisierten (und damit korrosionsgefährdeten Betonbereiche) ermöglichte den Erhalt eines großen Teils der originalen Oberflächen, bedeutete aber, dass die Pflegebedürftigkeit des Bauwerkes in Kauf genommen werden mußte. Der überwiegend konservierende Ansatz war für den Motorprüfstand jedoch nicht geeignet, da hier einerseits die Betonschäden eine tatsächliche Gefährdung der Umgebung darstellten und andererseits die jüngeren Veränderungen das Bauwerk stark entstellten. Die Wandstärken der Betonschalen lagen hier zwischen 12 und 20 cm und boten somit auch für eine Betonsanierung günstigere Voraussetzungen. Die nach 1945 vorgenommenen Umbauten konnten in keinem Falle den Anspruch einer planvollen und im konservatorischen Sinne zu würdigenden Bauphase erheben. Deshalb wurde zur Aufwertung des Bauwerkes eine Wiederherstellung der ursprünglichen Gestalt angestrebt, die eine Schließung der nachträglich eingebrachten Fensteröffnungen unter Rekonstruktion von Schalungsabdrücken ebenso einschloss wie den Abbruch entstellender Anbauten. Besonderen Aufwand erforderte dabei die Sicherung bzw. Wiederherstellung der trompetenförmigen Auskragungen der Türme in originaler Gestalt. Am Funktionsgebäude wurde die ursprüngliche Öffnungsgliederung wiederhergestellt, so dass der funktionale Zusammenhang mit dem eigentlichen Prüfraum wieder erkennbar wurde. Nur die stirnseitigen Toröffnungen des Versuchsraumes wurden zugunsten künftiger Nutzungsoptionen belassen bzw. fachgerecht ausgeführt. Zur Verbesserung der bauphysikalischen Verhältnisse erhielten die Türme Kernbohrungen, die eine vom Innenraum unabhängige Luftzirkulation ermöglichten.

Beton und Oberflächenbeschichtung

Für Großen Windkanal und Trudelturm, aber auch für die Türme des Motorprüfstandes stellte sich weniger die Frage nach der Wiederherstellung der Gestalt als vielmehr nach der Sicherung und Konservierung der bestehenden Betonschalen und ihrer Oberflächen. Ein umfangreiches Untersuchungsprogramm klärte für das jeweilige Bauwerk und seine maßgeblichen Bauteile das Taupunktverhalten in den Betonwänden in Abhängigkeit von Wandstärke und Betongüte, die Tiefe der Betonkarbonatisierung (Alkalität), die Oberflächenzugfestigkeit und außerdem die Qualität, Zugfestigkeit und Schweißbarkeit der Bewehrungseisen. Wesentliches Kriterium für die Vorgehensweise war vor allem die Dicke der Betonüberdeckung und der daraus resultierende Zustand der Bewehrungen. Wegen der extremen Dünnwandigkeit (7 bis 8 cm) der Windkanalröhre galt hier besonders das Prinzip "Konservierung statt Sanierung." Eine äußere Abdichtung (Reflexionsanstrich) sollte das Eindringen von Niederschlagswasser in die teilweise schon durchkarbonatisierte Betonschale verhindern oder besser begrenzen und der Einbau von zusätzlichen Zu- und Abluftöffnungen die aufgrund der Dünnwandigkeit hier prinzipiell gut mögliche schnelle innenseitige Abtrocknung unterstützen. Punktuell wurde bei entsprechenden Schadstellen eine Rissbehandlung mit alkalischem Zementleim und/oder Gilsonitspachtel (Haarrisse) ausgeführt. Der hochwertige Naturasphalt Gilsonit erschien wegen seiner Materialeigenschaften besonders gut geeignet, da er sich mit dem vorhandenen Anstrichpaket vertrug und so als Grundbestandteil sowohl für den Reflexionsanstrich als auch für die Spachtelmasse dienen konnte. Die Repassivierung der Stahlbewehrung wurde durch den Einsatz stark alkalischer Reparaturmaterialien (Betonsanierungssystem auf Basis kunststoffvergüteter Zementmörtel PCC) erzielt. Dabei verbot sich wegen der Fragilität der Konstruktion der Einsatz schwerer Technik, vielmehr wurden alle notwendigen Freilegungsarbeiten per Hand ausgeführt. Bei ausreichend massiven Bauteilen wie den Betonrahmen wurden auch die Methoden der klassischen Betonsanierung angewendet:

– Entfernung des losen Betons, Freistemmen der Bewehrungseisen und Sandstrahlen, bei Bedarf Ergänzung/Ersatz von geschwächten Bewehrungseisen durch Ein- bzw. Anschweissen von neuem Stabstahl
– mineralischer Korrosionsschutz und Haftbrücke
– Reprofilierung mit PCC, Spritzbeton oder Ortbeton (je nach Bauteil und Erfordernis)
– Anpassung der Reparaturoberflächen an Merkmale der umgebenden Oberflächenqualität
– Beschichtung der Oberflächen mit einem Witterungsschutz gegen eindringenden Niederschlag

Oberseitig erhielt die Windkanalröhre (an den Stellen, an denen keine sicher haftende originale Oberflächenbeschichung mehr vorhanden war) wie auch die Oberflächen des Motorprüfstandes zusätzlich eine abdichtende PU-Quarzsandspachtelung und eine Grundierung auf PU-Basis. Das erklärte Ziel war die Erhaltung der ursprünglichen Oberflächenbeschaffenheit, deshalb wurde auf die vollständige Reinigung und Abrasion verzichtet und nur die nicht haftenden Bestandteile der Altbeschichtung entfernt. Das hierauf speziell eingestellte Beschichtungssystem auf Gilsonit-Basis wurde vierlagig von der Grundierung bis zum Deckanstrich mit jeweils zunehmenden Anteilen an Alkydharz und Pigmenten aufgebaut.

Der Trudelwindkanal zeigte sich wesentlich stabiler, die Betonschale wies durch die Betoneigenschaften mit geringer Wassereindringtiefe („wu"-Qualität, praktisch wasserundurchlässig), größeren Wandstärken und Betonüberdeckungen weniger substanzgefährdende Schäden auf. Da die Wandinnenseiten zusätzlich mit Bitumenspachtelmasse beschichtet waren (darauf lag ursprünglich noch eine Kupferfolie) erschien eine dichte Beschichtung wegen der geringen Diffusionsfähigkeit und der Kondensationsproblematik, die zur Absprengung nicht ausreichend diffusionsoffener Beschichtungen führt (wie z.B. auch beim historischen Reflexionsanstrich) ungeeignet. Daher wurde aus technischen und konservatorischen Gründen die Oberfläche von losen Partien des originalen Reflexionsanstrichs gereinigt und lediglich hydrophobiert. Die authentische Oberfläche einschließlich ihrer Geschichts- (Kriegsbeschädigungen) und Verwitterungsspuren konnte so bewahrt werden. Zusätzliche Öffnungen sollen den Luftaustausch mit der Außenluft ermöglichen.

Von besonderem Interesse ist die Oberflächenbeschaffenheit bzw. die optische Erscheinung der drei Baudenkmale. Am Windkanal – z.T. unter einem jüngeren Bitumenanstrich – und am Trudelturm deutlich sichtbar war die metallisch glänzende Beschichtung. Die restauratorische Untersuchung der Oberfläche am Motorenprüfstand zeigte, dass die

Abb. 11: Querschliff von der Oberflächenbeschichtung des schalldämpfenden Motorprüfstandes. Abb. aus Rest. Untersuchung der Architekturoberflächen am Motorenprüfstand der DVL, Abb. 16, vorgelegt von Dipl. Restaurator (FH) Eberhard Taube, Berlin 1998

Abb. 12: Turm des Motorprüfstandes mit unbeschichteter Befundfläche, Foto 2008

Abb. 13: Sockel des Gebläsefundamentes am Großen Windkanal, Befundfläche mit verschiedenen Erhaltungszuständen, Foto 2008

Betonhalle inklusive Turmsockel außen einen bituminösen Anstrich trug, auf den eine mehrfach geschichtete silberfarbene Metallauflage unterschiedlicher Schichtdicke appliziert worden war.[5] Diese Beschichtung diente vermutlich der Minderung von Temperaturspannungen, die durch die Sonneneinstrahlung auf die eher horizontalen Flächen hervorgerufen wurde.

Die Türme oberhalb des Sockels schienen gelblich, deutlich sichtbar war eine graue feinkörnige Zementschlämme mit erkennbarer Bürstenstruktur zum Schließen von Fehlstellen und zur Erzielung einer einheitlichen Oberfläche. Die gelbliche Färbung wurde durch verschiedene Gutachten unterschiedlich, jedoch immer als Farbauftrag interpretiert. Obwohl sich der zuständige Konservator dieser Auffassung nicht anschließen konnte und eher von einem Ergebnis des Alterungsprozesses des Betons ausging, wurde einvernehmlich eine für die Konservierung der Betonoberfläche ohnehin erforderliche Beschichtung als ockerfarbener Silikatanstrich als Deckschicht ausgeführt. Damit war weitestgehend das gewohnte Bild gewahrt und der Verfall der Betonoberfläche gestoppt.

Zusätzlichen Schutz der dünnwandigen Betontürme sollte eine Hydrophobierung bewirken. Der Sockelbereich wie auch der gesamte Windkanal erhielt nach erfolgter Betonsanierung als Deckanstrich den eigens rezeptierten Reflexionsanstrich mit Aluminium und Eisenglimmerpigmenten, der dem ursprünglichen Anstrich in seiner Optik sehr nahe kommt. Am Motorfundament des Großen Windkanals konnte eine Fläche des Originalanstrichs freigelegt werden, die direkt den Vergleich mit der sanierten Oberfläche erlaubt. Eine Plexiglasscheibe schützt zusätzlich eine russische Inschrift („geprüft, keine Minen"). Am Trudelturm wurde auf die neue Beschichtung verzichtet und das unveränderte Erscheinungsbild bewahrt. Die Reste des ursprünglichen Reflexionsanstriches sind verblieben und deutlich erkennbar.

Die beschriebenen Sanierungsmaßnahmen liegen inzwischen acht Jahre und länger zurück, gravierende Schäden oder Fehler wurden nicht bemerkt. Eigentümer des Großen Windkanals und des Motorenprüfstandes ist heute die Humboldt-Universität Berlin, die sich nach anfänglichem Zögern zu diesen Denkmalen bekennt und auch die Röhre des Windkanals gerne für Sondernutzungen wie Fotoshootings o.ä. vermietet. Das Obergeschoss des Messhauses wird als Schülerlabor für Physik des Lehrstuhls Didaktik der Physik genutzt, der Vorbau des Motorprüfstandes wurde für eine studentische Nutzung eingerichtet. Jedoch besteht auch hier wie für jedes Baudenkmal weiterhin ein jeweils spezifisches Gefährdungspotential: Viele wollen den Trudelturm auch so schön wie den Windkanal silbern glänzen sehen, man darf gespannt sein, wann diese Neufassung aus ästhetischen Gründen mit Macht gefordert werden wird. Die eigentliche Versuchshalle des Motorprüfstandes ist eine für studentische Veranstaltungen oder Gastronomie hervorragende „Location", jedoch kann die reine Betonschale den zeitgenössischen Forderungen an Dichtheit und Wärmedämmung nicht im entferntesten entsprechen. Hier sind intelligente Lösungen gefragt, wenn nicht eines Tages doch die Kuppel unter Abdichtung und Wärmedämmung verschwinden soll. Und auch die Betonröhre des Windkanals kann nicht wirklich dicht sein, die ständige Beobachtung und Pflege ist unumgänglich. Die immer wieder geforderte endgültige Lösung, die 50 Jahre Sorglosigkeit verspricht, kann es auch für diese Baudenkmale nicht geben.

Abbildungen:

Abb. 1: Hangar, Zustand 1992

Abb. 2: Großer Windkanal, Trudelturm und schalldämpfender Motorenprüfstand um 1935, aus: 25 Jahre DVL 1912 – 1937, Berlin 1937

Abb. 3: Großer Windkanal, Foto 2008

Abb. 4: Grundriss des Großen Windkanals, aus: Der 5x7m Windkanal der DVL, in Luftfahrtforschung Bd. 12, 1935, Nr. 6

Abb. 5: Schalldämpfender Motorenprüfstand, Foto 2008

Abb. 6: Schalldämpfender Motorprüfstand, Schnitte, nach: Deutsche Luftwacht. Ausgabe Luftwissen. Band 3 (1936)

Abb. 7: Trudelwindkanal, Foto 2008

Abb. 8: Schnitt durch den Trudelwindkanal, aus: Thiel und Huffschmid, Der Trudelwindkanal der DVL, in: Jahrbuch 1942 der Deutschen Akademie der Luftfahrtforschung, Bericht der Deutschen Versuchsanstalt für Luftfahrt e.V. Berlin-Adlershof, Institut für Aerodynamik

Abb. 9: Schalldämpfender Motorprüfstand, Foto 1992

Abb. 10: Trudelwindkanal, Treppe und erkennbare Reste des originalen Reflexionsanstrichs

Abb. 11: Querschliff von der Oberflächenbeschichtung des schalldämpfenden Motorenprüfstandes. Abb. aus Rest. Untersuchung der Architekturoberflächen am Motorenprüfstand der DVL, Abb. 16, vorgelegt von Dipl.Restaurator (FH) Eberhard Taube, Berlin 1998

Abb. 12: Turm des Motorprüfstandes mit unbeschichteter Befundfläche, Foto 2008

Abb. 13: Sockel des Gebläsefundamentes am Großen Windkanal, Befundfläche mit verschiedenen Erhaltungszuständen, Foto 2008

---

1 Beiträge zur Geschichte der DVL 1912 - 1962, Festschrift aus Anlaß des 50-jährigen Bestehens der DVL, Köln 1962, S. 84.

2 s.a. Graichen, Kurt u.a., Technische Denkmale der Luftfahrtforschung in Berlin-Adlershof, Schriftenreihe zur Luftfahrtgeschichte, Heft 3, Berlin 1994.

3 Deutsche Bauzeitung 2/1905, S. 68ff, s.a. Günschel, Günther, Große Konstrukteure 1, (Bauwelt Fundamente 17), Berlin/Frankfurt/Wien 1966.

4 Okar Kurz, Neuzeitliche Einrichtungen und Hilfsmittel der Triebwerkforschung, in: Luftwissen, Bd. 3 Nr. 9, o.O., o.J.

5 Motorenprüfstand der DVL Berlin-Adlershof, Restauratorische Untersuchung der Architekturoberfläche, im Auftrag der BAAG mbH, vorgelegt von Dipl. Restaurator (FH) Eberhard Taube.

Beton als Gestaltungsmittel für die Bauten der Interbau 1957 in Berlin

Brigitta Hofer
Landesdenkmalamt Berlin
Klosterstraße 47, 10179 Berlin,
brigittahofer@gmx.de

Abb. 1: Luftaufnahme des Hansaviertels 1962 [Landesbildarchiv Berlin]

Interbau 1957 – der Wiederaufbau des Hansaviertels in Berlin

Der Wiederaufbau des Hansaviertels in Berlin war das Kernstück der „Internationalen Bauausstellung Berlin 1957", die im Sommer 1957 unter Beteiligung zahlreicher ausländischer Staaten veranstaltet wurde.[1]

Noch 1952 zeigte das im 19. Jahrhundert entstandene Wohnviertel den Zustand starker Kriegszerstörung. Von 161 Gebäuden südlich des S-Bahn-Bogens waren 21 bewohnbare Häuser übrig geblieben. Dieser Umstand ermöglichte es den Stadtplanern, die Visionen des neuen Bauens und Wohnens inmitten der Großstadt zu verwirklichen. „Die weitgehende Zerstörung der alten Gebäude im Hansaviertel bietet jetzt eine Gelegenheit, die Bebauung aufzulockern und die Baukörper frei in das Grün zu stellen. … die Freiflächen werden im Verhältnis zur bebauten Fläche auf beinahe um das Vierfache (in etwa 1:5,5) vergrößert. In Zukunft wird die Grünfläche zusammenhängen und das neue Wohnviertel gleichsam ein Teil des Tiergartens sein. Die Aufgabe im Hansaviertel wird nicht eine in jungfräulichem Gelände frei geplante „Stadt von morgen" – sondern: der realistische und in seinem Realismus sich bescheidende Sinn der aus den Trümmern der Stadt von gestern erwachsenden und durch viele Bedingungen gebundenen Stadt von heute."[2]

Auf Grundlage vorangegangener Planungen und einem 1953 preisgekrönten Entwurf der Architekten Gerhard Jobst, Willy Kreuer und Wilhelm Schliefer übernahmen Alvar Aalto, Walter Gropius, Le Corbusier, Max Taut, Hans Scharoun und viele weitere international anerkannte Architekten Bauprojekte im Ausstellungskontext der Interbau 1957. Es entstanden Großwohnanlagen wie Punkt- oder Scheibenhochhäuser, verschiedene mittelgroße Mehrfamilienhäuser und bungalowähnliche Einfamilienhäuser, insgesamt ca. 1300 Wohneinheiten. Zur Anwendung kamen die damals modernsten Materialien und Techniken, um die Ideale von Wohnkomfort zu erschwinglichen Preisen zu verwirklichen. Dieser Wiederaufbau in Form einer Ausstellung präsentierte alle Stadien des Bauablaufes, vom beginnenden Rohbau bis zur fertig eingerichteten Musterwohnung. Ergänzt wurde dieses 1:1 Anschauungsmaterial durch eine thematische Schau in eigens errichteten Ausstellungspavillons mit Überlegungen zum Städtebau, zur Architektur und zum Wohnen unter dem Aspekt eines gesünderen Lebens in der Stadt. Einige Fiktionen waren bereits in den Neubauprojekten der Trabantenstädte verwirklicht oder sollten es noch werden.

Stahlbeton – Sichtbeton

Nicht nur die städtebaulichen Grundideen und die architektonischen Formen hatten sich seit dem 19. Jahrhundert grundlegend geändert. Angeregt durch den Ingenieursbau und unterstützt durch enge finanzielle Rahmenbedingungen arbeiteten die Architekten in der Wiederaufbauphase nach dem Zweiten Weltkrieg zunehmend mit neuen Baustoffen und Bautechniken. Geschütteter Schwer- und Leichtbeton als Ortbeton und großformatige Fertigbetonteile ersetzten im Wandbereich die kleinformatigen Vollziegel. Die früher häufig ausgeführten Holzbalkendecken oder Stahlsteindecken zwischen Stahlträgern wurden von stahlarmiertem Ortbeton oder wiederum Stahlbetonfertigteilen verdrängt. Mit den Hochhäusern, die der Wohnungsbau zunehmend für sich entdeckte, entwickelte sich der Stahlbetongerippebau weiter. Daneben verstärkte die Vision von hellen lichtdurchfluteten Wohnräumen mit ihren immer größer werdenden Fensterflächen die Weiterentwicklung des Schottenbaus und somit die Verwendung von Leichtbauelementen für die Fassadenausformung.

Beton ist im neuen Hansaviertel das meistverwendete Baumaterial und kam sowohl in den verschiedenen Wohnzeilen, als auch in den 16- bis 18-stöckigen Punkthochhäusern zum Einsatz. Oft ist dieses Material bei tragender oder stützender Funktion sichtbar, wie bei Pfeilern, Schottenwänden oder Decken, oder markiert als sichtbare Stirnseite einer Betondecke die einzelnen Geschossebenen einer Fassade. Beton ist nicht mehr zwingend hinter Putz oder anderen Verkleidungen versteckt. Der Baustoff darf in seiner natürlichen Materialität wirken, gleichwertig neben Ziegel oder Klinker, neben Naturstein wie Solnhofer Platten oder Schieferplatten, neben Putzoberflächen oder farbigen Fliesen.

Abb. 2: Glatte Betonoberfläche mit Lunkern [Brigitta Hofer]

Die Oberflächen der Betonelemente präsentieren die Materialien der Schalungen. Die waren in den 1950er und 1960er Jahren noch überwiegend aus Holz, das sich mit seiner Maserung sägerau oder gehobelt entsprechend einer Gussform abdrückt. Daneben zeigt sich vielfach eine glatte Betonfläche mit unterschiedlich großen Lunkern. Zur Herstellung dieser Oberfläche wurden mäßig saugende glatte Schalungsbretter mit Beschichtung eingesetzt. Die glatten Betonoberflächen kommen bei Ortbeton überwiegend aber bei Betonfertigteilen vor. Waschbeton ist ein weiteres Gestaltungselement im Hansaviertel. Er wird nicht nur in der sorgfältig geplanten Wegegestaltung eingesetzt, sondern wird ebenso an Fassaden, einmal mit nahezu homogener Sieblinie von ca. 5 cm großen weißen carrara-marmornen Flusskieseln wie für die Akademie der Künste oder in deutlich kleinerer rötlicher Varietät und mit inhomogener Sieblinie wie für das Punkthochhaus der Architekten van den Broek und Bakema eingesetzt.

Abb. 3: Abdruck der sägerauen Holzschalung im Ortbeton [Brigitta Hofer]

„Es war eine Frage der Zeit, bis die Architektur die geschalte oder die bearbeitete Betonoberfläche als gestalterisches Element erkannte, das die Identität und die Authentizität der Bauweise mit großer Kraft darzustellen vermochte. Dabei haben sich die jeweils bevorzugten Flächentexturen über die Zeiten durchaus verändert. Die ursprünglich rein baubetrieblich motivierte der Schalungs- und Schalhauttechnik gab der Entwicklung des Sichtbetons entscheidende Impulse."[3]

Die massenhafte Verwendung von Beton für den Wiederaufbau des Hansaviertels führte zu vielfältigen neuen Fragestellungen bei Schall-, Wärme- und Feuchtigkeitsschutz, sowie bei Belichtung, Belüftung und Heizung. Denn auch im Bereich Wohnqualität strebten die Planer neueste Standards zu günstigen Preisen an. Zudem zwang die Rationalisierung mit einem stärkeren Einsatz von Maschinen zu einer präzisen Baustellenorganisation und Einrichtung, die es zuließ, Betonfertigteile auch vor Ort auf der Baustelle herzustellen. Allen Beteiligten war bewusst, dass die Verbindung von innovativen Materialien mit neuen, zum Teil noch nicht langfristig erprobten Techniken Gefahren in sich barg. Daher wurde versucht, über gesonderte Berater die neuesten Erkenntnisse und Erfahrungen in die Planung hineinzunehmen sowie durch sorgfältiges Vorausplanen die Arbeitsabläufe zu optimieren. Die Effizienz und die Wirtschaftlichkeit des Betonbaus werden in den begleitenden Publikationen der Interbau 1957 betont. So ist von den Verantwortlichen der Stadtplanung unter anderem auch folgendes zu lesen: „… Die Objekte 1 (Müller-Rehm/Siegmann) und 19 (Schwippert), zwei Punkthochhäuser, sollen auch innen nicht verputzt werden. Dadurch werden einmal die Kosten des Innenputzes gespart, vor allem aber die unangenehme, die

Abb. 4: Waschbeton mit farbigen Kieseln [Wolfgang Bittner, Landesdenkmalamt Berlin]

Abb. 5: Waschbeton mit Carrara-Flusskieseln [Brigitta Hofer]

Baufristen verlängernde Nässebildung mit allen ihren bekannten Nachteilen und Auswirkungen bei der Wand- und Fußbodenausbildung vermieden. Die Hartfaserplattenschalung sowohl der tragenden, an Ort und Stelle geschütteten Betonwände, als auch der vorgefertigten, montagemäßig versetzten, 5 cm dicken leichten Trennwände ist mit einer Jutematte belegt. Sie kann nach dem Ausschalen leicht abgezogen werden. Durch die gewebeähnliche Struktur der Wände haften die Tapeten gut. In den Decken werden die Hartfaser-Schalplatten nach architektonischen Gesichtspunkten angeordnet. Die Nähte bleiben nach dem Ausschalen in der glatten Betonfläche sichtbar. Die Deckenflächen werden gestrichen. Auch dieses Verfahren ist wirtschaftlich …"[4]

Es ist zu überlegen, inwieweit Beton in all seinen Varianten bewusst gestaltend eingesetzt wurde oder ob die Betonelemente in ihrer tragenden oder stützenden Funktion mit ihrer Materialität als grauer Beton geschätzt wurden, aus einer Begeisterung für die reine Materialität heraus. Dieser Planungsansatz der klaren reinen Darstellung von Material und Konstruktion wurde um 1950 durch den schwedischen Architekten Hans Asplund mit dem Begriff des „Brutalismus" zu einem Architekturstil. Auf alle Fälle zeugen die Betonoberflächen im Hansaviertel in ihrer Vielfalt von einer Freude am Material Beton und von einem selbstverständlichen künstlerischen Umgang mit diesem modernen Baustoff. Die Architekten nehmen für sich in Anspruch, den Bewohner mit seinen individuellen Bedürfnissen in den Mittelpunkt allen Planens zu stellen, was sich deutlich in den Grundrissen und hellen Räumen widerspiegelt. Die Verwendung von Sichtbeton steht für sie in keinem Widerspruch zu diesem Grundsatz. Allerdings sind sichtbare Betonoberflächen im Wohnungsbau anders als im Nutzbau in den 1950er Jahren noch ungewohnt, neuartig und somit faszinierend. Die seit dem fast inflationäre und bis heute zum Teil eher fantasielose Verwendung von Sichtbeton in der Architektur hat jedoch dazu geführt, dass Beton heute wenig Anerkennung findet.

Das Scheibenhochhaus von Oscar Niemeyer

Als Vertreter Brasiliens beteiligte sich Oscar Niemeyer[5] an der Interbau 1957.

1907 in Rio de Janeiro geboren, studierte er dort 1930-34 an der Escola Nacional de Belas Artes. Nach dem Studium arbeitete er im Büro von Lucio Costa und Carlos Leao, anschließend bei Le Corbusier, der deutlich sein Frühwerk beeinflusste. Als prominenter Ausdruck moderner brasilianischer Architektur werden seine Projekte im Katalog der Interbau 1957 bezeichnet. Vor allem mit den Bauten für die Hauptstadt Brasilia – den Gesamtplan entwarf Lucio Costa, Niemeyer war 1956-61 Chefarchitekt – hatte er international auf sich aufmerksam gemacht.

Abb. 6: Scheibenhochhaus von Oscar Niemeyer, Westfassade mit Aufzugturm [Brigitta Hofer]

Schon frühzeitig setzte Niemeyer fast ausschließlich auf Stahlbeton als ein Baumaterial, mit dem er immer neue Gestaltungsmöglichkeiten erkundete. Für die Interbau 1957 entwarf Niemeyer ein Scheibenhochhaus für insgesamt 78 Wohnungen mit acht Geschossen auf einer Grundfläche von 72 x 15 m. Es steht auf V-förmigen Betonstützen, den so genannten Pilotis[6]. Damit wird das Erdgeschoss zu einem Freigeschoss, das eine optische Verbindung zwischen dem Hansaplatz und der Grünfläche des Tiergartens zulässt. Dem längsrechteckigen Bau ist im Osten ein freistehender Fahrstuhlturm mit dreieckigem Grundriss zur Seite gestellt. Außer im Erdgeschoss hat dieser Fahrstuhlturm nur im fünften Obergeschoss – einem so genannten Verteilergeschoss – und auf der Ebene des Dachgeschosses – hier befinden sich Abstellräume – eine Verbindung mit dem Wohngebäude. Weiter erschlossen werden die Wohnungen über die sechs Treppenhäuser, deren ebenerdige Zugänge als Würfel auf der Längsachse des Freigeschosses verteilt sind, flankiert von Pilotis.

Abb. 7: Scheibenhochhaus von Oscar Niemeyer, Ostfassade mit Loggien [Brigitta Hofer]

Das Gebäude ist in Schottenbauweise aus Ortbeton errichtet, ebenso der Fahrstuhlturm und die zwei Verbindungsgänge. Die Fensterbereiche, die Wände zu den Loggien im Westen und die nichttragenden Zwischenwände sind Leichtbauelemente.

Als Oberfläche findet sich für die Pilotis ein relativ glatter grauer Sichtbeton mit Lunkern. Der Fußboden ist aus glattem, nahezu lunkerfreien Beton. Eine andere Art von Sichtbeton zeigen die Deckenuntersichten und die Wohnungstrennwände, wenn man auf die Loggien heraustritt. Hier markieren sich die sägerauen Oberflächen und Fugen der schmalen Schalungsbretter in der grauen Oberfläche. So entsteht einmal im Freigeschoss ein spannender Gegensatz zwischen glatten und holzstrukturierten betongrauen Oberflächen in Bezug zu den glänzenden, mal rot, mal blau mal gelb-ockerfarbenen Mosaikfliesen der Außenwände der Treppenhauskuben. Zum anderen formt sich aus den Pilotis und der Decke ein grauer Rahmen, der sich entweder in das Grün der Parkflächen öffnet oder aber den Blick freigibt zum Treppenhausturm, dessen hell verputzte Oberfläche mit grünen, runden Putzintarsien gestaltet ist. Ein ähnliches Spiel der Oberflächen ergibt sich zwischen dem verputzten Treppenhausturm, den sägerauen grauen Betonoberflächen der Aufzugsbrücken und der kubisch gestalteten Ostfassade mit ihren Fenstern, einer ockerfarben verputzten Brüstungszone und einer Fußbodenebene, die in der Fassade durch ein Band aus schwarzen, glänzenden Glasplatten markiert ist.

Abb. 8: Freigeschoss mit Treppenhauseingängen [Brigitta Hofer]

Vermutlich waren die Kontraste zwischen den fast brutalen, äußerst ungleichmäßig grauen Betonflächen, wie auf alten Fotoaufnahmen sichtbar, und den fein ausgeführten Putz- oder Fliesenflächen noch stärker.
In den Jahren 2000 bis 2003 waren am Scheibenhochhaus nach über 40-jähriger Nutzung umfangreiche Sanierungsarbeiten notwendig. Vor allem Betonabplatzungen und freiliegende Armierungen machten eine Betonsanierung notwendig. Bereits vor 1999 waren die Pilotis überarbeitet worden. Für die Sanierung der Betondecken und Schottenwände mit ihren sägerauen Schalungsabdrücken wurde darauf geachtet, die Holzstruktur möglichst zu erhalten. Nach der Rostbehandlung an den Armierungen wurden die Fehlstellen verspachtelt. Dann erfolgte der Auftrag einer feinen Schlämme, die die Übergänge zwischen Ausbesserung und originaler Oberfläche optisch vermitteln sollte, bevor die Betonoberfläche insgesamt einen CO_2-hemmenden Schutzanstrich in hellem Betongrau erhielt.

Das Ergebnis ist eine gleichmäßig hellgraue Oberfläche, die bei Streiflicht leicht glänzt, aber die Strukturen der Schalungsbretter noch zeigt. Nach wie vor ist ein Spiel zwischen den unterschiedlichen Oberflächen nachvollziehbar, auch wenn das Material Beton mit seinen scharfen Kanten und präzisen Negativabdrücken der Schalungen und Lunker verschwunden ist.

Die katholische Pfarrkirche St. Ansgar von Willy Kreuer

Der Architekt Willy Kreuer ist vor allem durch Bauten in Berlin bekannt. 1910 in Köln geboren, kam er 1937 nach Berlin und arbeitete später in Budapest und Kopenhagen. Anfang der 1950er Jahre machte er sich durch die Mitarbeit an Entwurf und Baubeteiligung der Amerika-Gedenkbibliothek und am Neubau des Rathauses von Berlin-Kreuzberg einen Namen. Als sein bedeutendstes Werk gilt das Fakultäts- und Institusgebäude für Bergbau und Hüttenwesen der Technischen Universität Berlin am Ernst-Reuter-Platz 1 (1955–1959). In die Projekte für den Wiederaufbau des Hansaviertels war er bereits involviert, als er mit zwei Kollegen den städtebaulichen Wettbewerb gewann.

Abb. 9: Pfarrkirche St. Ansgar, Hof [Brigitta Hofer]

Abb. 10: Originaloberflächen der Ortbetonstrebepfeiler und der Fertigelemente im Fensterbereich [Brigitta Hofer]

Abb. 11: Schäden im Ortbeton der Strebepfeiler [Brigitta Hofer]

Als konkretes Bauprojekt im Hansaviertel verwirklichte er den Neubau der katholischen Pfarrkirche St. Ansgar in unmittelbarer Nähe zur alten, nach einem Fliegerangriff 1943 zerstörten Kapelle.[7]

Das eigentliche Kirchenschiff von St. Ansgar beschreibt im Grundriss die Form einer Parabel, die sich in Richtung Hansaplatz öffnet. Richtung Norden und Westen besteht der Parabelbogen aus einer geschlossenen Wand, wodurch das Gebäude zur Bahntrasse hin abgeschirmt ist. Nach außen ist diese Mauer mit ocker-braunen Klinkern verkleidet, innen heute verputzt und weiß gestrichen. Richtung Süden und Osten liegt der Hansaplatz. In diese Richtung öffnet sich der Bau mit Eingangsbereich und großer Fensterfront und bezieht somit die Gemeinde mit ein. An das Kirchengebäude schließen zunächst Richtung Süden die Gebäude der Sakristei an, die die Verbindung mit den übrigen zweistöckigen Gemeindebauten herstellen, deren Wände ebenfalls mit Klinkern verblendet sind.

Der Kirchenbau ist eine Stahlbetonkonstruktion, bei der alle tragenden Teile in Sichtbeton ausgeführt sind. Für die Fensterfronten und den Eingangsbereich in Richtung Hansaplatz sind zwischen die tragenden Stahlbetonstützen Fertigteile aus Stahlbeton und Glas eingefügt. Hier unterscheidet sich der dichte Ortbeton mit seinen wenigen Lunkern von dem etwas dunkleren Beton der Fertigbauteile mit zahlreichen, auch größeren Lunkern. Die originalen Oberflächen sind in der Fassade noch erhalten. Im Inneren sind die Stützen und die Decke neu gestrichen. Leider agierte die Gemeinde in Eigenregie und es ist nicht mehr nachvollziehbar, wie die ursprüngliche Konzeption aussah. Waren die Betonstützen im Innenraum bauzeitlich gestrichen? Welche Oberfläche zeigte die Decke? Alte Fotos aus der Zeit der Interbau 1957 zeigen eine deutliche Differenzierung der Oberflächen zwischen Stützen und Fertigteilen. Unklar ist bei diesen Schwarzweiß-Aufnahmen jedoch, ob der Eindruck durch den Einsatz von Farbe entsteht oder durch verschiedene Betonoberflächen.

Liebevoll ist der kleine Innenhof mit seinen Pflanzen gepflegt. Gegen dieses natürliche Grün und Braun würde der herbe Charme der relativ glatten Betonoberfläche in seinem natürlichen Grau gut stehen. Leider zeigen sich aber auch hier, wie fast überall im Hansaviertel, die Probleme von zu geringer Betonüberdeckung der Armierungen: abplatzende Betonoberflächen oder die Folgen schneller Überspachtelungen. In meinen Augen aber noch schlimmer, sind die überall vorkommenden Graffiti oder die Reste davon, die in der rauen Oberfläche verbleiben, selbst wenn eine Reinigung versucht wurde. Schnell sehen die verwitterten Flächen ungepflegt und vernachlässigt aus. Dann fällt es schwer, die Betrachter für die ehemals feine Qualität des Baus zu gewinnen, die sich aus der klaren Präsentation der verwendeten Materialien Beton, Klinker, Glas und dem Metall der Türen formt.

Die Akademie der Künste von Werner Düttmann

Im März 1921 in Berlin geboren, begann Werner Düttmann sein Studium an der Technischen Hochschule in Berlin-Charlottenburg. Nach Kriegsdienst und Gefangenschaft legte er 1948 seine Diplomprüfung in West-Berlin ab, wo er unter anderen Hans Scharoun als Lehrer hatte. Nach einem Auslandsstipendium blieb er in Berlin und war unter anderem Senatsbaudirektor von West-Berlin, später dann auch ordentlicher Professor an der Technischen Universität. Ab 1967 hatte er die Position des Direktors für Baukunst an der Akademie der Künste, deren Gebäude er zwischen 1958 und 1960 geplant und errichtet hatte. 1971 wurde er ihr Präsident, ein Amt, das er bis zu seinem Tod 1983 inne hatte.

Werner Düttmann baute fast ausschließlich in Berlin und hatte an der Interbau 1957 bereits als Kontaktarchitekt für den amerikanischen Beitrag, die Kongresshalle, und mit kleineren Bauten wie der Hansabücherei und dem U-Bahnhof Hansaplatz mitgewirkt.

Der Gebäudekomplex der Akademie der Künste gilt als eines der Hauptwerke Werner Düttmanns. Gedacht als „Zentrum kultureller Aktivität und Weltoffenheit" und in Nachfolge der bereits 1696 gegründeten, zunächst kurfürstlichen und später preußischen Akademie der Künste, wurde der Neubau in West-Berlin durch den Amerikaner Henry H. Reichhold mittels einer Schenkung von einer Million Dollar ermöglicht. Anfangs sollte ein Grundstück in der Tiergartenstraße bebaut werden, doch 1958 fiel die Entscheidung auf ein Gelände im Einzugsbereich der Interbau 1957, das ursprünglich für zweigeschossige Einfamilienhäuser vorgesehen war.

Abb. 12: Westfassade des Ausstellungsbaus mit Klinker im Erdgeschoss und Waschbeton aus Carrara-Flusskiesel für das vorkragende erste Obergeschoss [Brigitta Hofer]

Der Komplex ist in drei, durch Galerien und Foyers verbundene Bereiche geordnet. Dabei ist jeder einzelne Baukörper durch Form und Oberflächenmaterialien individuell geformt. Der Ausstellungskubus zeigt im Erdgeschoss entweder Außenwände mit Klinkerverblendung oder große Glasflächen, während das vorkragende Obergeschoss fensterlos mit Waschbetonplatten aus weißen, relativ großen Carrara-Flusskieseln verblendet ist. Die Beleuchtung der dahinter befindlichen Ausstellungsräume erfolgt über die Sheddächer. An das Ausstellungsgebäude schließt das fensterlose zeltartige Studio an, das mit seinen schiefwinkligen Backsteinwänden und den geknickten, schräg versetzten und mit Kupferblech gedeckten Dachflächen an expressive Gestaltungsideen der 1920er Jahre erinnert. Denkbar ist der Einfluss von Hans Sharoun, dessen Herkunft aus diesen Grundpositionen immer wieder deutlich wird. Hinter dem Ausstellungsgebäude Richtung Tiergarten liegt der Kubus des so genannten „Blauen Hauses" mit Ateliers, Büros und Atelierwohnungen. Auch hier sorgen Sheddächer für Beleuchtung und eine spannungsvolle Silhouette. Der ehemals blau durchgefärbte Putz ist durch Witterungseinflüsse an der Oberfläche in ein dunkles Grau oxidiert, wodurch der Farbklang aus rotem Klinker, weißem Waschbeton, grünem Kupferdach und blauer Putzfassade heute reduziert ist. Während jedes Haus seine eigene Farbigkeit und Lichtkonzeption zeigt, zieht sich die sägeraue Oberfläche des Sichtbetons durch alle Gebäude und bestimmt tragende Pfeiler und Kämpferzonen. Dabei wird nicht zwischen Fassadengestaltung oder Wandfläche im Innenraum unterschieden. Wie der Fußbodenbelag unterstützt die Ausformung des Betons die Idee des nahtlosen Übergangs von Außen und Innen.

Abb. 13: Materialvielfalt im Eingangsbereich des Ausstellungsbaus [Brigitta Hofer]

Wie für fast alle witterungsexponierten Betonteile im Hansaviertel ist auch hier die Betonüberdeckung des Armierungsstahls nach heutigem Maßstab ungenügend und führte um 1980 zu einer Betonsanierung mit einer feinen Zementschlämme. Dabei wurde versucht, die Stöße der Schalungsbretter nachzuempfinden. Leider war es nicht möglich, die sägeraue Holzstruktur in der Schlämme abzubilden. Zu einem späteren Zeitpunkt erhielten alle betonsichtigen Kämpferzonen einen hellgrauen Anstrich. Die Maßnahmen wurden nur im Außenbereich durchgeführt, so dass im Inneren, vor allem im Eingangsbereich des Ausstellungsgebäudes, die feinen, präzisen Strukturen der sägerauen Bretter in der grauen Betonoberfläche zu erkennen sind und somit der Mehrklang aus einzelnen Baumaterialien verdeutlicht ist. So stehen in der Aula Materialien wie schwarzgrauer Schiefer für den Fußboden, roter Klinker für die Wände, sägeraue Holzstruktur im grauen Beton der Pfeiler und Kämpferzüge neben dem Braun der Holzdecke. Dabei ist davon auszugehen, dass die graue, sägeraue Holzstruktur im Beton als eigene, für Beton gültige Materialität wirken sollte. An der Fassade steht die Waschbetonverkleidung mit Carrara-Flußkiesel im Obergeschoss des Ausstellungsgebäudes mit

Abb. 14: Eingang der evangelischen Kaiser-Friedrich-Gedächtniskirche
[Brigitta Hofer]

bauzeitlicher Authentizität zum Klinker des zurückgesetzten Erdgeschosses.

Sanierungsproblematik im Hansaviertel – Resümee

Materialsichtigkeit von Beton hieß für das Hansaviertel glatte Betonoberflächen, durchsetzt von Lunkern, oder raue Flächen mit Holzmaserung der Schalungsbretter. Die Farbe der Betonteile war grau. Zudem wurde Waschbeton eingesetzt, der durch die Wahl des groben Zuschlags wirkt und so in Oberflächenstruktur und Farbigkeit variiert wurde. Die Betonflächen stehen in ihrer Materialität häufig neben rotem oder gelbem Ziegel oder Klinker, neben farbigen Fliesen oder Putzoberflächen. Natürlich gibt es auch farbig gefasste Betonflächen wie an der Fassade des Scheibenhochhauses der Architekten Jaenecke und Samuelson. Hier wurden bereits bauzeitlich die Betonfertigteile der Balkon- oder Laubengangbrüstungen auf der Südseite in einem kräftigen Blau und auf der Nordseite in einem Orangerot gestrichen. So ist dies ein Beispiel dafür, dass eine Betonoberfläche nicht zwingend als Sichtbeton konzipiert war. Um eine Aussage über die bauzeitliche Gestaltung eines Gebäudes zu treffen, bedarf es also auch im Bereich Beton immer einer Untersuchung.

Von den insgesamt 52 Gebäudekomplexen des Hansaviertels wurden bereits 12 Häuser auf ihre authentischen Oberflächen hin untersucht. Aus der Untersuchung geht hervor, dass nur noch zwei Gebäude ohne eine Überarbeitung der Betonoberflächen existieren. Bei beiden handelt es sich um Oberflächen aus Waschbeton. Drei der untersuchten Häuser zeigen noch teilweise originale Sichtbetonoberflächen. Bei der katholischen Pfarrkirche St. Ansgar steht aufgrund der Schäden im Bereich der Strebepfeiler eine Betonsanierung jedoch bevor. Am Beispiel der Akademie der Künste zeigt sich, dass in Innenräumen aus rein konservatorischen Überlegungen Sichtbeton in seiner bauzeitlichen Erscheinung bestehen kann. Das dritte Gebäude ist die evangelische Kaiser-Friedrich-Gedächtniskirche, deren Fassade aus Betonfertigteilen bis heute keine Schäden erkennen lässt, und wo die Gemeinde auch die optische Erscheinung einer solchen Fläche gelten lässt. Denn das Grau der Betonflächen, gerade wenn es zudem Spuren von Alterung aufweist, wird sonst häufig als störend empfunden. So sind viele Betonoberflächen im Hansaviertel heute meist sauber gestrichen.

Zu den häufigen Problemen im Hansaviertel gehört zum einen die zu geringe Betonüberdeckung von Armierungen, die viele Ortbetonelemente betrifft, zum anderen die ungenügende oder durch Alterung zu sehr reduzierte Wärmedämmung. Des Weiteren ist die Akzeptanz von gealterten Oberflächen sehr gering. In diesen Punkten ist es notwendig, gemeinsam mit den Eigentümern Lösungen zu erarbeiten und aufeinander zuzugehen. Weitere Alternativen sind in der Betonsanierung gefragt, um die bauzeitlichen Oberflächen zu halten und durch spezielle Reinigungsmethoden so präsentieren zu können, dass ein Gebäude trotz Alters einen gepflegten, aber authentischen Charakter vermitteln kann.

Das Hansaviertel als Wohnviertel ist heute nach wie vor geschätzt, vor allem durch die überzeugenden Grundrisse der Wohnungen, die Helligkeit in den Räumen und die zentrale Lage in der Stadt.

1 Landesdenkmalamt Berlin (Hrg.), Das Hansaviertel in Berlin – Bedeutung, Rezeption, Sanierung, Berlin 2007.

2 Senator für Bau- und Wohnungswesen Berlin/Bund Deutscher Architekten (Hrg.), Wiederaufbau Hansaviertel Berlin – Interbau Berlin 57, Darmstadt 1957.

3 Martin Peck, Sichtbeton – Hinweise zur Planung und Ausführung, in: 2. Symposium Baustoffe und Bauwerkserhaltung: Sichtbeton – Planen, Herstellen, Beurteilen, Karlsruhe 2005.

4 Interbau Berlin 1957, Amtlicher Katalog der Internationalen Bauausstellung Berlin 1957, S. 246.

5 Vittorio Magnago Lampugnani, Lexikon der Architektur des 20. Jahrhunderts, Ostfildern-Ruit 1998.

6 Weitere Beispiele für die Verwendung von V–förmigen Betonstützen sind die brasilianischen Bauten Niemeyers, wie der Palast der Landwirtschaft in Sao Paulo oder die städtische Bibliothek von Duque de Caxias.

7 http://www.luise-berlin.de/lexikon/Mitte/s/St_Ansgar_Kirche.htm

Das Bauwerk und seine Ausstattung
Die Mensa der Universität Saarbrücken

Axel Böcker
Landesdenkmalamt des Saarlandes
Keplerstr. 18, 66117 Saarbrücken
a.boecker@denkmal.saarland.de

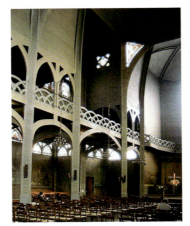

Abb. 1: Lycée Victor Hugo (1894), überdachter Pausenhof

Abb. 2: St. Jean de Montmartre (1894-1904), Innenraum

Einleitung

Betonbauwerke haben ähnlich vielfältige Erscheinungsformen wie Bauwerke aus anderen Baumaterialien. Ab den 1870er Jahren begann von Frankreich oder präziser von Paris ausgehend die massenhafte Verwendung des Betons als Baustoff. Jenseits seines vielfachen Gebrauchs für nicht sichtbare konstruktive Elemente von Bauwerken, wird bereits früh der Beton offen gezeigt und in architekturästhetische Konzeptionen integriert.

Sichtbare Konstruktion

Die sichtbare Verwendung des Betons kann – wenngleich keineswegs üblich – bereits schon an einigen frühen Bauten nachgewiesen werden. An erster Stelle zu nennen sind dabei zwei Gebäude des Architekten Anatole de Baudot, eines Schülers von Viollet-le-Duc[1]. Beim 1894/96 errichteten, 1960 abgebrochenen, überdachten Pausenhof des Lycée Victor Hugo im 3. Pariser Arrondissement wird der Beton in einer äußerst künstlerischen Art in Szene gesetzt.

Bekannter und in ihrer ursprünglichen Form erhalten ist die Kirche St. Jean de Montmartre, mit deren Bau ebenfalls 1894 begonnen wurde. Sie wurde allerdings erst nach 10 Jahren Bauzeit fertig gestellt. Hier wird hinter einer im Wesentlichen von Klinkern dominierten Fassade, wobei sich der Beton bereits in den konstruktiven Gliederungselementen offen zeigt, der neue Baustoff in seinen konstruktiven Möglichkeiten als ein von gotischen Formen inspiriertes Raumkunstwerk inszeniert. Es scheint, „daß Baudot sich nur deshalb für den Beton begeisterte, weil er ihm einen Bau ermöglichte, der sich seinem Ideal der gotischen Architektur, annäherte."[2]

Die offene Verwendung von Beton im Innenraum bei gleichzeitiger Reduktion der sichtbaren Betonelemente im Außenbau auf konstruktive Bauteile ist in der Folge ein häufig verwendetes Gestaltungsprinzip. Besonders beeindruckend zeigt sich dies bei der Kirche Saint-Esprit, die nach Plänen des Architekten Paul Tournon 1928-35 im 12. Pariser Arrondissement errichtet wurde. Der fast vollständig in Sichtbeton belassene Innenraum folgt dabei in Grund- und Aufriss im Wesentlichen dem Vorbild der Hagia Sophia.[3]

Abb. 3: St. Jean de Montmartre (1894-1904), Hauptfassade

„Sainte Chapelle du XXme siècle"[4]

Die bekannte Kirche Nôtre Dame (1922/23) in Le Raincy bei Paris zeigt einen offensichtlich anderen Umgang mit dem Beton. Hier steht das konstruktive Gerüst in einem direkten Zusammenhang mit den gestaltbildenden Wandflächen, die aus Betonfertigteilen bestehen. Das Material wird dadurch nicht nur in bestimmten Bereichen zur Formung der Gestalt herangezogen, sondern zum Grundprinzip der Architektur erhoben. Dieses Meisterwerk der Verwendung von Beton des Architekten Auguste Perret stellt eine zweite grundsätzliche Entwurfsmethode bei Bauwerken aus Beton dar.

Abb. 4: St. Esprit (1928-35), Kuppel

Perret hat sein Entwurfsprinzip in späteren Bauten selbst wieder verwendet, so in der Kirche Ste. Thérèse in Montmagny (1925).[5] Seine Bauten waren nach dem Zweiten Weltkrieg auch Vorbild für den Neubau von Kirchen in Deutschland: Neben der Ludwigskirche in Freiburg (1950-53, Entwurf Horst Linde) kann auch die Matthäuskirche in Pforzheim (1952-56, Entwurf Egon Eiermann) als von Perret inspiriert gelten.[6]

Vollplastische Skulptur

„Voll verwirklicht wurden die plastischen Möglichkeiten des Betons, wie sie den stilistischen Vorstellungen des deutschen Expressionismus entsprachen, bei dem Weimarer Gefallenendenkmal von Gropius (1922) und dem zweiten Goetheanum in Dornach von Rudolf Steiner (1925-28)"[7]

Abb. 5: St. Esprit (1928-35), Hauptfassade mit Turm

Im hier zu behandelnden Zusammenhang ist insbesondere die Vorbildwirkung des Goetheanums von Interesse. Bei zahlreichen, zumeist sakralen Bauten streben die Architekten seither ebenfalls die skulpturale Durchbildung der Baukörper an.[8]

Seit den 1920er Jahren erlaubt die Entwicklung des vorgespannten Betons eine weitere Differenzierung der Betonverwendung. Beim Entwurf des internationalen Terminals der TWA Fluggesellschaft am New Yorker Flughafen John F. Kennedy lässt der Architekt Eero Saarinen den Fluggast in eine „vollständig durchgestaltete Umgebung"[9] eintreten. Die Formen sind dabei im Sinne eines Gesamtkunstwerks fließend ineinander übergehend. Dieser skulpturale Umgang mit der Gestalt von Betonbauten bringt die architektonischen Ausdrucksmöglichkeiten des Baustoffs in ihrer ganzen Bandbreite zur Geltung.

Abb. 6: St. Esprit (1928-35), Innenraum

Mensa in Saarbrücken

Die Mensa in Saarbrücken ist dagegen einer strukturalistischen Architekturauffassung verpflichtet. Der Strukturalismus in der Architektur wurde seit den späten 1950er Jahren in den Niederlanden entwickelt, u.a. mit der Zielsetzung zur Reform der als erstarrt empfundenen Moderne. Offensichtlich wurden beim Entwurf für die Mensa sowohl die Bauten Aldo van Eycks wie auch dessen architekturtheoretischer Ansatz rezipiert. Nach Hanno-Walter Kruft arbeitete van Eyck „mit den Strukturkategorien des Kubismus in der Architektur und propagiert starke Farbigkeit, wobei er der Farbskala des Regenbogens den Vorzug gibt."[10] Die Besonderheit in Saarbrücken liegt in der Zusammenarbeit des Architekten Walter Schrempf[11] mit dem Künstler und späteren Professor der Kunstakademie Stuttgart Otto Herbert Hajek; nach Ansicht Winfried Nerdingers „eines der wenigen Beispiele für produktive Zusammenarbeit zwischen Künstler und Architekt in der Nachkriegszeit."[12]

Abb. 7: Evangelische Ludwigskirche (1950/53), Innenraum

Im Ausweisungstext zur Aufnahme in die Denkmalliste aus dem Jahre 1997 bezeichnet Patrik Ostermann den Bau als „...begehbare abstraktkonstruktivistische Großplastik interpretierte, über die Landesgrenzen hinaus bedeutende Architektur..."[13] Weiter führt er aus: „Prägend ist einerseits die Materialität des schalungsrauen Sichtbetons (béton brût), andererseits die starke Zerklüftung des Bauwerks durch scharnier- und bügelartig ausgreifende Elemente, die sich bisweilen im Innern des Obergeschosses fortsetzen, somit Inneres und Äußeres miteinander verklammern."[14]

Abb. 8: Ste. Thérèse in Montmagny (1925), Detail Innenraum, um 1927

Abb. 9: Goetheanum, Dornach (1925-28), Außenbau

Abb. 10: Goetheanum, Dornach (1925-28), Treppenhaus

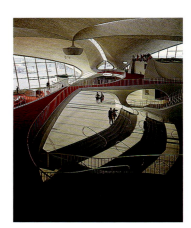

Abb. 11: TWA internationaler Terminal, Flughafen New York (1956-62), Innenraum

Abb. 12: Mensa der Universität des Saarlandes, Saarbrücken (1965-70), Detail Speisesaal

1962/63	Wettbewerb – 1. Preisträger, Walter Schrempf, Saarbrücken
1964	Bauantragsverfahren (Zustimmungsverfahren)
1965	Baubeginn (von Schrempf vorgeschlagener Künstler: Kornbrust, St. Wendel)
1967	Fertigstellung Rohbau
1969	Architekturpreis des Bundes deutscher Architekten
1970	Fertigstellung (Restarbeiten bis 1971)
1997	Eintrag in die Denkmalliste des Saarlandes/konventionelle Betonsanierung durchgeführt
2004	Wettbewerb zur Errichtung von Fluchttreppenhäusern
2006/07	Anbau der neuen Fluchttreppen
2007	Erneuerung der Küchenanlage

Tab. 1: Chronologie zur Mensa Saarbrücken

Das Bauprogramm der Mensa folgt dem sog. „Kieler Studentenhausplan" zur Zubereitung und Ausgabe von 6000 Essen pro Mahlzeit.[15] Neben diesen zentralen Funktionen, die im Obergeschoss angeordnet sind, nimmt der Bau vielfältige weitere Funktionen auf, u.a. die Verwaltung des Studentenwerks, einen Kindergarten, eine Cafeteria, ein Restaurant sowie Clubräume im Untergeschoss. Die Konstruktion, deren Tragglieder aus Beton auf Stütze und Träger reduziert sind, erinnert in ihrer konsequenten Umsetzung des Grundrasters von 12 m x 12 m an einen Industriebau. Dem schalrauen Sichtbeton stehen Innenausbauten in rotbraun gehaltenen Holzflächen gegenüber.

Insbesondere jedoch durch die kongeniale Durchdringung der Grundstruktur aus Beton mit den aus dem gleichen Material bestehenden Kunstwerken von O. H. Hajek entstehen im Speisesaal spannungsreiche Raumkonfigurationen, die gemeinsam mit den Fassaden dreidimensional ineinander greifend durchgearbeitet sind. Die intensive Zusammenarbeit von Architekt und Künstler, für die Hajek sein Atelier in Schrempfs Architekturbüro verlegte, führte im Ergebnis zu einem Gesamtkunstwerk, dass „in einzigartiger Weise, in voller Konsequenz und auf hohem künstlerischen Niveau den Bruch der Architektur mit der Nachkriegsmoderne der 50er Jahre" verdeutlicht.[16]

Abbildungsnachweis

Abb. 1: Aus: La construction moderne. Journal Hebdomadaire Illustré. Paris 1894/95, Tafel 96.

Abb. 2: Christine Boulanger, Paris.

Abb. 3: Andreas Praefcke 2008
Dieses Bild basiert auf dem Bild: http://upload.wikimedia.org/wikipedia/commons/6/6e/Eglise_Saint-Jean-de-Montmartre.jpg aus der freien Enzyklopädie Wikipedia und steht unter der GNU-Lizenz für freie Dokumentation.

Abb. 4 und 5: Verfasser 2008.

Abb. 6: Daniel Lebée
Aus: www.culture.gouv.fr/culture/inventai/itiinv/archixx/imgs/p35-01.htm

Abb. 7: Verfasser 2008.

Abb. 8: Thérèse Bonney
Aus: Perret. Une Étude de Pierre Vago sur l'oeuvre complète d'A.G. Perret. Sonderheft der L'architecture d'aujourd'hui. Oktober 1932, S. 52.

Abb. 9 und 10: Verfasser 2008.

Abb. 11: Ezra Stoler 1962
Aus: www.mfa.fi/files/mfa/saarinen/17.jpg des Suomen Rakenustaiteen Museo (Finnisches Architekturmuseum).

Abb. 12 und 13: Schulte, Landesdenkmalamt (LDA) Saarland 2006.

Abb. 14: Verfasser 2007.

Abb. 15: Schulte, LDA Saarl. 2006.

Abb. 16: historische Farbaufnahme, undatiert. Objektakte Mensa LDA Saarland.

Abb. 17: Objektakte Mensa LDA Saarland.

Abb. 18: Verfasser 2007.

Axel Böcker · Das Bauwerk und seine Ausstattung

1 Bernard Marrey, Franck Hammoutène: Le Beton à Paris. Paris 1999, S. 32-34.
2 Hervé Martin: Moderne Architektur Paris 1900-1995. Berlin o.J. [1991], S. 236.
3 Denkmaldatenbank Mérimée. Eintrag 00086569 Église du Saint Esprit, eingetragen 17.8.1979.
Hervé Martin: Moderne Architektur Paris 1900-1995. Berlin o.J. [1991], S. 106.
Die Anthemios von Tralles und Isidor von Milet zugeschriebene Hagia Sophia wurde 532-537 erbaut und ist in iIhren konstruktiven Teilen ebenfalls in Gußmauerwerk, d.h. in unarmiertem Beton, ausgeführt.
4 Perret. Une Étude de Pierre Vago sur l'oeuvre complète d'A.G.Perret. Sonderheft der L'architecture d'aujourd'hui. Okt. 1932. Reprint Paris 1991, S. 42.
5 Perret. Une Étude de Pierre Vago sur l'oeuvre complète d'A.G.Perret. Sonderheft der L'architecture d'aujourd'hui. Okt. 1932. Reprint Paris 1991, S. 42-52.
6 Jürgen Joedicke: Wiederaufbauzeit - Anknüpfen an die Moderne der zwanziger Jahre?, S. 17-32. In: Karl Wilhelm Schmitt/Hg.: Architektur in Baden Württemberg nach 1945. Stuttgart 1990.
7 Guiseppe Varaldo, Gia Pio Zucotti: Stahlbeton. In: Lexikon der modernen Architektur München, Zürich 1963, S. 288 zitiert nach Wilfried Dechau: Expressiv - Bauten der Anthroposophen, S.178-187.
In: Karl Wilhelm Schmitt/Hg: Architektur in Baden Württemberg nach 1945. Stuttgart 1990, S.178.
8 Als herausragendes Beispiel sei hier die Wallfahrtskirche in Neviges b. Düsseldorf von Gottfried Böhm genannt.
9 Eero Saarinen 1959, zitiert nach Peter Gössel, Gabriele Leuthäuser: Architektur des 20. Jahrhunderts. Köln 1990, S. 250.
10 Hanno-Walter Kruft: Geschichte der Architekturtheorie. München 1985, S. 507f.
11 Der außerhalb des Saarlandes weitgehend unbekannte Architekt Schrempf arbeitete nach seinem Diplom bei Richard Döcker (TU Stuttgart) zuerst im Saarbrücker Büro des Architekten Remondét, später dann freiberuflich in Saarbrücken.
12 Winfried Nerdinger, Cornelius Tafel: Architekturführer Deutschland. 20. Jahrhundert. Basel, u.a.1996, S. 368.
13 Patrick Ostermann: Auszug aus dem Eintrag in die Denkmaldatenbank des Saarlands vom 21.3.1997, hier zitiert aus dem Vorbereitungstext für eine Denkmaltopografie für Saarbrücken. Der darin vorgenommenen Zuordnung des Baus zum „Brutalismus" soll hier nicht gefolgt werden.
14 wie Anmerkung 13.
15 N.N.: Fachdokumentation als Bauanalyse. Mensa der Universität des Saarlandes in Saarbrücken. In: TAB 3/72 1.1-1.4 (S.183-186), hier S. 183.
16 Begründet wird diese Feststellung aus der Denkmalwertbegründung vom 21.3.1997 wie folgt: „Der Bau verdeutlicht… den Bruch der Architektur mit der Nachkriegsmoderne der 50er Jahre: Durch die endgültige Abkehr vom konstruktionsbedingten Verkleiden der Architektur und von der damals noch anvisierten Leichtigkeit stereometrischer, glatter Baukörper. Prägend sowohl für das innere als auch für das äußere Erscheinungsbild ist die Materialität des unverputzten Sichtbetons." Zitiert nach einem Schreiben des Landeskonservators J.P. Lüth an das staatliche Bauamt 21.3.1997.Objektakte Mensa. Landesdenkmalamt Saarland.

Abb. 13: Mensa der Universität des Saarlandes, Saarbrücken (1965-70), Detail Speisesaal

Abb. 14: Mensa der Universität des Saarlandes, Saarbrücken (1965-70), Außenbau

Abb. 15: Mensa Saarbrücken (1965-70), Außenbau

Abb. 16: Mensa Saarbrücken (1965-70), historische Farbaufnahme

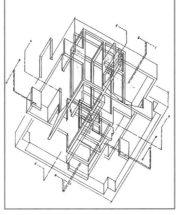

Abb. 17: Mensa Saarbrücken (1965-70), Isometrie Deckenfeld, W. Schrempf mit O.H.Hajek.

Abb. 18: Mensa Saarbrücken (1965-70), Speiseraum 1. Obergeschoss

Beton-Polychromie?
Von Mausgrau bis Kunterbunt!
Zur Material- und Farbenfarbigkeit[1] von Beton

Prof. Dr. Thomas Danzl
Bundesdenkmalamt
Abteilung Konservierung und Restaurierung
Bau- und Kunstdenkmalpflege
A-1030 Wien, Arsenal, Objekt 15, Tor 4
Thomas.Danzl@bda.at

Einführung

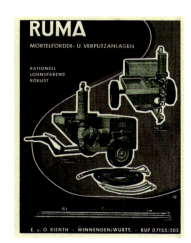

Abb. 1: Werbung für Mörtelförder- und Verputzanlagen, 1950er Jahre.

Abb. 2: Beton aus ockerfarbenem Zement mit farbigen Kalksteinen als Zuschlagstoff. Das Handstück ist Teil einer Kunststeinplatte, deren Oberfläche mit dem Zahneisen steinmetzmäßig bearbeitet wurde. Fassadenverkleidung eines Salzburger Geschäftshauses aus den zwanziger Jahren des 20. Jahrhunderts.

Materialfarbige Putze und Zementgussmassen sind seit dem Altertum unter Verwendung von meist hydraulischen Zuschlägen wie Ziegelmehl, Holzkohle, Puzzolanaerde, Steinkohlenschlacke sowie fallweise vermischt mit Erdfarben, farbigen Gesteins- und Glaszuschlägen hergestellt worden. Der Vorteil ihrer Verwendung liegt in der offensichtlichen Tatsache begründet, dass Material- und Farboberfläche gleichzeitig entstehen. Neben einer unzweifelhaft damit einhergehenden Arbeitsökonomie konnte in vorindustrieller Zeit eine deutlich erhöhte, sogar den Anstrich in Freskotechnik übertreffende Farbbeständigkeit erreicht werden. Die Wirkung dieser material- bzw. strukturfarbigen Oberflächen kann sowohl als einziges Gestaltungselement einer Fassade oder in Kombination mit künstlerischen Techniken wie dem ein- oder mehrlagigen bzw. mehrfarbigen Putzschnitt, mit dem Sgraffito oder dem Fresko auftreten. Heterogene Untergründe, uneinheitliche Mischungsverhältnisse sowie unterschiedliche Stand- und Bearbeitungszeiten ließen in den wenigsten Fällen ein gleichmäßiges Erscheinungsbild dauerhaft zu. Kommen die Materialeigenschaften des mit Puzzolanen, Trass und niedrig gebrannten Ziegelmehl hergestellten römischen Betons bis zur Druckfestigkeit und gezielten Luftporenbildung heutigen Betonqualitäten sehr nahe, so unterscheidet sich dieser doch durch eine Bandbreite von Farbnuancen die von Graublau, Graugrün, Grauviolett über Rot, Rosa hin zu Ocker, ja nahezu Weiß reichen können.[2] Mit der Erfindung und Patentierung künstlich hergestellter hydraulischer Bindemittel wie des „Roman-" und des „Portland-Cements" im ersten Viertel des 19. Jahrhunderts schien es, als könne sich die Farbpalette in das Industriezeitalter herüberretten. Die in der Folgezeit wissenschaftlich konsequent verfolgte Weiterentwicklung – bis zur Großindustriereife zunächst in England und ab der Jahrhundertmitte auf dem Kontinent – eröffneten um die Mitte des 19. Jahrhunderts in ganz Europa bis dato ungeahnte Möglichkeiten einer Betonwerkstein- und Trockenmörtelindustrie. Gleichzeitig reduzierte sich die Beton- und Putzfarbigkeit immer mehr auf ein Einheitsgrau, das zum Wegbegleiter der Umweltverschmutzung im Industriezeitalter werden sollte. Wie schon im Altertum trat (Stahl-)Beton zunächst lediglich bei Ingenieurbauten (Betonfahrbahndecken der frühen Autobahnen, Staudämme, Brücken, Silos, Hallen, etc.)[3] und den so genannten Betonwaren, (Betondachsteine,[4] Kanalrohre, Masten, Schwellen, Dielen, Wandbauteile, Gartenzäune und -bänke etc.) konstruktiv und materialsichtig auf. Ansonsten wurde er verputzt, verblendet, gestrichen. Dabei ist es – im Gegensatz zu anderen Baustoffen – gerade faszinierend, dass sich bei der Herstellung von Beton Konstruktion, Form und Oberflächencharakteristika gleichzeitig ergeben. Werkseitig hergestellter Transportbeton (später: Lieferbeton) verbreitete sich vor dem Zweiten Weltkrieg von Hamburg zunächst nach Amerika, um dann in den Wiederaufbaujahren nach Deutschland reimportiert zu werden.

Sichtbeton als Natursteinkonkurrent?

Am Anfang der Betonverwendung stehen zweifelsohne die Imitation und der Ersatz von Naturstein. Der Portlandzement ist nach dem „Portland Stone", einem wichtigen englischem Naturbaustein, benannt, dem die ersten Kunststeine aus Portlandzement sehr ähnlich sahen. Die Herstellung von Kunststein aus verschiedensten Betonmischungen wurde meist von Steinmetzen ausgeführt. Die Betonoberflächen der Kunststeine wurden dementsprechend mit den üblichen Steinmetzwerkzeugen zunächst händisch, später pneumatisch bossiert, scharriert, gestockt oder gespitzt. Seit den zwanziger Jahren des 20. Jahrhunderts wurde der Beton nicht nur als Steinimitation verwendet, sondern als eigenständiger Baustoff am Bauwerk materialsichtig beton(t). Sichtbeton zeigt meist die Holzmaserung und die Stöße bzw. Konstruktion der mehr oder weniger qualitätvoll ausgeführten Betonschalung als Negativabdruck auf seiner Oberfläche. Für konstruktiv-gestalterisch besonders anspruchsvolle und glatte Sichtbetonoberflächen wurden Eisen- bzw. Stahlschalungen verwendet. Zur Verdichtung kamen schon sehr früh mechanische Stampf- und Rüttelmaschinen zum Einsatz. Der Industrie- und (Hoch-) Bunkerbau der dreißiger und vierziger Jahre, bei dem die höchste Qualität der gerade erst geprägten Normenzemente zum Einsatz kam, war schalungsrau, materialsichtig, keineswegs immer grau. Beton, Betonwerksteine sowie Edel- und Steinputze entsprachen dem Wunsch vieler Architekten „monolithisch" zu bauen oder zumindest die Bauten als solche erscheinen zu lassen. Nach gut hundert Jahren stellt sich die berechtigte Frage nach dem „Alterswert" von be- und verwitterten Beton, der mit seinem Flechten- und Algenbewuchs den Naturgesteineigenschaften sehr nahe kommt.

Abb. 3: Ausschnitt aus einer Sichtbetonfassade mit rot durchgefärbtem Beton.

Abb.4: In mehreren Lagen eingebrachter Stampfbeton. Bindemittel grauer Portlandzement, Zuschlagsstoff Rundkorn aus Flussschotter (Endmoränenschutt).

Beton brut(al) und (farb-) beschichteter Beton

Die Wiederaufbauphase der Nachkriegszeit erlebte einen nie da gewesenen „Fordismus" im Wohnungsbau, die mit dem Lieferbeton begann, die Verwendung zunächst von Betonfertigteilen beförderte und schließlich im Großplatten – Massenwohnungsbau endete. Wirtschaftliche Spekulation, Fehlanwendungen in der Bauphysik (mangelnde Trittschall- und Wärmedämmung, überschlanke Konstruktionen, Korrosion durch Karbonatisierung und zu geringe Überdeckung der Bewehrungseisen), Mängel des Gussverfahrens (Entmischung, inhomogene Oberfläche, „halbfertige Wirkung") bei der Herstellung von Sichtbeton provozierten Ende der sechziger Jahre vor dem Hintergrund ökonomischer, ökologischer, sozio-kultureller und politischer Kritik der Studentenbewegung erste Abwehrreaktionen gegen Sichtbeton, die in Teilen auch eine Abrechnung mit der Vorkriegsgeneration war. Die Energiekrise von 1974, schließlich das Gutachten des Club of Rome brachten den Beton endgültig in Verruf. Die Begriffe Beton"bunker", Beton"kiste", Beton"kasten", Beton"wüste" oder Beton"ghetto" machten allerdings allzu leicht vergessen, dass die Betonanwendung etwa im Kirchenbau besonders innovativ war und Beton geradezu als das Material der Askese definierte. Dennoch blieben die Entdeckung der skulpturalen Qualitäten von Gussbeton und die Suche nach der reinen Betonform, etwa bei Rudolph Steiners Goetheanum in Dornach (1924-28), im Spätwerk von Le Corbusier und schließlich bei Fritz Wotruba in der Kirche zur Heiligen Dreifaltigkeit in Mauer bei Wien (1974-1976) Einzelphänomene. Während die westliche Postmoderne ab den achtziger Jahre den Beton wieder zu verstecken begann („Es kommt darauf an, was man daraus macht!"), wurde der Sichtbeton des DDR Bausystems WBS 70 erst nach der Wiedervereinigung unter Fassadendesign und Wärmedämmung vergraben. Seit den späten neunziger Jahren erlebt der glatte, auf Basis von Weißzement gefärbte und polierte Sichtbeton, dank einer ausgefeilten Matrizentechnik wie bei Tadao Ando, eine Renaissance. Selbstverdichtender Beton (SCC), wie bei Zaha Adid,

Abb. 5: Polierte Fußbodenplatte aus Kunststein. Bindemittel Weißzement, Zuschlagsstoff gebrochenes Kantkorn aus bunten Kalksteinen.

Ultra-High-Performance-Beton, den eine extreme Druck- und Zugfestigkeit auszeichnet, ja transluzenter Beton (Litra- con), der (wieder einmal) Entmaterialisierung und Schwerelosigkeit verspricht, zeigen neue Wege auf. Heute ist das langsame Verschwinden des schalungsrauen Sichtbetons und des Waschbetons festzustellen: Beton brut – eine abgeschlossene und/oder denkmalwürdige Epoche?[5]

Die Farben des Betonbindemittels Zement: Die Vielfarbigkeit von Zementgrau

Beton besteht wie Putz aus Bindemittel, Zuschlagsstoffen, Anmachwasser und evtl. verschiedenen chemischen Zusätzen, die alle farbgebend sind. Das von ocker, rot bis grün und blau changierende Grau des Portlandzements wurde im 19. Jahrhundert durch das Brennen von unterschiedlichen Mergelqualitäten in Schachtöfen erreicht. Moderne Zemente werden aus Kalk, Quarz und Ton künstlich gemischt und im Drehrohrofen bei ca. 1450 °C zum Portlandzementklinker gebrannt. Die „natürliche" Farbe dieser normierten Portlandzemente ist tendenziell graublau bis graugrün. Durch das Brennen von eisenarmen Rohstoffen kann auch sehr heller Weißzement hergestellt werden. Dieser kann mit Hilfe von natürlichen und künstlichen Erdfarben in jeden nur möglichen Farbton eingefärbt werden. Allerdings kann durch unterschiedliche Umwelt- und Verarbeitungsbedingungen sowie durch das Abbindungsverhalten des Betons selbst die Erscheinung der Farben beeinflusst werden. Bei Beton, bei Betonwerksteinen, bei Steinputzen wie bei farbigen Trockenmörteln spielt die Eigenfarbe der verwendeten Bindemittel eine große Rolle. Für dunkelfarbige Oberflächen von Steinputzen und Betonwerksteinen konnten durchaus Portlandzemente mit ihrer silbergrauen bis grüngrauen Tönung verwendet werden, wenngleich eine Beeinträchtigung der Farbintensität der Zuschläge hingenommen werden musste, die vereinzelt durch Zugabe von bis zu 50 % Marmormehl aufgefangen werden konnte. Vielfach kam auch so genannter „Kunststeinzement" zum Einsatz, bei dem es sich aber um nichts anderes als um einen besonders fein gemahlenen Portlandzement handelte. In der Regel wurde eisenoxydarmer, fast weißer Portlandzement (Markenbezeichnung „Dyckerhoff-Weiß") verwendet. Schon sehr früh wurde in der Fachliteratur eine strenge Unterscheidung zum Marmorzement (sog. Hartalabaster), der ja ein Gipserzeugnis darstellt, unterstrichen.[6] Dennoch kann seine Verwendung gerade bei baustellengemischten Putzen vor dem ersten Weltkrieg nicht ausgeschlossen werden. So genannte Hüttenzemente wie Eisenportlandzement und Hochofenzement[7] wurden wegen ihrer hohen Mahlfeinheit ebenfalls bevorzugt mit Portlandzement bzw. hydraulischen Kalken zu gleichen Teilen vermischt eingesetzt. Neben hellgrünlichgrauen und grauschwarzen, wurden aber besonders die lichtgrauen, hellgelblichen oder annähernd weißen eisenoxydarmen Arten bevorzugt. Natürlich hydraulische Kalke (früher als Grau- oder Schwarzkalke, als Wasser-, Zement-, Naturzement- oder Portlandzementkalke bezeichnet[8]) wurden wegen ihrer hellgelblichen Farbe, die bisweilen Übergänge ins Graue und Rötlichbraune aufweisen, bevorzugt in der Trockenmörtel- und Betonwerksteinherstellung als farbgebende Komponente dem Zement beigemengt. Auch hydraulische oder hochhydraulische Kalke, die mit natürlichen oder künstlichen hydraulischen Zuschläge (früher „Puzzolan- oder Schlackenzemente" genannt) hergestellt wurden, fanden wegen ihrer gelblichen bzw. sandfarbenen Eigenfarbigkeit vor allem infolge der Einführung poröser mineralischer Zuschläge (tonsilikathaltige Sande) zu den Magermitteln weite Verbreitung, da die durch die Porosität der Zuschläge geminderte Festigkeit durch eine Erhöhung der Bindkraft ausgeglichen werden musste. Romankalke, die früher fälschlich als Romanzement bezeichnet wurden und eine gelblichbraune bis grünlichgraue Farbigkeit aufweisen, spielten jedoch zusammen mit Dolomit- oder Magnesiazementen, zumindest ab der ersten Nachkriegszeit in der Zement-

Abb. 6: Waschbeton. Bindemittel grauer Portlandzement, Zuschlagstoff Rundkorn aus Flussschotter (Hauptbestandteile Quarz und kristalline Schiefer).

Abb. 7: Relief in Gussbetonplatten. Betonsgraffito in die trockenen Betonplatten mit pneumatischen Werkzeug gearbeitet. Fünfziger Jahre, Fasangasse, Wien.

waren- und Kunststeinindustrie nur noch eine geringe Rolle. Zeitweise von besonderer Bedeutung waren Varianten des Magnesiazements, wie der nach seinem französischem Erfinder benannte „Sorelzement" oder der so genannte „Sklerolithzement", ein langsam bindender Magnesiazement, und der „Ferritzement", ein chlorfreier Magnesiazement, die für die Herstellung von künstlichem Marmor, Wandfliesen und anderen Wandbekleidungen etc. dienten.[9]

Die Farbmittel

In der ersten Vorkriegszeit dienten in erster Linie Natursteinmehle und die darin enthaltenen Metalloxyde zur Bindemittelfärbung. Auch Ziegel, Schiefer, Kreide, Eisenstein, Schlacke, Ziegelschmolz, Glas und Porzellan konnten fein gemahlen beigemengt werden. Die fortschreitende Mechanisierung und Rationalisierung der Kalk- und Zementwarenindustrie wie des Bauwesens schlechthin im letzten Viertel des 19. Jahrhunderts führten nach einigen Rückschlägen – auf Grund mangelhafter Licht-, Kalk- und Zementechtheit der verwendeten Anilin- und Teerfarbenpigmente – schließlich im ersten Viertel des 20. Jahrhunderts zu einer Normierung und Standardisierung von Werktrockenmörtelrezepturen. Zu Beginn der achtziger Jahre des 19. Jahrhunderts tauchte als erster fabrikmäßig hergestellter farbiger Putz „Binders Polychrom Cement" auf dem Markt auf, wo er sich offensichtlich bis in die erste Vorkriegszeit behaupten konnte.[10] Etwa zehn Jahre später lancierte die „Terranova"- Industrie mit den Standorten Freihung (Oberpfalz) und Weilerswist (Rheinland) sein, seit 1893 marktfähiges, mit Deutschem Reichspatent geschütztes Fertigprodukt. Dieser wasserabweisende „aus Kalk, Zement o. dgl. und groben oder feinen Zuschlägen unter Benutzung eines oxydierbaren fettigen oder öligen Zuschlages" hergestellte Kunstputz „genügt somit den mehrfachen Ansprüchen in Bezug auf Bauhygiene, der Luftdurchlässigkeit und der Wasserabweisung".[11] Um die Jahrhundertwende kamen weitere materialfarbige oder gefärbte Trockenmörtel unter den verschiedensten sprechenden Phantasienamen in den Handel. Aufgrund der weit verbreiteten Verwendung von Teer- und Anilinfarben ließen viele Produkte regionaler Hersteller in Bezug auf Licht und Kalkechtheit bzw. Witterungsbeständigkeit oft genug zu wünschen übrig. Dies führte Ende der zwanziger Jahre zu einem Konzentrationsprozess in der Trockenmörtelindustrie, bei dem sich die Terranova-Industrie als Verkaufsgemeinschaft „Terranova- und Steinputzwerke G.m.b.H. Düsseldorf" mit Vertretungen in Berlin, Chemnitz, Frankfurt a. M., Kupferdreh b. Essen, Nürnberg und Tornau (Anhalt) neu formierte und zum Marktführer aufstieg.[12] Der Hersteller- und Produktname „Terranova" wird daher wegen seiner Erfolgsgeschichte heute noch als Synonym für den Edelputz schlechthin gebraucht, da er die ganze Bandbreite der Farb- und Zuschlagstoffe – von den kalk- bzw. zementechten Erd- und Mineralfarben bis zu den farbigen Steinmehlen – abdeckte. Die Bemühungen um Qualitätssicherung vor allem des 1877 gegründeten Vereins deutscher Portland- Cementfabrikanten, Sitz Berlin, zeitigten schließlich „Die deutschen Normen für einheitliche Lieferung und Prüfung von Portlandzement und Eisenportlandzement" (Dezember 1911 und März 1913). Auf so genannte zement- und lichtechte wie witterungsbeständige natürliche oder künstliche Mineralfarben wie farbige Hydraulite wurde zunächst lediglich in Ausnahmefällen und erst in den zwanziger Jahren verstärkt zurückgegriffen. Die Autarkiepolitik der Zwischenkriegszeit führte schließlich durch die Weiterentwicklung organischer Kunststoffe zum Quantensprung in der Bau- und Werkstoffchemie und in der Folge zu rationellen Gewinnungs-, Verarbeitungs- und Anwendungsformen, die einer weitere Differenzierung von Fertigprodukten und ihrer konstituierenden Elemente in der zweiten Nachkriegszeit zuließ.[13] Überwiegend wurde die Farbigkeit bei Trockenmörtel und Steinputzen, Betonwerksteinen und Terrazzi über „edle" Gesteinszuschläge in feiner, mittlerer und grober Körnung erreicht.[14]

Abb. 8: Sichtbeton Schalung. Siebziger Jahre, Pfarrkirche Herz-Jesu, Linz OÖ.

Abb. 9: Sichtbeton Schalung. Anfang vierziger Jahre, Flakturm Arenberggpark, Wien.

Abb. 10: Sichtbeton. Kirche „Zur Heiligsten Dreifaltigkeit" in Wien-Mauer, Entwurf und Planung Fritz Wotruba, Fertigstellung 1976.

Abb. 11a: Platzgestaltung mit unterschiedlichen Sichtbetonoberflächen und monochromer, ornamentaler Farbgebung, München, Münchner Freiheit 1974.
(Abb. 11b: Im Sockelbereich mit Anti-Graffiti Beschichtung und Graffiti).

Abb. 12: Betonsanierung mit hydrophobierenden Schutzüberzügen im Gegensatz zum unbehandelten Sichtbeton, München, Münchner Freiheit 1974.

Die Farbe und Form der Betonzuschlagstoffe: Eine Spur Steinfarbe

Bei den meisten Betonbauten besteht der Zuschlag aus Sand, Kies und Schotter. Die Zuschläge können aus Schottergruben mit natürlich gerundeten Flusssedimenten stammen (Rundkorn), oder aus eckigen maschinell gebrochenen Natursteinen (Kantkorn) hergestellt werden. Andere häufig verwendete Zuschlagstoffe sind Glasschaum, Blähton und Bims für Leichtbeton oder Betonsplitt aus recycelten Betonteilen und Abbruchmaterial. Für die Herstellung von Waschbeton, Terrazzoböden und Steinimitationen ist die Farbe der Zuschlagstoffe von großer Bedeutung. Meist werden hierfür verschiedenfarbige Kalksteine verwendet. Die Kalksteine sind leicht zu polieren und eignen sich deshalb besonders für geschliffene Terrazzoböden und Kunststeinplatten. Für die drei Varianten – Edelputz, Steinputz, Betonwerkstein – finden hauptsächlich kristalline Gesteinsarten industriell zerkleinert und aufbereitet als Zuschläge in Sand- oder Kiesform Verwendung. Bevorzugt werden dabei Varietäten mit klaren Farben, die auf Grund ihrer natürlichen Beschaffenheit die erforderliche Schleif- und Polierfähigkeit besitzen und nicht zu Hau- oder Werksteinen verarbeitet werden können. Das zu verschiedenen Körnungen gebrochene, zerkleinerte, gesiebte und gewaschene Natursteinmaterial bezeichnet man als Klarschlag. Man unterscheidet gemeinhin acht Korngrößen, die von Steinsand (Korngröße bis 0,5 mm) bis zur grobstückigen Steinkörnung (Korngröße bis 14 mm) reicht. Als besonders geeignet erwiesen sich kieselsaure Verbindungen wie Quarz, Kieselgur und Feuerstein ebenso wie kohlensaure Verbindungen wie Karbonatgesteine, kohlensauerer Kalk und Dolomit. Eruptiv- und Silikatgesteine wie Granit, Porphyr und Basalt und kristalliner Schiefer wie Glimmer (Glimmersand, Wildsteinglimmer, blauer Eisenglimmer, Mikaglimmer) sorgen für Farb- und Glanzeffekte.[15] Die zu Beginn des 20. Jahrhunderts sich stark spezialisierende Terrazzo- und Betonwerksteinindustrie sorgte für eine heute in vielen Fällen nicht mehr gegebene oder nur mit großem Aufwand reproduzierbare Vielfalt an Zuschlags- und Farbkombinationen.

Die hydrophobe Einstellung von Trockenmörteln, Betonwerksteinen und Beton

Die Forschungen auf dem Gebiet der Kolloidalchemie im letzten Viertel des 19. Jahrhunderts führten u. a. 1910 zur Entwicklung des so genannten „Ceresit" durch die Wunnerschen Bitumenwerke in Unna Westfalen, das in feinst kolloidaler Form dem Werktrockenmörtel beigegeben werden konnte und weder Farbe noch Güte oder Abbindeverhalten der Mörtel beeinflusste. Dabei wurde die Konzentration so eingestellt, dass die Benetzbarkeit etwa des Terranova- Putzes mit Wasser erhalten blieb. Die Erhaltung der „Atmungsaktivität" des Putzes, aber auch die erhöhten Ansprüche an die Baupflege und so genannte „Bauhygiene" beförderten den Einsatz hydrophober Additive, die Russ und Staubablagerungen besonders in den saugfähigen Bereichen der rauen bzw. gekratzten Putze verringern halfen und gleichzeitig die Farbintensität erhöhten.[16] Die Materialien und Produktionsmethoden wurden vor allem in den zwanziger und dreißiger Jahre ständig verbessert. Schon früh wurde zwischen „wasserdichten", „wasserundurchlässigen" und „wasserabweisenden" Einstellungen von Werktrockenmörteln unterschieden. Viele Erzeugnisse basierten auf einer Bitumen- Emulsion oder auf fettsauren Alkalien und Seifen (Kalk-, Wasserglas-, Aluminiumseifen), die sich schwächend auf die Bindkraft der Mörtel auswirken konnten und je nach hydrophober Einstellung die Erhöhung des hydraulischen Bindemittelanteils erforderten. Gesteinsmehle wurden als Poren füllende Zusätze etwa bei Steinputzen und Betonwerksteinen eingesetzt.

Bereits in den zwanziger Jahren wurden betonsichtige Bauten in der Regel mit Fluaten bzw. Wasserglas hydrophobiert. Der Bund zur Förderung der Farbe im Stadtbild e.V. und das Forschungsinstitut für Farbentechnik unter Leitung von Prof. Dr. Hans Wagner, Stuttgart legten schließlich 1934 das Merkblatt „Bindemittel für den Außenanstrich und Schutzanstrichmittel"[17] vor, das gerade in Folge der Entwicklung so genannte ölfreier Bindemittelsysteme („Heimstoffe") in der Zeit der nationalsozialistischen Autarkiepolitik auch die Baupraxis der Nachkriegszeit nachhaltig beeinflussen sollte. Handelsübliche „Dichtungszusatzmittel" neben dem wohl am erfolgreichsten „Ceresit" waren Preolith, Biber, Sika, Tricosal, Bedimit . Die Differenzierung der Betonzusätze erreichte bereits in den Fünfziger Jahren mit so genannten „Dichtungsmitteln", „Betonverflüssigern", „Luftporenbildnern", „Frostschutzmitteln", „Schnellerhärtern" und besonderen „Schalungsmitteln" erstaunliche Qualitätsniveaus.

Abb. 13: Intarsierte Fertigbetonteile. München, Olympiazentrum U-Bahnhof, 1972.

Begriffsbestimmung „Farbige Trockenmörtel", „Steinputze", „Betonwerkstein"

„Unter farbigen Trockenmörteln sind fabrikmäßig hergestellte und gebrauchsfertig an den Bau gelieferte Mörtel zu verstehen. Ihre Hauptbestandteile sind: Steinkörnungen und Sande (als Magerungsmittel) treibfreier Kalk und Zement als Bindemittel, farbige Sande, Erd- oder Mineralfarben als Färbemittel. (...) Der farbige Trockenmörtel wird an der Baustelle nur mit Wasser ohne jeden anderen Zusatz zubereitet."[19] Der Begriff „Farbige Trockenmörtel" wird seit dem hier zitierten gleichnamigen Merkblatt, das 1933 vom „Bund zur Förderung der Farbe im Stadtbild e.V." herausgegeben wurde, als Gattungsname aufgefasst. Demnach sind so genannte „Edelputze" und „Steinputze" als unterschiedliche Werkstoffarten zu begreifen, die sich vor allem über das Bindemittel und ihre Verarbeitung definieren lassen. Bei Edelputzen besteht das Hauptbindemittel aus Kalk (meist natürlich hydraulische Kalke, seltener mit geringem Zementzusatz) während bei Steinputzen Zement überwiegt. Diese mit Steinmehlen gefärbten Zementputze können nach dem Erhärten steinmetzmäßig etwa durch Scharrieren, Stocken, Spitzen, Krönlen usw. – oder als Waschputz bearbeitet werden. Hierin besteht eine Affinität zum Betonwerkstein, der häufig zusammen mit farbigen Trockenmörteln verbaut wurde. Man unterscheidet gebrannte Kunststeine wie Ziegel und Klinker von den ungebrannten Kunststeinen, die zementgebunden sind wie der Zement- bzw. Betonwerkstein oder der Kunstsandstein und der Terrazzo. Der so genannte „Vorsatzbeton", der zum Verblenden von Betonflächen dient, kommt nach Erich Probst dem Steinputz in Material und Verarbeitung gleich, auch wenn er dem Betonwerkstein im Aussehen entspricht.[20] Eine Sonderform der Edelputzeinfärbung stellen die so genannten „Edelputzkalke"[21] oder „farbigen Hydraulite" dar. Dabei handelt es sich um Wasser abweisende, feinst gemahlene starkfarbige und lichtechte Mineralmehle, die im Weißkalkmörtel, vergleichbar mit Ziegelmehl, hydraulische Bindekraft besitzen. Die Färbung der zumeist baustellenseitig mit reinem lehmfreien Sand hergestellten farbigen Putzmasse entsteht hierbei über das Bindemittel und nicht allein über den Zuschlag von Farbpigmenten und/oder farbige Sande bzw. Steinmehle.[22] Erich Probst definiert in seinem Standardwerk „Handbuch der Zementwaren und Kunststeinindustrie" den „Kunstputz, auch Edelputz, Trockenmörtel oder Fassadenputz genannt" trotz seiner Ähnlichkeit zum Steinputz nicht als Kunststein, „da er kein dem Naturstein ähnelndes Gepräge, sondern ein ihm eigentümliches originales Äußere zeigt. Diese Erzeugnisse sind als künstliches Steingebilde anzusehen." Darüber hinaus sei er als Baustoff anzusehen, „da er als Masse, als Stoff, nicht aber als Baukonstruktionsteil zur Verwendung kommt."[23] Eine ähnliche Einordnung wird auch dem farbigen Beton zuteil, der ebenfalls nicht Stein imitierenden Charakter besitzt und dessen „innere Färbung" dem Betrachter ein „farbiges Gestein neuer Art" vorstellt, das „über die Farbwirkungen natürlicher Steine hinaus" durch die Intensität der farbigen Behandlung neue Ausdrucksmöglichkeiten als Baukonstruktionsteil ermögliche, wie etwa

Abb. 14: Fertigbetonteile mit zweischichtig eingefärbten Gusselementen. Rahmen polierte Oberflächen, graue Nullflächen gestockt und rote Ornamente scharriert. Kunststein-Relief siebziger Jahre, Fasangasse Wien.

Abb. 15: Betonsockel bossiert, Rautenmuster des Flächenputzes mit zwei Waschputzqualitäten intarsiert, Pfeilervorlage gespitzt, Akazienhof Wien 1926.

Abb. 16: Clemens Holzmeister Felsenreitschule, Symbiose von Natur- und Kunstprodukt: Nagelfluhfels und Stampfbeton in Nagelfluhoptik (gespitzt), Salzburg 1924-28.

Abb. 17: Mehrlagig eingefärbter Putzschnitt (Stark zementhaltiger Edelputz), München Justus von Liebig-Straße, 1950er Jahre.

die „Unterstreichung und Heraushebung des statischen Ausdrucks"[24]. Ein durchaus nicht zu vernachlässigender Nebeneffekt für das farbige Bauen stellte die zeitgleiche Qualifizierung von starkfarbigen licht- und alkalibeständigen Pigmenten dar. Demnach kamen die Forderungen nach einer Normierung für Anstrichfarben und Bindemittel sowie für die damit zusammenhängenden und auszuübenden Techniken aus der Forschung, der Industrie, von den Architekten und nicht zuletzt von den gewerblichen Malern. Der Reichsauschuss für Lieferbedingungen (abgekürzt RAL), der in Berlin eingerichtete Normenausschuss der deutschen Industrie „Dinorm – Din – Berlin NW 7, Dorotheenstraße" sowie Vertreter der Erzeuger-, Händler- und Verbraucherorganisationen schlossen sich dieser Forderung an, ebenso für den Bereich der technischen Chemie der deutsche Verband für Materialprüfungen der Technik (abgekürzt DVM) sowie letztlich der Ausschuss 20 für die Farbennormierung[25] und der 1926 gegründeter Fachausschuss für Anstrichtechnik im Verein Deutscher Ingenieure. Zunächst wurde die schon vor dem Ersten Weltkrieg festgestellte unzureichende Haltbarkeit von organischer Teerfarbstoffe im alkalischen Milieu zum Anlass genommen, so genannte Universalfarben (in wässrigen, alkalischen und öligen Milieu gleichermaßen zu verwenden, aber von mäßiger Lichtechtheit) bzw. Normalfarben (die Firmen Siegle & Co. und Keim richteten sich nach der Lichtechtheitsnormierung) zu definieren.[26] Die Verunsicherung des Verbrauchers durch die Fehlschläge der Anilin- und Teerfarbenindustrie bei der Entwicklung so genannter Universalfarben für haltbare Fassadenanstriche sowie gleichzeitig der als zu hoch eingeschätzte Pflegeaufwand traditioneller Ölfarben-, Emulsions- und Kalkanstriche trugen schließlich zum Bahn brechenden Erfolg farbiger Trockenmörtel sowie der Wasserglas- oder Mineralfarbentechnik bei. Gleichzeitig ersetzten starkfarbige kalk- und zementechte sowie licht- und wetterbeständige Erd- und Mineralfarben industrieller Fertigung, sog. „Zementfarben" die frühe Form der Färbung mit sandigem Ocker sowie Rot- und Brauneisenstein und anderen farbigen Steinmehlen.

Beton und Kunst am (Beton)Bau: Form und Farbe in die Stadt!

Bereits im 19. Jahrhundert wurde Beton zum Guss von Fassadenelementen und ornamentalen Fassadenschmuck verwendet. Bald darauf wurde der Werkstoff von Bildhauern und Architekten entdeckt und als eine neue künstlerische Technik entwickelt. Asbestzementplatten konnten im zwanzigsten Jahrhundert genauso gut zum Träger monumentaler Wandmalerei werden, wie architektonische, plastische und malerische Ausdrucksformen im Beton „verschwimmen" können. In der Nachkriegszeit, vor allem ab den siebziger Jahren wurde Beton zunehmend mit mineralischen Anstrichen (Wasserglas, Silikatfarben) und organischen Bindemitteln (Alkydharz-, PCC- Beschichtungen) farbenreich behandelt. Neben der monochromen Flächengestaltung einzelner Bauteile konnten auch traditionelle Techniken der Monumentalmalerei auf Beton zum Einsatz kommen (Wandmalerei, Mosaik). Beschränkte sich die Verwendung von Edel- und Steinputzen, von Betonwerkstein und Beton in den dreißiger und vierziger Jahren angesichts vorherrschender nationalsozialistischer Haustein-, Backstein- und Kalk-/Zementputzarchitekturen auf wenige Siedlungs- und Repräsentationsbauten, so erlebte diese in den einzig tolerierten monumentalen künstlerischen Schmuckformen, dem Zement-Putzschnitt und dem Sgraffito, im Rahmen so genannter „Zweckmalerei" von Berufs-, Haus- und Stadtzeichen an Eigenheimen, Siedlungsbauten und öffentlichen Bauten eine künstlerische und kunsthandwerkliche Renaissance.[28] Vom Wiederaufbau der Nachkriegszeit setzte sich diese Tendenz unter traditionellen wie modernistischen Vorzeichen bis zum Ende der sechziger Jahre fort. Bauteilbezogene Fassadenbilder wurden als „Kunst am Bau" mit ornamentalen und figuralen Beton-Sgraffiti und Putzintarsien in Edelputztechnik an Seitenfronten,

Treppenhausfassaden, Erkern im Einzel- und Massenwohnungsbau meist als graphisch-ornamentales Flächenornament (Friese, Brüstungs- oder andere Fassadenfelder) mit farbigen Flächenputzen und später mit Fertigbetonelementen (schalungsrauer, glatter strukturierter Sichtbeton, Waschbeton, Asbestzementplatten „Eternit") hergestellt.[29] Seit den achtziger Jahren rückt die Problematik der Betoninstandsetzung in den Vordergrund. Als präventive Maßnahme gegen die zunehmende Korrosion der Bewehrungseisen – allgemein war die Betonüberdeckung mit durchschnittlich 2,5 cm nicht ausreichend – kamen vermehrt farbige wie transparente Schutzüberzüge zum Einsatz – oft in Widerspruch mit der ursprünglichen Gestaltungsintention und mit nur mäßigem Konservierungserfolg. Der bekannte Verlust an ästhetischer Oberflächenqualität wird im Rahmen von Wärmedämmmaßnahmen an den Fassaden noch durch die (Teil-)Zerstörung von Kunst am Bau auf Betonuntergründen übertroffen. Da Wohnungsbaugenossenschaften sich in der Regel gegen Innendämmungen (Stichworte: erhöhte Kosten und Wohnraumverlust) erfolgreich wehren, werden als unmittelbare Konsequenz Kunstobjekt auf Beton abgenommen, dekontextualisiert, transloziert und transplantiert.[30]

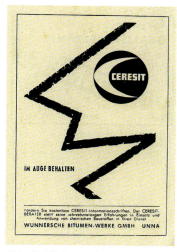

Abb. 18: Werbung „Ceresit" 1950er Jahre

Betonkosmetik?
Der konservierende und restauratorische Umgang mit Beton

Schon seit etwa einem Jahrzehnt wird vornehmlich in der Schweiz und Österreich die Möglichkeit einer weitgehenden Erhaltung der (Sicht-) Betonästhetik nicht mehr nur diskutiert, sondern inzwischen auch durch spezialisierte Firmen vornehmlich aus dem Malerhandwerk, aber zunehmend auch von Restauratoren unter dem Schlagwort „Betonkosmetik" angeboten. Ausgangspunkt dieser Praxis war die ästhetische Korrektur von Fehlern, die bei der Neuherstellung von Sichtbeton oft nicht zu vermeiden sind, wie etwa Verfärbungen durch Rost, Salzausblühungen, Kiesnester, mechanische Beschädigungen. Über eine weitgehend materialidentische Anpassung der Reparaturmasse und eine farbige, auf die Umgebung mimetisch Bezug nehmende Retusche (meist auf Silikatbasis) können in der Regel nachhaltige Ergebnisse erzielt werden, wenn gleich ein „Auseinanderaltern" von retuschierter Kittung und Bestand nicht ausgeschlossen werden kann. Eine Vereinheitlichung des Saugverhaltens des oft herstellungsbedingt heterogenen Bestandes und der Kittung kann diesen Langzeiteffekt aber abmildern helfen. Ein gleichermaßen differenzierter und zunehmend Substanz schonender Umgang lässt sich auch in Fragen der Oberflächenreinigung feststellen: die Akzeptanz von Altersspuren und damit der Verzicht auf porentiefe, abrasive Reinigungsmethoden sind hierfür der Beleg. Auch in konstruktiv-statischer Hinsicht lässt sich ein prozesshaftes Vorgehen bei der Beschreibung und Kartierung von Schadensbildern und Schadensdynamiken (aktiv / passiv) in ihrer zeitlichen Dimension beobachten. Dies hilft zusätzlich Spielraum für eine interdisziplinäre Diskussion zu schaffen und unmittelbar Substanz erhaltende Maßnahmen – unter den Prämissen des Minimaleingriffes – beim Umgang mit den heiklen Fragen der ausreichenden Betonüberdeckung und des Karbonatisierungsgrades zu erreichen.[31] Der Korrosionsschutz mit rein mineralischen Materialien muss entgegen der vielfach noch gepflegten Praxis Polymer – Cement – Concrete – Systeme (PCC) in Bezug auf die oben angeführten Problemstellungen als der denkmalgerechtere Weg erachtet werden. Als wünschenswerte bzw. teilweise bereits übliche Vorgehensweisen bei der Erhaltung von Betonoberflächen können angeführt werden:

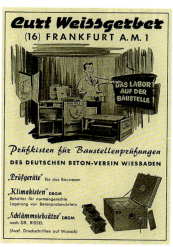

Abb. 19: Werbung für Beton- „Prüfkisten" 1950er Jahre

1. Festigung, Reinigung, materialidentische Reparatur der Fehlstellen durch den Restaurator unter Angleichung des Ergänzungsmaterial in Struktur, Textur und Faktur an das Umgebungsbild, Erhaltung des „Alterswertes".

2. Festigung, Reinigung, materialidentische Reparatur der Fehlstellen durch den Restaurator/Handwerker, Vorbereiten des Untergrundes durch Anätzen für einen lasierenden Anstrich Reinsilikattechnik.

3. Kontrollierte Abnahme loser Bereiche, Reinigung, materialidentische Reparatur der Fehlstellen durch den Handwerker mit einem Fertigtrockenmörtel, Vorbereiten des Untergrundes durch Anätzen für einen anschließenden Überzug der gesamten Fläche mit einem materialidentischen Ergänzungsmaterial und entsprechend angepassten Oberflächenbild (schalungsrauer Sichtbeton, steinmetzmäßig bearbeitete Oberfläche etc.). Auf eine Egalisierungsfarbe wird verzichtet. Bei hohen Karbonatisierungsgraden sollte eine transparente Hydrophobierung vorgesehen werden.

4. Im Falle grobkörniger und auch grobkörnig gedachter Oberflächen erweist sich hingegen die materialidentische Reparatur und eine anschließend lasierend retuschierende Überarbeitung der Betonoberfläche als zweckmäßig, da die Gefahr, besteht, dass Anschlüsse zu Architekturprofilen verfälscht werden.

5. Die Überarbeitung von Betonoberflächen mit Armierungsgeweben und die anschließende Überarbeitung mit dispersiven oder silikatischen Beschichtungen kann in der Regel nur einen Notanker darstellen, um den Totalverlust des Originals zu verhindern.

6. Materialidentische Rekonstruktion unter Belassen von Primärdokumenten in situ.

7. Totalverlust des Originals und materialidentische Rekonstruktion.

---

1 Die Terminologie ist angelehnt an: Arthur Rüegg / M. Steinmann: „Materialfarbe und Farbenfarbe", in: Siedlung Pilotengasse Wien, Zürich 1993.
Vgl.: Thomas Danzl: Farbe und Form. Die materialtechnischen Grundlagen der Architekturfarbigkeit an den Bauhausbauten in Dessau und ihre Folgen für die restauratorische Praxis, in: Denkmalpflege in Sachsen-Anhalt, 9. Jg., Doppelheft 1 / 2, (2001), S. 7-19.
Der vorliegende Text basiert in wesentlichen Teilen auf: Thomas Danzl: „Kunstputz (Edelputz) – Kunststein (Betonwerkstein) – Kunststeinputz (Steinputz). Die Bedeutung und Erhaltungsproblematik materialfarbiger Gestaltungen an Putzfassaden des 19. und 20. Jahrhunderts, in: Jürgen Pursche (Hrsg.): Historische Architekturoberflächen. Kalk – Putz – Farbe / Historical Architectural Surfaces. Lime – Plaster – Colour (Internationale Fachtagung des Deutschen Nationalkomitees von ICOMOS und des Bayerischen Landesamtes für Denkmalpflege, München, 20.-22. November 2002, Hefte des Deutschen Nationalkomitees, XXXIX), München 2004, S. 146-159.
Der Text wurde gekürzt und um die betonspezifischen Aspekte erweitert.

2 Erwin Rupp: Bautechnik im Altertum, München 1964.

3 Julius Vischer / Ludwig Hilbersheimer: Beton als Gestalter, Stuttgart 1928.

4 Charles Dobson: Geschichte des Betondachsteins. Seine Herkunft und Entwicklung in Deutschland, Hildesheim 1959.

5 Rüdiger Kramm / Tillman Schalk: Sichtbeton, Betrachtungen. Ausgewählte Architektur in Deutschland, Düsseldorf 2007. Siehe auch: Hartwig Schmidt: Architekturoberflächen der Moderne. Zur Ästhetik unbehandelter Sichtbetonfassaden, in: Pursche (wie Anm.1), S. 160-167.

6 Bohnagen, Alfred, Der Kunststein und die Kunststein-Industrie, Leipzig 1909, S. 14.

7 Probst, Erich, Handbuch der Zementwaren- und Kunststeinindustrie. Praxis und Theorie, 2. Erweiterte Auflage, Halle a. S. 1922, S. 33-38.

8 Probst (wie Anm. 8), S. 39.

9 Bohnagen (wie Anm. 7), S. 16.

10 Bohnagen (wie Anm. 7), S. 13.

11 Probst (wie Anm. 8), S. 440.

12 F. Sauer, F.: Zusammenschluß in der Industrie der farbigen Trockenmörtel, in: Die Farbige Stadt, 2. Jg., Heft 1, (1927), S. 14.

13 Erich Probst: Steinfibel, 2. Teil, Künstliche Steine und Stoffe, Halle (Saale) 1941, S. 110-126. Die Möglichkeit der Herstellung synthetischen Gummis - „Buna" (Butadien und Natrium) genannt – seit Beginn der Dreißiger Jahre in Schkopau bei Halle/Saale - sowie von Klebe- und Bindemittel auf Grundlage von Vinyl-, Polyvinyl- und Acrylsäure-Derivaten bot hierfür die Initialzündung! Der erste Versuch einer Zusammenfassung und Beschreibung des damaligen Standes der Technik findet sich in Rudolf Stegemann: Das große Baustoff-Lexikon. Handwörterbuch der gesamten Baustoffkunde, Berlin 1941.

14 Erich Probst: Handbuch der Betonsteinindustrie, vierte völlig neu bearbeitete Auflage vom Handbuch der Zementwaren- und Kunststeinindustrie, Halle a. S. 1936, S. 56-124.

15 Heinrich Leithäuser: Werkkunde des Stukkateurs, Gipsers und Fliesenlegers. Mit einem Anhang für Betonwerker. Bd. I (Die Werkstoffe),Hamburg 1950, S. 94-106.

16 Probst (wie Anm. 8), S. 440.

17 Bund zur Förderung der Farbe im Stadtbild e.V. / Forschungsinstitut für Farbentechnik (Prof. Dr. Hans Wagner) Stuttgart(Hrsg.): Merkblatt „Bindemittel für den Außenanstrich und Schutzanstrichmittel" in: Die Farbige Stadt, Jg. IX, Nr. 4 (20. Juli 1934), S. 39-41 und Jg. IX, Nr. 5 (20. August 1934), S. 52-55.

18 Zementverlag (Hrsg.): Zementfarben (wie Anm.), S. 14-15.

19 Merkblatt „Farbige Trockenmörtel" in: Die farbige Stadt, 8. Jg., Heft 2, (1933), S. 11-14.

20 Probst, (wie Anm. 15), S. 610.

21 Probst, (wie Anm. 14), S. 36.

22 Leithäuser, (wie Anm. 16), S. 30-31. Die Farbpalette der Hydraulite umfasste etwa 50 verschiedene Farbtöne. Ein wichtiger Hersteller war das Werk Karl Knab, Schwandorf (Bayern).

23 Probst (wie Anm. 8), S. 439.

24 Zementverlag (Hrsg.): Zementfarben (Zementverarbeitung Heft 27), Berlin 1931, S. 4.

25 Carl Koch: Großes Malerhandbuch (wie Anm.), S. 120-121.

26 Otto Rückert: Farbe oder Buntheit im Städtebild, in: „Die farbige Stadt", 2. Jg, Heft 1, (1927), S. 3. Ebenso: Hans Schmid: Technische Möglichkeiten (wie Anm.) S. 8.
Vgl. Form und Farbe, Fachblatt für das Malerhandwerk, Heft 4 , 23. Jg., Köln (1934), S. 50-57.

27 Max Doerner: Malmaterial und seine Verwendung im Bilde, 5. Auflage, Stuttgart 1936, S. 249. Sgraffito: „ Zerkleinerte farbige Natursteine wie Schiefer, Basalt, Marmor und zerkleinerte Edelputze wie Terranova werden heute viel gebraucht. Sie müssen gut im Mörtel gemischt werden, sonst gibt's Flecken."
Kurt Wehlte: Wandmalerei, Ravensburg 1938, S. 179 „Mit Erfolg wurden für Außenarbeit so genannte „Edelputze" von nicht zu grober Körnung verwendet. Diese binden schnell ab, reiner Kalkputz bleibt am längsten weich und schneidefähig."

28 Konrad Gatz: Farbe und malerischer Schmuck am Bau (Schriftenreihe Farbe und Malerei in der Bau und Raumgestaltung), München o. J. (um 1940).

29 Karl Rupflin / Klaus Halmburger: Malereien an Fassaden („Die Mappe"- Bücherei), München 1966.

30 Dörthe Jakobs: Vom Baudenkmal zur musealen Präsentation: Wie mobil sind Wandmalereien? in: Regierungspräsidium Stuttgart / Landesamt für Denkmalpflege (Hrsg.): Das Denkmal als Fragment – das Fragment als Denkmal. Denkmale als Attraktionen. Jahrestagung der Landesdenkmalpfleger (VDL) und des Verbandes der Landesarchäologen (VLA) und 75. Tag für Denkmalpflege 10.-13. Juni 2007 in Esslingen am Neckar (Arbeitsheft 21), S. 453-464.

31 Institut für Steinkonservierung e.V. (Hrsg.): Beton in der Denkmalpflege, Mainz 2004 (2. erweiterte Auflage).

Polychromie des Jugendstils auf Kunststein am Beispiel St. Georg in Hockenheim

Hans Michael Hangleiter, Stefan Schopf

Abb. 1: Blick zum Chor der Kirche

Abb. 2: Die ehemalige Fassung der aus Kunststein gefertigten Weihwasserbecken der Eingangswand ist durch Abrieb weitestgehend verloren gegangen.

Abb. 3: Die Fassung des Bogens der Taufkapelle gibt im reduzierten Zustand partiell die aus größeren weißen Sprenkeln auf hellgrauem Grund bestehende Unterlegung frei, die heute das Erscheinungsbild bestimmt. In der Laibung des Bogens ist zu erkennen, dass bei einer der späteren Renovierungen die Hintergründe der Füllungsfelder im dunkleren Grauton nachgearbeitet wurden.

Die katholische Kirche St. Georg entstand ab dem Jahr 1910 in den Formen des Jugendstils. Verantwortlich für die Planung war der Architekt und Oberbaurat am Erzbischöflichen Bauamt Karlsruhe Johannes Schroth (1859-1923). Am 05. Mai 1910 wurde der Grundstein gesetzt und am 15. Oktober konnte die Kirche geweiht werden. Die Fertigstellung der Ausstattung erfolgte anschließend sukzessive. Die Wandmalerei im Chorbogen, eine Darstellung des jüngsten Gerichtes von Joseph Wagenbrenner, entstand um 1922, während die Apostelfiguren des Bildhauers Emil Sutor sogar erst 1936 vor den Langhauspfeilern angebracht wurden.

Den das Ortsbild prägenden Kirchenbau St. Georg zeichnen im Äußeren die monumentale Pilasterordnung, die großen Fensteröffnungen und die reiche Ornamentik aus. Der Innenraum der Kirche ist in drei ungleich hohe und breite Schiffe gegliedert. Die Flachtonnenwölbung des Mittelschiffs mit Stichkappen zu den Fenstern ist mit bis in die Emporenzone herabgezogenen Gurtbögen gegliedert. Die großen Obergadenfenster, die eng aufgereihten Stützen der Emporenzone und die weitgespannten Pfeilerarkaden bilden die seitlichen Begrenzungen des Mittelschiffs. Die im Vergleich mit dem Mittelschiff sehr viel niedrigeren Seitenschiffe besitzen Kreuzgratgewölbe. Der breitgelagerte kurze Chorraum öffnet sich zum Mittelschiff in einem hohen Rundbogen, der von schlanken Freipfeilern gestützt wird, so dass sich flankierend zwei hohe rechteckige Öffnungen zum Chorraum bilden.

Der Raumeindruck wird im Inneren wesentlich von einer hellgrauen Steinfarbigkeit dominiert, die sparsam mit farbigen und goldenen, für den Jugendstil typischen Schmuckformen wie Schachbrettfriese, Rauten, Rahmen- und Ornamentbändern zusätzlich bereichert worden war. Die größeren glatt verputzten Flächen erhielten dagegen Wandmalereien verschiedener Künstler von zum Teil starker Farbigkeit.

Mit seiner weitestgehend erhaltenen bauzeitlichen Ausstattung und aufgrund der in einem ungewöhnlich geschlossenen Bestand überkommenen Raumfassung stellt die St. Georg Kirche in Hockenheim ein herausragendes Beispiel für die Innenraumgestaltung zur Zeit des Jugendstils dar.

Im Rahmen einer groß angelegten Maßnahme in den Jahren 2006-2008 wurde die Raumschale komplett restauriert. Der besondere Anspruch der Maßnahme lag auf einer alle zu bearbeitenden Flächen gleichermaßen sorgfältigen restauratorischen Vorgehensweise.

Im Zuge der umfangreichen Voruntersuchungen war deutlich geworden, dass die hellgrauen „steinsichtigen" Bereiche zum einen aus ungefassten sorgfältig bearbeiteten Granitquadern gebildet werden, der größte Teil jedoch besteht aus zementgebundenem Kunststein, der mittels einer differenzierten und aufwändigen Farbfassung den Granit imitiert.

Diese Vorgehensweise, teures und aufwändig zu bearbeitendes Natursteinmaterial durch ökonomisch günstigeren, gegossenen Kunststein zu ersetzen, ist gerade zu Beginn des 20. Jahrhunderts häufig anzutreffen und markiert den Einzug des Materiales Beton in die Baukunst. Dem Wunsch nach Imitierung von Natursteinen geschuldet, wurden die

Oberflächen nach dem Guss steinmetzmäßig bearbeitet, d.h. z.B. gestockt und scharriert. Der Wunsch nach Steinimitation bestimmte maßgeblich die Auswahl der Zuschlagstoffe, die dem Beton eigene Materialität wurde verschleiert.

An vielen Objekten dieser Zeit sind so perfekt anmutende Natursteinimitationen hergestellt worden. Daneben überfasste man diese Kunststeinteile jedoch auch komplett farbig – monochrom oder differenziert – und integrierte sie so in farbig gestaltete Raum- oder Fassadenkonzepte, die die Materialität von Stein in seiner spezifischen Oberflächenwirkung und Farbigkeit nicht wünschten.

In Hockenheim wählte man dagegen den Weg, den Kunststein durch eine differenziert ausgeführte Farbfassung noch stärker dem ebenfalls am Bauwerk verwendeten Naturstein Granit anzugleichen, um hierdurch eine flächenmäßig dominierende und durchgängige Steinbauweise vorzutäuschen.

Abb. 4: Im Bereich der aus Kunststein bestehenden Taufsteinanlage konnte die Erstfassung in vertieften Partien und im Bereich von Innenkanten in zwei Varianten nachgewiesen werden. Der Aufsatz besaß eine Granitimitation auf dunkelgrauem und die mittlere Beckenzone eine Fassung auf grauem Grundton.

Der Innenraum – Stein und Stein imitierende Fassung

Die entstehungszeitliche Fassung der Raumschale imitiert an den Wänden Mauerwerk aus Granitquadern. Nur die Pfeiler der Arkaden sind mit Blöcken aus echtem Granitstein aufgebaut. Kunststein wurde unter anderem für die Portalgewände, die Beichtstuhleinfassungen, die Weihwasserbecken und den Taufsteinaufbau sowie die Kanzel eingesetzt. Die unterschiedlichen Baumaterialien sind deutlich auf einer, während der Rohbauphase entstandenen Aufnahme auszumachen.

Der echte Granitstein kommt in zwei Varietäten vor. Im Unterschied zum Steinmaterial der meisten Pfeiler enthält der Granit des Kanzelpfeilers große Quarzkristalle und zeigt neben der weißen und schwarzen auch eine rote Körnung. Die Oberfläche beider Varietäten wurde mit dem Stockhammer bearbeitet.

Abb. 5: An den Kunststeinen wie z.B. im Bereich der Portalgewände fällt bei Verlust der Fassung die gleichmäßige Textur der glatt geschliffenen weißen Zuschlagskörner in der grauen Grundmasse auf. Die Größe der in unterschiedlichen Formen kantig gebrochenen Zuschlagskörner reicht von 0,5 mm bis ca. 4 mm.

Im Unterschied zum echten Granitstein weist der vermutlich zementgebundene Kunststein eine streng senkrecht scharrierte Oberfläche auf. Auffallend ist, bei Verlust der Fassung, die gleichmäßige Textur der glatt geschliffenen nahezu ausschließlich weißen bzw. weiß-gelblichen Zuschlagskörner in der grauen Grundmasse. Die Größe der in unterschiedlichen Formen kantig gebrochenen Zuschlagskörner reicht von 1 mm bis ca. 4 mm. Der Steinschnitt folgt den baulichen Gegebenheiten, so sind z.B. die Sturzsteine der Westportale (110 cm x 30cm) aus einem Block im Gussverfahren gefertigt. Die Gewändesteine des Bogens der Taufkapelle messen 50 cm x 50 cm bei bis zu 120 cm Länge.

Die Fassung des Innenraumes aus gemalten Granitquadern, gliedernden Füllungsfeldern und farbigen Einlegearbeiten ist ein Werk der Kirchenmaler Augustin Kolb (Offenburg) und Karl Leon (Karlsruhe). In die Raumfassung sind Flächen mit figürlicher Malerei integriert. Die gemalten Granitimitationen sowie alle figürlichen und ornamentalen Wand- und Deckenmalereien wurden in der zeittypischen Leimfarben- bzw. Kaseinleimtechnik ausgeführt. Durch Überarbeitungen späterer Renovierungen verunklärt ist z.B. die ehemalige Fassung der aus Kunststein gefertigten Taufsteinanlage, der Weihwasserbecken und der unteren Zone der Gewände der Westportale, der Seitenportale sowie der Beichtstuhleinfassungen.

Abb. 6: Die Farbfassung der aus Kunststein gefügten Kanzel erreicht die Qualität des Steinmaterials des dahinter stehenden Arkadenpfeilers. Sie wirkt im Unterschied zur gleichmäßigen Struktur und Oberfläche des Kunststeins, die nur von zwei Farbtönen bestimmt wird, im nicht durchgeriebenen Erhaltungszustand farbiger und belebter.

Die Granitstein imitierende Fassung von 1911 befindet sich auf den verputzten Wand- und Gewölbeflächen sowie auf den aus Kunststein gefertigten Architektur- und Ausstattungselementen gleichermaßen. Ausgenommen und damit materialsichtig belassen wurden nur die aus echtem

Abb. 7: An den abgestuften Füllungsfeldern der Untersicht des Aufsatzes der Taufanlage sind sich deutlich abzeichnende Hell/Dunkel-Absetzungen auszumachen.

Abb. 8: Die Steintextur der tief liegenden Flächen des Beckentrogs imitierte man in der Fassung überwiegend mittels feiner weißer Sprenkelungen. Schwarze Sprenkel kommen nur gelegentlich vor.

Abb. 9: Die Oberfläche der aus Kunststein gebildeten Gewände der drei Eingangsportale und der Nebentüren wird in den oberen Zonen noch weitgehend von der Erstfassung bestimmt, obwohl in reduzierten Partien die Körnung des Kunststeins schon hervortritt.

Granitgestein bestehenden Freipfeiler. Die Fassung wurde im Allgemeinen in mehreren Arbeitsgängen aufgebaut. Zuerst wurde ein durchgängiger, heller beigegrauer Anstrich im deckenden Auftrag vorgelegt und das Fugenbild der Quaderung mit Bleistift angezeichnet. Nachfolgend wurde das farbige Korngefüge von Granit in mehreren Farblagen aufgestupft oder gesprenkelt. Nachdem die Fugenstriche der Quaderung fertig gestellt waren, setzte man Ornamente und Intarsien in Schablonentechnik auf. Zuletzt vergoldete man einzelne Elemente in Öltechnik. Die Fassung ist nicht nur auf Putzflächen sondern auch auf den aus Kunststein bestehenden Architekturelementen erhalten.

Alle in den Jahren 1930, 1947 und 1976 folgenden Ausbesserungen und Überarbeitungen ordnen sich weitgehend dieser Originalfassung unter, ohne jedoch deren Qualität zu erreichen. Charakteristisch für diese Malschicht sind die matte und kreidige Oberfläche und der durch die mehrfachen Reinigungen verursachte, leicht verwischte oder durchgeriebene Erhaltungszustand. Die Fassung besaß ursprünglich sich deutlich abzeichnende Auftragsspuren. Im Vergleich dazu ist die Malschicht der Fassungsergänzungen fester gebunden und die Textur der imitierten Granitsorte selbst bei stimmiger Farbigkeit klarer ablesbar. Im Unterschied zur gleichmäßigen Struktur und Oberfläche des Kunststeins, die von nur zwei Farbtönen bestimmt wird, wirkt die aufliegende Fassung im nicht durchgeriebenen Erhaltungszustand farbiger und belebter. So erreicht die Farbfassung der Kanzel die Qualität des Steinmaterials des dahinter stehenden Arkadenpfeilers.

Im Bereich der aus Kunststein bestehenden Taufsteinanlage konnte die Erstfassung in vertieften Partien und im Bereich von Innenkanten in zwei Varianten nachgewiesen werden. Der Aufsatz besaß eine Granitimitation auf dunkelgrauem und die mittlere Beckenzone eine Fassung auf grauem Grundton. Nicht dunkler abgesetzt waren z.B. die vertieften Flächen der Rückwände der Nischen der mittleren Zone, obwohl der nur dort erhaltene Bestand dies irreführend nahe legt. Die Steintextur imitierte man überwiegend mittels feiner weißer Sprenkelungen. Schwarze Sprenkel kommen nur gelegentlich vor. Die Fassung gibt im reduzierten Zustand zum Teil die aus größeren weißen Sprenkeln auf hellgrauem Grund bestehende Unterlegung frei, die heute das Erscheinungsbild des Bogens der Taufkapelle bestimmt. In dessen Laibung ist zu erkennen, dass nur die Hintergründe der Füllungsfelder im dunkleren Grauton nachgearbeitet wurden. Sich deutlich abzeichnende Hell/Dunkel-Absetzungen sind an den abgestuften Füllungsfeldern der Untersicht des Aufsatzes der Taufanlage auszumachen (Abb. 7). Die Fassung der Basiszone ist nicht mehr bestimmbar, da selbst die ehemalige Vergoldung der Rauten der Füllungsfelder nicht mehr vorhanden ist.

Die flankierend zu den Portalen der Haupteingangswand angeordneten Weihwasserbecken zeigen ebenfalls Befunde einer graugrundigen Erstfassung in zwei Helligkeitsabstufungen. Der Fassung des unteren Teils des Troges ist in einem dunkleren Grauton unterlegt, während der obere einen mittleren Grauton aufweist. Die mit Vergoldungen gerahmte und verzierte Rückwand der Weihwasserbecken war mit einem dunkleren Grauton ausgelegt. Nicht dunkler abgesetzt waren z.B. die Partien zwischen den mit Blattgold belegten Rechtecken der inneren Umrahmung, obwohl der dort geschlossener erhaltene Bestand dies irreführend nahe legt. Gleiches gilt für die tief liegenden Flächen des Beckentrogs, die ebenfalls nicht besonders abgefasst waren. Die Steintextur imitierte man überwiegend mittels feiner weißer Sprenkelungen. Schwarze Sprenkel kommen nur gelegentlich vor. Da in den Renovierungsphasen kein Blattgold verwendet wurde, belegen die gelegentlich auf der granitimitierenden Malschicht liegenden Goldspuren die erbauungszeitliche

Entstehung der Fassung. Zudem zieht sich die graue Grundfarbe unter die Vergoldung der Rechtecke der inneren Umrahmung des Beckenhintergrundes.

Die Oberfläche der aus Kunststein gebildeten Gewände der drei Eingangsportale und der Nebentüren wird in den oberen Zonen noch weitgehend von der Erstfassung bestimmt, obwohl in reduzierten Partien die Körnung des Kunststeins auszumachen ist. Die von späteren Überfassungen befreiten unteren Abschnitte der Portal- und Türgewände waren ursprünglich ebenfalls mit einer granitimitierenden Malschicht überfasst, wie die Befunde am Übergang und am Anschluss an die Weihwasserbecken zeigen. Ebenfalls erhalten sind Restpartien der Granitmalerei am Nebenportal des linken Treppenturmes. Hier ist die feine weiße Sprenkelung auch auf den dunkelgrau heraus gefassten Vertiefungen des Gewändefrieses vorhanden.

Durch die mehrfachen Reinigungen weist die Fassung in einigen Partien, wie z.B. im Bereich der Stürze und der Fensterlaibungen, neu entstandene fleckige und stark kontrastierende Strukturen auf, die ursprünglich nicht beabsichtigt waren. Die erbauungszeitliche Entstehung der Fassung auf den Portalgewänden aus Kunststein kann im Bereich von Fugenstrichen aufgezeigt werden. Hier überlappt der durch die Bleistiftmarkierung getönte Farbauftrag der Fugenstriche die Sprenkelungen der die Kunststeinoberfläche abdeckenden Farbfassung.

Die sich über dem stark übermalten Kunststeingewände des westlichen Seitenportals anschließende, zwei unterschiedlich helle Granitsorten imitierende Fassung des Bereichs der Supraporte ist erbauungszeitlicher Abkunft, da Farbspritzer des Wandgemäldes aufliegen. Insbesondere die grob schwarz und weiß gestupfte Malschicht des Hintergrunds der Schrifttafel lässt den Zusammenhang mit der Gewändefassung der Portale der Haupteingangswand erkennen. Sie wird von der gesichert bauzeitlichen Vergoldung der Schrift überlappt.

Die technologischen Untersuchungen zur Farbfassung haben deutlich gemacht, mit wie viel Aufwand man sich bemühte das Erscheinungsbild des Kunststeines an das von Granit anzugleichen. Für den unbefangenen Betrachter sind Naturstein und farbig überarbeiteter Kunststein nicht zu unterscheiden. Das Resultat ist eine harmonische Innenraumfassung, die in weiten Bereichen in Form und Farbigkeit von „Steinmassen" dominiert wird.

Da die nachfolgenden Renovierungen des 20. Jahrhunderts dieses Erscheinungsbild berücksichtigten und nur partiell überarbeiteten, hat sich diese Fassung in ungewöhnlich umfangreichen Bestand erhalten.
Diesem Umstand versuchte man bei der letzten Maßnahme gerecht zu werden, indem man für alle Flächen eine gleichermaßen sorgfältige restauratorische Vorgehensweise wählte, um damit eine in Umfang und Originalität selten geschlossene Raumgestaltung des Jugendstiles zu erhalten und in ihrer Differenziertheit wieder erfahrbar zu machen.

Abb. 10: Die unterschiedlichen Baumaterialien des Kirchenbaus sind deutlich auf einer, während der Rohbauphase entstandenen sw-Aufnahme zu erkennen.

Abb. 11: Kircheninnenraum mit unterschiedlichen Baumaterialien.

Abb. 12: Kunststein wurde für die Einzelelemente der Kanzel eingesetzt.

Abb. 13: Die Farbfassung der aus Kunststein gefügten Kanzel erreicht die Qualität des Steinmaterials des dahinter stehenden Arkadenpfeilers.

Abb. 14: Im Bereich der aus Kunststein bestehenden Taufsteinanlage konnte die Erstfassung in vertieften Partien und im Bereich von Innenkanten in zwei Varianten nachgewiesen werden.

Literatur:

Claudia Baer-Schneider / Dörthe Jakobs: Die katholische Kirche St. Georg in Hockenheim – Eine komplexe Restaurierungsaufgabe. In: Denkmalpflege in Baden-Württemberg, 3/2007, S. 142-147.

Karin und Raymund Bunz / Silke Böttcher / Hans Hangleiter: Hockenheim – St. Georg – Konservierung und Restaurierung von Raumfassung und Wandgemälden. In: Denkmalpflege in Baden-Württemberg, 3/2007, S. 148-153.

Unveröffentlichter Untersuchungsbericht Hangleiter vom 29.02.2008.
Unveröffentlichter Restaurierungsbericht Hangleiter vom 12.11.2007.

Alle Abbildungen Hans Michael Hangleiter, Otzberg

Die Skulpturen auf der Mathildenhöhe in Darmstadt – Beton in der bildenden Kunst zu Beginn des 20. Jahrhunderts

Hans Michael Hangleiter, Christine Kenner

„Wir sind Wilde, schaffen uns und unsere Sehnsucht."
Bernhard Hoetger

Abb. 1: Platanenhain, Blick nach Westen mit dem Bildwerk „Sterbende Mutter"

Als Bernhard Hoetger (1874-1949) im Jahr 1912 mit den bildhauerischen Arbeiten zur Ausstattung der Außenanlagen auf der Mathildenhöhe begann, hatte er offenbar schon zuvor – neben Skulpturen in Gips, Ton, Bronze- oder Eisenguss – einige Werke aus zementgebundenem Gussstein vollendet.[1]

Steingüsse waren bereits in den vergangenen Jahrhunderten vereinzelt anzutreffen, so wurden beispielsweise im Mittelalter in Süddeutschland und Österreich Heiligen- und Marienfiguren aus Steinmehl und Kalk in Formen hergestellt. Die genauen Verfahren hierzu sind nicht bekannt, erschwert wird eine Beurteilung u. a. deshalb, weil die Figuren zumeist nachträglich bildhauerisch überarbeitet und überfasst worden waren.[2]

Abb. 2: Platanenhain, Eingangsportal mit den Skulpturen Panther und Silberlöwe, im Hintergrund die Brunnenanlage

Die „Wiederentdeckung" und industrielle Fertigung des Bindemittels Zement ab der ersten Hälfte des 19. Jahrhunderts führte zu der Entwicklung von Verfahren, bei denen aus Gemischen von zerkleinerten Gesteinen, Kiesen, Sanden, Zement und Wasser Natursteinimitationen gegossen wurden, die anschließend als Baumaterialen und Dekorationselemente etwa seit dem Ende des 19. Jahrhunderts in größerem Stil Anwendung fanden. Nahezu gleichzeitig begann auch die Herstellung von Skulpturen aus Kunststein, die sich gerade im Bereich der Grabmalgestaltung großer Beliebtheit erfreuten. Eigene Gewerbezweige entstanden, so betrieb Eleanor Coade in London eine Firma zur Erzeugung von Kunststeinmaterial, das als Coade-Stein in den Handel kam und in ganz Europa vertrieben wurde.

Etwa seit der Jahrhundertwende nutzten Künstler die Steingusstechnik – synonym auch als Gussstein, Kunststein, Beton- oder Zementguss bezeichnet – verstärkt zur Herstellung künstlerischer Werke.[3] Hintergrund war – wie auch bei dem Einsatz von Kunststein als Baumaterial – das im Vergleich zu Natursteinarbeiten ökonomisch und handwerklich weniger aufwändige Herstellungsverfahren, sowie die Möglichkeit, mehrere Abgüsse eines Modells anzufertigen. Der Künstler konnte eine Plastik aus weicherem, leichter form- und korrigierbarem Material (Ton, Gips oder Wachs) modellieren, von der dann eine Negativform abgenommen wurde. Wählte man für den Abguss eine durch verschiedene Zuschlagstoffe entsprechend eingestellte Kunststeinmasse, konnten so perfekt anmutende Natursteinimitationen hergestellt werden, die in Härte und Haltbarkeit oft natürlichem Gestein überlegen sind. Durch die anschließende steinmetzmäßige und bildhauerische Überarbeitung des noch feuchten Gusses entstanden Bildwerke, bei denen eine Beurteilung, ob es sich nun um Kunst- oder Naturstein handelt, nicht selten schwer fällt.

Abb. 3: Bronzeskulptur „Panther, die Nacht tragend"

So lässt sich erklären, dass auch für die Skulpturen, die Bernhard Hoetger in den Jahren 1912 – 1914 für die Außenanlagen der Mathildenhöhe anfertigte, in der kunstwissenschaftlichen Forschung differierende Angaben zu den verwendeten Materialien anzutreffen sind. Die einzelnen Bildwerke werden in der Literatur wechselweise als Guss- oder Natursteinarbeiten bezeichnet.[4]

Eine restauratorische Voruntersuchung an den Werken im Platanenhain im Jahr 2005, unterstützt durch naturwissenschaftliche Gutachten, konnte hier einen ersten Ansatz für eine weitergehende Differenzierung der skulpturalen Ausstattung vornehmen.

Abb. 4: Gusssteinskulptur aus der Reihe „Rache", „Wut", „Hass" und „Geiz"

Abb. 5: Guss-Steinskulptur aus der Reihe „Rache", „Wut", „Hass" und „Geiz"

Abb. 6: Detail der Gusssteinoberfläche

Abb. 7: Archivaufnahme Löwentor anlässlich der Dritten Künstlerausstellung im Jahr 1914

Abb. 8: Löwe aus Gussstein im Jahr 2004

Die Künstlerkolonie auf der Mathildenhöhe

Der kunstsinnige, wie geschäftstüchtige Großherzog Ernst Ludwig versammelte um das Jahr 1900 junge Künstler und Architekten zur Gründung einer Künstlergemeinschaft. Neben der Unterstützung neuer Kunstformen, die sich eine Gestaltung aller Lebensbereiche zur Aufgabe gestellt hatten, bewegten den Monarchen jedoch auch wirtschaftspolitische Motive. Er versprach sich Impulse für eine Förderung des Gewerbes, Prestigegewinn und Steuereinnahmen für Darmstadt und Hessen. Die erste Ausstellung der Künstlerkolonie im Jahr 1901 umfasste somit auch Exponate verschiedener Lebensbereiche. Von den Künstlern bis in die Details gestaltet und entworfen, wurden sie größtenteils von Handwerkern und teilindustrialisierten Betrieben umgesetzt. Die ganzheitliche gestalterische Durchdringung von Lebensformen, Kunstschaffen, Arbeit und Wohnen unter Einbeziehung der umgebenden Natur hatte ihre Vorläufer in der englischen Arts and Crafts-Bewegung. Von dieser unterschieden sich die Darmstädter jedoch deutlich. Sie gaben für sich persönlich weder eine bürgerliche Lebensweise, noch das Prinzip der Arbeitsteilung zwischen entwerfendem Künstler und ausführendem Handwerker auf. In Konsequenz bedienten die entworfenen Alltagsgegenstände in größerem Maße das Bürgertum, als den Mittelstand oder gar die Arbeiterklasse.[5]

Der Öffentlichkeit präsentiert wurden die Erzeugnisse in den neu gebauten Wohnhäusern der Künstler. Dafür hatte Großherzog Ernst Ludwig den Künstlern, neben finanziellen Zuwendungen, das Gelände auf der höchsten Darmstädter Anhöhe zur Verfügung gestellt. Die Mathildenhöhe verdankt ihren Namen dem ausgedehnten Park, den Großherzog Ludwig I. dort ab dem Jahr 1830 hatte anlegen lassen, und den er nach seiner bayrischen Schwiegertochter benannt hatte.

Der Park wich zum größten Teil einer neuen Bebauung, bestehend aus Ateliergebäude, Ausstellungshallen und Villen, durchsetzt von Wegen und Gärten. Zu Grunde lagen die Entwürfe von Mitgliedern der Künstlerkolonie.

Erhalten blieb jedoch der Platanenhain, der im Rahmen der Dritten Künstlerausstellung im Jahr 1914 mit Skulpturen von Bernhard Hoetger ausgestattet und zu einem Gesamtkunstwerk umgestaltet werden sollte.

Die Skulpturen von Bernhard Hoetger

Die regelmäßige Platanenbepflanzung auf einer eingeebneten Fläche der Mathildenhöhe bestand bereits im Jahre 1900 und wurde in dieser Anordnung mit einzelnen Bäumen immer wieder erneuert, so dass sie sich bis heute nur geringfügig verändert hat. Die Platanen sind in gleichen Abständen von fünf Metern in 8 Längs- und 23 Querreihen gepflanzt, so dass ein lang gestreckter Eindruck von Gängen, von sakralen Tempel- oder Kirchenschiffen entsteht.

Ein Jahr nach seiner Berufung zum Professor in Darmstadt begann Bernhard Hoetger im Jahr 1912 die Ausstattung des Platanenhains mit Skulpturen, Reliefs und Vasen, die im Jahr 1914 zur dritten großen Ausstellung der Künstlerkolonie fertig gestellt und die von Anfang an als bleibende Ausgestaltung der Mathildenhöhe gedacht waren. Zu Grunde lag ein Gesamtprogramm, das sich auf das von der Natur bestimmte Werden und Vergehen allen Lebens bezieht, verbildlicht im Kreislauf der Jahres- und Tageszeiten und im Fluss des Wassers. Dazu verteilte Hoetger in symmetrischer Anordnung folgende Bildwerke: Zwei steinerne Eingangspfeiler mit einem „Panther, die Nacht tragend" und einem „Silberlöwen, den Tag tragend" jeweils aus Bronze, ein Brunnen mit drei Frauenfiguren, sieben „Gefäßträgerinnen", vierzehn als „Vasen" bezeichnete Pflanzgefäße, vier große allegorische Reliefs „Frühling", „Sommer", „Schlaf" und „Auferstehung" sowie die Gruppe „Sterbende Mutter mit Kind" am Ende des mittleren Platanenganges.

In der Formensprache Hoetgers sind unterschiedlichste Elemente aus verschiedenen Epochen und Kulturkreisen erkennbar. Es finden sich Anklänge an die Hochkultur Ägyptens, wie auch an die des fernen Ostens, Mittel- und Südamerikas. Nicht von ungefähr wurde auf die Kunstsprache Paul Gauguins als Vergleich hingewiesen. Dieser sinnliche Eindruck des Zusammenfließens wird bestätigt und verstärkt durch zahlreiche Inschrifttafeln mit Zitaten, die Hoetger der gesamten Weltliteratur entnommen hatte.

Zusätzlich schuf Hoetger in diesen Jahren noch die außerhalb des Platanenhains aufgestellten Brunnenfiguren „Maria mit dem Jesuskind" und „Joseph", sowie die überlebensgroßen, kraftvoll expressiven Freiplastiken „Rache", „Wut", „Hass" und „Geiz". Für das große Eingangsportal zur Ausstellung entwarf er die mächtigen Löwenkapitelle.

Abb. 9: korrodierte Eisenarmierung an einer Schakalvase

Die Umsetzung der künstlerischen Ideen in dem relativ kurzen Zeitraum von nur zwei Jahren erfolgte mit unterschiedlichen Materialien in Bronzeguss, Basalt, Muschelkalk, Sand- und Lungstein, sowie mit verschiedenen Steingüssen.[6]

Werktechnik

Während in der Literatur um 1915 das Material der Skulpturen und Reliefs – mit Ausnahme der Bronzereliefs des Hauptportales, der Bronzen „Panther" und „Silberlöwe" – ohne weitere Differenzierung mit Stein und Muschelkalk bezeichnet werden, geht die jüngere Forschung von Gussstein aus.[7]

Abb. 10: Kugel auf der Umgrenzungsmauer des Platanenhains

Diese Annahme konnte im Rahmen der restauratorischen Voruntersuchung aus dem Jahr 2005 korrigiert werden. Die Bildwerke der Reliefs, der Gefäßträgerinnen, der Wasserträgerinnen der Brunnengruppe und der Sterbenden Mutter wurden von Hoetger aus Muschelkalk geschlagen.

Dessen muschelige Textur und Schichtungen sind an Ausbrüchen deutlich erkennbar. Auch ist die Verwitterung in Teilbereichen soweit in die Tiefe fortgeschritten, dass auch hier keinerlei Hinweise auf einen Steinguss gefunden werden konnten. Teilweise sind an den aus Kalkstein bestehenden Bildwerken noch die durch eine unterschiedliche bildhauerische Bearbeitung bewusst herbeigeführten Oberflächenstrukturen nachweisbar.

Abb. 11: Platanenhain, Löwenvasen und Relief

Die Steingusstechnik wählte Hoetger zum einen für Skulpturen, von denen nur ein Abguss existiert, wie z. B. für die Bildwerke „Geiz", „Rache", „Hass" und „Wut", für die Figuren im Bereich der Brunnenanlage, zum anderen aber auch für Skulpturen die mehrfach benötigt und aufgestellt wurden. Zu ihnen zählen die Kugeln, Löwen- und Schakalvasen im Platanenhain sowie die sechs mächtigen Löwenkapitelle am großen Hauptportal, das zur Dritten Ausstellung der Künstlerkolonie unter Leitung des Architekten Albin Müller[8] errichtet worden war.

Zur Werktechnik Hoetgers in Gussstein ist wenig bekannt. Originalmodelle konnten bisher nicht zugeordnet werden, es existieren nur verschiedene Entwürfe in kleineren Maßstäben.[9] Die Gussstein-Skulpturen auf der Mathildenhöhe sind nach bisherigem Kenntnisstand alle in Vollgusstechnik hergestellt worden, wobei Armierungen aus handgeschmiedetem Eisen zur Erhöhung der Stabilität eingebracht worden waren. Heute zeigen sich die entsprechenden Schäden im Beton durch die korrodierten Eisenteile, die teilweise nur eine geringfügige Überdeckung mit Beton aufweisen.

Aufschlussreich sind die Informationen, dass die Löwenkapitelle des Eingangstores in der Kunststeinfabrik Heinrich Ewinger in Nauheim, Kreis Groß-Gerau gegossen wurden. Die Firma hatte auch die ca. 6 m hohen Säulen und die Betonquader des Tores angefertigt und erhielt für die handwerkliche Ausführung des Löwentores eine Auszeichnung von Großherzog Ernst Ludwig.[10]

Abb. 12: Schakalvase

Abb. 13: Schakalvase Detail

Abb. 14: Löwenvase

Abb. 15: Löwenvase Detail

Abb. 16: Löwenvase Kartierung der Armierungen

Hier nutzte der Künstler ganz offensichtlich die Erfahrungen und technischen Möglichkeiten einer Firma, die sich auf die Anfertigung von Kunststeinen für Bauwerke spezialisiert hatte.

Nach einer mündlichen, allerdings erst etliche Jahrzehnte später anzusetzenden Überlieferung war der Firma Ewinger vom Künstler ein Gipsmodell des Tieres zur Verfügung gestellt worden. Nachdem man vom Modell eine Negativform abgenommen hatte, wurden die sechs Steingüsse in jeweils zwei Arbeitsgängen ausgeführt. Zunächst stellte man einen inneren Kern aus gröberem einfachem Beton her, als eigentliche Außenhaut goss oder trug man anschließend eine Schicht aus vermutlich ebenfalls mit Zement gebundenem hellem Muschelkalksteinmehl auf. Die Skulpturen wurden abschließend offenbar von Seiten der Firma steinmetzmäßig mit Eisenwerkzeugen überarbeitet.[11]

Diese Schilderung entspricht der allgemein üblichen Herstellungstechnik von Steingüssen in der damaligen Zeit. Der zweischichtige Aufbau hatte zum einen finanzielle Gründe, denn die Feinschicht war sicherlich von ihren Ausgangsmaterialien her teurer, zum anderen steht zu fragen, ob die Feinschicht aufgrund ihrer feinen Zuschläge bei größeren Schichtstärken nicht auch zur Schrumpfung und damit zur Rissbildung neigen würde.

Eine Überprüfung dieser Informationen direkt am Objekt erbrachte im Jahr 2004 dagegen, dass die Löwen aus einem dunkelgrauen Stampfbeton hergestellt worden waren. Gerade bei den Kapitellen am Löwentor bot sich die Steingusstechnik aufgrund der mächtigen Dimensionen und der sechs benötigten Skulpturen aus wirtschaftlichen Gründen an.

Inwieweit diese Vorgehensweise, die Abgüsse an eine spezialisierte Firma zu vergeben, auch zwangsläufig auf die anderen Bildwerke Hoetgers übertragen werden kann,[12] muss beim derzeitigen Kenntnisstand offen bleiben. Dasselbe gilt für die Frage, ob die Nacharbeitung einzelner Güsse in allen Fällen an Firmen vergeben worden war oder ob Hoetger selbst einen Teil dieser Arbeiten vornahm, bzw. ob es eine derartige Bearbeitung überhaupt gab.

An den Skulpturen der Mathildenhöhe konnte jedenfalls bisher keine flächige steinmetzmäßige Nachbearbeitung festgestellt werden.

In einem Steingussverfahren hergestellt sind auch die Vasen und Kugeln im Platanenhain.

Die Reihe der vier Schakalvasen befindet sich am westlichen Abschluss des Platanenhains. Jeweils zwei Vasen sind dabei links und rechts des Bildwerks der „Sterbenden Mutter" angeordnet. Natursteinwürfel bilden die Sockel. Die jeweils mit vier bärtigen Männerköpfen besetzten Vasenfüße schuf Hoetger aus Basalt. Die Schale und die Trommel der eigentlichen Vase sowie die seitlich angebrachten Schakale wurden einzeln im Gussverfahren hergestellt.

Die Reihe der zehn Löwenvasen findet man an der südlichen Längsseite des Hains. Die fünf östlich des Eingangs auf hohen Podesten vor der den Platanenhain im Süden begrenzenden Mauer stehenden Löwenvasen sind nur im Dreiviertelradius ausgeformt. Die fünf westlich des Eingangs frei auf niedrigen Sockeln stehenden Löwenvasen wurden dagegen vollplastisch ausgebildet.

Die Löwen- und Schakalvasen sind aus mehreren einzelnen Elementen zusammengesetzt. An den Schakalen sind mittig die scharfkantigen Gussnähte der Negativform erkennbar. Der verwendete Beton enthält neben dem grauen Bindemittel ausschließlich Zuschlag aus schwarzen gesplitteten Sandkörnern in einer Körnung von bis zu mehreren Millimetern. Das an den Vasen und Kugeln sich in unterschiedlicher Ausprägung abzeichnende Gitter aus senkrechten und waagerechten Rissen lässt auf eine zugrunde liegende, korbartig ausgeformte Armierung mit Eisenstäben und -ringen schließen, die mittels einer Bewehrungsmessung nachgewiesen werden konnten. Die Überdeckung ist teilweise nur sehr gering, an einigen Stellen ist der Beton durch die Korrosion der handgeschmiedeten Eisen bereits abgesprengt, die Armierung ist einsehbar. Nach dem Guss wurden die einzelnen Elemente in Mörtel versetzt und miteinander verbunden, so z.B. der profilierte Vasenrand mit dem Vasenkessel. Die Nähte wurde abschließend mit Mörtel verkittet, partiell mussten auch Profilierungen nachgeformt und kleinere Gussfehler ausgebessert werden. Die ursprünglich sehr glatte Oberfläche der Kugeln und Vasen, wie sie beim Guss entstand, ist heute zumeist nur noch in den unteren Partien erhalten. In der Oberfläche sind zahlreiche kleine Löcher vorhanden, wie sie für den Einschluss von Luft während des Gussvorganges charakteristisch sind. Eine nachträgliche steinmetzmäßige Bearbeitung des Gusses hat nicht statt gefunden.

Abb. 17: Archivaufnahme Relief „Sommer" im Jahr 1915

Polychromie der Skulpturen

Die von Bernhard Hoetger eingesetzten Materialien differieren in ihrer Zusammensetzung und damit im Erscheinungsbild. Neben dem hellen Kalkstein fand bei den anderen Bildwerken mittel- und dunkelgrauer Beton Anwendung.
Eine Farbfassung der Löwen am Löwenportal war offensichtlich ebenso wenig vorgesehen, wie an den in die großen Brunnenanlage integrierten Figuren Hoetgers.[13]

Abb. 18: Relief „Schlaf", Polychromierung im Jahr 2004

Dagegen wurde die unterschiedliche Materialität und Grundfarbigkeit sämtlicher Skulpturen im Platanenhain durch eine farbkräftige Polychromierung teilweise aufgelöst bzw. vereinheitlicht.
Die Plastiken, Reliefs, Vasen und Sockel im Platanenhain, sowie die Skulpturen sollen ursprünglich mit einem zur Entstehungszeit neuartigen Farbmaterial "Frescolith" bemalt gewesen sein.[14] Unter diesem Namen wurde von der Fa. Georg Düll aus München eine Farbe auf Wasserglasbasis vertrieben. Für die Bemalung liegt aus dem Jahr 1915 eine detaillierte Beschreibung vor, sie berichtet von kräftigen Farbtönen in Blau, Gelb, Orange, Schwarz und Olivgrün. Einen Eindruck der ursprünglichen Polychromierung der Reliefs vermitteln die Beschreibungen aus dem Jahr 1915, sowie die Archivaufnahmen.
Von der Farbfassung war jedoch schon um das Jahr 1935 nur noch wenig zu erkennen gewesen. Eine Überarbeitung um das Jahr 1959 hat die kontrastierende Differenzierung der ursprünglichen Polychromie reduziert. Bis heute dominieren verschiedene Ockerfarbtöne das Erscheinungsbild.

Abb. 19: Vase glatte Oberfläche mit Gusslöchern und Fassungsresten

Von der entstehungszeitlichen Polychromie und einer mit großer Wahrscheinlichkeit anzunehmenden ersten Überarbeitung mit Farbe sind an einigen Partien Reste nachweisbar. Durch die Befunderhebung konnten die in der Literatur erwähnten Farbangaben zum Teil bestätigt werden. Eine umfassende Rekonstruktion basierend auf den Farbbeschreibungen, den Archivaufnahmen und ergänzenden restauratorischen Untersuchungen an den erhaltenen Farbresten steht noch aus.
Auch an einigen der Vasenkessel und Löwen sind Reste der Bemalung erhalten. So waren die Mähnen und Schwänze der Löwen in einem orangefarbenen Ockerton abgefasst. Die Hintergrundfläche zwischen den Tierschwänzen unterhalb des kesselartigen Gefäßes war dunkelblau gehalten. Die Kessel selbst waren mit einem Zickzackfries aus abwechselnd auf der Spitze und auf der Breitseite stehenden gleichseitigen Dreiecken zusammengefügt. Diese aus mehreren Strichen bestehenden Dreiecke waren in den drei Farben dunkelblau-rötlich, blau und rotbraun, teilweise schraffierend, ausgeführt worden. Mehrere einfache Striche in blau und rotbraun begleiteten den Fries in geringem Abstand zur Friesunterkante und auf den Kanten der abschließenden Profilierung. Der blaue Farbauftrag wurde gesondert weiß unterlegt. Als Grundton der Vasenfassung darf ein dunkles Grau angenommen werden, das sich durch die Farbe des Gussmörtels ergab. Mehrere einfache Striche in blau und rotbraun

Abb. 20: Polychromiereste auf einer Löwenvase

Abb. 21: Rekonstruktion der Farbfassung der Löwenvasen

Abb. 22: Brunnenanlage von Joseph Maria Olbrich im Platanenhain aus dem Jahr 1904

begleiteten den Fries im geringen Abstand zur Friesunterkante und auf den Kanten der abschließenden Profilierung.

An den Schakalvasen konnte nur an wenigen Partien in geringen Resten die originale Farbigkeit aufgespürt werden. An den bärtigen Männerköpfen waren an den Haaren rostrote und bei den Lippen rote Farbspuren zu finden. Blaue Fassungsreste sind am Ansatz der Vasenschale und an Augenrändern erhalten.

Zusammenfassung

Die Verfahren der Kunststeinherstellung eröffneten den Künstlern auf der Mathildenhöhe neue Möglichkeiten zur Umsetzung ihrer schöpferischen Ideen. Die dem Material Beton eigene Oberflächenwirkung hat dabei eine untergeordnete Rolle gespielt. Im Vordergrund stand der Wunsch nach Natursteinimitation um ökonomisch großformatige Bildwerke in Natursteinoptik herzustellen, die anders nur mit erheblich höherem Aufwand oder in dieser Form gar nicht zu realisieren gewesen wären.

In der Auszeichnung des Handwerkbetriebes Ewinger für die Ausführung des Löwentores durch Großherzog Ernst Ludwig anlässlich der Dritten Künstlerausstellung klingt eine ursprüngliche Intention der Künstlerkolonie nach, nämlich der Wunsch nach einer engeren Verbindung von Handwerk, Kunstgewerbe und bildender Kunst. Dabei darf jedoch nicht übersehen werden, dass gerade im Falle des Löwentores weniger von einer künstlerischen Befruchtung des Handwerkes gesprochen werden kann, gar mit dem Resultat einer Anfertigung von Produkten, die eine weitere Verbreitung erfahren sollten. Vielmehr handelte es sich bei dem Löwentor, ebenso wie bei den anderen Skulpturen, um einmalige künstlerische Werke zur Gestaltung der Außenanlagen auf der Mathildenhöhe. Hoetgers Skulpturen mit den Inschriften sind vollends künstlerisch vergeistigte, für einen feinsinnigen und gebildeten Betrachter entworfene Werke. Die Verbindung von Handwerk und Kunst hatte sich darauf reduziert, dass sich der Künstler der Kenntnis mittelständischer Betriebe zur Umsetzung seiner Gestaltungsideen bediente.

In der Gestaltung der Außenanlagen wird deutlich, wie sehr künstlerische Einzelwerke, Architektur und ihre einzelnen Dekorationselemente in Zusammenhang mit Landschaftsanlagen zu einem Gesamtkunstwerk zusammengeführt werden sollten. Dem damals relativ neuen Material Kunststein in seiner ganzen Materialvielfalt, mit seinen werk- und bautechnischen Möglichkeiten kam dabei nicht zuletzt aus gestalterischen und ökonomischen Gründen eine große Bedeutung zu.

Bezieht man die gesamten Anlagen, also auch die Architekturelemente, in die Betrachtungen mit ein, so sind noch viele Fragen nach Umfang, Zusammensetzung und Werktechnik bei der Verwendung von Kunststein offen. So hatte beispielsweise Joseph Maria Olbrich bereits in den Jahren 1904-1908 bei der Gestaltung der Brunnenanlagen verschiedene Kunststeine eingesetzt.[15]

Als Konsequenz aus den Untersuchungen zu den Skulpturen des Platanenhaines steht zu fragen, ob das gesamte Werk Bernhard Hoetgers bezüglich der bisher in der Literatur angegebenen Materialien Natur- bzw. Gussstein nicht noch in zusätzlichen Fällen einer Überarbeitung und Korrektur bedarf.[16] Auch wären die Vielfalt der in Kunststein imitierten Natursteine und die materialtechnischen Zusammensetzungen sicherlich noch weiter zu differenzieren.

Und nicht zuletzt stellen umfassendere und vergleichende technologische Untersuchungen zur Verwendung von Steingüssen in der bildenden Kunst zu Beginn des 20. Jahrhunderts ein Desiderat der kunsthistorischen und restaurierungswissenschaftlichen Forschungen dar.

Abbildungsnachweis:

Abbildung 7 und 17: Stadtarchiv Darmstadt
Alle übrigen Abbildungen: Hans-Michael Hangleiter, Otzberg und Christine Kenner, Landesamt für Denkmalpflege Hessen, Wiesbaden.

---

1. Dieter Tino Wehner, Bernhard Hoetger – Das Bildwerk 1905 bis 1914 und das Gesamtkunstwerk Platanenhain zu Darmstadt. Alfter 1994, Werkverzeichnis S. 245-315.
2. S. A. Springer, Die bayerisch-österreichische Steingussplastik an der Wende vom 14. zum 15. Jahrhundert, Dissertation Leipzig 1936; K. Rossacher, Techniken und Materialien der Steingussplastik um 1400. In: Alte und moderne Kunst 72, 1964.
3. Einführend hierzu Jörg M. Fehlhaber, Holger Dress, Wolfgang Knopp, Beton und Kunst, Beton Verlag, Düsseldorf 1997.
4. Künstlerkolonie Ausstellung Darmstadt 1914, Darmstadt 1914; Hans Hildebrandt, Der Platanenhain. Ein Monumentalwerk Bernhard Hoetger's, Berlin 1915; Ludwig Roselius, Bernhard Hoetger 1874-1949, Bremen 1974, S. 62, Wehner (wie Anm. 1), S. 314-399; Pamela C. Scorzin, Zum skulpturalen Programm der Darmstädter Mathildenhöhe – von den Anfängen der Künstlerkolonie 1899 bis heute. In: Mathildenhöhe Darmstadt, (Hrsg. Stadt Darmstadt) Bd. 1 Darmstadt 2004. (2. überarbeitete Auflage), S. 141-153.
5. Ausführlich hierzu Wolfgang Pehnt, „Das hatte uns noch Niemand geboten", Quellen, Motive und Wirkungen der Bauten auf der Darmstädter Mathildenhöhe. In: Mathildenhöhe Darmstadt, (Hrsg. Stadt Darmstadt) Bd. 1, Darmstadt 2004. (2. überarbeitete Auflage) S. 13-27.
6. Wehner, (wie Anm. 1), S. 128-195; Scorzin (wie Anm. 4), S. 144-150.
7. Künstlerkolonie Ausstellung Darmstadt 1914, Darmstadt 1914; Hans Hildebrandt, Der Platanenhain. Ein Monumentalwerk Bernhard Hoetger's, Berlin 1915; Wehner (wie Anm. 1), S. 314-399; Pamela C. Scorzin, Zum skulpturalen Programm der Darmstädter Mathildenhöhe – von den Anfängen der Künstlerkolonie 1899 bis heute. In: Mathildenhöhe Darmstadt, (Hrsg. Stadt Darmstadt) Bd. 1 Darmstadt 2004. (2. überarbeitete Auflage), S. 141-153.
8. Renate Ulmer, Die letzte Ausstellung der Darmstädter Künstlerkolonie. In: Mathildenhöhe Darmstadt, (Hrsg. Stadt Darmstadt) Bd. 1 Darmstadt 2004. (2. überarbeitete Auflage), S. 63.
9. Wehner (wie Anm. 1), S. 128-195.
10. Künstlerkolonie Ausstellung Darmstadt 1914, Darmstadt 1914, S. 27; Wehner (wie Anm. 1), S. 96-99.
11. Wehner (wie Anm. 1), S. 99.
12. Diese Interpretation bietet Wehner (wie Anm 1), S. 99.
13. Das Tor wurde bereits 1926 versetzt und befindet sich heute am Eingang des Hochschulstadions an der Lichtwiese in Darmstadt Wehner (wie Anm. 1), S. 96, die Löwenkapitelle dagegen sind auf der Rosenhöhe in Darmstadt.
14. Hildebrand (wie Anm. 4).
15. Scorzin (wie Anm. 4), S. 140-143.
16. Wehner (wie Anm. 1), S. 233-296.

The Watts Towers of Simon Rodia
Eine Herausforderung für Denkmalpflege und Restaurierung in Los Angeles, CA

Stefan Simon, Katharine Untch,
David P. Wessel, Stephen Farneth

> „Three spires,
> rising 104 feet, bejewelld with glass,
> shells, fragments of tile, scavenged
> from the city dump, from sea-wrack,
> taller than the Holy Roman Catholic church
> steeples, and, moreover,
> inspired; built up from bits of beauty"
>
> from „Nel Mezzo Del Cammin Di Nostra Vita"
> by Robert Duncan (Roots and Branches, 1964)

Abb. 1: Watts Towers aus nord-westlicher Perspektive

Wer nach Los Angeles kommt und nur einen Tag in der faszinierenden Metropolis an der amerikanischen Westküste verbringen kann, dem könnte man gerne raten, Universal Studios, Disneyland, oder Beverly Hills und den Sunset Blvd großzügig zu überspringen und den direkten Weg in die 107te Straße nach Watts zu wagen, um die Türme von Simon Rodia zu sehen.

Kaum irgendwo kommt er dem „spirit of the place" in Los Angeles so nahe wie unter diesen Türmen in South Los Angeles. Zwischen den heruntergekommenen Anwesen einer lange vernachlässigten Gegend betritt er eine Art Westcoast-Delphi: den Mittelpunkt einer modernen Welt, inklusive Omphalos, versteckt unter einer vogelwilden Betonrahmenkonstruktion. Dem idiosynkratischen italienischen Immigranten Simon Rodia ist diese dramatische Inszenierung zu verdanken, die er in obsessiver Feierabendbeschäftigung ohne fremde Hilfe zwischen 1921 und 1954 schuf. Nimmt sie nicht die flimmernden Farbenspiele eines Gerhard Richter oder die von Niki de Saint Phalle ausgestalteten Grotten in den Herrenhäuser-Gärten von Hannover um mehr als ein halbes Jahrhundert vorweg? Und wie steht sie in ihrer atemberaubenden Beziehung zwischen Innen und Außen zur gefalteten Architektur eines Henry Cobb oder Rem Kohlhaas? Und führt etwa eine konzeptuelle Verbindung von aktuellen Arbeiten aus dem unter anderem durch Samuel J. Fleiner geprägten „Re-art"-Komplex zu Simon Rodia's Werk zurück?

Ca. 25.000 Besucher finden den Weg jedes Jahr nach Watts und es könnten viel mehr sein, lägen die Türme nicht in einer Gegend, der der Makel „high-crime area" anhaftet. Wer war dieser Simon Rodia? Welche Materialien, welche Technologien hat er für seine Konstruktion verwendet? Welche Komponenten tragen zu dem Wert seines Werkes bei? Wie stark sind die Türme im Bestand bedroht, über 50 Jahre nach dem Abschluss ihrer Erstellung? Welche Folgen haben die Erdbeben von 1933 (Long Beach) und 1994 (Northridge) für ihre strukturelle Stabilität? Wie geht die verantwortliche Denkmalpflege in Los Angeles mit diesem Kleinod um? Wie kann das Überleben dieser U.S. National Historic Landmark im 21. Jahrhundert sichergestellt werden?

Simon (Sabato, Sam) Rodia

Sabato Rodia wurde am 12. Februar 1879 in Ribottoli, östlich von Neapel in der Provinz Avellino als Sohn des Bauern Francesco Rodia und seiner Frau Nicoletta Cirino geboren[1]. Sein älterer Bruder Ricardo ist ca. 1895 in die Vereinigten Staaten ausgewandert, wo er sich in den Kohlegruben von Pennsylvania als Arbeiter verdingte und der junge Sabato folgte ihm ca. zwei Jahre später. Als Ricardo, der sich später Dick Sullivan nannte, bei einer Explosion in der Mine ums Leben kam[2], zog Sabato in Richtung Westen zunächst nach Seattle, WA, wo er seinen Lebensunterhalt u.a. als Steinbruch-, Bauarbeiter und Fliesenleger verdiente. Ab 1900 gab er seinen Namen erstmals mit Samuel (Sam) an, derselbe Name, der auch auf seinem Grabstein in Martinez, CA steht. 1902, im Alter von 23, heiratete er Lucia (Lucy) Ucci, mit der er zwei Söhne, Frank und Alfred und eine früh verstorbene Tochter, Bel, hatte. Um 1904/05 zog die Familie nach Oakland, CA.

Der nur 1,47 m große Sam entsprach nicht dem Bild eines Modell-Schwiegersohns. Als cholerischen, sprunghaften und unzufriedenen Querulanten beschreiben ihn die meisten Menschen, die ihm zu jener Zeit begegneten. Auch für Lucy war das Leben mit ihm nicht einfach. Die Ehe wurde 1912 aufgelöst. Vermutlich schon vorher, um 1910 hat er seine Familie verlassen und ist nach El Paso, TX gezogen, wo er Arbeit fand und 1917 eine blutjunge Mexikanerin mit dem Namen Benita heiratete. Mit ihr kehrte er nach Kalifornien zurück, zu seinem Bruder Tony, der in Long Beach wohnte. Ab 1917 begann er an ersten kleinen Betonskulpturen auf seinem Grundstück an der 1216 Euclid Avenue zu arbeiten.

Auch seine zweite Ehe war 1920 zerrüttet, Sam heiratete 1921 wieder, die Mexikanerin Carmen, mit der gemeinsam er das seltsame, im Niemandsland zwischen Sackstrasse und Bahngleisen verlorene dreieckige Grundstück 1761-65 East 107th Street in Watts erstand. Die Frachtzüge der Southern Pacific ratterten in engem Abstand ebenso an dem Grundstück vorbei, wie die Wagen des damaligen öffentlichen Nahverkehrsystems, die sog. Big Red Cars. Auch Carmen hielt es nicht lange aus mit Sam und seiner jetzt immer obsessiver verfolgten Bauleidenschaft auf dem lärm- und staubdurchfluteten Anwesen und verließ ihn schon kurz nach dem gemeinsamen Umzug nach Watts.

Sam war jetzt 42 Jahre alt und konnte mit seinem Lebenswerk beginnen. In den wenigen erhaltenen Interviews und Sekundärquellen gibt er verschiedene Gründe an, die ihn, den Fast-Analphabeten und Außenseiter, zu den 33 Jahre dauernden Arbeiten an diesem Werk, welches er Nuestro Pueblo, (unsere Stadt) nannte, bewegten: Da ist u.a. die Rede von „ich wollte etwas Großes machen", oder, „Ich habe dabei das Trinken vergessen", „das ist ein großartiges Land" oder „Hier habe ich meine Frau begraben"…

1955, 76 Jahre alt, gibt Rodia den Schlüssel seines Anwesens seinem Nachbarn Louis Sauceda und fährt mit dem Bus nach Martinez, CA, wo seit Anfang des Jahrhunderts seine jüngere Schwester Angelina Rodia Colacurcio mit ihrer Familie lebt. Er kehrt bis zu seinem Tod am 16. Juli 1965 nie mehr nach Watts zurück.

Viele Umstände im Leben Sams sind bis heute nicht zweifelsfrei geklärt. Daran ist er selbst nicht unschuldig. Kaum eine Volkszählung, in der er nicht neue abweichende Angaben von sich machte. Mit seiner unwirschen und oft sarkastischen Art hat er zahlreiche Spuren seiner Biographie immer wieder verwischt oder neu gelegt.

Aber da gibt es auch die Geschichte von dem roten 1927 Hudson, dem Auto, auf dem Sam eine Sirene installierte, um damit schneller durch den wachsenden Verkehr der Metropole zu kommen. Als ihm die Polizei auf die Schliche kam und die Beschlagnahmung drohte, habe er es kurzerhand neben seinem Grundstück vergraben. Niemand würde es finden, meinte er. Einer der vielen Mythen, die sich um Sam Rodia und seine Türme rankten, so dachte man lange. Bis man 1998 bei den Bauarbeiten

Abb. 2: Südliche Umfassungsmauer

zum Amphitheater hinter dem Grundstück tatsächlich ein vergrabenes Auto fand.

Die Watts Towers – Materialien, Technologie und Bedeutung

Auf dem 400 m² großen Grundstück errichtete Sam Rodia sieben, zwischen 3,30 und 30,5 Meter hohe Türme (Abbildung 1). Begonnen hat er mit dem sog. Schiff des Marco Polo (8,5 m), in der östlichen Spitze des dreieckigen Grundstücks. Nach Westen in Richtung auf sein Wohnhaus hin folgen der Ostturm (16,8 m, 9500 kg), der Mittelturm (29,5 m, ca. 20.400 kg), der Westturm (30,3 m, ca. 18.000 kg) und der spirituelle Gartenpavillon (Gazebo, 11,6 m). Es gibt daneben noch den A-Turm (8,5 m) und den B-Turm (3,96 m). Über zahlreiche Verstrebungen sind die Türme untereinander und mit der nördlichen und südlichen Umfassungsmauer, in die ausgemusterte stählerne Bettgestelle integriert wurden, verbunden (Abbildung 2). Auf dem Grundstück selbst hat er noch ein Fischbecken, eine Grill- und Küchenzeile und einen Kakteengarten, sowie ein Vordach über dem Hauseingang kreativ gestaltet.
Bei den Watts Towers handelt es sich um ein sehr frühes Beispiel von dünnschaligem, vorgespannten Betontragwerk.

Die von Sam Rodia gewählten Materialien und die Bautechnologie beeinflussen entscheidend den Eindruck, den der heutige Besucher der Watts Towers erhält. Die Bewehrung ist in bemerkenswert flachen Betonfundamenten versenkt, deren Tiefe in keinem Fall 60 cm übersteigt und damit im Widerspruch zu den geläufigen Bauordnungen steht. Sie besteht aus Stahlträgern in T- oder U-Form, Eisenbahnschienen und Metallrohren[3]. Mitunter finden sich unter der Oberfläche auch kleinteiliges Ziegelmauerwerk oder Füllungen aus Betonbrocken, insbesondere in unteren Bereichen, um damit zur Festigkeitserhöhung beizutragen.

Die Metallelemente überlappen an ihren Enden oder sind mit Kupferdraht verspleißt und eng mit Hasendraht als weiterer Armierung für die schichtweise aufgetragenen Mörtelschichten umwickelt. Sam Rodia hatte nicht die Möglichkeit auf seiner Baustelle zu schweißen, auch Nägel und Bolzen hat er nicht verwendet. Die Metallträger hat er sich, wie eines der seltenen Filmdokumente über ihn und seine Türme vom Anfang der 1950er Jahre zeigt, mitunter an den angrenzenden Bahngleisen zurechtgebogen.

Die armierten Betonsäulen, die die Hauptlast der höchsten Türme tragen, sind nur zwischen 7,5 und 15 cm dick. Es handelt sich bei der Konstruktion um ein dünnes Schalentragwerk (thin shell concrete), in enger und zufälliger Parallelität mit der Anfang der 1920er Jahre z.B. im Zeiss-Planetarium in Jena realisierten, weiterentwickelten Ferrozementbauweise. Ganz ähnlich ist auch die Kuppel über dem „Great Court" im British Museum, (lattice thin-shell roof) durch das Büro Happold mit Norman Foster in London konstruiert.

Anders als bei seinem ebenfalls exzentrischen Vorgänger, Ferdinand Cheval, der sein „Palais Idéal" in Hautrives (Frankreich) 1879-1912 in einer analogen Technik errichtete[7], sind die Strukturen Rodias aber aufgrund ihrer Schlankheit, ihres leichten Gewichts und der verspannten Armierungen in der Lage, neben hohen Druckkräften auch beträchtliche Zugspannungen aufzunehmen und die Höhe eines zehnstöckigen Hauses zu erreichen. Dem lokalen Bauamt und seinen Ingenieuren, nachdem es ab ca. 1946 Kenntnis von der Existenz dieser seltsamen und niemals baurechtlich genehmigten Konstruktion genommen hat, war dies ein ständiger Anlass zur Sorge[4]. Schon das lächerlich flache Fundament war ein erster Grund, warum man lange Jahre einen Abriss der Strukturen anstrebte (s.u.).

Rodia arbeitete ohne Gerüst und Leitern, kletterte über die Rippen seiner Konstruktion, den Eimer Mörtel im Arm eingehängt, an seine jeweilige Arbeitsstelle. Der Aufbau der Strukturen ist damit unweigerlich von der Arm- und Beinlänge des kleinen Mannes bestimmt. Vor diesem Hintergrund ist die Zusammensetzung des Mörtels mit einem durchschnittlichen volumetrischen BZ-Verhältnis von 1:2,5 über die Jahrzehnte überraschend konsistent geblieben (Tabelle 1).

	n	Mittelwert	Std. error of mean	Std. Deviation	Minimum	Maximum
Lösliche Silikate (%)	10	6,5	0,40	1,25	4,4	8,3
Calcium (Oxid) (%)	10	20,3	0,96	3,03	16,4	26,1
Magnesium (Oxid) (%)	10	0,9	0,08	0,26	0,5	1,5
Unlöslicher Rückstand (%)	10	54,4	1,80	5,68	45,6	60,8
Glühverlust - 110°C (%)	10	2,7	0,24	0,74	1,8	3,9
Glühverlust 110-550°C (%)	10	5,5	0,28	0,87	3,5	6,6
Glühverlust 550-950°C (%)	10	5,7	0,69	2,19	3,0	10,7
Chloride (%)	10	0,1	0,01	0,04	0,0	0,2
Portlandzement (auf Silizium-Basis) (%)	10	32,5	1,56	4,93	23,6	39,4
Portlandzement (auf Calcium-Basis) (%)	10	32,0	1,51	4,77	25,9	41,1
Sand (%)	10	62,0	1,62	5,11	51,4	69,5
Bindemittel/Zuschlag (BZ) Verhältnis (volumetrisch) 1:x	10	2,5	0,17	0,55	1,5	3,5

Tabelle 1: Zusammensetzung des Mörtels nach Earlin, Hime Associates, Inc [5].

In einigen Proben konnten noch unhydratisierte CS-Phasen röntgenographisch nachgewiesen werden, in den meisten Proben wurden diese an petrographischen Dünnschliffen gefunden, was für einen gut gewählten, mäßig bis niedrigen Wasserzementwert (w/z-Wert) spricht. Dadurch wurde einem gesteigerten Schwinden und daneben einer nach Verdunsten des überschüssigen Wassers übermäßigen Porosität im Sinne einer verbesserten Dauerhaftigkeit vorgebeugt.

Nachdem der Mörtel die gewünschte Dicke erreicht hatte, wurde die noch feuchte Oberfläche entweder durch das Eindrücken verschiedener Muster oder Objekte dekoriert. Vereinzelt finden sich auch gegossene Dekorationselemente. Ungefähr 11000 Porzellan- und Keramikelemente, oft in Fragmenten, 15000 Keramikfliesen, 6000 Scherben farbiger Glasflaschen, dutzende Spiegel, 10000 Muscheln, Gesteinsfragmente, Brocken im Hof geschmolzenen Glases, und eine Vielzahl weiterer Elemente, von Autoscheinwerferfragmenten bis hin zu Telefon- und Stromisolatoren, sind als Bestandteile der Oberflächendekoration kartiert worden.

Die Form des Mosaiks ist der sog. Pique-Assiette-Technik vergleichbar. Raymond Edouard Isadore, ebenfalls ein idiosynkratischer Exzentriker, der Jahre seines Lebens damit verbrachte, mit farbigen Glas und Keramikscherben die Oberflächen seines Hauses in Chartres (Frankreich) zu dekorieren, gilt als wichtiger Vertreter dieser Technik.

Metallene Radiatorengitter, Teppichklopfer oder Backformen kamen zum Eindrücken der zahlreichen Muster in den frischen Mörtel zum Einsatz. An einer Stelle hat Sam Rodia auch seine Werkzeuge, Zangen, Hammer etc. durch einen Abdruck dokumentiert.

Die italienische arte povera propagierte später in den 1960er Jahren die Verwendung einfacher, billiger Materialien. Die meisten von Sam Rodia verwendeten Materialien entstammen einem lokalen, zufälligen Kontext,

Abb. 3: Dekoration durch eingedrückte Muster eines Heizungsgitters, umgeben von Fragmenten von Geschirr, Fliesen und 7up-Flaschen.

Abb. 4: Blick aus dem Pavillon (gazebo) zum Westturm

wurden von ihm oder Nachbarskindern gesammelt und repräsentieren einen bunten Querschnitt der Americana von den 1920er bis zu den 1950er Jahren: Auffallend die blauen Scherben der Phillips' Milk of Magnesia und die grünen Scherben der 7up-Flaschen. Die sog. „Swimsuit-Lady", die diese 7up-Flaschen ab 1936 zierte[6], hatte es ihm besonders angetan. An zahllosen Orten begegnet man ihr unter den Türmen. Die zeitliche Koinzidenz zwischen dem Verschwinden der Lady (von der Flasche) und Sam´s (seine abrupte Abreise nach Martinez) 1955 stimmt vor diesem Hintergrund fast etwas melancholisch.

Sam Rodia war ein Outsider-Künstler. Der Begriff Outsider-Art wurde von Roger Cardinal 1972 zunächst als Synonym für den von dem französischen Künstler Jean Dubuffet geprägten Begriff „Art Brut" gewählt[7], aber dann etwas weiter gefasst. Outsider-Art beschreibt Kunst außerhalb der Grenzen der offiziellen Kultur als "creations by untrained artists whose work is more self-enclosed, obsessive, or simply idiosyncratic", in Abgrenzung zu Kunsthandwerk und Volkskunst.

Die kaum eingeschränkte Verwendung von Abfallprodukten, von Autoscheinwerfern bis hin zu einem Flugzeugflügeltragwerk durch Rodia nimmt die zukünftige Entwicklung der „Recycling Art" des 21. Jahrhunderts vorweg. Anders als die sog. Trash-Art, geht die „Re-Art", wie z.B. Samuel Fleiner sie versteht, in eine andere Richtung. Hier geht es weniger um die Auseinandersetzung mit Müll als Problem, als um die Schaffung neuer, nützlicher oder einfach nur ästhetisch schöner Werke aus Abfällen.

Paul A. Harris zieht in seinem Artikel „To See with the Mind and Think through the Eye"[8] eine Verbindung von den Watts Towers zur so genannten „Gefalteten Architektur": Gefaltete Architektur findet ihre theoretische Grundlage in dem 1988 erschienenen Buch „Le pli - Leibniz et le baroque" des französischen Philosophen Gilles Deleuze[9]. Entfaltung bedeutet für Deleuze nicht das Gegenteil von Falten, sondern die Entwicklung von Körpern aus Falten. Übertragen auf die Architektur wurde das Gedankensystem von Bernard Cache in seinem Buch „Terre meuble" von 1995[10]. Gefaltete Architektur ist durch Strukturen ohne Zentrum charakterisiert, in denen der Rahmen als äußeres Element die inneren Formen in rhythmischer Modulation immer wieder neu konfiguriert[11]. Das gesamte Werk verändert sich kontinuierlich in der Wahrnehmung eines Betrachters, der sich in seinem Inneren bewegt: eine exakte Beschreibung der Watts Towers.

I. Sheldon Posen and Daniel Franklin Ward vergleichen die Gestalt der Türme in Watts mit den zeremoniellen Holz- und Pappmaché-Türmen, die während des Giglio–Festivals einmal im Jahr in Nola, nicht weit entfernt von Rodia´s Geburtsort, durch die Straßen getragen werden[12]. Die Prozession erinnert an die Entführung, Befreiung und Rückkehr des San Paolino, Bischof von Nola. Es ist nicht ausgeschlossen, dass sich Sam bei seinem Werk auch auf weit zurückliegende Erinnerungen aus seiner Kindheit gestützt hat.

John Beardsley beschrieb die Bedeutung der Towers für Sam Rodia als „the ship on which he sailed in his dreams" („dem Schiff, auf dem er in seinen Träumen segelte")[13], eine Assoziation, die sich nicht nur aus dem ersten Objekt auf dem Grundstück, dem Schiff des Marco Polo, erschließt, sondern schon dem speziellen dreieckigen Grundriss des eventuell genau aus diesem Grund so ausgesuchten Grundstücks geschuldet ist. Es ist, als hätte sich Rodia mit den an Schiffsmasten erinnernden Türmen eine Umgebung in unverschleierter Referenz zu dem Mythos Amerika und seiner Immigranten und damit eine Hommage an den American Dream selbst geschaffen[8].

Zweifelsohne wohnt in diesem Kunstwerk auch ein Element der Katharsis. Während des langjährigen Arbeitsprozesses, immer nur am Feierabend, einen freien Samstag gab es damals noch nicht, konnte Sam Rodia auf den Rippen seiner Türme vielleicht den Unfalltod seines Bruders, den Verlust seiner kleinen Tochter betrauern, sowie seine zerrütteten Ehen verarbeiten. Die ubiquitäre Präsenz der Herzsymbole in seiner Formensprache, ein Symbol der Liebe, spiegelt sich im Betrachter selbst mit wachsender Intensität, je mehr Zeit er unter den Türmen verbringt (Abbildung 5).

Abb. 5: Verstrebungen von Ost- und Mittelturm mit Herz-Symbolen

Probleme der Konservierung seit 1955

Sam Rodia hat sich selbst immer wieder mit Restaurierungsarbeiten an seinen Türmen beschäftigt. Insbesondere nach dem Long Beach Erdbeben von 1933 hat er zahlreiche neue Verstrebungen angebracht. In seinen letzten Jahren in Watts scheint er zunehmend von vandalisierenden Übergriffen jugendlicher Nachbarn frustriert worden zu sein. Einem nicht aufgeklärten Brand fiel 1955/56 bereits kurz nach Sams Verschwinden das Wohnhaus zum Opfer. Schon die ersten Schadensberichte in den 1950er Jahren sprechen von herabfallenden Dekorationselementen, den strukturell langfristig bedrohlichen Rissen und korrodierten Armierungen[4]. Das lokale „Department of Building and Safety" wollte von einer Konservierung zunächst gar nichts wissen, stellte Gefahrenhinweise am Grundstück auf und fasste am 15.3. 1957 einen Beschluss zum Abriss. Zeitgleich wuchs die Wahrnehmung der Türme und ihres künstlerischen Werts sowohl auf lokaler als auch internationaler Ebene immer weiter an.

Louis Sauceda, dem Sam Rodia vor seiner Abreise seine Schlüssel hinterlassen hatte, verkaufte das Grundstück im Frühjahr 1957 einem anderen Nachbarn, Joseph Montoya. Montoya fand das bizarre Gebilde eigne sich vorzüglich für einen Taco-Stand, riss die Reste des verbrannten Hauses im Juli 1957 ab, verfolgte aber seine Fastfood-Pläne mit den Türmen vorerst nicht weiter.

Weitere Inspektionen der LADBS (Los Angeles Department of Building and Safety) folgten und geben Zeugnis von einer beeindruckenden Naivität der städtischen Behörden im Bezug auf denkmalpflegerische Belange: so notiert Inspektor Harold Manley in einer Aktennotiz vom 30. Mai 1959: „Personally, I think this is the biggest pile of junk outside of a junk yard that I have ever seen"[14].

Wie so oft waren es das Engagement und die Bemühungen freiwilliger Aktivisten, insbesondere des Filmeditors William Cartwright und des Schauspielers Nicholas King, aber auch des Ingenieurs Bud Goldstone, der jungen Jeanne Morgan und zahlreicher anderer, die durch die Gründung des „Committee for Simon Rodia´s Towers in Watts" (CSRTW) am 6. April 1959 die Weichen für eine bessere Zukunft gestellt haben.

Im März 1959 erstehen Cartwright und King das Grundstück von Montoya und das Committee bietet den städtischen Behörden im Juli 1959 bei den Anhörungen zur Abrissanordnung im damaligen „L.A. Department of Public Works" Paroli. Auf Anraten des Ingenieurs Goldstone akzeptiert es den für den 10. Oktober 1959 geplanten lateralen Belastungstest des höchsten Turms. Unter den Augen von über 1000 gebannten Zuschauern wurden 4,5 Tonnen, die Windlast eines 130 km/h schnellen Sturmwinds simulierend, in den Turm über eine Stahlkonstruktion eingeleitet. Am Ende verbog sich der Stahlträger, der Turm aber blieb, zur großen Freude der meisten Augenzeugen, stehen.

Bis heute verfolgt das Committee das Umfeld der Türme, die als notwendig erachteten Eingriffe und Maßnahmen zur denkmalpflegerischen Bewusstseinsbildung auf Schritt und Tritt. Immer wieder setzte und setzt es sich für einen konservatorisch professionellen Umgang mit dem Denkmal ein. Im Rückblick kann man den damals jungen Freiwilligen nur attestieren, über fast 50 Jahre an einem der größten Erfolge der kalifornischen Denkmalpflege maßgeblich mitgewirkt zu haben.

Es würde den Rahmen dieses Artikels sprengen, die gesamte Konservierungsgeschichte der Watts Towers bis heute zu rekapitulieren: die zahllosen verwendeten Injektionsmassen zum Schließen der Risse, die Inhibitoren und Mörtelrezepte, die Statiker, die ausgehend von einer 50%igen Entfernung der Originalsubstanz planten, die angefangenen und abgebrochenen Maßnahmen, die Behörden, die immer wieder Handwerkern die Ausführung komplizierter Restaurierungsvorhaben anvertrauen wollten.

Abb. 6: Verlust von Oberflächenapplikationen (a) – Verschiedene Mörtelergänzungen und Rissverschlüsse (b)

So einzigartig wie die Türme ist auch die restauratorische Herausforderung durch strukturelle und Oberflächenprobleme. Die Problematik ist systemimmanent. Die Ursache der begrenzten Lebenszeit liegt in der Kombination der Metallarmierung mit seinem zementhaltigen Bindemittel. Zahlreiche Beiträge in diesem Tagungsband setzen sich damit auseinander. Die Korrosion der Bewehrungen, seit den ersten Inspektionen in den 1950er Jahren konstatiert, bildet das Hauptproblem. Aufgrund der langsamen Carbonatisierung des Portlandits ($Ca(OH)_2$) in der Matrix sinkt der pH-Wert, der anfänglich im Zementleim um 12 liegt, die Passivierung des Stahls geht verloren und die Korrosion beginnt. Diese führt zu Rissen, welche wiederum den Wassereintrag erleichtern und die Korrosion der Bewehrung beschleunigen. Chloridkonzentrationen um 0,1 % (Tabelle 1) tragen ebenfalls beschleunigend zur Eisenkorrosion bei.

Viele Risse sind aber auch der Verwendung inkompatibler Mörtelkittungen geschuldet (Abbildung 6 b). Alle Restaurierungs- und Pflegeempfehlungen der letzten Jahrzehnte raten zu einem kontinuierlichen Monitoring und Verschließen der festgestellten Risse. Immer wieder wird die substanzschonende Injektion von Korrosionsinhibitoren diskutiert, wie (und ob) diese allerdings die korrodierenden Metalloberflächen tatsächlich erreichen können, scheint fraglich.

Regelmäßig wird das Herabfallen einzelner Applikationen beklagt. Die Adhäsion zum angrenzenden Mörtel ist hier der kritische Faktor, nicht außer Acht zu lassen sind aber auch mutwillige oder unabsichtliche Beschädigungen durch die Besucher oder Souvenirjäger (Abbildung 6 a). Frank Preusser stellt 2003 nachvollziehbar fest, „dass sich die Türme nicht in unmittelbarer Gefahr befinden, jedoch einem langsamen Verwitterungsprozess ausgesetzt sind, der zu einem gewissen Zeitpunkt in einen virulenten Zerstörungsprozess umschlagen kann"[15].

Über die Jahre haben viele Experten und besorgte Bürger zu der Erhaltung der Watts Towers beigetragen. Der Autor selbst war 2003, gemeinsam mit Leslie Rainer und Mary Hardy Mitglied einer internen Expertengruppe am Getty Conservation Institute, die sich unter der Leitung seines Direktors Tim Whalen zur Begutachtung der vorliegenden Berichte zusammenfand und mit den Verantwortlichen vor Ort sprach.

Die Dokumentationsmaterialien aus den letzten 50 Jahren füllen inzwischen einen ganzen Raum, der Zugang zu ihnen wurde immer schwieriger. Die Architectural Resources Group (ARG) hat sich 2005/6 dieses Problems angenommen, die Dokumente gemeinsam mit der Stadt Los Angeles nach Ihrer Wichtigkeit geordnet und sie in ein innovatives, elektronisches 3D-Dokumentationssystem überführt. Man entschied sich für ein 3D-Computer Modell mit Datenverbindungen zur Einbindung historischer Dokumente, auf der Basis eines vereinheitlichten Orientierungssystems.

Mit der Erstellung eines Computermodells wurde die Spezialfirma „Planet 9" betraut, in vollem Bewusstsein der besonderen Herausforderung durch die transparente 3D-Struktur der Watts Towers. In einem ersten Schritt wurde ein Laser-Scan des Komplexes angefertigt. Mehrere Scans wurden von der zuvor mit Orientierungsmarkern versehenen Stätte aus verschiedenen Perspektiven aufgenommen, im Resultat wurde eine so genannte Punktwolke erhalten (Abbildung 7).

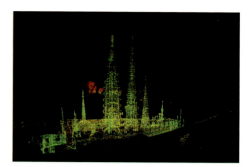

Abb. 7: Punktwolke der Watts Towers

Die Punktwolke ist eine Serie von Messpunkten in einem dreidimensionalen Raum, man kann sich in ihr oder sie selbst bewegen, aber sie enthält weder eine Oberfläche, noch kann man andere Daten und Informationen mit ihr verbinden. Um Oberflächen zu generieren, muss die Punktwolke in eine feste Struktur überführt werden. Dies geschieht durch die Verbindung der Punkte zu einem polygonen Netz und die Füllung des Netzes mit einer Oberfläche (Abbildung 8).

Durch das Computer-Modell kann der Nutzer auf einfache und unkomplizierte Weise navigieren. Spezielle Bereiche können so, aber auch durch Eingabe der Daten aus dem Orientierungssystem schnell angezeigt werden. Diese Verbindungen laufen über eine standardmäßige Microsoft Access Datenbank. Die verfügbaren Dokumente, Photographien, Berichte etc. erscheinen in einem Menu auf dem Bildschirm.

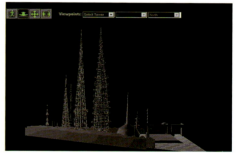

Abb. 8: 3D-Modell der Watts Towers

Zusätzlich kann das Dokumentationssystem auch als analytisches Werkzeug dienen. Sucht man z.B. die Verteilung von verschiedenen Materialien oder Restaurierungseingriffen im Gesamtbild, ist es möglich, dies auf dem Modell farbig darzustellen. In Abbildung 9 sind z.B. die Bereiche vorausgegangener Rissversiegelungen in rot auf dem Modell dargestellt.

Das Modell ist webfähig und soll in naher Zukunft von der City of Los Angeles auch der Öffentlichkeit über Internet zugänglich gemacht werden.

Die von ARG durchgeführte innovative Dokumentation auf der Basis der 3D-Computer Modelle erlaubt einen schnellen und einfachen Zugang zur Zustandsgeschichte, die Standardisierung früherer Dokumentationsformate sowie die visuelle Analyse von Zustands- und Materialverteilung und ist damit die Basis für eine effektivere und transparentere Dokumentation in der Zukunft.

Sechs Jahre nach dem Abschluss der fast zwei Millionen teuren seismischen Stabilisierung nach dem Northridge Erdbeben von 1994 sind die Watts Towers seit Mitte Mai 2008 wieder, voraussichtlich bis Februar 2009 wegen Restaurierungsarbeiten für den Besucherverkehr gesperrt[16]. Besonders der Mittelturm hatte unter den Stürmen der Saison 2004/05 gelitten und wird nun (berührungslos) eingerüstet werden.

Abb. 9: Das 3D-Modell als diagnostisches Werkzeug: Bereiche vorausgegangener Rissversiegelung sind in rot dargestellt.

„Die Leute fragen ständig, wann sind wir endlich damit fertig? Nun, wahrscheinlich nie" sagte die Kuratorin Virginia Kazor in einem Interview der L.A. Times im Sommer 2003[17]. Und wer wollte ihr widersprechen?

"To see the beauty of nature and understand the principles. That's what Sam, Simon Rodia did...
Sam will rank not just in our century, but rank with the sculptors of all history."

-- R. Buckminster Fuller

Danksagung

Sean Woods von den California State Parks, Virginia Kazor und Zuleyma Aguirre von der City of Los Angeles sowie Mary Hardy, Leslie Rainer und Tim Whalen für die ausführlichen Diskussionen am Getty Conservation Institute, der unermüdlichen Jeanne S. Morgan für die Ermunterung, die Sache der Watts Towers auf der Denkmal 08 in Deutschland zu vertreten, David Coleen, Christian Greuel und Dan Acona von Planet 9 Studios für die Erstellung des 3 D-Modells, Glenn David Mathews und James Cooks von ARG sowie Frank Preusser für inhaltliche Hinweise und Martin Mach für seine Geduld bei der Einlieferung des Manuskripts.

Literatur

1. Bud Goldstone, Arloa Paquin Goldstone (1997): The Los Angeles Watts Towers, 1997, The Getty Conservation Institute, 116 pp.
2. Jeanne Morgan (1964): Forth Annual CSRTW Newsletter, September 1964, S.7.
3. The Ehrenkrantz Group (1983): Preservation Plan for Simon Rodia´s Towers in Watts, November 1983, 243 S.
4. City of Los Angeles (1959): Department of Building and Safety (LADBS), 12. November 1959, Board File (Aktenvermerk) #59.901.14, C.M. Wilson (sign.) 9 S. (in 3).
5. Earlin, Hime Associates, Inc (1982): Petrographic and Chemical Studies of Mortars from the Watts Towers for the Ehrenkrantz Group, 7 S. in [3], S. 90-96.
6. Bill Lockhart (2005): The Other Side of the Story: A Look at the Back of Seven-Up Bottles.- the Soda Fizz, January-February 2005, 20-24. (http://www.sha.org/bottle/pdffiles/BLockhart_7UpBottlers.pdf Zugriff: 03.07.2008).
7. Roger Cardinal (1972): Outsider Art, London.
8. Paul A. Harris: To See with the Mind and Think through the Eye: Simon Rodia's Watts Towers of Los Angeles, Loyola Marymount University; http://myweb.lmu.edu/pharris/Wattspaper.html Zugriff: 05.06.2008.
9. Gilles Deleuze (1988): Le pli - Leibniz et le baroque (Die Falte).
10. Bernard Cache (1995): Terre Meuble (Earth moves).
11. Eric Pigat (2005): Faltungen Referat Sommersemester 2005,- in Cornelie Leopold (Hrsg.): Geometrische Strukturen. Dokumentation einer Ausstellung des Fachgebietes Darstellende Geometrie und Perspektive mit Studierenden der Architektur und Mathematik, TU Kaiserslautern 2007; http://www.uni-kl.de/AG-Leopold/lehre/architektur_geometrie/raumstrukturen/faltungen.pdf
12. Daniel Franklin Ward, I Sheldon Posen (1985): The Watts Towers and the Giglio Tradition.- Folklife Annual. Library of Congress, 1985.
13. John Beardsley (1995). Gardens of Revelation: Environments by Visionary Artists. New York, Abbeville Press, 1995, S. 169.
14. City of Los Angeles (1959): Department of Building and Safety (LADBS), 30. Mai 1959, File (Aktenvermerk) #X46474, Harold Manley (sign.) in [3].
15. Frank Preusser & Associates (2003): Review of Past and Current Inspection and Maintenance Practice at the Watts Towers, Report fort he State of California – Department of Parks and Recreation, 17. August 1003, 14 S.
16. Los Angeles Times (2008): Watts Towers tours restricted due to repairs, 15. Mai 2008, http://www.latimes.com/entertainment/news/arts/la-et-watts15-2008may15,0,1690292.story
Zugriff: 5.Juni 2008.
17. Los Angeles Times (2003) Issue is up in the air .- 12.Juni 2003.

DENKMALPFLEGE

Bild oder Abbild?
Die Wiederherstellung von Betonoberflächen nach Sanierungsmaßnahmen

Uli Walter
Bayerisches Landesamt für Denkmalpflege
Hofgraben 4, 80539 München
uli.walter@blfd.bayern.de

Die Worte „Beton" und „Zement" sind im allgemeinen Sprachschatz der heutigen Denkmalpflege nicht gerade positiv besetzt. Für viele Restauratoren, Handwerker oder amtliche Denkmalpfleger sind sie gar der Inbegriff für schadensträchtige Sanierungsmaterialien der Moderne – natürlich in Abgrenzung zu den „guten" traditionellen Baustoffen wie Ziegel, Stein, Sand oder Kalk. Es kann und soll nicht verschwiegen werden, dass diese skeptische Bewertung des Betons einen durchaus ernst zu nehmenden Hintergrund hat. Denn Mörtel, mit Zement oder anderen hochhydraulischen Bindemitteln wie etwa Romankalk angerührt, können aufgrund ihrer großen Härte und Materialdichte zu einer erheblichen Unverträglichkeit mit weicheren Baustoffen wie Kalk- oder Stuckmörteln führen. In zahlreichen Fällen hat nämlich die Ausbesserung oder Überputzung von Fassaden mit Zementmörteln gravierende Bauschäden nach sich gezogen. Das harte Material hat nämlich zur Folge, dass der weichere Unterputz erstickt und daher seine Bindekraft verliert. Daraus können großflächige Hohllagen oder Abplatzungen entstehen. Zementhaltige Ausbesserungsstellen in weicherer Umgebung (auch als Betonplomben bezeichnet) zeigen bald Haarrisse im Randbereich und lassen ebenfalls Abscherungen oder Abstürze befürchten. Insofern darf es nicht verwundern, dass bei der Restaurierung historischer Fassaden diese Betonausbesserungen oder Betonergänzungen in aller Regel beseitigt werden, zugunsten von Materialien, die mit dem Altbestand der Fassaden technisch und bauphysikalisch besser kompatibel sind.

Auch die Instandsetzung von Beton- oder Kunststeinfiguren, die in der Architektur des späten 19. und frühen 20. Jahrhunderts häufig vorkommen, ist in der denkmalpflegerischen Praxis leider kein Paradebeispiel für Substanz schonende Konservierungs- oder Restaurierungsverfahren. Denn zur Stabilisierung der Zementgussfiguren verwendete man um die Jahrhundertwende ein Gerüst aus Eisenstäben und Drähten – den berühmten Blumenkübeln Moniers durchaus vergleichbar. Je nach Bewitterungssituation beginnt das Eisen aber früher oder später zu korrodieren und verursacht durch die Volumenvergrößerung des Eisens einen Sprengdruck im Innern dieser Gebilde, was sich an der Oberfläche in Form von Rissen und Rostfahnen bemerkbar macht. Schäden dieser Art können in nachhaltiger Weise nur behoben werden, indem man auf das Metall zurückarbeitet, einen Korrosionsschutz aufbringt und die Figur mit einem geeigneten Reparaturmörtel ergänzt oder „reprofiliert" – wie der einschlägige Fachbegriff lautet. Diese Wiederherstellung ist im Falle von geschichtlich oder künstlerisch wertvollen Objekten die Aufgabe qualifizierter Restauratoren und Bildhauer. Ohne diese tiefen Eingriffe wären derartige Objekte unsanierbar und müssten von der Fassade entfernt werden, was wiederum nicht im Interesse der Denkmalpflege liegt.

Im Rahmen solcher Sanierungsmaßnahmen muss üblicherweise auch die Betonoberfläche der Figuren behandelt werden, die häufig einen rudimentären, zurückgewitterten Eindruck macht. Dies ist das Ergebnis einer natürlichen Erosion, denn eine rund hundertjährige Fassadenfigur aus Beton ist im Verlauf ihrer Existenz einem fortdauernden

Verwitterungsprozess ausgesetzt. Oft ist die originale Oberfläche gar nicht mehr vorhanden. Die Bindemittel sind ausgewaschen, die Zuschlagstoffe liegen frei und sind zu einem Großteil bereits weggebröselt, vielleicht mit Ausnahme von einigen geschützten Bereichen. In diesem Fall kann durch Festigungsmittel eine gewisse Oberflächenstabilisierung erreicht werden. Wenn dies nicht ausreicht, wird eine gezielte Verschleißschicht in Form einer Schlämme aufgebracht, welche das Original für eine gewisse Zeit schützt. Leider ist auch dies ist keine langfristige Lösung, denn die situationsbedingte Erosion kann dadurch zwar verlangsamt, aber keineswegs gestoppt werden.

Zum Schauwert historischer Betonoberflächen

Auf der anderen Seite gibt es nicht nur negative Erfahrungen mit dem Werkstoff Beton. Die heutige Denkmalpflege hat es mit anerkannt bedeutungsvollen Zeugnissen der Architektur- und Kunstgeschichte zu tun, bei denen die Verwendung und spezifische Gestaltung von Beton den Denkmalwert des Gebäudes in elementarer Weise begründet. Damit sind nicht nur die technischen Meisterleistungen im Hoch-, Tief- und Wasserbau gemeint, deren Fotografien und Plandarstellungen die Handbücher der Architekten und Bauingenieure füllen. Auch vergleichsweise konventionelle Bauaufgaben aus der Zeit vor dem Ersten Weltkrieg, wie beispielsweise Verwaltungs-, Wohn- oder Geschäftshäuser, können mit Hilfe von Beton gebaut oder dekoriert worden sein. Aus heutiger Sicht ist es mehr als erstaunlich, in welch vielfältiger Form dieser Werkstoff in der Zeit um 1900 zum Einsatz kam. Die bayerische Haupt- und Residenzstadt München liefert dafür zahlreiche Belege.[1] Hier waren bis 1914 mehrere große und technologisch innovative Baufirmen tätig, darunter das Unternehmen Wayss & Freytag oder der Bau- und Immobilienriese Heilmann & Littmann. In München arbeiteten bekannte Ingenieure wie Emil Mörsch, einer der Eisenbetonpioniere des frühen 20. Jahrhunderts. Berühmte Architekten wie Max Littmann oder Theodor Fischer bedienten sich des neuen Werkstoffs, nicht nur in statisch-konstruktiver, sondern auch in künstlerischer Hinsicht. Ihre Betonbauwerke, wie beispielsweise die Königliche Anatomie in München oder die Garnisonskirche in Ulm, gehören zu den herausragenden Schöpfungen dieser Epoche.

Die Faszination des frühen Eisenbetonbaus liegt aber nicht nur in der statischen Kühnheit und der Schlankheit der architektonischen Proportion begründet, sondern auch in der offenkundigen Bemühung, die raue Rohbetonoberfläche künstlerisch zu veredeln. Seit dem frühen 19. Jahrhundert gibt es zahlreiche Belege dafür, wie vermeintlich minderwertige Surrogatmaterialien wie Terrakotta, Zink oder Nadelholz durch geschickte Bemalung oder Bearbeitung künstlerisch aufgewertet wurden. Verkürzt gesagt: Der Schein bestimmte das Sein. Mit dieser historisch bedingten Erwartungshaltung begegnete man ab den 1860er Jahren auch dem neuen Zementkunststein bzw. dem Betonguss. Das pure, raue Betonmaterial war im Kanon der bürgerlichen Vorstellungswelt (noch) nicht vorzeigbar, es musste daher bearbeitet und „veredelt" werden, um im Kreis der etablierten, repräsentativen Baustoffe akzeptiert zu werden.[2] Mit dieser Zielsetzung entwickelte man daher das Betongussverfahren weiter. Es wurden hochwertige „Betonwaren" hergestellt, die als vorfabrizierte, dekorative Einzelstücke am Bau oder auf Friedhöfen Verwendung fanden. Interessanterweise waren es damals Steinmetze, die der Produktion derartiger Massenartikel Vorschub leisteten. Erst gegen Ende des 19. Jahrhunderts griff das Verfahren dann auf den architektonischen Rohbau über. In Frankreich gehörte Auguste Perret zu den Wegbereitern dieser Technologie. Betonwerksteine und gegossene Fassaden wurden salonfähig. Voraussetzung war allerdings die Erfindung des so genannten Vorsatzbetons. Dies bedeutet: In der gezimmerten Schalung wurde zunächst eine nach gestalterischen Gesichtspunkten bestimmte Feinschicht angebracht, bevor die gröbere Hinterfüllung des eigentlichen Betonkerns erfolgte. Die genannte Feinschicht bestand aus ausgewählten, hochwertigen Baumaterialien. Dazu zählten Zuschlagstoffe wie runde Kiesel oder gebrochene Natursteine. Hinzu kamen farbige Sande und helle Bindemittel, manchmal sogar unter Zufügung von Farbpigmenten. Die Auswahl der Materialien wurde vom verantwortlichen Architekten im Rahmen seiner künstlerischen Oberleitung getroffen. Nach dem Guss und der Ausschalung wurden die so entstandenen rauen Betonoberflächen in einem weiteren Arbeitsschritt in steinmetztechnischer Weise verfeinert, ähnlich einem hochwertigen Naturstein. Handwerkliche Techniken wie der Randschlag („Scharrierung") oder die flächige Füllung („Stockierung") sind daher bei Beton aus der Zeit um 1900 fast durchgängig anzutreffen.[3] Einige Beispiele für die Sanierung und Restaurierung früher Betonbauwerke in München sollen das bisher Gesagte bildhaft erläutern.

Berühmte Betonbauwerke Münchens

Der Sammlungsbau des Deutschen Museums in München, errichtet nach Entwurf des Architekten Gabriel von Seidl, stellt neben dem Leipziger Hauptbahnhof in Bezug auf Größe und Bedeutung ein einzigartiges, komplett in Eisenbeton errichtetes Bauwerk dar. Der Rohbau entstand in den Jahren 1909-11, die Fertigstellung zog sich bis 1925 hin.[4] Die Sichtbetonfassade wurde als Vorsatzbetonkonstruktion errichtet, deren bearbeitete Oberfläche gequetschten Muschelkalk enthielt, um die Fassade in einem lebhaften, warmen Farbton erscheinen zu lassen. Lediglich der halbrund vorspringende Haupteingang in den Sammlungsbau erhielt aus Gründen der architektonischen Repräsentation eine Fassade aus vorgeblendeten Muschelkalkplatten. Bei der im Jahr 2002 erfolgten Sanierung und Restaurierung der Fassadenteile wurde zunächst eine schonende Reinigung im Trockenstrahlverfahren durchgeführt. Bei der Ausbesserung der schadhaften Betonoberfläche bestand die Aufgabe, die historischen Material- und Bearbeitungsstrukturen form- und farbgetreu zu ergänzen. Die ausführende Baufirma entwickelte einen Reparaturmörtel, der sich in seiner Farbigkeit und Körnung eng an den Altbestand anlehnte. Die Besonderheit der Aufgabe bestand jedoch darin, die Form der alten, steinmetztechnisch hergestellten „bunten" Scharrierung im Sockelbereich zu wiederholen. Diese witzige und selten anzutreffende Art der Oberflächengestaltung weist als Besonderheit eine ins Monumentale übertragene Scharrierungsform auf, die den Eindruck erwecken soll, als hätten Zyklopen mit riesigen Werkzeugen die Betonoberflächen bearbeitet (Abb. 1). Für die Wiederholung dieser Formen bediente sich der hinzu gezogene Restaurator einer eigens abgeformten Silikonmatrize, die es ermöglichte, im frischen Mörtel einen Abdruck der Originalform herzustellen. Die auf diese Weise ergänzten Teilbereiche fügen sich vergleichsweise gut in den Kontext der Altfassade ein.

Abb. 1: Waren hier Zyklopen am Werk? Monumentale Sockelgestaltung in Beton (München, Sammlungsbau des Deutschen Museums, Aufnahme Uli Walter 2008)

Auch der 1911 fertig gestellte Turm des Deutschen Museums (auf der Besucherplattform signiert mit „Schwenk") musste 2001/02 einer Sanierung und Restaurierung unterzogen werden. Der 65 Meter hohe Museumsturm stellte zur Errichtungszeit den höchsten Profanbau Münchens dar und erfreute sich von Beginn an großer Beliebtheit bei der Bevölkerung. Wegen seines schlechten Bauzustands war er jedoch seit 1982 gesperrt gewesen. Der Turm besitzt eine hohe baugeschichtliche Bedeutung als frühe, unbewehrte Stampfbeton-Konstruktion, die mit Hilfe einer „Rutsch-" oder „Kletter-Schalung" errichtet wurde. Aus denkmalpflegerischen Gründen wurde das Ziel gesetzt, die Lebendigkeit der Sichtbetonoberfläche zu erhalten und die historischen Werkspuren sichtbar zu belassen. Die Aufgabe bestand also darin, die notwendige Sanierung unter weitgehender Wahrung des überlieferten Erscheinungsbilds durchzuführen. So wurden beispielsweise die horizontalen Schüttfugen erhalten, die den gegossenen Charakter des Bauwerks und den historischen

Abb. 2: Der Alterswert des Betonturms von 1911 ist nach seiner Sanierung noch uneingeschränkt erkennbar (München, Turm des Deutschen Museums, Aufnahme Martin Mach 2008)

Werkprozess augenfällig machen. Selbst die alten Kiesnester, für heutige Betonbauer ein unverzeihlicher technischer und ästhetischer Mangel, blieben optisch bestehen und wurden nur in den tiefer liegenden Bereichen teilweise hinterfüllt. So prägen die Herstellungsspuren von 1911 nach wie vor das optische Bild des heutigen Turms (Abb. 2). Die gealterte Erscheinungsweise des Turms wurde akzeptiert und nicht durch moderne Sanierungs- oder gar Beschichtungsmethoden überformt.

Ein weiteres Beispiel für eine groß angelegte Betonsanierung bilden die drei großen Ausstellungshallen auf dem alten Messegelände in München, errichtet 1908 nach Entwurf von Wilhelm Bertsch.[5] Das Tragwerk der Halle 3 besteht komplett aus Eisenbeton. Die Fassaden aller drei Hallen zeigen Sichtbetonoberflächen, mit einem Randschlag scharriert und in den Binnenflächen fein gestockt. Die Halle 3 mit einer Grundfläche von 27 x 104 Metern gehört zu den frühesten Beispielen einer frei tragenden Halle mit betonierten Rahmenbindern und einer zentralen Kuppel, ausgeführt von der Firma Dyckerhoff & Widmann. Die Umnutzung der Hallen zu musealen Zwecken machte eine Sanierung der Eisenbetonkonstruktion erforderlich. Nach Abnahme der Beschichtungssysteme, die bei früheren Sanierungsversuchen aufgebracht worden waren, traten Art und Ausmaß der Betonschäden zutage. Da eine konventionelle Betonsanierung mit kompletter Oberflächenbeschichtung weder technisch noch gestalterisch in Frage kam, musste 2002/03 die denkmalgerechte Sanierung bzw. Restaurierung in Angriff genommen werden. Es kostete mehrere Versuche, die Untersuchungsergebnisse im Hinblick auf die damals verwendeten Sande, Bindemittel und Zuschlagsstoffe in ein geeignetes Rezept für den neuen Mörtel umzusetzen. Doch gelang es, die Farbigkeit und Struktur des Reparaturmörtels der gealterten, angewitterten Oberfläche anzugleichen. Danach erfolgte die handwerkliche Bearbeitung der Ausbesserungsstellen. Mit modernem Gerät versuchte man, den Stock- bzw. Scharrierschlag des Steinmetzen bzw. Betonbauers von 1908 zu imitieren (Abb. 3). Auf Beschichtungen oder Hydrophobierungen wurde völlig verzichtet, um der körnigen, natursteinähnlichen Oberflächenerscheinung und der materialsichtigen Wirkung des Betons so nahe zu kommen, wie dies auch 1908 beabsichtigt gewesen ist.

Abb. 3: Ein Ergebnis fachgerechter Betonsanierung, natürlich ohne Beschichtung (München, Alte Messehalle 3 auf der Theresienhöhe, Aufnahme Uli Walter 2008)

Beton um 1900: rot, gelb, dunkelgrau

Eine gestalterische Sonderform des Vorsatzbetons stellen jene Lösungen dar, die auf eine besondere Farbwirkung der Oberflächen abzielen. Auch davon hat die Münchner Architektur vor 1914 einige schöne Beispiele zu bieten. Am häufigsten tauchen rot gefärbte Betons auf, deren feinkörnige, glatte Oberfläche in Verbindung mit dem Rotton offenkundig dafür eingesetzt wurde, um eine Materialähnlichkeit mit höherwertigem rotem Sandstein hervorzurufen. Eines der besten Beispiele dafür liefert der gestaltwirksam eingesetzte Sockel einer großbürgerlichen Villa aus dem Jahr 1908 im Münchener Stadtteil Bogenhausen.

Auf der Wirkung gelblicher, bzw. dunkelgrau-anthrazitartiger Betonoberflächen beruht dagegen die Fassadengestaltung im unteren Teil des ehemaligen Verwaltungsgebäudes der städtischen Gaswerke nach Entwurf von Robert Rehlen. Diese knapp 100 Jahre alte Betonfassade befindet sich in einem technisch hervorragenden Bauzustand ohne jegliche Beschichtung oder Hydrophobierung. Selbst im gealterten Zustand zeigt sie, welche hohen ästhetischen Qualitäten dem Material Beton innewohnen können, leider aber auch, wie unbekannt die früheren Fertigungstechniken im heutigen normierten und standardisierten Bauwesen geworden sind. Bei der kürzlich erfolgten Außeninstandsetzung blieb dieser Fassadenbereich unverändert und wurde lediglich einer leichten Reinigung unterzogen (Abb. 4).

Abb. 4: Der Zauber farbiger Betonoberflächen, 100 Jahre alt und original erhalten (München, ehemaliges Dienstgebäude der Gaswerke am Unteren Anger, Aufnahme Uli Walter 2008)

Ist „béton brut" restaurierbar?

So weit die Beispiele für die Sichtbetons der Jahrhundertwende mit steinmetztechnisch bearbeiteter Oberfläche. Aus denkmalpflegerischer Sicht besitzen sie den großen Vorteil, dass sie eine handwerkliche Sanierung und Restaurierung erlauben. Die Erstellung eines geeigneten Reparaturmörtels und die manuelle Nachbearbeitung der Oberfläche gewährleisten ein Erscheinungsbild, das vom Altbeton im Idealfall nicht oder kaum zu unterscheiden ist.

Anders verhält es sich jedoch mit den Betonoberflächen der architektonischen Moderne. Unter dem Einfluss des Architekten Le Corbusier entwickelte sich im Verlauf der 1950er Jahre auch in Deutschland eine neue Ästhetik im Betonbau, die nicht mehr von der handwerklichen Gestaltung der Betonoberfläche ausging, sondern vielmehr von der Wirkung des unbearbeiteten Betons, die allein durch die Struktur der Holzschalung geprägt wurde. In Anlehnung an eine Äußerung Le Corbusiers bezeichnete man dieses Verfahren mit dem Begriff des „béton brut", was wenig später von Rayner Banham sogar zum Stilbegriff erweitert wurde. In Deutschland sprach man synonym von „schalungsrauem Beton". Die Idee, den rohen Beton, auf dem sich die Schalbretter abzeichnen, als programmatisches Ziel der architektonischen Gestaltung zu erklären, besaß auf das junge Nachkriegsdeutschland einen unglaublichen Einfluss. Le Corbusiers Vorbild des Sichtbetonblocks der Unité d'Habitation in Marseille wurde auch hier zahlreich rezipiert und kolportiert. Damit brach sich auch eine veränderte Ästhetik Bahn, denn solche reduzierten Architekturoberflächen besaßen etwas Archaisches, etwas, was die unfertige Anmutung des Rohbaus zum Endprodukt verwandelte. Die Annäherung von Rohbau und Ausbau verstand man als besonders reine, minimalistische Form der architektonischen Gestaltung. Diese bewusste formale Reduktion feierte die Knappheit und den Purismus der Architektur – eine Haltung, die noch heute gelegentlich spürbar ist.[6] Beispiele für diese Formauffassung liefern etwa das Ateliergebäude des Bildhauers Hermann Rosa in München-Schwabing (1960-65) oder das frühere Ordenshaus und Redaktionsgebäude der Jesuiten (1961-65), am Rand des Nymphenburger Schloßparks errichtet. Hier zeichnete der Architekt Paul Schneider-Esleben (Düsseldorf) für den Entwurf verantwortlich.

Schalungsraue Betonoberflächen lassen sich bereits seit den 1950er Jahren finden. In München sind beispielsweise die Matthäuskirche (1953-55) nach Entwurf von Gustav Gsaenger,[7] oder das ehemalige Institutsgebäude der Technischen Universität in der Luisenstraße zu nennen, entworfen 1959 von Josef Wiedemann und Franz Hart. Bei beiden Bauwerken sind die Betonbauteile als architektonische Gliederungselemente eingesetzt. Um den Charakter des Betonbaus klar und nachvollziehbar zu verdeutlichen, beabsichtigten die Entwurfsarchitekten aus künstlerischen Gründen eine kräftige Material- und Signalwirkung des Betons. Dessen Oberflächenwirkung besaß also eine große gestalterische Bedeutung, gerade im Zusammenwirken mit anderen, auf „Sicht" eingesetzten Baumaterialien am Gebäude. Besonders der Architekt Gustav Gsaenger variierte bei seinen Kirchenbauten das Thema der Materialsichtigkeit unterschiedlicher Baustoffe. Er setzte den schalungsrauen Beton in einen bewussten Materialkontrast etwa mit durchfärbtem Putz, Holz oder Glas. Seine Bauwerke, inzwischen zahlreich unter Denkmalschutz, dürfen ihre materielle Signifikanz nicht verlieren, wenn sie als künstlerische Gebilde erhalten bleiben sollen (Abb. 5).

In technischer Hinsicht gehörte der Betonbau der 1950er Jahre allerdings nicht zum Besten. Die zu geringe Betonüberdeckung und die vergleichsweise schlechte Betonqualität führten nicht selten zu einer fortschreitenden Karbonatisierung des Baustoffs, was wiederum Rostbildungen

Abb. 5: Beste Baukunst der 1950er Jahre am Beispiel einer Betontreppe nach Entwurf von Gustav Gsaenger (München, Matthäuskirche am Sendlinger-Tor-Platz, Aufnahme Uli Walter 2008)

Abb. 6: Trauriger Zustand eines Betonskelettbauteils nach seiner technischen Sanierung (München, früheres Institut für Technische Physik, Luisenstraße 37a, Aufnahme Uli Walter 2008)

Abb. 7: Drei fragwürdige Neubeschichtungsmuster in Anlehnung an die Struktur des schalungsrauen Originalbetons (München, früheres Institut für Technische Physik, Luisenstraße 37a, Aufnahme Uli Walter 2008)

und Abplatzungen nach sich zog. Heute sind daher aufwändige Sanierungen erforderlich, um wieder ein homogenes Gefüge zwischen Stahl und Beton herzustellen. Bei Baudenkmälern und anderen künstlerischen Gebilden verbieten sich natürlich gummiartige Beschichtungssysteme, die nach Abschluss der Sanierungsarbeiten üblicherweise über die Betonbauteile gezogen werden. Verkürzt gesagt ist das Dilemma folgendes: Einerseits muss in die gestaltete Oberfläche des schalungsrauen Betons eingegriffen werden, um die notwendige Sanierung in der Tiefe durchführen zu können (Abb. 6). Andererseits ist eine dicke, mausgraue „Elefantenhaut" statt der feinziselierten Holzstruktur des „béton brut" nicht akzeptabel. Eine handwerkliche Wiederherstellung der Schalungsstruktur, etwa durch Neuverschalung und Neuguss ist leider nicht möglich. Die form-, farb- und werkgerechte Restaurierung von schalungsrauen Betonoberflächen gehört daher zu den schwierigen, fast unlösbaren Aufgaben der Denkmalpflege (Abb. 7).

Aus diesem Dilemma führt bislang nur ein verschlungener Weg, der allerdings mit den hehren Grundsätzen der Restaurierung nur schwer zu vereinbaren ist: die Matrizentechnik. Hierbei wird – im Idealfall – von einer historischen Originaloberfläche ein Negativabdruck aus Silikon angefertigt. Nach erfolgter Betonsanierung wird diese Matrix wieder in die weiche Endbeschichtung eingedrückt, wodurch sich die frühere Oberflächenstruktur als reproduziertes Abbild wieder abzeichnet (Abb. 8). Eine findige Bauindustrie steht zur Verfügung, um sämtliche Parameter dieses Reproduktionsprozesses in exakter Weise und nach individuellem Bedarf jeweils neu zu bestimmen. Wenn nicht, steht ein umfangreicher Katalog erprobter Möglichkeiten zur Verfügung. Angesichts dieser ungeahnten, oder besser: unfassbaren Möglichkeiten könnte der leichtgläubige Laie auf die Idee kommen, dass mit der Matrizentechnik ein möglicher Weg aus dem Dilemma der sach- und fachgerechten Betonrestaurierung eröffnet sei. Dies ist vordergründig und angesichts des Fehlens besserer Alternativen gewiss der Fall. Nur Denkmalpfleger und ähnlich geartete Skeptiker hören nicht auf darüber zu sinnieren, inwieweit die neu geschaffene Oberfläche mit dem verlorenen Original noch irgendetwas zu tun hat.

Abb. 8: Bild oder Abbild? Ergebnis einer Neubeschichtung im Matrizenverfahren (München, Matthäuskirche am Sendlinger-Tor-Platz, Aufnahme Uli Walter 2008)

1 Vgl. die Tagung des Deutschen Museums und der Betonmarketig Süd GmbH am 6./7.10.2006 unter dem Titel: München (1900-1914) – Heimliche Hauptstadt des Stahlbetons (Internet: http://www.beton.org/uploads/tx_ffbmevents/Programm-Stahlbeton-Muenchen-6-7-10-06.pdf).

2 Emil von Mecenseffy: Die künstlerische Gestaltung der Eisenbetonbauten. 1.Ergänzungsband des Handbuches für Eisenbetonbau, herausgegeben von F. Emperger, Berlin 1911; Wilhelm Petry: Betonwerkstein und künstlerische Behandlung des Betons. Entwicklung von den ersten Anfängen der deutschen Kunststein-Industrie bis zur werksteinmäßigen Bearbeitung des Betons. München 1913.

3 Veronika Springer: Beton. Material und Oberflächengestaltung im 1. Drittel des 20. Jahrhunderts am Beispiel Münchner Bauten, Seminararbeit 2004/05 am Lehrstuhl für Restaurierung, Kunsttechnologie und Konservierungswissenschaft der Technischen Universität München (http://www.rkk.arch.tu-muenchen.de/lehrstuhl/Seminare/Springer_Beton/Springer-Beton_72dpi.pdf).

4 Zur Baugeschichte des deutschen Museums existiert ein umfangreiches Bildarchiv (http://www.deutsches-museum.de/archiv/bestaende/bildarchiv/bildbestaende-fotosammlung-zum-deutschen-museum/).

5 Uli Walter: Die Münchner Ausstellungshallen von 1908. Restaurierung und Umbau zum Verkehrszentrum des Deutschen Museums, in: Denkmalpflege Informationen, herausgegeben vom Bayerischen Landesamt für Denkmalpflege, Ausgabe B 124, März 2003, S. 18-21.

6 Internet: http://www.sichtbeton-forum.de/.

7 Internet: http://de.wikipedia.org/wiki/St._Matthäus_(München) und: http://deu.archinform.net/arch/19062.htm.

Was macht den Beton denkmalwürdig?
Argumente für die Konservierung des Verborgenen und des Sichtbaren

Florian Zimmermann
Hochschule München
Fakultät für Architektur
Karlstraße 6, 80333 München
florian.e.r.zimmermann@t-online.de

Der Erfolg denkmalpflegerischen Bemühens ist in hohem Maße abhängig von der Akzeptanz, die das Baudenkmal in der Öffentlichkeit genießt. Die Notwendigkeit des sorgsamen Umganges mit dem Überlieferten ist bei einem künstlerisch hoch stehenden Gebäude leichter zu vermitteln als bei einem Bauwerk der Alltagskultur, manche Bauten einer belasteten Epoche wie dem Nationalsozialismus sind schwerer zu erhalten als Architekturen einer unbeschwerten Zeit, etwa dem Biedermeier. Gebäude von gefälliger Ästhetik sind einfacher zu schützen als jene von sprödem Ausdruck und Älteres und Seltenes ist in der Regel in seiner Bedeutung dem Publikum besser nahezubringen als Neueres und Häufigeres.
Auch die Materialien spielen in Hinblick auf die Vermittlungsfähigkeit des Denkmalwertes eine wichtige Rolle.

Beton: Image-Probleme

Beton ist schwer vermittelbar. Der Baustoff ist, sieht man vom römischen Beton, dem opus caementitium, und seinen mittelalterlichen Nachfolgern einmal ab, vor allem in der modernen Verwendung als Eisen- oder Stahlbeton ein junges Material. Mit Beton wurde und wird seit dem späten 19. Jahrhundert unablässig experimentiert, mit der Folge ebenso problematischer wie auch unansehnlicher Bauschäden. Die Ästhetik der Oberflächenbehandlung ist oft spröde, und die Materialcharakteristik gefühlsmäßig häufig mit negativen Aussagen belegt. Und außerdem ist Beton Massenware.
Wir sprechen vom „Betonschädel", bei dem die Härte des Betons als Metapher für Unzugänglichkeit und Sturheit steht und es ist beispielsweise die Rede vom „Zubetonieren", wenn es um gedankenlose, billige und ästhetisch belanglose Massenproduktion in der Architektur geht.
Beton wurde als „Stein der Weisen"[1], aber auch als „Der Stein des Anstoßes"[2] bezeichnet. Die Frage „Ist Béton-Brut' brutal?"[3] erzählt in ihrer Formulierung viel über negative Belegung, ebenso wie der Aufsatztitel „Brutalismus oder Zärtlichkeit?"[4], der allerdings die gegensätzlichen Facetten im Bauen mit Beton umschreibt.
Letztlich ist der Beton, genauso wie die anderen Baumaterialien auch, „unschuldig", denn, so das Motto der Podiumsdiskussion „Beton - Stein des Anstoßes?"[5] beim Deutschen Betontag 1989: „es kommt immer darauf an, was man daraus macht".
Beton ohne Vernunft eingesetzt, schlampig verarbeitet und bei schlechten Entwürfen angewandt, führt zu ähnlich unansehnlichen Bauten wie dies bei vergleichbarem Umgang mit Stahl, Holz, Stein oder Lehm auch der Fall ist.
Das negative Image, das dem Beton offensichtlich immer noch anhaftet, geht, da scheinen sich die meisten Fachleute einig, auf den massenhaften und ästhetisch anspruchslosen oder sogar fragwürdigen Einsatz im Wohnbau der Wiederaufbauzeit bis in die 1970er Jahre zurück, als der so genannte Brutalismus die Ästhetik der Architekten der 2. Generation nach dem Zweiten Weltkrieg bestimmte. Und dies in den beiden Teilen Deutschlands, der DDR und der Bundesrepublik, als Ausdruck der

Abb. 1: Potsdam, Einsteinturm, Erich Mendelsohn, 1918-24, Aufnahme 2006

konkurrierenden politischen Systeme, in ebenso unterschiedlichen wie jeweils charakteristischen Erscheinungsformen.

Dass aus dem beispielhaft genannten Imageproblem massive Probleme für die Denkmalpflege und ihren Erhaltungsauftrag auch ästhetisch schwieriger, wenngleich zeittypischer Baulichkeiten resultieren, liegt auf der Hand.

Beton als Gestalter

1928, also kurz nach den ersten großen Manifestationen eines in unserem Sinne wirklich modernen neuen Bauens in den Dessauer Bauhausbauten, 1926 von Walter Gropius, und der von Architekten der internationalen Avantgarde 1927 errichteten Werkbundsiedlung in Stuttgart Weißenhof, wurde von Ludwig Hilberseimer und Julius Vischer ein wichtiges Buch veröffentlicht, dessen wunderbarer Titel „Beton als Gestalter" auf die dem Material Beton innewohnenden Eigenschaften hinweist, die per se gestaltend wirken bzw. eine neue Gestaltung fordern.[6] Beide Autoren gehen, so als sei dies selbstverständlich, davon aus, dass sich die eigentliche Gestaltkraft des Betons nur in Verbindung mit dem Eisen, als Eisenbeton (heute als Stahlbeton bezeichnet) entfalten könne, weshalb sie die konstruktiven Eigenschaften dieses Verbundmaterials zum Ausgangspunkt ihrer Überlegungen machen. Stampfbeton etwa oder Betonwerkstein finden keine Erwähnung. Maßstab ihrer Bewertung des Bauens mit Beton seit der Erfindung der Eisenbewehrung durch Monier und der Weiterentwicklung der Eisenbetonkonstruktion durch Hennebique, bei der die tragenden und lastenden Elemente des Gefüges durch die eingegossenen Eisenstäbe der Armierung zu einem „monolithischen" Gebilde verbunden sind, ist die harmonische Übereinstimmung von Konstruktion und Gestaltung, die erst in den seinerzeit jüngsten Beispielen zur Realisierung gekommen sei. Alle früheren Bauten, so Hilberseimer in seinem einleitenden Aufsatz „Bauten in Eisenbeton und ihre architektonische Gestaltung" von 1928 seien bestimmt von „Historizismus", „Fassadenattrappen", „falscher Repräsentation" und „unnötiger Massenbildung". „Diese Diskrepanz zwischen Form und Konstruktion ist nicht zufällig, sondern für unsere Zeit außerordentlich charakteristisch". Hilberseimer stellt aber auch fest: „Erst heute hat man den formbildenden Einfluss von Konstruktion und Material erkannt, die für die Entwicklung der Baukunst grundlegende Einheit aller Elemente wiederherzustellen versucht." Entsprechend dem von Vischer und Hilberseimer konstatierten Stand der Entwicklung sind die mehr als 250 Bildbeispiele ausgewählt: Wenige Abbildungen zu den als unehrlich gewerteten Fassadenattrappen und – mit Bauten von Gropius, Le Corbusier und Richard Neutra und Entwürfen von Mies van der Rohe oder Mart Stam – auch wenige Beispiele einer aus den konstruktiven Möglichkeiten des Beton entwickelten Formgebung. Konsequenterweise werden Bauten wie Erich Mendelsohns Einsteinturm in Potsdam von 1921 und Gerrit Rietvelds Schröder-Haus in Utrecht von 1923, die zu Recht als Inkunabeln moderner Architektur gelten, als „erste Versuche einer Neugestaltung" bezeichnet.

Beim Einsteinturm sei „im Gegensatz zu jenen äußerlichen Maskierungen ... der Versuch gemacht, den architektonischen Aufbau dieses sehr eigenwilligen Bauwerks aus dem Material zu entwickeln, die plastische Form unmittelbar selbst entstehen zu lassen, gewissermaßen aus dem Material heraus zu modellieren...". [7] Der Gestaltungsversuch entspricht, so Hilberseimer, „... dem technischen Herstellungsprozess der Betonbauweise allerdings nicht...".

Rietfelds Wohnhaus „ist in Anlehnung an bestimmte Formgestaltungen des Konstruktivismus entstanden. Das artistische Spiel mit je nach den Formabsichten horizontal oder vertikal gelagerten Platten entbehrt des

notwendigen struktiven Gefüges, ohne das ein Bauwerk nicht bestehen kann." „Im Gegensatz zu diesen verschiedenartigen Gestaltungsversuchen, die immer auf irgendeine Weise dem eigentlichen Problem aus dem Weg gehen, setzen sich die Schöpfer der rein technischen Bauten der Industrie und des Wasserbaus mit den durch den Eisenbetonbau gegebenen Möglichkeiten aufs Intensivste auseinander. Daher hat sich die Verwirklichung neuer Baugedanken hier am hemmungslosesten vollzogen. Durch die reine Verkörperung des Zweckvollen und Ökonomischen entstanden so Bauten von neuartiger architektonischer Wirkung."
Aus diesem Grunde nehmen die seinerzeit modernen technischen Bauten und Konstruktionen auch mehr als 90% der Bildbeispiele in der Publikation von Hilberseimer und Vischer in Anspruch.

Abb. 2: Utrecht, Haus Schröder, Gerrit Rietfeld, 1923, Aufnahme 1995

„Beton als Gestalter" ist eine kluge Momentaufnahme, nicht aus der Frühzeit der Entwicklung des Eisenbetonbaus sondern aus jener Übergangszeit, in der die Möglichkeiten des neuen Materials und der neuen Konstruktion zu ersten Beispielen moderner Formen in der Architektur geführt hatten. Die damals angesprochenen Probleme von technischer Innovation und unterschiedlicher Reaktion in der Bauform, also dem Verhältnis von Konstruktion und Gestaltung, beschreiben auch die heutigen Kriterien der Beobachtung und können daher als anschaulicher Leitfaden für unsere Fragestellungen in der Denkmalpflege dienen.

Seit 1928 hat der Eisenbetonbau natürlich eine Reihe weiterer grundsätzlicher Entwicklungsschritte hinter sich gebracht und außerdem im Detail unendlich viele Neuerungen hinzugewonnen.

So führte die Erkenntnis, dass die Eisen-/Stahlarmierung hohe Zugbelastungen aufnehmen kann, zu immer weiter gespannten, kühneren und eleganteren Konstruktionen von höchster architektonischer Gestaltkraft. Die Produktion von Eisenbeton-Fertigbauteilen, die in den ausgehenden 1920er Jahren noch in den Kinderschuhen steckte, hat sich in neuen Dimensionierungen, unter Verwendung der Vorspannung mit riesigen Balkenlängen, oder als Großtafelbauweise bis hin zu ganzen vorgefertigten Raumzellen entwickelt und dabei vor allem in den 1960er und 1970er Jahren eine ganz spezifische Ästhetik entfaltet. Durch die immer ausgeklügeltere Beimischung von Zuschlagstoffen konnten Spezialbetone wie Blähbeton, Konstruktions-Leichtbeton, Fließbeton oder selbstverdichtender Beton entstehen, also Varietäten, die ebenfalls neue oder andere gestalterische Ansätze ermöglichen. Durch die Korngröße und die Materialfarben des beigegebenen Kieses und Sandes konnten Materialstrukturen erzeugt werden, die durch immer weiter getriebene, teils differenzierende, teils vergröbernde Schalungstechnologien – von der ungehobelten Bretterschalung bis zur Schalung aus elastischen Kunststoffen, die feinste Durchbildungen zulässt – in der Oberfläche im Guss modifizierbar wurden. Alle gewonnenen Oberflächen können nun wieder nachbehandelt, z.B. händisch-bildhauerisch gestockt oder schariert oder durch Bürsten zum so genannten Waschbeton verändert werden. Letztlich sind die nahezu unbegrenzten technischen und konstruktiven Eigenschaften des Stahlbetons und die gestalterischen Möglichkeiten in den sichtbaren Strukturen der Betonoberflächen so unendlich variationsfähig und facettenreich, dass man zu recht sagen kann: Es gibt kein vielseitigeres Baumaterial.

Beton und Denkmalwerte

Die Denkmaleigenschaft eines Bauwerkes ist an die Substanz, an das Material, aus dem das Baudenkmal besteht, gebunden. Soll die Denkmaleigenschaft im vollen Sinne bewahrt werden, so ist auch die Substanz zu erhalten. Dies gilt für alle Materialien, also auch für den Beton. Der Beton an sich besitzt noch keinen Denkmalwert. Erst in Verbindung mit historischen Ereignissen oder als Ausdruck von geschichtlichen Zuständen oder Prozessen oder in Zusammenhang mit technischen Entwicklungen oder künstlerischen Leistungen wird der Beton Träger von

Denkmaleigenschaften, die auf Grund des Materials oder in Abhängigkeit vom Material natürlich eine spezifische Ausprägung gewinnen.

In unserem Zusammenhang werden eben diese Aspekte des Betons/Eisenbetons im Vordergrund stehen, auch dann, wenn unser Material gar nicht sichtbar, sondern unter der Oberfläche verborgen ist. Unspezifische Beispiele allerdings, bei denen Beton an Stelle anderer Baustoffe lediglich zum Einsatz kam, sollen hier nicht interessieren.

Bei Hilberseimer war 1928, wie oben gezeigt, ein wichtiges Bewertungskriterium die harmonische Einheit zwischen Konstruktion und Erscheinung. Gleichzeitig hatte er festgestellt, dass die Zeit seit der Erfindung der Bewehrung bis in die Mitte der 1920er Jahre von der Maskierung der Konstruktion als Charakteristikum bestimmt gewesen sei.

Dies ist zu betonen, weil aus denkmalpflegerischer Sicht die Charakteristika einer Zeit von Belang sind und nicht Qualitätskriterien, die in kritischer Rückschau entwickelt wurden. Es hat einen guten Grund, weshalb in den Denkmalschutzgesetzen in der Regel zuerst von geschichtlichen Kriterien und erst in zweiter Linie von künstlerischen die Rede ist. Ein Baudenkmal muss nicht schön oder harmonisch oder künstlerisch bedeutend sein. Von Bedeutung ist allerdings in jedem Falle, dass das Baudenkmal anschauliches Dokument seiner zeitlichen Bedingtheit ist, die sich in der Bautechnik, sogar dem hoffnungsvollen Irrweg, dann in den Bauaufgaben aber natürlich auch im Künstlerischen ausdrücken kann, auch wenn die Erscheinungsformen unseren Vorstellungen nicht entsprechen, wir ein Bauwerk also für hässlich oder für technisch überholt halten.

Bei der immer wieder hervorgehobenen unübersehbaren Vielfalt der technischen Anwendungen und der ästhetischen Erscheinungsformen des Betons auf allen Gebieten der Architektur und Ingenieurbaukunst ist ein vollständiger Überblick über alle Aspekte des Denkmalwertes, die mit dem Beton in Verbindung stehen, natürlich nicht zu leisten.

An ausgewählten Beispielen soll deshalb im Folgenden der Versuch gemacht werden, Problemfelder bei der Ermittlung von Denkmalwerten offen zu legen und so das oftmals komplizierte Anliegen der Denkmalpflege auch dem nicht fachkundigen Publikum anschaulich und in möglichst großer Breite zu vermitteln.

Beton im Verborgenen

Beton bleibt häufig im Verborgenen, weil er als konstruktives Mittel lediglich dienende Funktion hat, er also einfach nicht in Erscheinung tritt oder ausdrücklich nicht gezeigt werden soll.

Am unsichtbarsten ist Beton naturgemäß in den Fundamenten eines Bauwerks, von Erde umgeben, niemals für die Betrachtung gedacht und dem Blick nur zugänglich, wenn Sanierungen anstehen. Dennoch können auch Fundierungskonstruktionen einen hohen Denkmalwert besitzen, der im Instandsetzungsfall erhebliche denkmalpflegerische Sorgfalt erfordert. Dies könnte dann der Fall sein, wenn ein frühes Beispiel gründungstechnischer Innovation vorliegt wie etwa bei den Münchener Messehallen, errichtet 1907, bei denen mit den so genannten Simplex-Bohrpfählen ein damals höchst modernes Gründungsverfahren wohl zum ersten Mal zum Einsatz kam.

Abb. 3: Simplex Bohrpfahl auf dem Münchener Messegelände, Abbildung aus einem Prospekt der Eisenbetongesellschaft, Deutsches Museum, Firmenschriften

Bei diesem System, dessen exklusive Ausführungslizenz für Süddeutschland bei der Münchener Eisenbetongesellschaft lag, wurde ein spitz zulaufendes Eisenrohr bis auf den festen Grund getrieben. Während des Herausziehens dieser Hülse wurde dann durch die inzwischen geöffnete so genannte Alligatorspitze Beton in den entstandenen Hohlraum gestampft.

In der Frühzeit moderner Betonverwendung kam häufig unbewehrter Beton, meist als Stampfbeton, zum Einsatz. Als billiges, unendlich verfügbares Material war es vor allem interessant für den massenhaften

Kleinwohnungsbau. Unzählige Verfahren wurden erprobt.[8] Unter anderem auch das System Zollbau, das sich der Erfinder, der Merseburger Stadtbaurat Fritz Zollinger 1910 patentieren ließ.[9] Entscheidend war bei dem Patent der Umstand, dass Zollinger für die Schalung des Stampfbetons einen Typus Schalbretter entwickelte, der variantenreich zusammengestellt und ohne Schrauben und Nägel schnell fixiert werden konnte. Darüber hinaus konnten die Bretter zunächst 30 Mal und nach Überarbeitung erneut 20 Mal wieder verwendet werden. Insbesondere kurz nach dem Ersten Weltkrieg versprach man sich in Hinblick auf die Materialknappheit und den Bedarf an billigen Wohnungen, ggf. sogar im Selbstbau zu errichten, große Erleichterung. Wesentlich war auch, wie bei Virchowstraße 4 in München die Kombinierbarkeit mit einer anderen Innovation Zollingers, dem verblüffend einfach konstruierten, 1921 patentierten Zollinger-Lamellendach.

Abb. 4: München, Virchowstraße 4, Wohnhaus im Zollbausystem, 1922/23, Aufnahme 2008

Vom Stampfbeton mit billigen und wärmedämmenden Schlackenzuschlägen sieht man nichts und auch die aus den Schalungen resultierenden eigentümlichen Gebäudemaße (hier 11,06 m x 11,06 m) sind nicht direkt erfahrbar. Dennoch besitzen die überlieferten Beispiele dieses Betonbausystems hohe denkmalpflegerische Bedeutung.

1926/28 entstand nach Plänen von Walter Gropius, dem Direktor des weltberühmten Staatlichen Bauhauses Dessau, die Siedlung Dessau-Törten, die für die Architekturgeschichte, hier die Geschichte des typisierten, standardisierten, rationalisierten Bauens, einen Markstein gesetzt hat.[10] Neben den bis zum Baubeginn in allen Details gezeichneten Werkplänen wurde ein exakter Werkplatzplan für eine fließbandartige Organisation der Baustelle und ein exakter Zeitplan für das Ineinandergreifen der einzelnen Bauphasen im Roh- und Ausbau erstellt. Auf dem Bauplatz wurden dann im Akkord Schlackenbetonhohlkörper in Abmessungen erstellt, die ein Mann noch versetzen konnte und Maschinen produzierten so genannte Rapidbalken aus armiertem Beton in einem fließbandartigen System entlang einer Fabrikationsachse. Der Siedlungsgrundriss, der auch topographische Aspekte berücksichtigte und auf die vorhandene Landmarke einer Überlandleitung Bezug nahm, war im Wesentlichen auch der Fabrikationsachse untergeordnet: Die Schienenführung des Krans bestimmte auch die parallele Anordnung der Haus-Doppelreihe.

Abb. 5: Dessau-Törten, Siedlung, Walter Gropius, 1926, Aufnahme 2005

Ein bemerkenswerter Erfolg der Siedlung bestand darin, dass durch die „Zusammenfassung aller Rationalisierungsmöglichkeiten" kostengünstige Häuser entstanden, deren Erwerb auch Arbeitern möglich war. Allerdings brachte das Rationalisierungsexperiment auch vielerlei Unzulänglichkeiten in Planung und Durchführung mit sich und auch in ihrer Ästhetik stellte die Siedlung offensichtlich Anforderungen, die die späteren Bewohner überforderten, was zu sukzessiven privaten Umbauten führte, wodurch die Reihenhäuser ihr ursprüngliches Aussehen nahezu vollständig eingebüßt haben.

Dennoch besitzt die Siedlung Dessau-Törten in ihrer städtebaulichen Disposition und, für unsere Fragestellung entscheidend, in ihrer unsichtbaren Baukonstruktion mit den frühen Beispielen auf der Baustelle hergestellter Schlackenbetonhohlkörper und vorfabrizierter Rapidbalken aus armiertem Beton soviel einzigartige Substanz, dass der Denkmalwert, eng verknüpft mit dem Beton, so hoch angesiedelt ist, dass die Anlage in die Denkmalliste aufgenommen wurde.

Waren bei den bisherigen Beispielen Neuerungen in ihrer Verbindung mit der Entwicklung der Bautechnik und dem wirtschaftlichen Kontext für den Anteil des nicht in Erscheinung tretenden Betons am Denkmalwert ausschlaggebend, so ist es beim Düsseldorfer Planetarium von 1926 der von Hilberseimer kritisch bewertete, aber für zeittypisch gehaltenen Ausdruck „künstlicher Massenbildung"[11] der in der Maskierung der elegant

Abb. 6: Düsseldorf, Planetarium, Wilhelm Kreis, 1925, bauzeitliche Aufnahme aus: Nerdinger, Winfried/Mai Ekkehard, (Hrsg.), Wilhelm Kreis, München/Berlin 1994, S.133

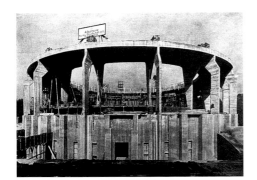

Abb. 7: Düsseldorf, Planetarium, Wilhelm Kreis, 1925, Foto während des Baus, aus: Wasmuths Monatshefte für Baukunst, 1926, S.481

Abb. 8: München, Verwaltungsbau der NSDAP, Rohbau, Lichthof mit Betonstützen, aus: Lauterbach, Iris, Bürokratie und Kult, München/Berlin, 1995, Abb.67

geformten, eine Kuppel von 30 m Spannweite tragenden schmalen Stützen des Eisenbetonkerns seinen repräsentativen Ausdruck findet.

„Aus den 16 tragenden, dünnen Betonstützen sind 48 dekorative Backsteinpfeiler geworden. Diese Ummantelung hat aus dem leichten Traggerüst ein wuchtiges Monument gemacht, hinter dem die geistvolle und sinnreiche Erfindung der Ingenieure verschwindet." Nur wenn auch die innere Konstruktion erhalten bleibt, sie bei Instandsetzungsmaßnahmen mit der gleichen restauratorischen Sorgfalt behandelt wird wie der sichtbare Außenbau, lässt sich die Haltung des Architekten Wilhelm Kreis und der Entstehungszeit anschaulich vermitteln.

Im Nationalsozialismus, so möchte man glauben, kam der Beton vor allen Dingen bei kriegswichtigen Bauten zur Anwendung: Bei den Belägen der Reichsautobahnen etwa oder bunkergeschützten Rüstungsbetrieben wie jenen, die in den Wäldern bei Kaufering oder Mühldorf versteckt sind, oder den Kieler U-Boot-Bunkern, jenen des Atlantikwalls oder den Luftschutzbunkern. Auch bei reinen Ingenieurkonstruktionen wie etwa dem Stahlbetonunterbau des Berliner Olympiastadions, bei Flugzeughallen, Tiefgaragen oder einzelnen Industriebauten spielte der Stahlbeton eine Rolle. Partei-, Kultur- und Verwaltungsbauten des Nationalsozialismus präsentieren sich in monumentalem Stil, und stellen in ihrem Neoklassizismus Werke edelster „germanischer Tektonik"[12] vor, mächtige Hausteinbauten aus Steinblöcken aus den Steinbrüchen deutscher Gaue. In Wirklichkeit verbergen sich aber etwa bei den Gründungsbauten des Nationalsozialismus in München, dem „Haus der Deutschen Kunst", dem „Führerbau" oder der NSDAP-Zentrale[13], hinter den vorgeblendeten Hausteinfassaden und den wertvoll sich gebenden Materialien der inneren Marmordekoration fortschrittliche Eisenbetonbauten, mit hochmoderner Technik ausgestattet.

Die aus ideologischen Gründen ausdrücklich verborgene, auch in den Baustrukturen nicht zu Tage tretende moderne Betontechnologie ist hier ein wichtiger Baustein zum Verständnis einer „Deutschen Baukunst", die doch die Errungenschaften modernen Bauens für die eigenen Ziele zu nutzen wusste. Damit fällt dem Beton ein entscheidender Teil des Denkmalwertes zu.

Nahezu alle modernen Industriebauten, eine große Zahl von Verwaltungs- und Bürobauten und die überwiegende Zahl an Hochhäusern werden seit den 1950er Jahren als Stahlbetonskelettbauten errichtet. Das Konstruktionsmaterial ist nach außen meist nicht zu erkennen, die zu Grunde liegende Struktur dagegen schon.

Auch bei gestalterisch so anspruchsvollen und formal ungewöhnlichen Hochhäusern wie dem BMW-Hochhaus in München von Karl Schwanzer von 1968[14] und dem Hypo-Hochhaus, von Walther und Bea Betz, von 1970-81 ebenfalls in München geplant und gebaut[15], spielt der Stahlbeton für die jeweils singuläre Konstruktion, die wiederum für die einzigartig-signifikante Gestalt verantwortlich ist, im Gebäudekern bzw. in den tragenden riesigen Rundstützen, die entscheidende Rolle.

So gut wie nirgends ist der Stahlbeton zu sehen, aber dass ohne die diesem Verbundmaterial innewohnenden Eigenschaften, Druck- und Zugbelastung aufzunehmen, die Hängekonstruktion der Geschosse des BMW Hochhauses nicht möglich und beim Hypo-Hochhaus die mittels der „Klammer" des Technikgeschosses bewerkstelligte Einhängung der prismenartigen Körper der Bürogeschosse zwischen die Stützen nicht denkbar ist, wird unmittelbar anschaulich. Der Stahlbeton als Voraussetzung innovativer Bautechnik und somit als unsichtbarer Gestalter großartiger Architektur ist unauflöslich mit dem Denkmalwert verbunden.

Sichtbarer Beton im Ingenieurbau

Im Ingenieur- und Wasserbau, wir haben das bei Hilberseimer gehört, sind „durch die reine Verkörperung des Zweckvollen und Ökonomischen ... Bauten von neuartiger architektonischer Wirkung" [16] entstanden, lange bevor bei repräsentativeren Bauaufgaben, die dem Betätigungsfeld des Architekten zugerechnet werden, eine Gestaltung aus der Konstruktion des Betons oder Eisenbetons heraus entwickelt wurde. „Die mannigfaltigst differenzierten Arbeitsprozesse, für welche die Industrie Fabrikbauten, Hallen, Bunker, Silos, Kühltürme benötigte, die Brücken und Talsperren haben eine reiche Skala des Ausdrucks ermöglicht und den Erfindungsgeist der Ingenieure zu völlig neuartigen Schöpfungen angeregt, die wirklich den technischen Geist unseres Zeitalters widerspiegeln." Das gestalterische Tasten, das auch bei den frühen Ingenieurbauten in Beton oder Eisenbeton eine Rolle spielt, aber auch die rasante Geschwindigkeit der Entwicklung lässt sich in der Durchsicht der im frühen 20. Jahrhundert enorm angewachsenen Zahl des Schrifttums zu dem neuen Material und seiner Gestaltung nachvollziehen.[17] Insbesondere das zunächst wohl auf zehn Bände angelegte, durch Ergänzungsbände erweiterte und in immer wieder neuen Auflagen publizierte „Handbuch für Eisenbeton" ist in Hinblick auf den jeweiligen Stand und die Fortschritte des Eisenbetonbaus von herausragender Anschaulichkeit.

Abb. 9: München, BMW Hochhaus, Karl Schwanzer, 1968-71, Aufnahme 2008

Als Bauaufgabe für Ingenieure lieferte der Brückenbau allein in und um München um 1900 innerhalb weniger Jahre eine Fülle von Konstruktionsvarianten: in Betonwerkstein, künstlerisch gestaltet im kleinen Maßstab im Englischen Garten [18], als eisenbewehrte Verkehrsbrücke über den Nymphenburger Kanal [19], gestalterisch in Bezug auf das Nymphenburger Schloss ausgebildet, als Stampfbetonbrücke im größeren Maßstab innerhalb der Stadt über die Isar [20], ebenfalls als künstlerisch überarbeitete Konstruktion errichtet und 1908 als schmucklose Eisenbeton-Ingenieurskonstruktion zur Überführung der Eisenbahn München-Starnberg beim Gut Rieden. [21]

Die Riedener Brücke ist eine einfache Konstruktion, mit zwei parallelen Bögen und betonierten Böschungsschrägen, auf denen die senkrechten Stützen, die die Fahrbahn tragen, stehen. Das Bauwerk hat, wie so viele andere historische Brücken auch, aus statischen Gründen Veränderungen erfahren: die Fahrbahn wurde erneuert, die Betonbrüstung durch ein einfaches Stahlgitter ersetzt und die jeweils zwei höchsten Stützen wurden gegen senkrechte Scheiben ausgetauscht. Dennoch ist die schlichte, dabei aber sehr elegante, inzwischen 100 Jahre alte Eisenbetonbrücke auf Grund der damals neuartigen und richtungweisenden Ingenieurkonstruktion als wichtiges Dokument der Geschichte des Brückenbaus von beachtlichem Denkmalwert.

Abb. 10: München, Hypohochhaus, Walter und Bea Betz, 1970-81, Aufnahme 2008

Aus der Vielzahl späterer bemerkenswerter Brückenbauten sei beispielhaft noch die 70 m weit geschwungene Stahlbetonbrücke genannt, die zur internationalen Gartenbauausstellung 1983 als Fußgängerverbindung im Westpark über den sechsspurigen Mittleren Ring geführt wurde.

Die Brücke verdankt ihre Eleganz der Ausdünnung des Querschnittes und gleichzeitigen Verjüngung des Grundrisses vom Widerlager bis zum Scheitel, was die selbstverständlich wirkende Einbindung in den Park bewirkt. Die kluge gestalterische Ausnutzung der statischen Möglichkeiten des Stahlbetons bestimmt wesentlich die hohe Qualität des Ingenieurbauwerks.[22]

Etwa gleichzeitig mit der oben erwähnten Brücke beim Gut Rieden entstand auf dem Münchener Messegelände auf der Theresienhöhe jene Messehalle III, die als erste Eisenbetonkonstruktion den bis dato üblichen Eisenkonstruktionen (z.B. den Münchener Messehallen I und II) ernsthaft Konkurrenz machte.

Abb. 11: Eisenbahnstrecke München-Starnberg, Überführung bei Gut Rieden, Gebr. Rank, 1908, Aufnahme 2008

Abb. 12: München, Fußgängerbrücke Westpark, 1983, Aufnahme 2008

Abb. 13: München, Theresienhöhe, Messehalle III, Dyckerhoff & Widmann, 1908, bauzeitliche Aufnahme, aus Firmenschrift

Abb. 14: Frankfurt, Großmarkthalle, Martin Elsässer, 1926/28, bauzeitliche Aufnahme, aus: Hilberseimer, Ludwig/ Vischer, Julius, Stuttgart 1928, S. 58, Abb 108

Die Halle, als Rahmenkonstruktion errichtet und in der Mitte mit einer eindrucksvollen Rippenkuppel versehen, wurde bemerkenswerterweise in der damaligen Fachliteratur nicht nur bezüglich ihrer technisch-innovativen Konstruktion sondern auch in Hinblick auf ihre Ästhetik besprochen. Insbesondere in der Raumwirkung wurden dem an sich nüchternen und schmucklosen Bau außerordentliche Qualitäten bescheinigt.

Wohl die eindrucksvollste der noch erhaltenen bedeutenden Hallenkonstruktionen aus den 1920er Jahren ist jene der Großmarkthalle in Frankfurt, 1926/28 nach Plänen von Martin Elsässer bei Ausführung durch die Konstruktionsfirma Dyckerhoff & Widmann errichtet. [23]

Zum Einsatz kamen hier zur Überdeckung von 11300 qm auf 220 m Länge 15 quergelegte Tonnen, die als versteifte Schalengewölbe auf schrägen Stützen 44 m Weite überspannen. Die Gewölbe der damals weltweit weitestgespannten Trägerkonstruktion aus Eisenbeton sind auf Grund der Zeiß-Dywidag-Tonnen mit einem doppelten Netzwerk als Bewehrung lediglich 6 cm stark, somit außerordentlich material- und gewichtsparend, weshalb auch die Schrägstützen vergleichsweise schlank ausgeführt werden konnten. Trotz der riesenhaften Abmessungen konnte dank der gestalterischen Kraft Elsässers unter Ausnutzung der Möglichkeiten modernster Eisenbetontechnologie, die auch die günstige Beleuchtung durch die großen Flächen der Fensterausfachung ermöglicht hat, ein lichtdurchfluteter und leicht wirkender Raum entstehen, dem heute höchste Denkmalbedeutung zukommt.

Neben den Rahmen- und Schalenkonstruktionen hat noch ein anderes Prinzip seinen Beitrag zu Ingenieurkonstruktionen von hoher Innenraumästhetik geleistet: Die vom Amerikaner Turner entwickelte „Mushroom"-Decke [24], in Deutschland erstmals 1913 angewendet und dann als „trägerlose Pilzdecke" bezeichnet, bei der eine Deckenplatte in bestimmten Abständen von Säulen unterstützt wird. Damit die Säulen ein möglichst gutes Auflager bieten, sind sie am Kopfe pilzartig ausgebildet und mit der Deckenplatte monolithisch so verbunden, dass die Bewehrungen der Säulen mit den über die Säulen geführten Bewehrungen der Deckenplatte vergossen sind. Auf diese Weise sind einerseits die bei vielen Nutzungen behindernden und den Deckenquerschnitt vergrößernden Balken vermieden, andererseits entstehen bei entsprechender Proportionierung Räume eindrucksvoller Eleganz, wie etwa bei der Fahrzeug-Wartungshalle des ehemaligen Paketpostamtes in München, 1925/27 von Robert Vorhoelzer, die ihre überzeugende Kraft und auch ihre Denkmalwürdigkeit der speziellen Eisenbetonkonstruktion verdankt.
„Der Effekt des lichten ‚Pfeilerwaldes', der durch Oberlichtpyramiden zusätzlich zu den Seitenfenstern erhellt wurde, ist nach wie vor grandios. Er beruht ganz und gar auf der unverstellten Weite des Raumes und würde durch jeden weiteren Einbau schwer beeinträchtigt." [25]

Pilzdeckenkonstruktionen haben in der Zeit des Wirtschaftswunders bei einer Bauaufgabe, nämlich den Tankstellen, eine gewisse Öffentlichkeitswirksamkeit erreicht. Weit auskragende Flachdächer mit minimiertem Querschnitt und dem zeittypisch geschwungenen Umriss auf schlanken Pfeilern haben ein derart charakteristisches Formrepertoire ausgebildet, dass den noch erhaltenen Beispielen, wie hier der Metropolgarage in der Münchener Georgenstraße mit den zugehörigen Tankwarthäuschen und den Garagen, auch als integriertes Element zusammen mit der zugehörigen Wohnbebauung, fraglos Denkmaleigenschaft zukommt.

Neben den in Ortbeton hergestellten fragilen Konstruktionen sind im Ingenieurbau aber immer größer dimensionierte, die konstruktiven Möglichkeiten des Betons ausreizende Bauten entstanden, die ihre

Denkmaleigenschaft neuartigen Systemen in Auseinandersetzung mit oder Verbesserung von bestehenden Systemen verdanken, verstärkt durch die Monumentalität der Abmessungen und die formale Kraft, die Bauten wie der Paketumschlaghalle in München eigen sind.

In Bezugnahme auf Freyssinets berühmte Luftschiffhalle in Paris Orly von 1921 entstand hier ein gefaltetes Flächentragwerk aus ca. 2200 Betonfertigteilen, das im Gegensatz zur relativ steilen Bogenkonstruktion von Freyssinet flach gekrümmt ist und dabei als damals größte Fertigteilhalle der Welt in der Breite 148 m stützenfrei überspannt.[26] Der Bau, zwischen 1965 und 1969 unter konstruktiver Beteiligung von Ulrich Finsterwalder und Helmut Bomhard entstanden, nahm 15 Gleisstränge für die Eisenbahnwagons der Post auf, die hier zur Weiterverteilung ent- und beladen wurden. Der anschauliche Denkmalwert begründet sich aus der Sonderstellung der Halle in ihren Abmessungen, in der bestechend simplen Form bei anspruchsvollster gestalterischer Ausführung etwa der Bogenfußpunkte und nicht zuletzt aus den raffinierten Neuerungen in der Betonfertigteilverwendung. Die Betonkonstruktion weist, abweichend zu jener von Freyssinet drei Elemente auf: Zwei zueinander geneigte Fertigteile und den Ortbeton der Grat- und Rinnenknoten. Die Form der Fertigteile war so gewählt, dass bei den Ortbetonnähten weitgehend auf kostensteigernde Schalung verzichtet werden konnte. Die Elemente der Faltungsgrate und Faltungsrinnen gliedern farblich und formal die Wellenstruktur der mächtigen Konstruktion. Verschiebungen in der Post-Logistik haben in jüngerer Zeit den Gleisanschluss obsolet gemacht und die Halle einer neuen Nutzung zugeführt mit der Folge, dass der Innenraum auf Grund von Einbauten nicht mehr in der ursprünglichen Form erfahrbar ist.

Auch wenn der Denkmalwert auf dieser Ebene geschmälert scheint: der unverändert vorhandenen Ingenieurkonstruktion könnte in Hinblick auf ihre grandiose Innenraumästhetik bei späteren Nutzungsänderungen durch Entfernung der Einbauten und geeigneter Planung wieder zu ihrem Recht verholfen werden.

Sichtbarer Beton in der Architektur

Geraume Zeit bevor der „Beton als Gestalter" in den 1920er Jahren begann, im modern-konstruktiven Sinn das äußere Erscheinungsbild der Architektur zu bestimmen, bildeten Eisenbetonkonstruktionen bereits das innere Gerüst vieler Bauten.
Schon im ausgehenden 19. Jahrhundert und dann in Verbindung mit den neuen Konstruktionen wurde der Beton aber auch bei der Gestaltung der Fassaden eingesetzt, und zwar als witterungsbeständiger Zementguss, der bei historisierenden Versatzstücken den weniger haltbaren Gips oder Romankalk ersetzte oder als Betonwerkstein in Nachahmung von Haustein.[27] Bei letzterem spielte eine Rolle, dass durch entsprechende Zuschlagstoffe und deren Korngrößen entweder ein natürliches Betongestein, nämlich der Nagelfluh, nachgestellt werden konnte und auch andere Steinstrukturen nachahmbar waren.
In München, der Stadt, die um 1900 erstaunlicherweise in Hinblick auf die Einführung und Entwicklung von Betonkonstruktionen für einige Jahre eine Art Führungsrolle einnahm, entstanden vor allem durch die Aktivitäten der Firma Gebrüder Rank und die Eisenbetongesellschaft einige Bauten damals modernster Betontechnologie nach Monier und Hennebique, die sich im äußeren Erscheinungsbild auf Grund ihrer vereinfacht historisierenden Gestaltung nicht oder nur kaum von anderen Bauten dieser Zeit unterscheiden. Der Blick auf die Genehmigungspläne offenbart die Eisenbetonkonstruktion, die bei genauerem Hinsehen auch im Inneren erfahrbar wird, und der differenzierte Blick auf Fassadendetails zeigt doch, dass die Erker- oder Balkonplatten als Vorkragungen aus den

Abb.15: München, Paketpostamt, Fahrzeugwartungshalle, 1925/27, Aufnahme 1996

Abb.16: München, Georgenstraße, Metropolgarage, Aufnahme 2008

Abb.17: München, Paketumschlaghalle, 1965/69, Aufnahme 2008

Abb. 18: München, Paketumschlaghalle, 1965/69, bauzeitliche Aufnahme aus: Vorträge auf dem Betontag 1967, S. 139, Bild 22

Abb. 19: München, Augustenstraße 54, Gebr. Rank, 1904, Straßenfassade, Aufnahme 2008

Abb. 20: München, Augustenstraße 54, Gebr. Rank, 1904, Rückgebäude, Aufnahme 2008

betonierten Geschossdecken entwickelt sind. Ein zunächst wenig spektakuläres aber umso anschaulicheres Beispiel ist ein Wohn- und Geschäftshaus, das 1904 in der Münchener Augustenstraße errichtet wurde.[28]

Eine kleine Bronzetafel aus der Erbauungszeit verkündet: „Ausführung in Eisenbeton durch die Bauunternehmung Gebr. Rank, München". Die Fassade besteht aus Eisenbetonfachwerk mit Zwischenmauerung, Balkone und Erker zeigen Beton, der nicht verputzt oder verblendet sondern sichtbar gelassen und gestockt wurde. Im Inneren fanden teils Eisenbetonbalkendecken, teils Betonhohlkörperdecken Verwendung, und auch die runde Treppe und der Dachstuhl sind aus Beton.

Das Rückgebäude, „für industrielle Zwecke" bestimmt, zeigt auch im Äußeren die Struktur des Eisenbetonskelettbaus, allerdings durch künstlerische Bearbeitung des sichtbaren Betons im Verständnis der Zeit aufgewertet. Gerade der Unterschied zwischen traditionell wirkender Straßenfassade im Sinne bürgerlicher Baukunst und der Rasterstruktur des Rückgebäudes bei Verwendung der gleichen modernen Betonkonstruktion wirft ein anschaulich-bezeichnendes Licht auf die gestalterisch-baukünstlerischen Wertevorstellungen in den Umbruchzeiten des frühen 20. Jahrhunderts, woraus sich für das Anwesen eine auf den ersten Blick zwar kaum erkennbare, bei genauerer Betrachtung aber ungewöhnlich hohe Wertigkeit im denkmalpflegerischen Sinne ableitet, die auch dadurch nicht geschmälert werden kann, dass die straßenseitige Erdgeschoßzone Veränderungen erfahren hat oder dass viele Originalfenster nicht mehr erhalten sind.

„In München liegt das Feld für die künstlerische Ausbildung des Betonbaues besonders günstig, weil dort, was unseres Wissens sonst nirgends der Fall ist, sehr bedeutende Architekten zugleich Unternehmer von Betonbauten sind."[29] Gemeint waren in dieser Einschätzung der Münchener Situation, die im Handbuch für Eisenbetonbau 1915 formuliert war, Joseph Rank (Gebr. Rank) und Max Littmann (Eisenbetongesellschaft), die früh das Potenzial des Eisenbetons erkannten und auch eine ganze Reihe von Monumentalbauten entwarfen und errichteten. Bei diesen Großbauten kam der Beton einerseits bei der Kernkonstruktion zum Einsatz, dann in materialsichtiger aber künstlerischer Überarbeitung in den seinerzeit gängigen Stilformen, und schließlich bei repräsentativen Wölbungen oder Decken, bei denen die Rippen, bzw. die Balkenstruktur des Betons zur Bildung von kassettierten Kuppeln oder Flachdecken im Sinne von Stilarchitektur genutzt wurde. Nur das geübte Auge erkennt bei Kuppeln wie jener über dem Lichthof der Ludwig-Maximilians-Universität, 1906/09 von German Bestelmeyer, oder bei Kassettendecken wie jener im Foyer des Anatomiegebäudes von Max Littmann von 1905/08 die Eisenbetonkonstruktion.

Genau in dieser Art der Verwendung liegt in diesen Fällen der mit dem Beton in Verbindung stehende Denkmalwert der Bauten, dem im Instandsetzungsfalle eine sorgfältige, materialbezogene Behandlung des Werkstoffes adäquat sein muss.

Dass die von Max Berg entworfene Jahrhunderthalle in Breslau[30], jener monumentale Bau, der zur Gänze in Eisenbeton ausgeführt wurde und bei dem die aus der Konstruktion entwickelte Form fast ohne historisierendes Beiwerk geblieben ist, zu den bedeutendsten Denkmalen der Betonarchitektur gehört, bedarf keiner langwierigen Erläuterung. So wie bei der Weltausstellung 1889 in Paris zum 100-jährigen Jubiläum der französischen Revolution der Eiffelturm als alle Höhendimensionen sprengendes Monument der technischen Entwicklung als reine Eisenkonstruktion errichtet wurde, wurde die Breslauer Halle zum 100. Jahrestag der siegreichen Befreiungskriege gegen Napoleon in der damals zukunftsweisenden Bautechnik als Kuppelbau aufgeführt, der die Pantheonskuppel in Rom, den damals weitestgespannten Kuppelbau der Welt, bei weitem übertraf. Als großartiges, die neuen Möglichkeiten des Materials unverhüllt darstellendes Monument des Eisenbetons besitzt die Jahrhunderthalle höchsten Denkmalwert aber auch als Markstein der Kosten sparenden Baustellenlogistik bei der z.B. der Beton und andere Baumaterialien mittels einer eigens entworfenen „Karussellkabelbahn"[31], schwebend zwischen einem mittigen Gerüstturm und zwei in Kreisbahn um den Bau beweglichen Türmen, auf kürzestem Wege an jeden Punkt der Baustelle gebracht werden konnte.

Abb. 21: München, Pettenkoferstraße 11, Anatomie, Max Littmann, bauzeitliches Foto aus einer Firmenschrift der Eisenbetongesellschaft

Die Jahrhunderthalle ist aber z.B. auch ein erster Höhepunkt der Geschichte der ausführenden und ingenieurtechnisch beratenden Firma Dyckerhoff und Widmann, deren Chef sich noch wenige Jahre zuvor als Präsident des Deutschen Beton-Vereins höchst skeptisch gegenüber dem Eisenbeton geäußert hatte.

Auch bei einer der wichtigsten monumentalen Bauaufgaben, dem Kirchenbau kam der Eisenbeton seit den 1920er Jahren zunehmend zum Einsatz und zwar nicht nur im baukonstruktiven Sinne sondern auch unverkleidet und, in den Oberflächen kaum bearbeitet, materialsichtig. 1914 hielt der Verfasser eines Aufsatzes über „Eisenbeton im Kirchenbau"[32] die Verwendung von sichtbarem Beton für problematisch, billigte dem neuen Verbundmaterial aber klug vorausschauend die Eigenschaft zu, die Räume weiter gespannt und wegen der nun möglichen schlankeren Stützen auch luftiger zu machen. Auch Einwände, der Eisenbeton entspräche nicht der Würde eines Gotteshauses und eine monumentale Kirche vertrüge nur naturgewachsene Steine wurden vorgebracht.[33] Allerdings hatte bereits 1907 Theodor Fischer in seiner Garnisonskirche in Ulm für den deutschsprachigen Raum „die ersten Ausbeutungsmöglichkeiten des Betons nach der künstlerischen Seite" erfasst, weshalb dieser Bau auch immer wieder als Ausgangspunkt jener Bestrebungen gesehen wurde, „den Beton und Eisenbeton sogar in dem bis damals sehr konservativen Kirchenbau zu Worte kommen zu lassen".[34] Sicherlich hat aber auch der Blick nach Frankreich, wo mit Saint Jean de Montmartre, bereits 1894 nach Plänen von A. de Baudot in „formaler Vergewaltigung des Betons"[35] und 1923 mit Perrets Notre-Dame du Raincy in Paris „in meisterhaftem Zusammenspiel von sinnfälliger Konstruktion und beherrschtem Formausdruck"[36] zwei Inkunabeln des sakralen Eisenbetonbaus entstanden waren, den ersten grandiosen Bau dieser Art im deutschsprachigen Raum mit bewirkt, nämlich die Antoniuskirche in Basel.[37]

Abb. 22: Breslau, Jahrhunderthalle, Max Berg und Dyckerhoff & Widmann, 1913, bauzeitliches Foto mit der Kabelbahn, aus: Bericht über die XVI Hauptversammlung des Deutschen Beton-Vereins 1913, Berlin 1913, S.181, Abb.5

Neben der monolithischen Konstruktion, die dem zeitgenössischen Kritiker am Außenbau zu sehr ins „Industriebaumäßige"[38] geraten war – der Turm erinnerte ihn an einen Silo – sind es die Schmucklosigkeit des Baus, der Verzicht auf Zierrat und historisierendes Detail, die den Betrachter erstaunen. Entscheidend für die Bedeutung dieses Baues ist aber neben den großen Fensterflächen mit ihrem farbigen Glas die Behandlung der Betonoberflächen, die – mit Ausnahme des Sockels – nicht überarbeitet sind und nur von der Struktur der sorgsamen Schalung leben. Der Beton ist damit nunmehr als „vollberechtigter Lichtflächenbaustoff" anerkannt, was seine Stellung in der Entwicklung des Kirchenbaus unterstreicht und seiner Denkmalbedeutung einen sehr hohen Stellenwert zuweist.

1948 erschien, bezeichnenderweise möchte man meinen, eine erste Übersicht über die in Europa bis dato errichteten Betonkirchen.[39] Vorgestellt sind zwar fast ausschließlich jene Bauten, die man als eher nüchterne Konstruktionen bezeichnen kann, doch unterstützt gerade diese Auswahl eine Auffassung vom Kirchenbau der Wiederaufbauzeit, die, auch

Abb. 23: Basel, Antoniuskirche, Karl Moser, 1925/27

Abb. 24: Leverkusen-Schleebusch, Kirche Albertus Magnus, Josef Lehmbrock, 1956, Aufnahme 2002

Abb. 25: Wien, Kirche „Zur Heiligsten Dreifaltigkeit", Fritz Wotruba, 1965-76, Aufnahme 2008

aus Geldmangel, vor allem auf Sparsamkeit, Einfachheit, Bescheidenheit und Schnörkellosigkeit gesetzt hatte. Ein relativ kleiner, leicht wirkender, in der ovalen Grundform und im Schwung des Daches typische Merkmale der Zeit um 1960 aufnehmender Kirchenbau, die 1956 in Leverkusen-Schleebusch nach Plänen von Josef Lehmbrock errichtete Kirche Albertus Magnus ist eines von vielen formal reizvollen sakralen Gebäuden, bei denen der Beton im Zusammenwirken mit der Lichtführung in entscheidender, wenngleich doch zurückhaltender Weise zum Einsatz kommt.

Eine ganz andere Auffassung kommt in den 1960er und 1970er Jahren zum Tragen: „Monolithisch-skulptural" [40] wurden die Bauten von Gottfried Böhm, z.B. die Wallfahrtskirche in Neviges (1963-68) oder auch die in Wien nach Entwürfen des Bildhauers Fritz Wotruba errichtete Kirche „Zur Heiligsten Dreifaltigkeit" von 1965-76 zu Recht bezeichnet.

Bei allen diesen Bauten ist es die rohe, manchmal sehr fein und sauber, manchmal wieder ein wenig grob verarbeitete Betonoberfläche, die den Reiz dieser Kirchen ausmacht, ein Reiz, der sehr wohl Altersspuren und Patina sehr gut verträgt, nachträgliche Farb- und Pastenbeschichtungen aber nicht verzeiht. Denn die Materialästhetik des Sichtbetons ist abhängig von den kleinsten Nuancen der Oberflächenbeschaffenheit, weshalb gerade diese Bauten, die dem Nichtfachmann als unproblematisch im denkmalpflegerischen Umgang erscheinen, ein Höchstmaß an konservatorischer Sorgfalt erfordern.

Gleiches gilt natürlich auch für alle anderen Bauaufgaben, bei denen Sichtbeton eine wesentliche Rolle spielt wie etwa beim Theater in Ingolstadt, (Abb. 26) 1960-66 von Hardt-Waltherr Hämer, dessen spannungsreich geordnete Baumasse, seine Positionierung im städtebaulichen Kontext und seine herausragende räumliche Konzeption letztlich nur im Zusammenspiel mit dem Detail der Sichtbetonoberfläche, seiner sichtbaren Schalungsstruktur, der ausgeklügelten Materialzusammensetzung und der sorgsamen Materialverarbeitung des roh wirkenden Baus in stimmiger Form anschaulich wird. [41]

Neben den vielen Hochkarätern der Baukunst, bei denen der Eisen- oder Stahlbeton gestalterisch oder konstruktiv maßgeblich den Denkmalwert mitbestimmt, ein Denkmalwert der auch für den Laien häufig gut nachvollziehbar ist, gibt es aber natürlich Werke, deren Bedeutung auf Grund ihres Charakters als Bestandteil der Alltags- oder Massenarchitektur erst bei ausführlicher Begründung offensichtlich wird. Und doch verdienen diese Bauten vielleicht sogar eine gesteigerte denkmalpflegerische Zuwendung, da sich ihre Qualitäten oder ihr Denkmalwert wegen des Verzichts auf aufwändige Gestaltung und publikumswirksamen Anspruch in, oberflächlich betrachtet, unscheinbaren Details maßgeblich ausdrückt.
Ein anschauliches Beispiel ist hierfür die so genannte „Platte", die Großtafelbauweise, die das Geschehen des Massenwohnbaus in der DDR in quantitativer Ablösung der Großblockbauweise seit den späten 1960er Jahren dominierte. [42] Beide Verfahren wurden durch einen Ministerratsbeschluss von 1955 für den zu entwickelnden Wohnungsbau favorisiert und in beiden Verfahren wurde bereits seit etwa 1950 experimentiert, wobei der Großblockbau nach der Last der verwendeten Elemente in zwei Gruppen klassifiziert, als Übergangsstufe vom handwerklichen Ziegelbau zur Vollmontagebauweise galt und sich rascher einführen ließ.
Die Einrichtung von stationären Plattenwerken für die Großtafelproduktion, ein erstes entstand 1955-57 in Hoyerswerda, erwies sich als ungünstig für die rentable Einführung des Systems, so dass ein offenes oder ortsveränderliches Plattenwerk entwickelt wurde.
Zu allen z.T. experimentellen Schritten aus der Frühphase der Großplattenbauweise sind Beispiele überliefert, wie z.B. die ersten Großplattenbauten in Hoyerswerda von 1957-1959.

Aus dem Erprobten ging ab 1959 die Typenreihe P1 hervor, die in Hoyerswerda fortan das Gesicht der gesamten neuen Stadt, die für 30000 Einwohner neben der alten erstellt wurde, prägte. Aber nicht nur zu dieser frühen, für die bauliche Entwicklung in der DDR so wichtigen und typischen Phase, sondern auch zu den späteren Entwicklungsschritten, z.B. dem vielgeschossigen Plattenbau oder den verschiedenen Überlegungen bei der Produktion von nicht nachzubehandelnden Sichtflächen (z.B. Edelputz auf Profilmatten, Terrazzomaterial oder Mosaikkeramik) sind die Exempla noch greifbar und als Dokumente der Baugeschichte der DDR aus denkmalpflegerischer Sicht von größtem Wert.

Gegenüber der Großtafelbauweise, die naturgemäß zur Kostenreduzierung auf geringe Elementzahlen, festgelegte Grundrisse und schematische Lösungen ausgerichtet sein musste, konnte sich der Skelettbau, der grundlegende Typus für wandelbare Bauten, im Wohnungsbau in den 1960er Jahren nicht durchsetzen.[43] Allerdings gab es sehr wohl eindrucksvolle Konzepte, die den Stahlbeton-Skelettbau als Angebot für individuelle Wohnformen genutzt haben wie zum Beispiel Otto Steidles Wohnanlage an der Genter Straße in München.

Abb. 26: Ingolstadt, Theater, Hardt-Waltherr Hämer, 1960-66, Aufgang zur Donauterrasse, Aufnahme H.-W. Hämer, aus: Sack, Manfred, Stadt im Kopf, S.80

Rechteckige Stützen mit auskragenden Konsolen als Auflager für Balkenunterzüge bilden eine Rahmenstruktur innerhalb derer entsprechend den Wünschen des Bauherren Raumfolgen mit versetzbaren, elementierten Trennwänden erstellt werden konnten, die sogar eine spätere Veränderung erlauben. „Das Ergebnis ist ein (dialektisches) Spiel zwischen der strengen Systematik der Konstruktion und der frei anmutenden Anordnung der Ausbauelemente. Das Stahlbetonskelett ermöglicht eine relativ freie Organisation der Grundrisse und durch den Wechsel der Ebenen, der überdachten und freien Bereiche, den Vor- und Rücksprüngen in der Fassade und durch variierende Farb- und Materialwahl entsteht innerhalb einer der vorgegebenen Strukturen eine differenzierte, lebhafte Vielfalt."

Abb. 27: Hoyerswerda, Erste Großplattenbauten von 1957/59, Abb. aus: Uta Hassler/Hartwig Schmidt (Hrsg.), Häuser aus Beton, Tübingen/Berlin 2004, S.135, Abb.5

Die Beispiele als Argumentationshilfe

Beton in seinen verschiedenen Erscheinungsformen als Stampfbeton, Eisen- oder Stahlbeton, verborgen und sichtbar, ist, das sollten die Beispiele zeigen, ein unglaublich vielfältig bei allen denkbaren Bauaufgaben des Ingenieurbaus wie der Architektur eingesetztes Material. Der vorgestellte Querschnitt kann aber naturgemäß nur eine schwache Ahnung von dem vermitteln, was dem Denkmalpfleger zur sorgfältigen Betreuung anvertraut ist. Bei der ungeheuren Fülle an Innovationen auf den Gebieten der Materialzusammensetzung und ihrer Struktur, der Bewehrung, der Schalungstechnik, der Vorfertigung, der Farbigkeit und der Oberflächenbearbeitung, die in den letzten 150 Jahren die Entwicklung des Baustoffes befördert haben, ist der Anspruch an die Kenntnis dieser Entwicklungen, die neben den allgemeinen historischen, künstlerischen, volkskundlichen oder städtebaulichen Argumenten den Denkmalwert von Betonbauten ausmachen, enorm hoch. In diesem Punkt unterscheidet sich der Beton durch seinen Facettenreichtum auf den verschiedensten Ebenen vielleicht doch von anderen Materialien. Der Vergleich mit dem Naturstein mag das deutlich machen. Die Anzahl der Denkmalgesteine, mit denen sich Denkmalpfleger und Restauratoren zu beschäftigen haben ist gewissermaßen endlich, die Varietäten des Betons, die natürlich – will man der Sache wirklich gerecht werden – jeweils spezielle Methoden der Konservierung oder Restaurierung erfordern, werden täglich mehr. Und auch die Bearbeitungsformen, sieht man einmal von den künstlerischen Erzeugnissen der Hochkunst ab, sind ungleich vielschichtiger als bei anderen Materialien. Zur Komplexität des Materials auf der einen Seite gesellt sich als Problem für den Denkmalpfleger das immer noch schlechte Image des Materials in der Öffentlichkeit auf der anderen Seite. Aber vielleicht gelingt es ja in jedem Einzelfall, der diffusen

Abb. 28: München, Genterstraße, Wohnanlage, Otto Steidle mit Doris und Ralph Thut und Jens Freiberg 1969-72, Aufnahme 2008

Abneigung gegen das Material eine differenzierte Benennung der spannenden und vielfältigen Denkmalwerte, die im Beton zur Anschauung kommen, entgegenzustellen.

---

1 Hackelsberger, Christoph: Beton: Stein der Weisen?, Braunschweig/Wiesbaden 1988.
2 Lausch, Erwin: Beton, der Stein des Anstoßes, in: Geo, Heft 9, 1998.
3 Hillmann, Roman: Ist „Béton Brut" brutal?, in: Kritische Berichte, 32.2004 No.1, S.88-91.
4 Bächer, Max, Brutalismus oder Zärtlichkeit?: in: Praktische Betontechnik, Düsseldorf 1977.
5 Beton-Stein des Anstoßes?, Hamburg 1989.
6 Hilberseimer, Ludwig/ Vischer, Julius: Beton als Gestalter, Stuttgart 1928; dort auch die folgenden Zitate.
7 Hilberseimer, Ludwig/ Vischer, Julius, Beton als Gestalter: Stuttgart 1928, S.17; dort auch das folgende Zitat.
8 Vgl Riepert, Peter Hans: Der Kleinwohnungsbau und die Betonbauweisen, Charlottenburg 1924.
9 Zu Friedrich Zollinger, dem System Zollbau und dem Zollinger Lamellendach vgl. Zimmermann, Florian (Hrsg.) : Das Dach der Zukunft – Zollinger Lamellendächer der 20er Jahre, München 2003, insbesondere S.68 und 75ff.
10 Zur Siedlung Dessau Törten vgl. Nerdinger, Winfried: Der Architekt Walter Gropius, Berlin 1985 sowie Schwarting, Andreas: Rationalität als ästhetisches Programm – Zur Beziehung zwischen Konstruktion und Form bei der Siedlung Dessau Törten, in: Uta Hassler/Hartwig Schmidt (Hrsg.): Häuser aus Beton, Tübingen/Berlin 2004, S.88-96.
11 Hilberseimer, Ludwig/ Vischer, Julius: Beton als Gestalter: Stuttgart 1928, S.16; dort auch das folgende Zitat.
12 Kiener, Hans: Germanische Tektonik, in: Die Kunst im Dritten Reich, München 1937, Heft 1.
13 Zum Parteizentrum der NSDAP vgl. Grambitter, Ulrike: Vom „Parteiheim" in der Brienner Straße zu den Monumentalbauten am „Königlichen Platz", in: Lauterbach, Iris (Hrsg.): Bürokratie und Kult, München/Berlin 1995, S.61-87 .
14 vgl. Spoljaric, Mirjam: BMW Hochhaus, 1968-72, in: Zimmermann, Florian (Hrsg.): Hochhäuser in München 1920 – 1995, München 1998, S.72-79.
15 Vgl. Zimmermann, Florian: Hypohochhaus 1970/81, Walter und Bea Betz, in: Zimmermann, Florian (Hrsg.): Hochhäuser in München 1920 – 1995, München 1998, S.80-85.
16 Hilberseimer, Ludwig/ Vischer, Julius: Beton als Gestalter, Stuttgart 1928, S.18; dort auch das folgende Zitat.
17 z.B. die ‚Berichte über die Hauptversammlung des Deutschen Beton Vereins' seit 1898.
18 Siehe Petry, Wilhelm: Betonwerkstein und künstlerische Behandlung des Betons, München 1913.
19 Siehe Handbuch für Eisenbetonbau, Bd. 6, Brückenbau, Berlin 1911, S. 346.
20 Siehe Beton und Eisen, 1904, S.9, München, Reichenbachbrücke, 1903, Stampfbeton ohne Eiseneinlagen, von Sager & Woerner.
21 Handbuch für Eisenbetonbau, B6.6, Brückenbau, Berlin 1911, S.373/74 und 619/21.
22 Vgl. München und seine Bauten nach 1912, München 1984, S.725.
23 Vgl. Handbuch für Eisenbetonbau, 4. Aufl. Bd. VI, Hochbau II. Teil, Berlin 1928, S.326-334.
24 Vgl. Handbuch für Eisenbeton, 3. Aufl., 11. Bd., Hochbau 1, Berlin 1923, S.238-247.
25 Pehnt, Wolfgang: Ein Pantheon für Postpakete. Das ehemalige Paketzustellamt an der Arnulfstraße, in: Aicher, Florian/Drepper, Uwe (Hrsg), Robert Vorhoelzer – Ein Architektenleben, München 1990.
26 Bomhard, Helmut: Konstruktion und Bau der Paketumschlaghalle in München, in: Deutscher Betonverein, Vorträge auf dem Betontag 1967, S.121-140.
27 Vgl. Petry, Wilhelm: Betonwerksteinund künstlerische Behandlung des Betons, München 1913.
28 Vgl. Handbuch für Eisenbeton, Bd. 10, Die künstlerische Gestaltung der Eisenbetonbauten, Berlin 1922, S. 53/54 und 2.Auflage, Band 11, Berlin 1915 S. 583/84.
29 Handbuch für Eisenbeton, 2. Auflage , Band 11, Berlin 1915 S. 583.
30 Zur Jahrhunderthalle siehe Ilkosz, Jerzy: Die Jahrhunderthalle und das Ausstellungsgelände in Breslau – das Werk Max Bergs, München 2006.
31 Zur Baustellenlogistik der Jahrhunderthalle siehe Bericht über die XVI Hauptversammlung des Deutschen Beton-Vereins 1913, Berlin 1913, S.179ff.
32 Below, B.: Eisenbeton im Kirchenbau, in: Zeitschrift für christliche Kunst 27, 1914, S.160-165.

33 Vgl. dazu Lill, Georg: Zum modernen katholischen Kirchenbau, in: Der Baumeister 25, 1927, H. 10, S. 256.
34 Colber, O.: Der Eisenbeton im Kirchenbau und die Antoniuskirche in Basel, in: Konstruktion und Ausführung, Monatsheft zur Deutsche Bauzeitung 1928, H.10, S.123.
35 Pfammatter, Ferdinand: Betonkirchen, Einsiedeln/Zürich/Köln 1948, S. 36.
36 Pfammatter, Ferdinand: Betonkirchen, Einsiedeln/Zürich/Köln 1948, S. 38.
37 Als zeitgenössische Würdigung des Baus siehe Rüdisühli, Walter: Die Antoniuskirche in Basel, in: Deutsche Bauzeitung 1928, H.39 S. 337-343.
38 Colber, O.: Der Eisenbeton im Kirchenbau und die Antoniuskirche in Basel, in: Konstruktion und Ausführung, Monatsheft zur Deutsche Bauzeitung 1928, H.10, S.127.
39 Pfammatter, Ferdinand: Betonkirchen, Einsiedeln/Zürich/Köln 1948.
40 Bollenbeck, Karl Josef/Gerlach, Petra: Sichtbeton im Kirchenbau – Anmerkungen zum Erzbistum Köln, in: Uta Hassler/Hartwig Schmidt (Hrsg.): Häuser aus Beton, Tübingen/Berlin 2004, S.191-197.
41 Vgl. Sack, Manfred: Der Mensch, der Architekt, in Sack, Manfred (Hrsg.): Stadt im Kopf - Hardt-Waltherr Hämer, Berlin 2002, insbesondere S.57-84.
42 Vgl. : Schädlich, Christian: Die Anfänge des industriellen Montagebaus im Wohnungsbau der DDR 1955-1962, in: Uta Hassler/Hartwig Schmidt (Hrsg.): Häuser aus Beton, Tübingen/Berlin 2004, S.132 -139.
43 Vgl.: Krippner, Roland: Bausysteme aus Stahlbeton – Lernen von den Sechzigern?, in: Uta Hassler/Hartwig Schmidt (Hrsg.): Häuser aus Beton, Tübingen/Berlin 2004, S.154, dort auch das folgende Zitat.

Abb. 1: Im Jahre 1898 im Jugendstil erbaute Brücke über die Kleine Isar in München, zunächst als Kabelsteg angelegt und heute ausschließlich als Fußgänger- und Fahrradfahrerbrücke genutzt.

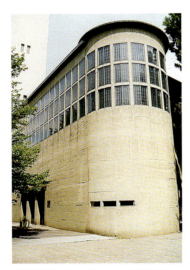

Abb. 2: Als eine der ersten Kirchen Deutschlands im Jahre 1929 von Horst Pinno und Peter Grund geplantes ausschließlich in Sichtbeton fertig gestelltes Bauwerk in Dortmund (Ev. Nikolaikirche).

Abb. 3: Von 1965 bis 1969 von E. Eiermann erbautes ehemaliges Abgeordneten-Hochhaus des Bundestages („Langer Eugen") in Bonn.

Betoninstandsetzung nach technischen Regeln und Denkmalpflege – ein Widerspruch?
Mögliche technische Lösungen und Beispiele

Rolf P. Gieler
Materials and Technology Consulting
Prof. Dr.-Ing. Rolf P. Gieler VDI WTA
Vogelsbergstr. 13, D-36041 Fulda
info@gieler.net

Einleitung

Die seit mehr als 100 Jahren praktizierte Stahlbetonbauweise[1] erlebte vor allem während der 2. Hälfte des letzten Jahrhunderts einhergehend insbesondere mit Fortschritten im Bereich der Werkstoffe, der Bauverfahren sowie der Berechnungs- und Bemessungsmethoden der Tragwerke eine rasante Entwicklung. Jedoch entstanden auch in den Anfängen des Stahlbetonbaus bereits beeindruckende Bauwerke, und neben Max Taut[2] hat sich mancher Architekt schon in den zwanziger Jahren dieses Jahrhunderts der neuen Bauweise verschrieben. Beton wurde in einer dem heutigen Baustoff verwandten Art als Opus Caementitium (Römerbeton) bereits vor ca. 2000 Jahren für imposante Bauwerke, die zum Teil heute noch funktionsfähig sind, wie z.B. die Kuppel des Pantheons und die Kanalisation in Rom[3,] eingesetzt. Niemand zweifelt die Denkmalwürdigkeit dieser Leistungen genialer Ingenieurkunst des Altertums an. Dagegen erscheint zumindest dem fachlichen Laien als ungewöhnlich, ein 50 bis 100 Jahre altes – oder sogar noch jüngeres – Stahlbetonbauwerk unter Denkmalschutz zu stellen. In letzter Zeit werden jedoch häufiger Bauwerke aus Stahlbeton oder unter Verwendung von Stahlbetonbauteilen, die aufgrund ihrer Besonderheiten, z.B. des Alters, der Ingenieurleistung, der bauhistorischen Bedeutung oder einer Kombination dieser Merkmale, zum Denkmal erklärt. Als Beispiele können aufgeführt werden:

- eine im Jahre 1898 im Jugendstil erbaute Brücke über die Kleine Isar in München (Abb. 1), die zunächst als Kabelsteg und heute ausschließlich als Fußgänger- und Fahrradfahrerbrücke fungiert[4],
- ein 1914 in Ortbetonbauweise errichteter filigraner Aussichtsturm[5] in Ebersberg,
- ein im Jahre 1930 als eine der ersten Kirchen Deutschlands ausschließlich in Sichtbeton fertig gestelltes Bauwerk in Dortmund[6] (Abb. 2),
- das in den Jahren 1968 bis 1972 von E. Eiermann errichtete Verwaltungs- und Ausbildungszentrum der Deutschen Olivetti in Frankfurt[7],
- das in den Jahren 1965 bis 1969 erbaute Abgeordneten-Hochhaus des Bundestages („Langer Eugen") in Bonn (Abb. 3, Fluchtbalkone, Abb. 4).

Die genannten Bauwerke sind unter Berücksichtigung denkmalpflegerischer Aspekte instandgesetzt worden, wobei die Lösung in der Regel individuell für das jeweilige Objekt erarbeitet wurde.

Im Folgenden sollen wesentliche Grundsätze bei der Betoninstandsetzung von Denkmälern genannt und technische Möglichkeiten aufgezählt werden.

Schäden, Zustandserfassung und Schadensbeurteilung

Selbstverständlich können an denkmalgeschützten Stahlbetonbauwerken die gleichen Schäden wie an anderen Stahlbetonbauwerken[8] vorliegen, z.B.

- Korrodieren der Bewehrung nach Karbonatisierung des Zementsteins oder infolge der Einwirkung von Chlorid,
- Abplatzungen der Betondeckung über korrodierenden Bewehrungsstählen (vgl. Abb. 5),
- Risse aus unterschiedlichen Gründen (vgl. Abb. 6),
- Gefügestörungen, z.B. durch unzureichendes Verdichten: Hohlstellen, Kiesnester (vgl. Abb. 7),
- Erosion des Zementsteines an der Oberfläche der Bauteile durch sauren Regen (vgl. Abb. 8),
- Bewuchs durch Algen, Flechten und Moose (vgl. Abb. 9).

Aufgrund der eventuell langzeitigen Bewitterung der Bauteile können die aufgeführten Schäden weit fortgeschritten sein oder zu erheblichen Folgeschäden geführt haben. Diese sind im Rahmen einer gründlichen und systematischen Objektuntersuchung (Bauzustandsanalyse) zu erfassen. Wichtige Hinweise auf die durchzuführenden Untersuchungen geben die Regelwerke[9,10]. Zu empfehlen ist, die Befunde – wie bei anderen Denkmälern auch – zu kartieren[11] und somit möglichst detailliert zu dokumentieren.

Abb. 4: Fluchtbalkone des ehemaligen Abgeordneten-Hochhauses des Bundestages.

Die Ursachen für die genannten Schäden, deren Behebung sowie Vermeidung wurden in den letzten beiden Jahrzehnten intensiv erforscht und in der Fachliteratur[12,13, 8] ausführlich beschrieben. Daher wird an dieser Stelle auf eine vertiefende Darstellung verzichtet, jedoch auf besonders häufig vorkommende und für alte Bauwerke typische Schadensarten und Merkmale eingegangen.

Da vermutlich in zahlreichen Fällen Unterlagen zum Bauwerk, die Aufschluss über die Art der Werkstoffe und deren Verarbeitung ermöglichen, fehlen, besitzen diesbezügliche Untersuchungen neben der Analyse des Zustands besondere Bedeutung. Außer Erhebungen zur Tiefe der Karbonatisierung, zur Betondeckung der Bewehrung und zur Festigkeit der oberflächennahen Betonzone ist z.B. auch die Art des verwendeten Zementes festzustellen. Letzteres erscheint von besonderer Relevanz, da die heute eingesetzten mineralischen Betoninstandsetzungswerkstoffe überwiegend mit Portlandzementen hergestellt werden. In Einzelfällen können diese mit den am Objekt verwendeten Zementen (z.B. Sulfathüttenzementen[14]) nicht verträglich sein, so dass ungewünschte Reaktionen, wie Salzkristallisation durch Ettringit, eintreten können. In solchen Fällen sind Mörtel mit sulfatbeständigen Bindemitteln einzusetzen[15].

Abb. 5: Abplatzungen über korrodierenden Bewehrungsstählen (Pilgerhäuser vor dem Wallfahrtsdom in Neviges).

An alten Bauwerken sind zwischenzeitlich vorgenommene Reparaturmaßnahmen nicht ungewöhnlich. Da zur Zeit der vor 1970 vorgenommenen Sanierungen Instandsetzungssysteme im Sinne von[10,16] nicht bekannt waren, wurden z.B. Vorsatzschalen im Verbund zum vorhandenen Beton aus Ortbeton[6], in Spritzbetontechnik[4,5,17] oder auch vorgehängte, hinterlüftete Waschbetonplatten[6] als Schutz der geschädigten Bauteile eingesetzt. An diesen Reparaturstellen können sich im Laufe der Zeit ebenfalls unterschiedlich stark ausgeprägte Schäden (s. o.) eingestellt haben[4,5,6,17,18] (vgl. Abb. 10). Insbesondere ist zu prüfen, ob der Verbund oder die Befestigung der Vorsatzschalen zum bzw. am Untergrund gegeben ist und ob diese Schalen erhalten werden können.

Abb. 6: Risse im Glockenturm einer Kirche.

Die Objektuntersuchung sollte auch die bauphysikalischen Gegebenheiten, wie u. a. Wärmedämmung, Wasserbeaufschlagung der

Abb. 7: Gefügestörungen, z.B. durch unzureichendes Verdichten: Hohlstellen in Stahlbetonscheiben eines Glockenturmes.

Abb. 8: Erosion des Zementsteines durch sauren Regen an den Oberflächen der Bauteile der Kirche „Zur Heiligsten Dreifaltigkeit" (Wotruba-Kirche) in Wien-Mauer.

Abb. 9: Bewuchs (Moose) an einer häufig befeuchteten Bauteiloberfläche an der Wallfahrtskirche Maria, Königin des Friedens in Neviges (erbaut in den Jahren 1963 bis 1968 von G. Böhm).

Bauteiloberflächen (Schlagregenbeanspruchung), fehlende Abdichtungen, umfassen. Bei erheblichen Schäden oder bei geänderter Nutzung kann ein Überprüfen der Standsicherheit der tragenden Konstruktion oder einzelner Bauteile notwendig sein, vgl. RL SIB[10], Teil 1, Abschnitt 3.2.

Regelwerke für die Instandsetzung von Betonbauwerken

Mit der Musterbauordnung (MBO)[19] fordert der Gesetzgeber, „dass die öffentliche Sicherheit und Ordnung, insbesondere Leben, Gesundheit oder die natürlichen Lebensgrundlagen, nicht gefährdet werden". Hieraus folgt die Pflicht des Eigentümers Bauwerke instand zu halten. Zu beachten sind die von der obersten Bauaufsichtsbehörde durch öffentliche Bekanntmachung als Technische Baubestimmungen eingeführten technischen Regeln.

Betonbauwerke, die gemäß DIN 1045 oder DIN 4227 hergestellt wurden oder zukünftig gemäß DIN EN 206-1 und DIN 1045 hergestellt werden, sind nach der DAfStb-Richtlinie „Schutz und Instandsetzung von Betonbauteilen" (Instandsetzungsrichtlinie)[10] instand zu setzen, „unabhängig davon, ob die Standsicherheit betroffen ist oder nicht"[10]. Für Bauwerke im Bereich des Bundesministeriums für Verkehr, Bau- und Wohnungswesen (BMVBW) gelten die in den „Zusätzlichen Vertragsbedingungen und Richtlinien für Ingenieurbauten" (ZTV-ING)[20] Teil 3 „Massivbau" enthaltenen Abschnitt 4 „Schutz und Instandsetzung von Betonbauteilen" und Abschnitt 5 „Füllen von Rissen und Hohlräumen in Betonbauteilen". Für Wasserbauten gelten weitere Regelwerke.

Die wesentlichen technischen Regelungen für Instandsetzungsmaßnahmen an Betonbauwerken sind in der Instandsetzungs-Richtlinie des DAfStb[10] erfasst. Die Richtlinie lässt zu, dass, wenn einzelne Bauteile verstärkt oder ersetzt werden, Instandsetzungen an Betonbauwerken auch gemäß DIN EN 206-1[21]/ DIN 1045-2[22] und DIN 18551[23] durchgeführt werden können. Neben den genannten existieren weitere deutsche Regelwerke verschiedener Institutionen. Die internationale 10-teilige Norm DIN EN 1504[16] ist inzwischen bis auf Teil 9 (Entwurf) in der gültigen Fassung erschienen. Dazu gehören mehr als 90 Prüfnormen.

Grundsätzlich gelten diese Regelwerke auch für denkmalgeschützte Betonbauwerke.

Planung und Ausschreibung

Erst wenn der Zustand eines Objektes möglichst umfassend bekannt ist und die Ursachen für Schäden geklärt wurden, sollten die Instandsetzungsmaßnahmen geplant werden. Stahlbeton-Bauwerke instand zu setzen, ist bei Maßnahmen zum Erhalten der Gebrauchsfähigkeit und Sicherheit eine Ingenieuraufgabe. Dabei ist so zu planen und auszuführen, dass die verlangten Gebrauchseigenschaften dauerhaft erreicht werden.

Planung, Durchführung und Überwachung von Schutz- und Instandsetzungsmaßnahmen für Bauwerke und Bauteile aus Beton und Stahlbeton, unabhängig davon, ob die Standsicherheit betroffen ist oder nicht, regelt die Richtlinie des DAfStb[10]. Regeln für den Nachweis der Standsicherheit enthält die Richtlinie nicht.

Die Richtlinie des DAfStb[10] regelt folgende Schutz- und Instandsetzungsarbeiten:
a) Herstellen des dauerhaften Korrosionsschutzes der Bewehrung bei unzureichender Betondeckung,

b) Wiederherstellen des dauerhaften Korrosionsschutzes bereits korrodierter Bewehrung,
c) Erneuern des Betons im oberflächennahen Bereich (Randbereich), wenn der Beton durch äußere Einflüsse oder infolge Korrosion der Bewehrung geschädigt ist,
d) Füllen von Rissen,
e) Vorbeugendes zusätzliches Schützen der Bauteile gegen das Eindringen von beton- und stahlangreifenden Stoffen, z. B. gemäß DIN 4030,
f) Erhöhen des Widerstands von Bauteiloberflächen gegen Abrieb und Verschleiß.

Abb. 10: Ausbesserung mit korrodierender Bewehrung an den Pilgerhäusern vor der Wallfahrtskirche Maria, Königin des Friedens in Neviges.

Die grundsätzliche Eignung der nach der Richtlinie verwendeten Stoffe, Stoffsysteme und Ausführungsverfahren, muss durch Grundprüfungen nachgewiesen sein oder den Regelungen der Normenreihen DIN 1045 bzw. DIN 4227 oder DIN 18551 entsprechen.

Die Richtlinie DAfStb für die Instandsetzung fordert ein planmäßiges Vorgehen nach folgendem Schema:

- Beurteilung und Planung durch einen sachkundigen Planer,
- Ermitteln von Ist- und Sollzustand,
- Beurteilen der Standsicherheit,
- Angeben der Ursachen von Mängeln und Schäden,
- Erstellen eines Instandsetzungskonzepts und eines Instandsetzungsplans,
- Aufstellen eines Instandhaltungsplans mit Angaben zu Inspektion und Wartung,
- Verwenden von Stoffen entsprechend der Richtlinie, für die die grundsätzliche Eignung in einer Grundprüfung nachgewiesen wurde und deren Herstellung überwacht wird,
- Ausführen durch Fachpersonal und Überwachen der Ausführung.

Durch die Maßnahmen sind sowohl der Beton als auch die Bewehrung zu schützen bzw. instand zu setzen. Zunächst ist der Betonuntergrund ausreichend vorzubereiten. Anschließend sind grundsätzlich folgende Maßnahmen für die Instandsetzung des Betons vorgesehen:

a) Füllen von Rissen und Hohlräumen mit Reaktionsharz, Zementleim (ZL) oder Zementsuspension (ZS),
b) Ausfüllen örtlich begrenzter Fehlstellen mit Mörtel oder Beton,
c) Großflächiges Auftragen von Mörtel oder Beton,
d) Auftragen von Hydrophobierungen,
e) Auftragen von Imprägnierungen (Versiegelungen),
f) Auftragen von Beschichtungen.

Um einen dauerhaften Korrosionsschutz für die Bewehrung wiederherzustellen, nennt die Richtlinie[10] folgende Korrosionsschutzprinzipien (Abb. 11):

– Anodischen Teilprozess unterbinden
    o R Repassivierung
        • R1 alkalischer Spritzmörtel, großflächig
        • R2 alkalischer Mörtel, lokale Ausbesserung
        • Rx elektrochemische Verfahren
    o C Beschichtung der Stahloberflächen in kritischen Bereichen
    o CP Kathodischer Korrosionsschutz der Bewehrung
– Elektrolytischen Prozess unterbinden
    o W Absenkung des Wassergehaltes

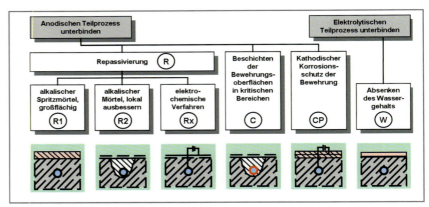

Abb. 11: Korrosionsschutzprinzipien nach der Richtlinie des DAfStb[10].

DIN EN 1504-9[16] sieht die in Tab. 1 aufgeführten Korrosionsschutzprinzipien für Stahl und Beton vor.

Kurzzeichen	Prinzip und Definition
Schäden im Beton	
Prinzip 1 [IP] Protection against Ingress	Schutz gegen das Eindringen von Stoffen
Prinzip 2 [MC] Moisture Control	Regulierung des Wasserhaushaltes des Betons
Prinzip 3 [CR] Concrete Restauration	Betonersatz
Prinzip 4 [SS] Structural Strengthening	Verstärkung
Prinzip 5 [PR] Physical Resistance	Physikalische Widerstandsfähigkeit
Prinzip 6 [RC] Resistance to Chemicals	Widerstandsfähigkeit gegen Chemikalien
Korrosion der Bewehrung	
Prinzip 7 [RP] Preserving or Restoring Passivity	Erhalt oder Wiederherstellung der Passivität
Prinzip 8 [IR] Increasing Resistivity	Erhöhung des elektrischen Widerstands
Prinzip 9 [CC] Cathodic Control	Kontrolle kathodischer Bereiche
Prinzip 10 [CP] Cathodic Protection	Kathodischer Schutz
Prinzip 11 [CA] Control of Anodic Areas	Kontrolle anodischer Bereiche

Tab. 1: Korrosionsschutzprinzipien für Stahl und Beton nach DIN EN 1504-9[16].

Falls erhöhte Chloridgehalte (Cl) im Beton vorliegen oder erhöhte Chloridbelastungen zu erwarten sind, werden zusätzliche Anforderungen im Rahmen der Instandsetzungsprinzipien gestellt.

Denkmalpflegerische Anforderungen sind in Zusammenarbeit mit der zuständigen Behörde zu berücksichtigen, wobei u. a. folgende Einzelheiten vorab zu klären sind:

- Muss das visuelle Erscheinungsbild der Sichtbetonbauteile (Farbe, Relief, Struktur der Oberfläche) erhalten bleiben?
- Dürfen ausgebesserte Schadstellen erkennbar sein?
- Sind zwischenzeitlich aufgebrachte Schichten/Vorsatzschalen aus früheren Reparaturen zu erhalten oder zu entfernen?
- Wie ist der notwendige Ersatz von Bauteilen vorzunehmen (Fertigteil, Ortbeton)?

Zu prüfen ist im Rahmen der Planung, ob eventuell Modifikationen von eingeführten Instandsetzungssystemen technisch möglich bzw. denkmalpflegerisch sinnvoll sind, um den genannten Anforderungen gerecht zu werden. Insbesondere sind die denkmalpflegerischen Grundsätze des Substanzerhalts und der Reversibilität der Maßnahme zu beachten. Hier sei als Beispiel der Einsatz einer lasierenden Deckbeschichtung[6] genannt, die üblicherweise nicht zum Spektrum der marktüblichen Betoninstandsetzungssysteme zählt und für die daher eventuell keine Eignungsnachweise im Sinne von[10] existieren. Daher sind bei Sonderanfertigung vom Hersteller die wesentlichen Eigenschaften nachzuweisen.

Flankierende Maßnahmen, wie Einbringen von Fugen, Wärmedämmung, abdichtende Maßnahmen, verbesserte Wasserführung, müssen, falls erforderlich, ebenfalls planerisch berücksichtigt werden.

Die Ausschreibung sollte deutlich auf die vorliegenden Baustoffe und vorhandenen Schäden eingehen sowie auf die Besonderheiten bei der Instandsetzung eines Denkmals hinweisen. Wichtige Hinweise zum Leistungsverzeichnis gibt ein WTA-Merkblatt.

Werkstoffe und Verfahren

Heute steht eine breite Palette von geprüften Betoninstandsetzungssystemen mit aufeinander abgestimmten Einzelkomponenten zur Verfügung, die bei ordnungsgemäßer Verwendung einen langjährigen Schutz vor weiteren Schäden bieten. Wie bei anderen Stahlbeton-Bauwerken auch, sollten die eingesetzten Werkstoffe aus einem für den Einsatzzweck geprüften System eines Herstellers bestehen. Bei denkmalgeschützten Bauwerken sind modifizierte Aufbauten jedoch denkbar und bereits mit Erfolg praktiziert worden[6,18]. Wesentlich ist, dass durch das Zusammenwirken der einzelnen Komponenten der Korrosionsschutz der Bewehrung erzielt und fortschreitendes Karbonatisieren des Betons verhindert wird.

Bezüglich des visuellen Erscheinens der instand gesetzten Betonoberfläche sind unterschiedliche bereits ausgeführte Varianten denkbar. Wenn die Sichtbetonstruktur und auch die Spuren langjähriger Bewitterung sichtbar erhalten bleiben sollen, können Mörtel nicht großflächig aufgebracht und keine deckenden Beschichtungen appliziert werden. In einem solchen Fall kann folgender Aufbau die notwendige Schutzwirkung erreichen[6]:

- Mörtel für Ausbruchstellen werden in Größtkorn und Farbe dem umgebenden Beton angepasst[6,18] und ggf. nach dem Einbringen in die Ausbruchstelle durch behutsames Strahlen mit Strahlmittel angeraut, um die Oberfläche dem bewitterten angrenzenden Beton anzupassen.
- Als Karbonatisierungsbremse wirkt eine in mehreren Arbeitsgängen aufgebrachte lasierende, der Farbe des Betons angeglichene Deckbeschichtung mit eventuell rissüberbrückenden Eigenschaften.

Egalisieren der Oberflächen mit Feinmörteln entfällt hierbei. Diese Variante stellt hohe Ansprüche an den Verarbeiter. Der Aufwand des gezielt dem Untergrund angepassten Applizierens der Lasurbeschichtung erfordert über das Übliche hinausgehendes handwerkliches Können.

Um den visuellen Eindruck einer betonähnlichen Oberfläche zu erzielen, kann auch ein mineralisches Mattierungsmittel in eine zusätzlich aufgebrachte Schicht der Deckbeschichtung eines üblichen Betoninstandsetzungssystems eingeblasen[5] werden. Nebeneffekte dieses Oberflächenschutzsystems sind ein erhöhter UV-Schutz und eine verringerte Verschmutzungsneigung gegenüber einer nicht mattierten Beschichtung[5].

Abb. 12: An reprofilierten Ausbruchstellen mit Mörtel wieder hergestellte Grate der Schalbrettstruktur (roter Kreis).

Ist an Reparaturstellen das zerstörte Schalbrettrelief wiederherzustellen (Abb. 12), kann ein Relief mit strukturierten Kunststoffbrettern in den frischen Mörtel eingedrückt werden. Falls eine vollflächige Spachtelung notwendig ist, die die ehemalige Brettschalungsstruktur egalisiert, so kann das frühere Aussehen der Bauteile durch Einbringen von Rillen oder durch Eindrücken von Schablonen in den frischen Mörtel angedeutet werden. Auch dieser Arbeitsschritt erfordert hohes handwerkliches Geschick des ausführenden Personals.

Vor Beginn der eigentlichen Maßnahme sollte anhand von Musterflächen die beabsichtigte Oberflächenwirkung überprüft und gegebenenfalls Werkstoffe und Verarbeitungstechniken zwischen Denkmalbehörde, sachkundigem Planer, ausführendem Unternehmen und Werkstoffhersteller abgestimmt werden.

Durchführung und Qualitätssicherung

Häufig ist aufgrund der aus unterschiedlichen Ursachen resultierenden Schäden und der erforderlichen aufwendigen Vorgehensweise die Durchführung als besonders schwierig einzustufen. Daher sollten ausschließlich nachweislich erfahrene, fachlich qualifizierte Unternehmen mit der Instandsetzung eines Stahlbetondenkmals betraut werden. Oft gehören diese Arbeiten jedoch nicht zum Leistungsumfang von im Bereich der Denkmalpflege tätigen Unternehmen.

Denkmäler – auch solche aus Stahlbeton – sind behutsam zu behandeln. Alle am Projekt Beteiligten müssen daher Maßnahmen zur Qualitätssicherung organisatorisch und im Sinne der geltenden Regelwerke, z.B.[10], planen und umsetzen. Sinnvoll ist, einen entsprechenden Maßnahmenkatalog (Überwachungsplan) aufzustellen, der alle erforderlichen Festlegungen zur Durchführung und zu Prüfungen enthält. Ein hoher und über den durch[10] geforderten Umfang hinausgehender Dokumentationsaufwand ist bei denkmalgeschützten Objekten in der Regel erforderlich. Zu empfehlen ist zudem, dass die instand gesetzten Bauwerke regelmäßig gewartet werden[25].

Die Ausführungen zeigen, dass aufgrund von naturgegebenen Randbedingungen bestimmte physikalische und chemische Grundsätze bei der Instandsetzung von historischen Bauwerken zu beachten sind. Bei der dargestellten Vorgehensweise einer möglichst frühzeitigen Abstimmung aller Beteiligten müssen die Forderungen der Regelwerke und die Belange der Denkmalpflege nicht zwingend im Widerspruch stehen.

Literaturverweise

1 Bonzel, J.: Hundert Jahre Bauen mit Beton. Zement-Kalk-Gips 30 (1977) H. 9, S. 439-450.

2 Koetz, R.: Max Taut 1884 - 1967. Deutsches Architektenblatt 29 (1997), H. 6, S. 860-861.

3 Lamprecht, H.-O.: Opus Caementitium; Bautechnik der Römer. 3., überarb. Auflage, Beton-Verlag, Düsseldorf 1987.

4 n.n.: Betonsanierung am Kabelsteg in München. Bausubstanz 11 (1995), H. 11/12, S. 28-29.

5 Weber, H.: Aussichtsturm Ebersberg. Instandsetzung eines Stahlbeton-Denkmals. Sonderdruck aus Bausubstanz 9 (1993), H. 1 und H.3.

6 Klopfer, H.: Sichtbeton-Fassaden einer Kirche (Baujahr 1930). Sanierung der Sichtbetonflächen mit Absprengungen und Rissen nach denkmalpflegerischen Anforderungen. in: Bauschäden-Sammlung Bd. 6, Hrsg. G. Zimmermann, Forum-Verlag, Stuttgart 1986.

7 Dellert, A.: Verwaltungs- und Ausbildungszentrum der Deutschen Olivetti, Frankfurt am Main, 1967-1972, Egon Eiermann. http://www.archinoah.de/studienarbeiten-details-371.html.

8 Gieler, R. P., Dimmig-Osburg, A.: Kunststoffe für den Bautenschutz und die Betoninstandsetzung. Der Baustoff als Werkstoff, Reihe: BauPraxis, XVI, 480 S., Birkhäuser Verlag AG, 2006, ISBN: 978-3-7643-6345-1.

9 WTA-Merkblatt 5-6-99/D Diagnose an Betonbauwerken.

10 Deutscher Ausschuss für Stahlbeton (Herausgeber): DAfStb-Richtlinie - Schutz und Instandsetzung von Betonbauteilen (Instandsetzungs-Richtlinie); 2001-10
   Teil 1: Allgemeine Regelungen und Planungsgrundsätze.
   Teil 2: Bauprodukte und Anwendungen.
   Teil 3: Anforderungen an die Betriebe und Überwachung der Ausführung.
   Teil 4: Prüfverfahren.

11 Schäfer, H.: Computergestützte Schadenskartierung bei Betonbauwerken. Vortrag, WTA-Mitgliederversammlung Referat Beton, 21.06.2007, Fulda.

12 Klopfer, H.: Die Carbonatisation von Sichtbeton und ihre Bekämpfung. Bautenschutz und Bausanierung 1 (1978), H. 3, S. 86-97.

13 Klopfer, H.: Schäden an Sichtbetonflächen. (Schadenfreies Bauen Bd. 3) IRB-Verlag, Stuttgart 1993.

14 Stark, J.: Sulfathüttenzement. Wiss. Zeitung d. HAB Weimar 41 (1995), H. 6/7, S. 7-15.

15 Stark, J, Wicht, B.: Dauerhaftigkeit von Beton. Der Baustoff als Werkstoff, Reihe: BauPraxis, XI, 340 S. 221 Abb., Softcover, Birkhäuser Verlag AG, 2000 ISBN: 978-3-7643-6344-4.

16 DIN EN 1504 Produkte und Systeme für den Schutz und die Instandsetzung von Betontragwerken - Defi-nitionen, Anforderungen, Güteüberwachung und Beurteilung der Konformität
   Teil 1: Definitionen; Deutsche Fassung EN 1504-1:2005
   Teil 2: Oberflächenschutzsysteme für Beton; Deutsche Fassung EN 1504-2:2004
   Teil 3: Statisch und nicht statisch relevante Instandsetzung; Deutsche Fassung EN 1504-3:2005
   Teil 4: Kleber für Bauzwecke; Deutsche Fassung EN 1504-4:2004
   Teil 5: Injektion von Betonbauteilen; Deutsche Fassung EN 1504-5:2004
   Teil 6: Verankerung von Bewehrungsstäben; Deutsche Fassung EN 1504-6:2006
   Teil 7: Korrosionsschutz der Bewehrung; Deutsche Fassung EN 1504-7:2006
   Teil 8: Qualitätsüberwachung und Beurteilung der Konformität; Deutsche Fassung EN 1504-8:2004
   Teil 9: Allgemeine Grundsätze für die Anwendung von Produkten und Systemen; Deutsche Fassung prEN 1504-9:2008 (E)
   Teil 10: Anwendung von Stoffen und Systemen auf der Baustelle, Qualitätsüberwachung- der Ausführung; Deutsche Fassung EN 1504-10:2003.

17 Mielke, Th., Schütz, K. Instandsetzung des Wasserturms Großniedesheim. Bausubstanz 11 (1995), H. 11/12, S. 22-24.

18 Engel, J.: Erweiterte Möglichkeiten bei der denkmalgerechten Betoninstandsetzung und Betonkonservie-rung. WTA-Journal, H. 1, 2007, S. 65-80, ISBN 3-937066-00-4.

19 Musterbauordnung (MBO) Fassung 2002-11.

20 Bundesministerium für Verkehr, Bau- und Wohnungswesen (Herausgeber): ZTV-ING Zusätzliche Techni-sche Vertragsbedingungen und Richtlinien für Ingenieurbauten, Verkehrsblattverlag, Dortmund 2007.

21 DIN EN 206-1/A2:2005-09 Beton - Teil 1: Festlegung, Eigenschaften, Herstellung und Konformität; Deut-sche Fassung EN 206-1:2000/A2:2005.

22 DIN 1045-2:2001-07 Tragwerke aus Beton, Stahlbeton und Spannbeton - Teil 2: Beton; Festlegung, Ei-genschaften, Herstellung und Konformität; Anwendungsregeln zu DIN EN 206-1

23 DIN 18551:2005-01 Spritzbeton - Anforderungen, Herstellung, Bemessung und Konformität.

24 WTA Merkblatt 5-15-03/D Leistungsbeschreibung.

25 WTA Merkblatt 5-7-99/D Prüfen und Warten von Betonbauwerken.

Möglichkeiten der Restaurierung von Denkmalen aus Beton

Bärbel Arnold
Brandenburgisches Landesamt für Denkmalpflege
und Archäologisches Landesmuseum
Wünsdorfer Platz 4, 15806 Zossen OT Wünsdorf
Baerbel.arnold@bldam-brandenburg.de

1. Einleitung

In Norddeutschland wurde ungefähr ab 1840 Romanzement und etwa ab 1860 Portlandzement verwendet und vereinzelt schon hergestellt[1]. Mit der Industrialisierung in den Gründerzeitjahren nahm die Kalk- und Zementindustrie einen erheblichen Aufschwung. Im ausgehenden 19. Jahrhundert wurden in ganz Deutschland zahlreiche Kalk- und Zementwerke gegründet. Bereits Mitte des 19. Jahrhunderts wurden erstmals in Frankreich Betonbauteile durch Stahleinlagen verstärkt. Ende des 19. Jahrhunderts sah man in Zementmörteln und Stahlbeton häufig ein neues Wundermaterial für Neubauten und Restaurierungen. Man nahm an, dass zementhaltige hydraulische Baustoffe allein und in Verbindung mit Bewehrungsstahl, die Lösung für fast alle bautechnischen Probleme, wie filigrane Statik und eine Sperrung des Mauerwerks bei Feuchte- und Salzbelastung, bringen. Um 1870 brachte die Mischung von Zementen mit Natursteinsplitt ein völlig neues Material, den Kunststein, hervor. Dieser war die preiswertere Alternative zum Naturstein. Der Kunststein wurde in allen erdenklichen Formen gegossen und in einer großen Variationsbreite hergestellt. Die Oberflächen konnten steinmetzmäßig bearbeitet, scharriert, bossiert und auch geschliffen werden. Unter dem Namen Terrazzo[2] ist er noch heute ein begehrtes und mittlerweile sehr teures Baumaterial.

Abb. 1a: Mausoleum Fritz Hitze (1853-1928) in Frauendorf, Landkreis Spree-Neiße, Gesamtansicht

2. Schäden

Leider erfüllte sich der Wunschtraum eines idealen unzerstörbaren Baumaterials nicht, denn schon bald traten Schäden auf. Die Erklärung liefert der komplizierte Erhärtungsmechanismus dieser Mehrstoffsysteme. Bei der Hydratation von Zementen entstehen Calcium-Silicat-Hydrate (C-S-H-Phasen), Calcium-Aluminat-Hydrate (C-A-H-Phasen) und Calcium-Aluminat-Ferrat-Hydrate (C-A-F-H-Phasen) und Calciumhydroxid $Ca(OH)_2$. Das Calciumhydroxid bewirkt den hohen pH-Wert von 13 (basisch) im Zementleim und inhibiert im Stahlbeton die Bewehrung. Im Laufe der Zeit karbonatisiert der Kalk, der pH-Wertes sinkt auf 7 (neutral).

$$Ca(OH)_2 + CO_2 \rightarrow CaCO_3 + H_2O$$

Damit verliert der Stahl seine Passivierung, die Bewehrung rostet und es treten Rostsprengungen auf. Darüber hinaus können bei der Erhärtung von Zementmörteln Schwindrisse entstehen, in die Wasser eindringen kann. Durch Frost- und Rostsprengung werden diese Risse im Laufe der Zeit größer. Die frühen Zemente (bis in die 1960er Jahre) besaßen zudem erhebliche Alkaligehalte (Natrium- und Kaliumoxide). Die hohe SO_2-Belastung der Umwelt führte zur Bildung von Alkalisulfaten. Die hohe Salzbelastung verursacht Salzsprengungen und der pH-Wert sinkt weiter auf ca. 6. Alle Schadensursachen treten zusammen auf, beeinflussen sich gegenseitig und erhöhen das Schadenspotential drastisch.

*Abb. 1b: Mausoleum Fritz Hitze (1853-1928) in Frauendorf, Landkreis Spree-Neiße, Detail einer Säule mit Rissbildungen, rostender Bewehrung und Salzausblühungen
Foto: Arnold 2005*

In Abbildung 1 sind die typischen Schäden des Stahlbetons wie Rissbildung, rostende Bewehrung und Salzausblühungen am Mausoleum Fritz Hitze (1853-1928) in Frauendorf (Landkreis Spree-Neiße) ersichtlich.

3. Restaurierungsmöglichkeiten

Die Restaurierungsmöglichkeiten von desolaten Denkmalen aus Beton, Stahlbeton und Kunststein sind sehr beschränkt, da die chemischen Prozesse, die zu den vorhandenen Schäden führen, nicht umkehrbar sind, sondern progressiv weiter ablaufen. Man sollte sich daher bewusst sein, dass Denkmale aus Beton und Stahlbeton mehrheitlich eine intensivere Pflege erfordern als andere historische Bauwerke. Die originale Oberfläche ist als wesentliches Charakteristikum eines Denkmals am meisten gefährdet. Ingenieurtechnische Lösungen, die immer ein Abstrahlen und Überspachteln bedeuten, sind kritisch zu betrachten. Andererseits erfordern die Latentschäden im Stahlbeton und Kunststein wirtschaftlich realisierbare Lösungen. Deshalb wird nur für herausragende Denkmale deren Erhaltung mit ihren originalen Oberflächen gelingen. In den nächsten Absätzen soll an einigen Beispielen der unterschiedliche Ansatz zur Restaurierung verschiedener Denkmale aus Stahlbeton erläutert werden.

Abb. 2: Wilhelm-Pieck-Denkmal Guben, Landkreis Spree-Neiße
Foto: Arnold 2002

3.1. Abriss und Erneuerung

Aufgrund der Schließung vieler Industriebetriebe und der darauf folgenden Abwanderung großer Bevölkerungsteile wurden die den Wilhelm-Pieck-Platz in Guben, Landkreis Spree-Neiße, umgebenden Plattenbauten teilweise abgerissen. Damit änderte sich die städtebauliche Situation für das Wilhelm-Pieck-Denkmal (Abb. 2) und dem Denkmal fehlte sein konzeptioneller, inhaltlicher wie funktionaler Zusammenhang. Zudem wies es erhebliche Schäden in Form von Rissbildungen, Abplatzen größerer und kleinerer Betonteile, Salzausblühungen, Aussintern des Kalkes in den oberen Bereichen und ähnliches auf. Für eine ständige Pflege des Denkmals, wie Schließung der Risse oder Erneuerung des Anstrichs ca. alle 5 Jahre fühlte sich die Stadt Guben finanziell überfordert. Aus der Summe der Begründungen wurde schließlich dem Antrag auf Abriss des Wilhelm-Pieck-Denkmals stattgegeben. Die Bronzeplatten sollten im Stadtmuseum präsentiert werden.

Abb. 3a: Potsdam, Kurfürstenstraße 19, Gesamtansicht,
Foto: Postkarte, vor dem Zweiten Weltkrieg

In Potsdam wurde das Jugendstilhaus Kurfürstenstraße 19, Ecke Moltkestraße 1904 erbaut. Die Gauben bekrönten Figurengruppen musizierender und spielender Putten aus Kunststein mit Portlandzement als Bindemittel. 1989 wurden die Putten aufgrund ihres schlechten Erhaltungszustandes abgebaut (Abb. 3). Die Schäden waren rostende Bewehrung, Rissbildung, Abplatzen von kleineren und größeren Teilen. Für die Restaurierung wurden sämtliche Putten als Abguss nach dem Original in Zementmörtel neu angefertigt.

3.2. Normgerechte Betonsanierung

Die normgerechte Betonsanierung beinhaltet das Entfernen loser Bereiche mit dem Höchstdruckwasserstrahlverfahren, das Entrosten der Bewehrung und die anschließende Behandlung der Bewehrung mit Rostschutzmittel. Fehlstellen werden mit neuem Zementmörtel geschlossen. Abschließend wird die Oberfläche 2cm dick mit einem PCC-Reparaturmörtel (Polymer Cement Concrete bzw. Polymer-modified Cement Concrete) überspachtelt. Damit soll ein Eindringen von Wasser möglichst lange verhindert werden. Nachteile sind dabei der Verlust der originalen Oberfläche und die Entstehung eines völlig anderen Erscheinungsbildes.

Die Restaurierung des 1958/61 errichteten, 30 m hohen Obelisken der Gedenkstätte Sachsenhausen sollte 1992 normgerecht ausgeführt werden. Nach langen Diskussionen mit dem Planer und der ausführenden Firma konnte auf die Überspachtelung verzichtet werden. Das äußere lebendige Erscheinungsbild des Obelisken, das durch die groben farbigen Zuschläge hervorgerufen wird, wäre verloren gewesen. Auch wurde nicht mit Höchstdruck gereinigt, sondern nur mit 50 °C warmen Wasser ohne Zusätze und mit einem Druck von 50 bar. Die Schadstellen im Beton

Abb. 3b: Flöte spielender Putto
Foto: Lehmann 1999

Abb. 4a: Obelisk der Gedenkstätte Sachsenhausen, Landkreis Oberhavel, Gesamtansicht
Foto: Arnold 1995

Abb. 4b: Obelisk der Gedenkstätte Sachsenhausen, Landkreis Oberhavel, Detail mit Lasur
Foto: Arnold 1995

Abb. 5a: Trebbin, Landkreis Teltow-Fläming, Rathaus, Gesamtansicht
Foto: Arnold 1998

sollten mit einem kunststoffvergüteten (Acrylate) Reparaturmörtel, der in seiner Sieblinie und Farbigkeit dem originalen Beton angepasst werden sollte, ausgebessert werden. Dabei gelang die farbliche Anpassung nicht optimal (Abb. 4), so dass der Obelisk nicht hydrophobiert werden konnte, sondern mit einer Silikonharzlasur abschließend beschichtet werden musste (5).

Besser gelang die optische Anpassung der Steinergänzungsmassen bei der Restaurierung der Arkadenpfeiler am Rathaus Trebbin, Landkreis Teltow – Fläming (Abb. 5). Der Verwaltungsbau wurde 1939/40 nach Plänen von M. Säume und G. Hafemann im Heimatstil errichtet. Nachdem bei seiner umfassenden Sanierung die Balkonbrüstungen aus Kunststein schon durch neue Fertigbauteile aus einfachen, grauen Zementmörtel ersetzt worden waren, konnte diese Vorgehensweise an den Arkadenpfeilern gerade noch verhindert werden. Die beauftragte Baufirma wurde mit dem Nachstellen eines optisch angepassten Reparaturmörtels beauflagt.

3.3. Restauratorische Behandlung

Analog der normgerechten Betonsanierung steht bei der restauratorischen Behandlung von Denkmalen aus Beton, Stahlbeton, Zement- und Kunststein die Verminderung des Rostens der Bewehrung im Vordergrund. Bei einer restauratorischen Behandlung ist im Gegensatz zur Betonsanierung die originale Oberfläche zu schonen, so dass ein Abstrahlen mit Wasser unter Höchstdruck entfallen muss. Damit können große Teile der Bewehrung nicht entrostet und mit Rostschutzmittel behandelt werden. Eine andere Möglichkeit, das Rosten der Bewehrung zu verhindern, ist die Verwendung von Inhibitoren[3]. Dazu werden häufig Tannine oder Aminoalkohole eingesetzt. Die Tannine (von franz. tanin Gerbstoff) sind natürlich vorkommende Polyphenole (in den Schalen, Kernen und Stielen von Weintrauben, im Holz und der Rinde von Eichen, Akazien und Kastanien, in der Fruchthülle der Walnuss). Sie werden schon seit ca. 100 Jahren als Rostumwandler verwendet. Ein neues Produkt auf dem Markt ist Sika FerroGard, ein Aminoalkohol (2,2-Nitrilotriethanol). Beide Produkte sollen durch Auftragen auf die Beton- oder Kunststeinoberfläche das Rosten der Bewehrung verhindern. Bei Versuchen an dem „Flöte spielenden Putto" des Hauses Kurfürstenstraße 19 in Potsdam (Abb. 3) konnte nachgewiesen werden, dass diese Behauptung eher Wunschdenken ist. Für beide Produkte wurde massenspektrometrisch nachgewiesen, dass sie nicht durch das dichte Zementmörtelgefüge an den Bewehrungsstahl gelangen. Nur vereinzelt – an Rissen, die bis an die Bewehrung reichten – konnten die Inhibitoren zur Bewehrung vordringen. Diese Einzelstellen sind nicht ausreichend, um das Rosten der Bewehrung zu verhindern. Hinzu kommt, dass Tannin die Oberfläche des Steines blau färbt (6). Eine weitere Möglichkeit zur Inhibierung des Bewehrungsstahls ist der kathodische Rostschutz. Mittels Fremdstrom und Fremdstrom-Anoden schützen unedlere Materialien das Eisen und fungieren dabei als Opfer- oder Schutzanode. Über eine Anwendung dieser Methode bei Denkmalen konnte bisher keine Literatur gefunden werden.

Die Entscheidung über die Ausführung der im Restaurierungsablauf folgenden Arbeitsschritte der Reinigung, Salzreduktion und Steinfestigung sollte analog den Arbeiten an Natursteinen erfolgen.

Da bei der Restaurierung von Kunststein oder Stahlbeton auf das Abstrahlen mit Höchstdruck verzichtet werden muss, ist durch das Schließen der Risse das Eindringen des Wassers in das Innere des Steines (zur Bewehrung) zu verhindern. Zur Anwendung können polymere oder mineralische Injektagemittel kommen.

Bei der 2005 ausgeführten Restaurierung des expressionistischen Grabmals für den Kunstmäzen Julius Wissinger, das 1922/23 nach Entwürfen von Max Taut errichtet wurde, stand die Rissproblematik im Vordergrund (Abb. 6). Während der Instandsetzungsmaßnahmen 1987/88 wurden lose

Zementsteinteile abgenommen, die Bewehrung an diesen Stellen entrostet und mit Rostschutzmittel (Mennige) behandelt. Die abgenommenen Teile konnten mit Epoxidharzen wieder angeklebt werden. Die Stahlbetonkonstruktion wurde mit einer Betonspachtelmasse beschichtet. Mit einer zusätzlichen Hydrophobierung wurde versucht, das Eindringen des Wassers zu verhindern. Ein Vergleich der Fotos von 1987 mit dem Schadensbild von 2004 zeigt, dass die schon 1987 vorhandenen Risse auch nach Auftrag der Betonspachtelmasse nach einiger Zeit erwartungsgemäß wieder zum Vorschein kamen. Daher war die vorrangige Aufgabe der Restaurierung von 2005 das Schließen der Risse. Zur Anwendung kamen Feinstzementsuspensionen (hochfein aufgemahlene Zemente; der Blaine – Wert steigt von 2700 - 3300 cm²/g bei Portlandzementen auf 11000 - 16000 cm²/g). Die Feinstzementsuspensionen sorgen gleichzeitig durch die Erhöhung des pH-Wertes in den Rissen für eine zeitweilige Passivierung des Bewehrungsstahles. Da die Qualität des Zementmörtels am Grabmals Wissinger aufgrund der hohen Porosität und der daraus resultierenden geringen Festigkeit nach unseren heutigen Normen als nur mäßig einzustufen ist, wurden für die Injektionsmassen die handelsüblichen Feinstzementsuspensionen durch die Zugabe von Luftporenbildnern und Füllstoffen abgemagert (7). Für die abschließende Oberflächenbehandlung musste zwischen Hydrophobierung und lasierendem Farbanstrich entschieden werden. Da wir der Meinung waren, mit einer Silikonharzlasur einen längeren Schutz der Stahlbetonkonstruktion vor eindringendem Wasser zu erzielen, wurde die Hydrophobierungsvariante verworfen. Trotzdem waren die ersten Risse im Frühjahr 2007 erneut sichtbar. Sie sollen mit der erprobten Injektionsmasse im Rahmen der vereinbarten Wartungsarbeiten wieder geschlossen werden.

Abb. 5b: Trebbin, Landkreis Teltow – Fläming, Rathaus, Detail Steinergänzung (links) im Kunststeinbereich
Foto: Arnold 1998

4. Zusammenfassung

Stahlbeton ist ein Baustoffsystem, dessen Dauerhaftigkeit aufgrund seiner chemischen Zusammensetzung stark eingeschränkt ist. Neben Umwelteinflüssen spielen die Eigenschaften seiner Einzelkomponenten eine erhebliche Rolle für seine Haltbarkeit. Anders als beim Naturstein kommen beim Stahlbeton menschliche Einflüsse, die Verarbeitung und die Konstruktions- und Herstellungsbedingungen als mögliche Ursache für die Entstehung von Schäden hinzu. Ingenieurtechnisch wird seit vielen Jahren auf diesem Gebiet geforscht. Die naturwissenschaftlichen Ergebnisse gelten auch bei Denkmalen. Aber die daraus entwickelten Restaurierungskonzepte müssen aufgrund der denkmalpflegerischen Prämisse des Erhalts der originalen Oberfläche variiert und angepasst werden.

Abb. 6a: Südwestfriedhof Stahndorf, Landkreis Potsdam-Mittelmark, Grabmal Wissinger, 1922/23 nach Entwürfen von Max Taut, Gesamtansicht

Abb. 6a: Südwestfriedhof Stahndorf, Landkreis Potsdam – Mittelmark, Grabmal Wissinger, 1922/23 nach Entwürfen von Max Taut, Detail Rissverpressung, vor dem Auftrag der Silikonharzlasur
Foto: Arnold 2005

Literatur

(1) F. Quietmeyer: „Zur Geschichte der Erfindung des Portlandzementes", Dissertation an der Königl. Techn. Hochschule Hannover, 1911.

(2) T. Gödicke-Dettmering: „Mineralogische und technologische Eigenschaften von hydraulischem Kalk als Bindemittel von Restaurierungsmörteln für Baudenkmäler aus Naturstein", Bericht 6, Institut für Steinkonservierung e.V., Wiesbaden 1997.

(3) J.F. John: „Über Kalk und Mörtel im Allgemeinen und den Unterschied zwischen Muschelschalen- und Kalksteinmörtel insbesondere; nebst Theorie des Mörtels", Verlag Duncker und Humblot, Berlin 1819.

(4) R. Gottgetreu: „Baumaterialien. Deren Wahl, Verhalten und zweckmässige Verwendung", Verlag Julius Springer, Berlin 1874.

(5) B. Arnold: „Oranienburg – die Restaurierung des Obelisken der Gedenkstätte Sachsenhausen", Brandenburgische Denkmalpflege 4 (1995), Heft 1, Verlag Arenhövel, Berlin 1995.

(6) P. Lehmann: „Untersuchungen zum Verwitterungsmechanismus bewehrter Kunststeinfiguren und Möglichkeiten zur Konservierung am Beispiel einer Figur des Jugendstilhauses der Kurfürstenstrasse in Potsdam", Diplomarbeit an der FH Potsdam 1999.

(7) G. Simon: „Die Erhaltung der Stahlbetonkonstruktion des Grabmals Wissinger auf dem Südwest – Kirchhof Stahnsdorf. Untersuchungen zur Auswahl einer geeigneten Injektionsmasse zur Schließung von Rissen", Diplomarbeit an der FH Potsdam 2004.

---

1 Entwicklungsgeschichte, Herstellungstechnologien sowie chemische Zusammensetzungen und Eigenschaften von hydraulischen Bindemitteln werden im folgenden Artikel als bekannt vorausgesetzt. In den Beiträgen von B. Meng, H. Schmidt, E. Stadlbauer, St. Pfefferkorn, St. Weise u.a. in diesem Heft und in den Literaturstellen 1 bis 4 wird ausführlich auf diese Problematik eingegangen.

2 Eine der ältesten Herstellungstechniken von Kunststein sind die Terrazzoböden der Antike. Terrazzo ist nach dem gleichnamigen Ort in Venetien benannt.

3 Der Begriff Inhibitor bedeutet Hemmstoff und ist die von Inhibition (= Hindern, Hemmen, Einhalten, Verbot) abgeleitete Bezeichnung für eine Substanz, die eine Reaktion oder mehrere Reaktionen – chemischer, biologischer oder physiologischer Natur – dahingehend beeinflusst, dass diese verlangsamt, gehemmt oder verhindert wird bzw. werden.

Die Weißfrauenkirche Frankfurt am Main
Denkmalgerechte Betonsanierung im historischen Kontext

Peter Sichau

**Sichau & Walter
Architekten BDA
Fulda/Dresden**

Zur Geschichte der Weißfrauenkirche

Das *Weißfrauenkloster* wurde 1228 als Stiftung Frankfurter Bürger gegründet und im selben Jahr durch Papst Gregor IX. anerkannt. Der Orden der Weißfrauen, amtlich „*Magdalenerinnen*" oder „*Reuerinnen*" (poenitentes) genannt, ist im Jahr 1224 in Worms gestiftet worden. Seine Aufgabe war zunächst die Verwahrung bußfertiger Straßendirnen, ab circa 1250 auch die Versorgung unverheirateter Angehöriger der bürgerlichen Familien.

Bereits 1248 brannte das Kloster ab und musste wieder aufgebaut werden. 1468 bis 1470 wurde die Kirche im gotischen Stil erneuert. Obwohl die Kirche nur über ein kleines Einzugsgebiet verfügte, blieb sie bis zum Zweiten Weltkrieg ein bedeutendes geistliches Zentrum in der Altstadt.

Am 22. März 1944 brannte die Kirche nach einem Bombenangriff, der die gesamte westliche Innenstadt Frankfurts mit ihrem mittelalterlichen Stadtkern zerstörte, aus. Da die Kirche zu den Dotationskirchen gehörte, war die Stadt grundsätzlich zu ihrem Wiederaufbau verpflichtet. Dies war auch zunächst geplant, so dass 1947 und 1948 mit der Sicherung der Ruine begonnen wurde. Doch stellte sich bald heraus, dass aufgrund des Strukturwandels künftig in der Altstadt sehr viel weniger Menschen als vor dem Krieg leben würden. Die gesamte Altstadt bildete deshalb fortan nur noch eine evangelische Gemeinde, die Paulsgemeinde, welche die Alte Nikolaikirche als Gemeindekirche erhielt.

1952 schloss die evangelische Kirche einen Vertrag mit der Stadt Frankfurt, in dem sie auf den Wiederaufbau der Weißfrauenkirche verzichtete. Die Ruinen wurden 1953 beim Bau der Berliner Straße beseitigt.

1956 wurde durch den Frankfurter Architekten Werner Neumann die neue Weißfrauenkirche westlich der Innenstadt im Bahnhofsviertel an der Ecke Gutleutstraße/Weserstraße erbaut. Sie gilt heute neben der Michaelskirche von Rudolf Schwarz als eines der bedeutendsten Kirchenbauwerke der 1950er Jahre in Frankfurt. Das parabelförmige Kirchenschiff wurde durch Neumann bewusst als Solitärbau konzipiert, der auf einer freien Platzfläche in ganzer Tiefe des Eckgrundstückes umgangen werden konnte.

Durch die beengten Platzverhältnisse schiebt sich der Baukomplex mit seinem schlanken Glockenturm in die Raumachse der stark befahrenen Gutleutstraße, markiert bewusst eine weithin sichtbare Stadtmarke und bildet so im Bahnhofsviertel eine städtebauliche Situation von herausragender Qualität.

Im Kontrast zur umgebenden Blockbebauung der Gründerzeit wirkt die Kirche bis heute zeitlos modern, was durch die vollständig erhaltene Originalausstattung noch betont wird. Insbesondere die großzügige Geste des mit einem filigranen Betonschalendach überspannten Treppenaufgangs zum Kirchenraum und Turm illustriert eindrucksvoll die Architekturauffassung der frühen Nachkriegsjahre.

Abb. 1: Die alte Weißfrauenkirche (1468-1470) – Aufnahme um 1900

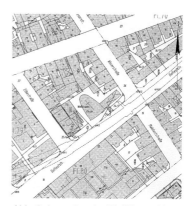
Abb. 2: Lageplan der Weißfrauenkirche im Bahnhofsviertel von Frankfurt

Abb. 3: Turm von Südosten, Aufnahme 1956

Abb. 4: Ansicht 1956

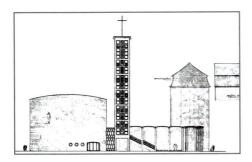

Abb. 5: Planzeichnung von Werner Neumann, Ansicht Süd – 1956

Abb. 6: Blick in die Gutleutstraße vom Theatertunnel – Aufnahme 2008

Als Werner Neumann die neue Weißfrauenkirche westlich der Innenstadt im Bahnhofsviertel 1956 errichtete, war dieses Areal ein bürgerliches Wohngebiet. Heute ist die Gegend gekennzeichnet von erheblichen gesellschaftlichen und städtebaulichen Brüchen und Gegensätzen. Direkt neben der Weißfrauenkirche befindet sich das Diakoniezentrum WESER 5, eine Hilfseinrichtung für Obdachlose, in welche die Weißfrauenkirche (die heute nicht mehr als Gemeindekirche genutzt wird) räumlich und konzeptionell integriert ist. Neben Gottesdiensten dient die Kirche heute als Tagestreff für Obdachlose, Ausstellungs- und Veranstaltungsraum für Konzerte, Kunstaktionen, Lesungen und Events. Diesem besonderen konzeptionellen Ansatz der diakonischen Arbeit ist es geschuldet, dass die Einrichtung von einem Pfarrer und einem Kurator gemeinsam geleitet wird.

Situation 2008

Im Gegensatz zur Erbauungszeit zeigt sich die stadträumliche Situation um die Weißfrauenkirche heute in einem wesentlich veränderten Bild. Bedingt durch den starken Verkehrsdruck der Gutleutstraße wurde sukzessive das ehemalige Grundstücksareal zugunsten der Verbreiterung der Fahrbahn beschnitten. Sicherheitsaspekte der Obdachloseneinrichtung führten zur Umzäunung des Kirchenschiffes, unterlassene Bauunterhaltung an Gebäude und Freiflächen zeigen sich heute durch massive Schäden des Bauwerkes und fehlende Aufenthaltsqualität der Freiräume. Zaunanlagen und dichte Bepflanzung verstellen den Blick auf die Fassade der Kirche und verhindern eine Wahrnehmbarkeit der ursprünglichen räumlichen Intention des Architekten.

Als Folge dieser Eingriffe steht der Kirchturm auf dem Gehweg der Straße. Seine ursprünglich als räumliche Setzung gedachte solitäre Fassung stellt sich heute als reine Isolierung vom Hauptgebäude dar; auch der wichtige städtebauliche Eingriff Neumanns, ein sich zur Straße hin öffnender Zugang zum Innenhof als Bestandteil des Gesamtkonzeptes, wird durch Umwehrungen und Tore ad absurdum geführt. Mit der bestehenden Verzerrung des ursprünglichen Entwurfs wird der städtebauliche Wert der Anlage derart korrumpiert, dass ihre eigentlichen Potentiale keine Wirkung mehr im Stadtviertel entfalten können.

Konstruktion

Der ca. 32 Meter hohe Glockenturm der Weißfrauenkirche ist in sieben Geschosse unterteilt, die über eine filigrane Stahlwendeltreppe erschlossen sind. Im obersten Geschoss befindet sich noch heute das Geläut, welches nach wie vor zu Gottesdiensten durch das Diakoniezentrum genutzt wird.

Die filigrane Skelettkonstruktion in Stahlbeton ist als monolithischer Baukörper errichtet und dreiseitig mit offenen Rahmen ausgebildet in denen ursprünglich ornamentale Gitterwerke als nicht tragende Bauteile eingesetzt waren. Die zur Kirche gewandte Seite ist ab dem 1. Obergeschoss als durchgehende, 15 cm starke Scheibe ausgeführt und schließt ebenfalls im 1. OG (der Eingangsebene zum Kirchenschiff) mit einer Betonplatte als Zugangsebene an die Treppenanlage des Hauptzugangs an. Die Eckstützen im Querschnitt 50/65 cm sind in jedem Geschoss mit einem Stahlbetonriegel verbunden, wobei die Zwischendecken der Geschosse mittig mit einer quadratischen Einbringöffnung für die Glocken ausgeführt wurden.

Im heutigen Zustand sind in den einzelnen Geschossen nachträglich eingesetzte Brüstungselemente aus profilierten Betonfertigteilen als Absturzsicherung eingesetzt, die jedoch im Zuge der Sanierungsmaßnahmen wieder entfernt werden. Die Turmdecke bildet ein leicht geneigtes Pultdach mit allseitigem Überstand, das zur Straßenseite ein Metallkreuz trägt.

Der Turm besticht in seinem Habitus noch heute und trotz der starken Substanzschäden durch die sorgsam ausgeführte glatte Schalungsoberfläche in regelmäßigem Schalungsbild in Verbindung mit der scharfkantigen Eckausbildung und dem leicht ockerfarbenen Betonfarbton des unbeschichteten Betons der Erbauungszeit, der mit der Natursteinverkleidung der Schauseite des Kirchengebäudes korrespondiert.

Zustand

Zur Untersuchung der Bausubstanz und der Frage, inwieweit eine mögliche statische Beeinträchtigung oder Einsturzgefahr des Bauwerks besteht, wurden durch den Eigentümer seit 2000 verschiedene Untersuchungen und Gutachten veranlasst, die im Rahmen der aktuellen Beratungen zur Festlegung der hier vorgestellten Sanierungskonzeption bis 2008 nochmals aktualisiert und in ihrer Zielstellung an die vorgesehene Technologie zur Ertüchtigung des Turmes angepasst wurden.

Abb. 7: Kreuzungsbereich Gutleutstraße / Ecke Weserstraße – Aufnahme 2008

Heute zeigen sich am Turm flächig massivste statisch-konstruktive Schäden der Bausubstanz in Form von Bauteilabplatzungen, Bewehrungskorrosion und Salzbelastung. Diese variieren qualitativ zwar je nach Himmelsrichtung, insgesamt sind jedoch lediglich einzelne witterungsabgewandte Bereiche, so an den Innenseiten des Turmes, weniger geschädigt bzw. befinden sich in einem altersgemäß befriedigenden Zustand. Die Betongüte konnte mit Werten (nach alter DIN) zwischen B20-B30 nachgewiesen werden, die Überdeckung der Bewehrung liegt i. M. zwischen 5-25 mm, wobei die Bewehrungsfront bereits großflächig durch Carbonatisierung erreicht wurde.

Abb. 8: Blick auf die Weißfrauenkirche von Osten – der ursprünglich filigrane Duktus des Baukörper-Ensembles ist durch Straßenmobiliar und Zufallsbegrünung nicht mehr erkennbar, Aufnahme 2008

Insgesamt musste daher aufgrund des erheblichen Schadensumfanges aller Außenflächen für jede weitere Sanierungskonzeption von einer vollständigen Ertüchtigung der Konstruktion und Erneuerung der Oberflächen ausgegangen werden. Dabei bestand durch die Schwere der Schäden im Verlauf der mehrjährigen Fachdiskussionen auch für lange Zeit die Möglichkeit des Abbruches, da aus denkmalpflegerischer und architektonischer Sicht keine befriedigende Sanierungsstrategie zur Sicherung bzw. Rekonstruktion des angetroffenen Habitus bestand.

Der Umgang mit dem Denkmal

Da sich das Bauwerk bis heute im Originalzustand befindet, können für die als „klassisch" einzustufenden Schadensbilder die Ausführungsvoraussetzungen der Erbauungszeit zweifelsfrei als ursächlich angesprochen werden. Darüber hinaus verstärkten unterlassene Bauunterhaltung und steigende Umweltbelastungen die angetroffenen Schadensphänomene.

Wie bei allen Gebäuden der 1950er Jahre sahen die damals gültigen Normenwerke keine verbindlichen Vorgaben zur Mindestüberdeckung der Bewehrung oder konstruktive Forderungen in Abhängigkeit möglicher Expositionsparameter vor. Demzufolge beschränkte sich die Ausführung, neben konstruktiv-handwerklichen Bedingungen, damals vor allem auf die Umsetzung des gestalterischen Zieles einer homogenen, plangetreuen Abbildung der Entwurfsidee.

Abb. 9: Betonschäden am Turm durch Karbonatisierung, Salzbelastung und Bewehrungskorrosion – Aufnahme 2008

Solche Unkenntnis des Langzeitverhaltens von Stahlbeton im Außenbereich beschert bis heute nachfolgenden Generationen zwar einerseits die Belastung diffiziler und kostenträchtiger Instandsetzungsaufgaben, andererseits bildeten sich jedoch gerade in einem Klima nicht reglementierter

Abb. 10: Betonschaden Turmkonstruktion, Absprengung der Betonüberdeckung infolge Bewehrungskorrosion

Abb. 11: Betonschaden Turmkonstruktion die Carbonatisierung hat flächig die Bewehrungsfront erreicht

Abb. 12: Betonschaden Turmkonstruktion – statische Beeinträchtigung der Turmkonstruktion infolge massiver Beton- und Bewehrungsschäden

Neuerungsphasen der Architekturgeschichte Stilepochen, die in der Kühnheit ihrer gestalterischen Umsetzung stets in exemplarischer und kaum wiederholbarer Weise ihren Ausdruck fanden.

Vor allem deshalb stehen heute die filigranen, leichten Stahlbetonkonstruktionen der 1950er Jahre in geradezu ikonographischer Weise für eine Geisteshaltung, die nach der überkommenen Architektursprache des Historismus und der 1930er Jahre an die Vorbilder der Moderne anknüpften und so sichtbar mit der direkten Vergangenheit brachen, um in einem Klima allgemeiner positiver Aufbruchstimmung den Beginn einer neuen Zeit abzubilden.

Dieses romantische Phänomen ist in der Geschichte kein Novum. Im Übergang jeder Kulturepoche wurden radikale Brüche und Neuerungen in Geisteswissenschaft, Kunst und Technik vor allem durch Baumeister und Architekten als gesellschaftliche Setzung manifestiert. Jedes Mal mussten dabei Neuland betreten, Techniken und Einsatzbedingungen erforscht und nachfolgend empirisch abgesichert werden. Havarien waren nicht nur die Regel, sondern vor allem Mittel zum Weg der Perfektionierung neuer Bautechniken. Die heutigen Möglichkeiten einer denkmalgerechten Sanierung eines Bauwerkes, im Sinne einer den originalen Habitus respektierenden Instandsetzung, ist demzufolge um so leichter, je länger Baustoffe und Konstruktionen in ihrer Dauerhaftigkeit und Gebrauchstauglichkeit durch Forschung und Erfahrung fortentwickelt und diese Techniken mit den aktuellen Kenntnissen nachgestellt werden können.

In diesem Sinne, d. h. im Sinne des architektonisch respektvollen und angemessenen Umgangs mit einer „Technologieneuheit" als kulturellem Ereignis, befinden wir uns bezogen auf die Instandsetzung jüngerer Stahlbetonbauwerke noch in den Kinderschuhen.

Unzweifelhaft führte die rasante Entwicklung der Bautechnologie im 20. Jahrhundert zu kontinuierlich verbesserten Bauweisen und Möglichkeiten der Betonsanierung. Dabei stand von jeher jedoch in erster Linie die Verbesserung der technischen Eigenschaften des Baustoffs Beton im Vordergrund. Das daraus resultierende Erscheinungsbild von Ingenieurbauwerken und Architektur basiert folgerichtig auf diesen technischen Grundlagen. Erst im Kontrast zu den Originalen der Pionierzeit wird deutlich, wie sehr sich die Technologie weiterentwickelt hat und heutige Sanierungsobjekte entstellt.

Vor diesem Hintergrund stellte sich beim Umgang mit der Weißfrauenkirche vor allem die Frage, ob man bei dem angetroffenen „Totalschaden" in der Oberfläche überhaupt eine Sanierungskonzeption entwickeln kann, die dem eigentlichen Zeugniswert des Baudenkmals, nämlich seiner Originalität in der Nicht-Perfektion der eingesetzten Technologie gerecht werden kann. Denn unabhängig von den heutigen Möglichkeiten einer technischen Instandsetzung galt durch die Besonderheit des Objektes und seiner Stellung im Stadtraum die Verpflichtung zu einer exakten Wiedergabe des originalen Erscheinungsbildes. Diese bezieht sich dabei nicht nur auf die Physis des Bauwerks, sondern gleichberechtigt auch auf die städtebaulich-räumliche Intention Werner Neumanns, einen Solitär im blockrandbebauten Bahnhofsviertel.

Nur bei einer Umsetzung beider Forderungen konnte demnach der materiellen und immateriellen Bedeutung der Weißfrauenkirche in architektonischer und denkmalpflegerischer Form angemessen Rechnung getragen werden.

Diese komplexe Sichtweise der Verbindung aus Städtebau, Architektur, Konstruktion und Nutzung bildete für das Projektteam die Basis zur Entwicklung eines Instandsetzungskonzeptes für die Turmfassaden.

Sanierungskonzept

Für die Sanierung der Beton-Schadensbilder wurden als Grundlage der Sanierungskonzeption im Sinne der denkmalpflegerischen Zielstellung zwei Forderungen als gleichberechtigt festgelegt:

1. DIN-gerechte Instandsetzung der angetroffenen statisch-konstruktiven Schäden, d. h. dauerhafte Wiederherstellung der Standsicherheit
2. Exakte Konservierung oder Wiederherstellung der originalen Sichtbetonflächen

Unter Berücksichtigung der vorliegenden Untersuchungsergebnisse galt es eine Möglichkeit zu finden, die Turmfassaden als glatt geschalte Sichtbetonflächen wiederherzustellen. Zwangsläufig konnte hierzu auf klassische Betoninstandsetzungssysteme, die in der Regel als Beschichtungssysteme im Handauftrag ausgeführt werden, nicht zurückgegriffen werden. Die hierbei vom Gerüst in Einzelflächen auszuführenden Endbeschichtungen der Fassaden würden, sowohl im Duktus der (mehr an einen Putz erinnernden) Gesamtfläche, als auch in Materialität und Farbgebung keinesfalls zu der, eine Sichtbetonfläche charakterisierenden, glatten Oberfläche führen. Zudem wäre das ursprüngliche Schalungsbild bei dieser Technologie nicht mehr sichtbar, sofern man es nicht als Dekorationsmuster in die Beschichtungsebene prägt.

Demzufolge galt es, eine Technologie zu entwickeln, die den ursprünglichen Herstellungsprozess des Betoniervorgangs wiederholt, um so die Materialität und Handwerklichkeit des Objektes wiederherzustellen.

Nach Analyse der vorgefundenen Baustoffqualitäten mussten für die vorg. Vorgehensweise folgende Faktoren berücksichtigt werden:

- Statisch-konstruktive Betonsanierung der Schäden nach Instandsetzungsrichtlinie DAfStb
- Außenseitige Aufbringung einer monolithischen, gießfähigen, mineralischen Vorsatzschale, die folgenden Anforderungen genügen musste

– Farbton einstellbar gem. originalem Vorbild
– Bindemittel Portlandzement
– Festigkeit < C25/30
– E-Modul < 23.000 N/mm²
– Beanspruchbarkeitsklasse M3
– Schwindmaß < 0,1 p.m.

Zur Frage eines möglichen Oberflächenschutzes bestand für die Sanierungskonzeption Einvernehmen darüber, dass ggf. durch regelmäßige Wartungsintervalle seitens des Eigentümers die Verpflichtung einer kontinuierlichen Pflege des Denkmals sichergestellt wird. Insofern konnte auf die generelle Forderung nach einer (wie auch immer gearteten) Beschichtung oder Lasur der fertigen Oberfläche zu Gunsten der Materialsichtigkeit der Vorsatzschale verzichtet werden.

Im Frühsommer 2008 wurden durch das Projektteam mit wissenschaftlicher Begleitung der Bauhaus Universität Weimar / F.A. Finger Institut verschiedene Arbeitsproben zur Materialzusammensetzung und Bauteilverträglichkeit durchgeführt. Anhand von Großflächenmustern wurden dabei die Material- und Verarbeitungseigenschaften im 1:1-Versuch

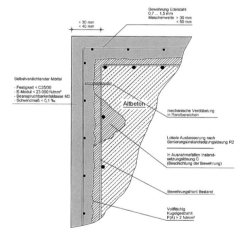

Abb. 13: Skizze Prinziplösung zur Sanierung der Betonschäden durch „Vorbetonieren" einer Mörtelschicht nach erfolgter Betonsanierung. Oberflächenstruktur, Schalungsbild und Farbigkeit des Kanalbauwerks werden mittels der Mörtelrezeptur exakt dem Vorbild angepasst.

Abb. 14: Versuchsanordnung / Arbeitsmuster

Abb. 15: Lageplan Entwurf Sichau & Walter 2008

nachgestellt. Durch Abnahme des Schalungsbildes am Sanierungsobjekt war es möglich, die Feldaufteilung der Turmfassaden exakt nachzustellen.

Demzufolge erfolgt vor Ort in einem ersten Arbeitsschritt die Betonsanierung durch Entfernen schadhafter Betonteile, Bewehrungsertüchtigung und ggf. -austausch und Korrosionsschutz auf Grundlage der geltenden Regelwerke.

Nachfolgend wird geschossweise der entwickelte Spezialmörtel analog der ursprünglichen Schalungstechnologie „vorbetoniert". Mittels speziell entwickelter Lanzen erfolgt der Mörteleintrag in den Schalungskörper von unten nach oben. Eine zusätzliche Bewehrungsmatte zwischen Altbauteil und Mörtelschicht dient dabei der Beschränkung der Rissweite infolge von Zwangsspannungen in der Vorsatzschale. Die besondere Rezeptur des Mörtels in Verbindung mit lokalen Schubverbindungen ermöglicht es, die Anforderungen an die Haftbrücke der Herstellungstechnologie angepasst zu erfüllen.

Weitere Maßnahmen

Neben den konstruktiven Instandsetzungsarbeiten bildet der Rückbau der neuzeitlichen Überformungen der Gesamtanlage den weiteren Schwerpunkt zur Sanierung des Denkmals. Ziel ist es dabei, den eigentlichen Charakter der Gesamtanlage Weißfrauenkirche als öffentlichen Raum wieder erlebbar zu machen. Durch den Abbau der Zaunanlagen und Mauern, dem Roden der Zufallsbegrünung, der Beseitigung von Straßenpollern und der Beschilderung wird das Gebäude in seinem solitären Charakter wieder freigestellt.

Die vor der Kirche und im Innenhof eingerichteten Parkplätze werden samt ihrem Funktionsmobiliar entfernt. Der dadurch gewonnene Platz wird zusammen mit der ursprünglichen Freifläche zur Straße hin wieder einen offenen Raum innerhalb des verkehrsdominierten Stadtteils schaffen. Dieser Gedanke einer Öffnung, die sich von der Straße aus in das Anlageninnere erstreckt, wird durch die Verlegung eines einheitlichen Bodenbelages vor und um das Gebäude verstärkt. Eine qualitätvolle, steinerne Fläche, die – je nach Ausrichtung zum Straßenraum – die Fassade der Kirche freistellt und zum Innenhof mit einem kleinen Platanenhain unterschiedliche, angemessene Freiräume von besonderer Qualität schafft.

Der Kirchturm bleibt dabei auffälliger Merkpunkt in der Stadt. Dies, sowohl durch seine exponierte Lage im Straßengefüge, als auch als Zeichen der heutigen, durch das Diakoniezentrum WESER 5 geprägten Nutzung der Weißfrauenkirche, als ein Ort der Begegnung und der Kultur.

In dieser besonderen städtebaulichen Situation werden die Turmöffnungen der Skelettkonstruktion den Rahmen für eine zeitgenössische künstlerische Arbeit bilden. So erfolgt eine qualitätvolle Setzung der Jetzt-Zeit im Miteinander des Bewahrten, keine reine Rekonstruktion des Verlorenen, sondern eine angemessene Auseinandersetzung mit dem Ort und der Qualität der Weißfrauenkirche.

Projektbeteiligte (2008–2010)

Bauherr

Weser 5 Diakoniezentrum
Kurator Gerald Hintze
Weserstraße 5
60329 Frankfurt

vertreten durch

Evangelischer Regionalverband Frankfurt am Main
Dipl.-Ing. Steffen Theil
Kurt-Schumacher-Straße 23
60311 Frankfurt

in Kooperation mit

Stadt Frankfurt am Main
Stadtplanungsamt
Dipl.-Ing. Dierk Hausmann
Braubachstraße 15
60311 Frankfurt

Landesamt für Denkmalpflege Hessen
Bezirkskonservator Dipl.-Ing Heinz Wionski
Dipl.-Rest. Christine Kenner
Schloss Biebrich
65203 Wiesbaden

Planung / Projektleitung

Sichau & Walter
Architekten BDA
Friedensstraße 16
36043 Fulda

Tragwerksplanung

Trabert + Partner
Dr. Josef Trabert
Borscher Straße 13
36419 Geisa

Wissenschaftliche Begleitung

Bauhaus – Universität Weimar
F. A. Finger-Institut
Prof. Dr. mult. Dr. eh Jochen Stark
Dr. Gerd Häselbarth
Coudraystraße 11
99421 Weimar

RESTAURIERUNG

Praxisansätze zum restauratorischen Umgang mit schadhaften Betonoberflächen
Methoden zur Erkennung und Bewertung von Schadensmechanismen
Möglichkeiten zur nachhaltigen Sicherung und Restaurierung

Peggy Zinke
Dipl. Restauratorin (FH)
www.steinrestauratorin.de

Gleichgültig ob Fassaden, plastisches Zierwerk, Brücken oder Skulpturen – neben den gestalterischen Aspekten haben sich seit der ersten Verwendung zementgebundener Baustoffe auch die Konstruktionen, Herstellungsmethoden und Materialzusammensetzungen dramatisch verändert. So sind die Eigenschaften und die Haltbarkeit eines Betonobjektes untrennbar mit seiner Entstehungszeit und deren technologischen wie ästhetischen Standards verbunden.

Bezieht man die Verwendung von Romanzementen – den Vorgängern und zeitweisen Konkurrenten der Portlandzemente – in die Betrachtung der neueren Betongeschichte mit ein, so können die ältesten Objekte, vorsichtig geschätzt, bereits über 150 Jahre alt sein.[1] Dabei steht grundsätzlich zu bedenken, dass sich die Materialien der Entstehungszeit, was sowohl Bindemittel (-gemische) als auch die verschiedenen Zuschlagskomponenten betrifft, häufig noch in der Erprobungsphase befanden.[2]

Zusätzlich zur unüberschaubaren Formen- und Verwendungsvielfalt von Beton ergibt sich somit für den Restaurator die zwingende Notwendigkeit, sich über die Eigenheiten der Entstehungsperiode zu informieren und sein Wissen um charakteristische Materialeigenschaften und Herstellungstechniken in die Erarbeitung eines angepassten und nachhaltigen Sicherungskonzeptes mit einzubeziehen. Gleichzeitig ist, wie in allen anderen Bereichen der Restaurierung und Denkmalpflege, ein spezifisches Wissen zu typischen Schadensformen und -ursachen sowie den grundsätzlichen Instandhaltungsproblemen unentbehrlich.

Hier soll in aller Kürze ein möglichst praxisnaher Abriss über die restauratorischen Möglichkeiten bei der Bearbeitung von Betonobjekten – von der Voruntersuchung bis zur Ausführung – gegeben werden.

Bestand und Zustand

Kartierungen als Hilfsmittel bei der Voruntersuchung führen nicht per se zu einer besseren Restaurierung, bei unsachgemäßer Ausführung nicht einmal zu einer ausreichenden Dokumentation der Untersuchung, und stehen deshalb ständig in Gefahr, den schlechten Ruf des puren Selbstzweckes zu erlangen. Doch die allem vorangehende visuelle Begutachtung der fraglichen Betonoberflächen und die je nach Bedarf notwendigen Untersuchungen und ihre Ergebnisse können in einer Kartierung am effektivsten und übersichtlichsten festgehalten, zusammengeführt und interpretiert werden. So viele der gesammelten Informationen wie möglich sollten in die Pläne einfließen, die in ihrer Klarheit weder durch Fotos, Niederschriften oder Ergebnistabellen zu ersetzen sind. Dies gilt umso mehr, je größer die zu untersuchende Fläche oder je komplexer die Schadenssituation ist.

Nicht selten wird die detaillierte Begutachtung der Oberflächen durch Schmutzauflagerungen, Bewuchs, Beschichtungen, Krustenbildungen u.ä. erschwert. Soweit die Gefährdung wichtiger Befunde, z.B. der Verlust historischer Fassungen, ausgeschlossen werden kann, sollte in

Abb. 1: Schadenskartierung an einer Fassadenskulptur, Bamberg Friedrichstr. 2. Zur Schadensbewertung wurde das erfasste Rissnetz mit der lokalisierten Bewehrung in einem Plan korreliert.

Abb. 2: Nebeneinander liegende Fehlstellen über korrodierendem Metallgeflecht, Museum für angewandte Kunst in Köln, Architrav über der Glasfront im Innenhof

Abb. 3: Bei der Einteilung von Materialrissen nach ihrer Breite hat sich der Einsatz von simplen Rissbreitenmessern/Vergleichsmaßstäben bewährt. Im fotografierten Oberflächenbereich liegen, neben feinen Haarrissen (oben), Risse mit Breiten bis zu 0,8 mm vor.

diesen Fällen erwogen werden, eine Reinigung im Vorfeld oder begleitend – zeitlich losgekoppelt von den restauratorischen Sicherungsarbeiten – durchzuführen.

Prinzipiell ist die Reinigung von Betonoberflächen mit der Natursteinreinigung vergleichbar. Je nach Untergrundbeschaffenheit, Art der Auflagerungen, angestrebtem Reinigungserfolg etc. sind vom Pinsel über Dampf-, Hochdruckwasserstrahl- und Partikelstrahlgeräten bis zur Laser- oder Kompressenbehandlung sehr verschiedene Lösungen denkbar. Musterflächen zur Festlegung von Methode und Reinigungsziel sind in den meisten Fällen unerlässlich.

Risse und abscherende Oberflächenbereiche

Hauptschadensbild fast aller Betonstrukturen sind mehr oder weniger ausgeprägte Risse und Abschalungen der Oberflächen. Von statischen Ursachen abgesehen, können grundsätzlich zwei Auslöser für die vorgefundenen Risse unterschieden werden. Zum einen handelt es sich um herstellungsbedingte Schwundrissbildungen, die häufig durch fortlaufende Verwitterungsvorgänge (Frost-Tau-Wechsel, thermische Belastungen, Schadstoffeinträge etc.) verstärkt werden. Zum anderen stehen Rissbildungen fast immer im Zusammenhang mit eingelegten Metallbewehrungen, die sich im Verlauf von Korrosionsvorgängen um ein Vielfaches ihres ursprünglichen Volumens ausdehnen können und dadurch die darüber liegenden Betondeckschichten abdrücken.

Um das Ausmaß der Rissbildungen und mögliche Zusammenhänge von Bewehrungskorrosion, Witterungsexposition usw. besser einschätzen zu können, sollten diese kartiert werden. Viel wichtiger als die Erfassung jedes einzelnen Risses – was sich je nach Größe der untersuchten Fläche und des Schadensausmaßes zu einer ziemlich langwierigen (und langweiligen) Arbeit auswachsen kann, deren Erkenntnisgewinn nicht immer proportional zum Fleiß sein muss – ist die Beurteilung der vorhandenen Rissbreiten. Die Risskartierung als Grundlage für das Maßnahmenkonzept sollte sich praktischerweise an den verschiedenen restauratorischen Arbeitsgrenzen orientieren und Rissklassen festlegen, die z.B.:

a) durch (mineralische) Injektionsmassen tiefgründig verfüllt werden können,
b) mit schlämmfähigen Mörtelmassen oberflächlich verschlossen werden oder
c) von einer eventuell erwogenen flächigen Schlussbeschichtung bereits gefüllt werden.

Die Einteilung der Rissklassen ist dabei von den einzusetzenden Restaurierungsmaterialien abhängig. So können Mikrozementsuspensionen in Rissbereiche ab einer Breite von etwa 0,1 mm vordringen. Gefüllte Anstrichsysteme überbrücken zumeist Risse < 0,3 mm.

Sind die Rissbildungen besonders ausgeprägt und in ihren Auswirkungen auf die Dauerhaftigkeit des Objekts oder in ihren Anforderungen an die Bearbeitung schwer einschätzbar, empfiehlt sich die Durchführung von zerstörungsfreien Ultraschallmessungen in den fraglichen Zonen. Zusätzlich können wichtige Informationen zu den Materialeigenschaften als Grundlage für die technische Anpassung von Restaurierungsmaterialien gesammelt werden. Da die erforderlichen Messgeräte selten zur Standardausrüstung von Restauratoren zählen und die Interpretation der Ergebnisse Erfahrung und Fachkompetenz erfordert, bietet sich die Zusammenarbeit mit einem spezialisierten Prüflabor an.

Sowohl die Dichte als auch die lokale Anwesenheit von Poren und Rissen beeinflussen die Ausbreitung von Ultraschallwellen. Mit Hilfe der Durchschallungsmessung sind deshalb Aussagen zu Materialdichte und eventuellen Unregelmäßigkeiten, wie lokalen Entfestigungen, tiefreichenden

Risssystemen oder Hohlstellen, möglich. Dabei gilt für ungeschädigte Bereiche: Je größer die Betondichte ist, desto größer sind im Allgemeinen die Ultraschallgeschwindigkeit und die Druckfestigkeit. Ultraschallgeschwindigkeiten für Normalbeton liegen zwischen 3,5 und 4,5 km/s.[3] Die Werte für Romanzementobjekte sind generell etwas darunter anzusiedeln.

Bewehrung / Betonüberdeckung

Die vorhandenen Risse und Schadstellen lassen häufig bereits die ungefähre Lage der daran ursächlich beteiligten Bewehrung erkennen. Deren Form, Größe, Position und Anzahl kann jedoch von Fall zu Fall sehr unterschiedlich sein. In Fassadenflächen ist zumeist ein regelmäßiges Netz aus Stahlmatten eingelegt, die durch Abstandshalter zwischen Schalung und Bewehrung oft die gleiche Betonüberdeckung[4] aufweisen. Bei plastischen, von Künstlern hergestellten und älteren Objekten ist dagegen damit zu rechnen, dass die unterschiedlichsten Metallteile zur Armierung der Form verwendet wurden. Vom Drahtgeflecht bis zum eisernen Wasserrohr ist erfahrungsgemäß alles denkbar.

Um also die potentielle Gefährdung der Betonoberflächen durch die eingegossene Bewehrung abschätzen zu können, muss diese zuerst einmal (genauer) lokalisiert werden. Dazu sind verschiedene Messgeräte auf dem Markt, die auf Basis des Wirbelstromverfahrens die zerstörungsfreie Ortung ermöglichen. Für restauratorische Zwecke sollten die Messgeräte einen möglichst großen Tiefenmessbereich besitzen, d.h. auch auf Bewehrungen ansprechen, die tiefer als 10-15 cm im Inneren der Betonstruktur liegen. Des Weiteren ist besonders für Plastiken ein möglichst kleiner Messkopf von Vorteil. Die Geräte sind relativ teuer, können aber gewöhnlich beim Hersteller bzw. deren Vertriebspartnern ausgeliehen werden und sind vergleichbar einfach zu bedienen. Ein häufig verwendetes, aber hauptsächlich für ebene Betonflächen ausgelegtes Bewehrungssuchgerät ist der „Profometer 5".

Ist der Durchmesser der Bewehrungsstäbe bekannt, können mit Hilfe der Messgeräte auch Aussagen zur Stärke der überdeckenden Betonschicht getroffen werden. Der Genauigkeit der Prüfmethode sind dabei durch vielfältige Fehlerquellen jedoch Grenzen gesetzt. Die gemessene Betondeckung hängt vom Durchmesser und den Eigenschaften des Bewehrungsstahls ab und wird von nebenliegenden Bewehrungseisen und Kreuzungspunkten der Stäbe beeinflusst. Zusätzlich wirken sich Dichte, Oberflächenstruktur und Feuchtegehalt des Betons auf die Aussagegenauigkeit der Messung aus. Erfahrung und Interpretation durch den Restaurator sind also auch hier gefragt.

Rechtfertigen der Status des Betonkunstwerkes und die restauratorische Fragestellung den Einsatz kostspieliger Untersuchungsverfahren, so sind je nach Zugänglichkeit und Form der Oberflächen auch Radarmessungen, Induktionsthermographie oder Durchstrahlungsuntersuchungen mit Röntgen- oder Gammastrahlen zur Lokalisierung der Bewehrung denkbar.[5] Die Anwendung dieser Untersuchungsmethoden ist jedoch auf Sonderfälle begrenzt.

Carbonatisierungstiefe

Da Bewehrungseisen nur dann einen schadauslösenden Faktor darstellen, wenn der angrenzende Beton durch Carbonatisierung (Umwandlung des in der Porenlösung des Betons gelösten $Ca(OH)_2$ zu $CaCO_3$) seine hohe Alkalität und damit seine passivierenden Eigenschaften verliert, ist die Messung der Carbonatisierungstiefe für weitere Entscheidungen oft wichtig.

Dafür steht eine einfache, leider nicht zerstörungsfreie, Prüfmethode zur Verfügung, die auf dem Nachweis der pH-Wert Änderung mit Hilfe einer Indikatorlösung beruht.

Abb. 4: Messung der Carbonatisierungstiefe mit Hilfe von Phenolphthalein als Indikator an einer beidseitig bewitterten Betonplatte. Wie die Abbildung zeigt, kann die Carbonatisierungsfront im Bereich von Rissen, Kiesnestern bzw. generell in Partien mit abweichender Betonqualität (Entmischung) lokal weiter fortgeschritten sein.

Die Prüfung erfolgt an einer frischen Bruchfläche, die bis in 3-4 cm Tiefe aufgestemmt wird. Als Indikatorlösung wird in der Regel eine 1%ige alkoholische Phenolphthaleinlösung verwendet, die im nicht carbonatisierten Bereich (alkalischere Zone) mit einem rotvioletten Farbumschlag reagiert.

Für Normalbeton wird als Richtwert ein durchschnittlicher Fortschritt der Carbonatisierungsfront von 10-15 mm in den ersten 50 Jahren angenommen.[6] Die Carbonatisierungsgeschwindigkeit ist immer abhängig von der Materialporosität und der jeweiligen Exposition und nimmt mit zunehmendem Alter des Betons ab. Im Einzelfall sollte deshalb mit Blick auf die gemessene Überdeckung und das Objektalter erwogen werden, ob eine Überprüfung der Carbonatisierungstiefe, die wie gesagt nicht zerstörungsfrei durchgeführt werden kann, einen Erkenntnisgewinn verspricht. Das heißt, je nach Lage der Bewehrung und Alter des Objekts, kann sich die Messung erübrigen, da prinzipiell an allen Bereichen ablaufende Korrosionsprozesse wahrscheinlich sind.

Lässt der Fortschritt der Carbonatisierung Korrosionsschäden vermuten, kann der Zustand der Bewehrung durch Potentialfeldmessungen genauer bestimmt werden. Mit Hilfe dieser zerstörungsfreien Messung ist Korrosion lokalisierbar, bevor sie sich durch sichtbare Schäden an der Oberfläche manifestiert hat.

Die Korrosion des Stahls im Beton ist ein elektrochemischer Prozess. Es liegt ein galvanisches Element vor („unwelcome battery"[7]), das einen an der Oberfläche als elektrisches Feld messbaren Strom liefert. Dieses Potentialfeld kann mit einer Elektrode, einer so genannten Halbzelle, gemessen werden, die problemlos selbst herstellbar ist (vgl. Abb. 5a,b). Eine sehr praxisnahe und verständliche Bau- und Messanleitung liefert die Publikation der American Society for Testing and Materials.

Ist die Stahloberfläche passiv, fällt das gemessene Potential klein aus (0 bis -200 mV oder sogar positiv). Ist die passivierende Schutzschicht der Bewehrung allerdings zusammengebrochen, kann der Stahl korrodieren und Ionen in Lösung schicken, was Messwerte negativer als -350 mV erzeugt. Für die Messung wird der Pluspol des Voltmeters an die Armierung angeschlossen, z.B. in Bereichen mit bereits abgesprengter Oberfläche. Die Bezugselektrode wird in einem systematischen Raster auf die ausreichend feuchte Betonoberfläche aufgesetzt und die angezeigte Potentialdifferenz an jedem Rasterpunkt aufgezeichnet. Die Dichte des Messrasters kann frei gewählt werden und wird auf die jeweils vorliegende Situation abgestimmt.

Materialeigenschaften

Für die Auswahl technisch angepasster Restaurierungsmaterialien sind Daten zu den Baustoffkenngrößen des vorliegenden Betons zu sammeln. Kleinteilige Objekte, wie Skulpturen oder Schmuckelemente, erlauben in der Regel keine invasiven Messmethoden, wie Bohrkernentnahmen oder die Anwendung eines Rückprallhammers zur Ermittlung von Festigkeitswerten. Jedoch können unter Berücksichtigung zerstörungsfreier Messmethoden und der bekannten, materialtypischen Eigenschaftswerte (Literatur, eigene Erfahrungen an vergleichbaren Objekten etc.) durchaus Grenzwerte als Anforderung an die benötigten Ergänzungs- und Fugenmörtel, Injektionsmassen etc. formuliert werden. Die Abstimmung der Materialien erfolgt dabei mit Fokus auf das geringstmögliche Schadrisiko, d.h. prinzipiell sollten die Mörtel gegenüber dem Original moderate Festigkeitswerte und Wasseraufnahmeeigenschaften aufweisen.

Den Bewertungsmaßstäben aus der Steinkonservierung folgend, die auf Beton als mineralisches poröses Gefüge aus Bindemittelmatrix und Gesteinsbruchstücken ebenso anwendbar sind, können die notwendigen

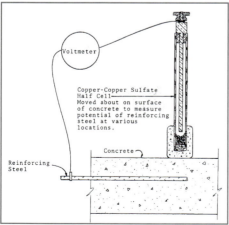

Abb. 5 a, b: Potentialfeldmessung mit Hilfe einer selbstgebauten Halbzelle (Plexiglasrohr mit einem Kupferstab in gesättigter Kupfersulfatlösung) und einem handelsüblichen Voltmeter und Prinzipskizze.

Eigenschaften der Mörtel noch genauer eingegrenzt werden. Danach sollte vor allem
- keine Behinderung des Feuchtetransports innerhalb des Objekts vom eingebrachten Material ausgehen,
- die Haftzugfestigkeit, Eigenfestigkeit und der dyn. E-Modul des verwendeten Mörtels nicht über den Kennwerten des Betons liegen und
- die hygrisch und thermisch bedingte Dehnung des Festmörtels an das Originalmaterial angepasst sein.

Mit ausreichender Erfahrung können Ergänzungs- und Fugenmörtel mit entsprechenden technischen Eigenschaften als mineralisch oder acrylatisch gebundene Eigenmischungen, die in Farbe und Körnung dem Original entsprechen, selbst hergestellt werden. Alternativ ist der Bezug von Werktrockenmörteln mit den benötigten Eigenschaften bei verschiedenen Herstellern möglich (u.a. Fa. Jahn, Fa. Colfirmit Rajasil, Fa. Krusemark, Fa. Remmers). In einigen Fällen werden sogar Sondermischungen auf Basis eingesandter Originalproben erstellt.

Abb. 6: Messung der kapillaren Wasseraufnahme mit Hilfe des Karstenschen Prüfröhrchens an einer Fassadenskulptur aus Romanzement, Bamberg Friedrichstraße 2

Gleichgültig ob der Mörtel aus der eigenen Werkstatt oder vom Lieferanten des Vertrauens stammt, die Überprüfung der wichtigsten physikalischen Kennwerte sollte im zeitlichen Rahmen des Restaurierungsvorhabens immer einen Platz finden. Anhand selbst erstellter Prüfkörper lassen sich relativ simpel Wasseraufnahme- und Festigkeitswerte ermitteln und mit den am Objekt gemessenen Daten vergleichen. Frei nach dem Motto „Vertrauen ist gut – Kontrolle ist besser" wird so eine verlässliche Grundlage für die Nachhaltigkeit der Restaurierungsmaßnahme geschaffen. Für Großprojekte sind Aufwand und Kosten für die Absicherung der Materialwahl gemessen am Gesamtvolumen vergleichbar gering. Bei der Bearbeitung von Skulpturen und anderen kleinteiligen Kunststeinobjekten übersteigt der Aufwand für die Vorbereitung der Restaurierung nicht selten deren eigentliche Ausführung, jedoch rechtfertigt in ebenso vielen Fällen die Wertigkeit des Objekts die restauratorische Vorsicht.

Für die Messung von Wasseraufnahmewerten findet sich selbst an plastisch geformten Objekten immer noch eine Stelle für das Ansetzen des Karstenschen Prüfröhrchens (vgl. Abb. 6). Zur Überprüfung der Mörtelproben stehen zahlreiche Prüflabors zur Verfügung.

Abb. 7: Injektage verzweigter Risssysteme mit Mikrozementsuspension

Restauratorische Behandlung von Rissen

Durch die vorhandenen Risse und oberflächenparallelen Abschalungen, den häufigsten Betonschäden, wird die Dauerhaftigkeit der Betonstrukturen durch beschleunigte Verwitterungsvorgänge noch weiter herabgesetzt. Neben der Förderung physikalischer Gefügezerstörungen durch Frost-Tauwechsel-Beanspruchung können die Risse als Wegsamkeit für Schadstoffe und Feuchtigkeit zur weiteren Schwächung des Betongefüges und Beschleunigung der Bewehrungskorrosion beitragen. Ziel einer restauratorischen Behandlung von Rissen und Schalen ist neben dem oberflächlichen Verschluss zur Verhinderung erhöhter Wassereinträge auch die kraftschlüssige Anbindung abscherender Bereiche und die Wiederherstellung eines zusammenhängenden Gefüges durch die Verfüllung in der Tiefe.

Im Hinblick auf ihre Verwendung als Rissverfüllungsmaterial in der Betonkonservierung weisen mineralische Injektionssysteme, insbesondere Feinstzementsuspensionen, entscheidende Vorteile gegenüber den traditionell verwendeten Kunstharzen auf:

- gleiches Bindemittelsystem wie das Substrat
- bilden im Riss ein poröses Gefüge und lassen so Gas- und Feuchteaustausch zu
- hochalkalisches Material kann zum Schutz vor Bewehrungskorrosion beitragen

- gute Anbindung auch in feuchten Rissbereichen
- geringer Anspruch an die Anwendungstemperatur, ab 5 °C
- Reinigen der Werkzeuge mit Wasser anstatt Lösemittel; problemlose Entsorgung
- physiologisch weniger bedenklich
- thermisch stabil

Gudrun Simon hat im Rahmen ihrer 2004 an der Fachhochschule Potsdam entstandenen Diplomarbeit Injektionsmaterialien zur Schließung von Rissen an einer Stahlbetonkonstruktion untersucht.[9] Danach wurden sehr gute Erfahrungen mit handelsüblichen Injektionsmörteln auf Basis von Mikrozementen gemacht. Die Mikrozemente stellen ultrafein vermahlene Bindemittel ($\leq$ 9,5 µm) aus Portlandzementklinker oder Hüttenzement dar. Durch Zugabe verschiedener Zuschläge (Füllstoffe) und Zusatzstoffe (Luftporenbildner) wurden die Standardprodukte auf die Eigenschaften des Objekts abgestimmt. Die Modifikation der Zementsuspensionen konnte die zu hohe Festigkeit und Adhäsionswirkung sowie den Wasserdampfdiffusionswiderstand gegenüber dem Ausgangsprodukt senken. Die Eigenschaften der von Simon erarbeiteten Rezepturen lassen sich gut reproduzieren. Herstellung und Anwendung sind aus eigener Erfahrung sehr einfach und praxistauglich.[10]

Produkt	**Soprodur®** (MicroHohlraumSchlämme)	**Centicrete® UF** (Zweikomponenten Zementsuspension)
Hersteller	Sopro Bauchemie GmbH, Lengerich	MC-Bauchemie, Bottrop
Inhaltsstoffe	- Mikrodur® - feingemahlene mineralische Füllstoffe - Additive (z.B. Stabilisatoren und Fließmittel)	Komponente A – Bindemittel mit Zusatzstoffen (Mikrodur® + Aluminiumpulver als Quellhilfe) Komponente B – Additiv (entmineral. Wasser + Verflüssiger auf Melaminharzbasis)
getestete Modifikation	62,5 g Soprodur 35,0 g Marmormehl (bis 32 µm) 2,5 g Plastorit (bis 50 µm) 60,0 g Wasser 0,36 ml Schaumbildner („SB1", Hersteller: Sikka Addiment GmbH, Leimen)	100 g Centicrete UF 60 g Wasser 0,58 ml Schaumbildner („SB1", Hersteller: Sikka Addiment GmbH, Leimen)
Anmischen	\multicolumn{2}{Anmischen von Trockenstoffen und Wasser nach Herstellerangabe, Zugabe des Schaumbildners in die fertige Suspension und Aufschäumen über eine Dauer von ca. 4 min. mit Hilfe eines Dissolvers oder handelsüblichen Pürrierstabes}	
Eigenschaften der modifizierten Injektionsmassen[11]	w-Wert = 2,1 kg/m²*√h dyn. E-Modul = 6,3 kN/mm² Haftzugfestigkeit = 0,55 N/mm² µ-Wert = 32	w-Wert = 0,9 kg/m²*√h dyn. E-Modul = 7,8 kN/mm² Haftzugfestigkeit = 0,34 N/mm² µ-Wert = 87

Diskussion einer Schutzbeschichtung

Sind Fehlstellen und Risse geschlossen worden und damit alles Notwendige getan, um Niederschlagswasser schnell und effizient von den Oberflächen abzuführen, besteht in den meisten Fällen dennoch das Problem der korrodierenden Bewehrung, die über kurz oder lang zu erneuten Schäden führen wird. Ein einfaches und in vielen Fällen ohne Probleme einsetzbares Mittel, stellt hier das Aufbringen einer Schutzbeschichtung dar.

Da mit Hilfe der Injektionsmörtel keine vollständige Verfüllung aller Risse möglich ist, bieten sich für die Beschichtung schlämmende, wasserabweisende Anstriche an, die feine Risse durch entsprechende Füllstoffe überbrücken können. Selbstverständlich ist der Auftrag eines schlämmenden und damit hochdeckenden Anstriches nicht für jede Oberfläche geeignet, da häufig die sichtbare, unbeschichtete Betonhaut der Intention des Künstlers oder Architekten entspricht und nicht verdeckt werden darf. Und selbstverständlich auch bei nachweislich zur Entstehungszeit gefassten Objekten ist im Vorfeld immer eine denkmalpflegerisch geführte Diskussion zum ursprünglichen und nach erfolgter Restaurierung angestrebten Erscheinungsbild notwendig.

Die auf dem Feuchteausschluss durch wasserabweisende Schutzbeschichtungen oder Hydrophobierungen basierende Instandsetzungsmethode wird in der Betonkonservierung als Restaurierungsprinzip W bezeichnet. Zum einen bewirken derartige Beschichtungen, dass Feuchtigkeits- und Belüftungsunterschiede in den oberflächennahen Betonschichten ausgeglichen bzw. abgebaut werden, wodurch ein wesentlicher „Motor" der Korrosion beseitigt wird. Zum anderen wird durch die Verminderung des Wassergehaltes der elektrolytische Widerstand erhöht, was die Korrosionsgeschwindigkeit auf ein vernachlässigbares Maß absenkt.

Als Anstrichsysteme mit der für die Trocknung des Gefüges erforderlichen Wasserdampfdurchlässigkeit werden von verschiedenen Herstellern Silikonharzfarben mit unterschiedlichen Füllstoffen angeboten (z.B. Caparol, Colfirmit Rajasil, Remmers).

Grundsätzlich ist die angestrebte Schutzfunktion nur so lange gegeben, wie die Oberflächenbeschichtung intakt, also rundum geschlossen ist. Wird der Anstrich jedoch über Risse, Fehlstellen, defekte Anschlüsse etc. kapillar hinterwandert, ist weder der Schutz vor Bewehrungskorrosion, noch vor Frost-Tau-Wechsel-Beanspruchung gegeben. In diesem Fall wäre mit einem weiteren Schadensfortschritt zu rechnen, der unter Umständen sogar partiell durch Feuchtestauungen hinter der Beschichtung oder Makroelementkorrosion beschleunigt werden kann. Die regelmäßige Überprüfung der Wirksamkeit der wasserabweisenden Schutzschicht ist deshalb im Sinne der Nachhaltigkeit absolut erforderlich.

Nachsatz

Alle Sorgfalt und Innovation bei der Erarbeitung von Instandsetzungs- und Restaurierungskonzepten konnte das grundsätzliche Problem der Bewehrungskorrosion bislang nicht lösen und wird auch in Zukunft die Fachforen beschäftigen. Oberflächenapplizierte Korrosionsinhibitoren und Realkalisierung sind gegenwärtig nicht die geeignete Antwort. Vielleicht gehört dem kathodischen Korrosionschutz die Zukunft.
Grundsätzlich können Restauratoren mit dem vorhandenen Wissen viel zum Erhalt der Beton- und Kunststeinobjekte leisten und mit der Weiterentwicklung von angepassten Restaurierungsmaterialien die nötigen Grundlagen für noch dauerhaftere und effektivere Maßnahmen schaffen.

Abbildungsnachweis
Abb. 1 - Abb. 4, Abb. 6, Abb. 7: Peggy Zinke

---

1 „Roman-Cement" wurde bereits 1796 von James Parker in England zum Patent angemeldet. In Deutschland begann 1826 E. Panzer in der Nähe von München mit der Herstellung. vgl.: Börries H. Sinn: Und machten Staub zu Stein, Die faszinierende Archäologie des Betons von Mesopotamien bis Manhattan, 1993.

2 Einen Einblick in die zum Teil sehr phantasievoll erstellten Rezepturen für die Kunststeinherstellung gibt das folgende Buch: Johannes Höfer: Die Fabrikation künstlicher plastischer Massen sowie der künstlichen Steine, Kunststeine, Stein- und Zementgüsse, Wien 1898.

3 Karlhans Wesche: Baustoffe für tragende Bauteile, Band 1: Grundlagen, Berlin 1996, S. 192.

4 Betonüberdeckung = Abstand zwischen Betonoberfläche und Außenkante der vom Beton umhüllten Bewehrung.

5 vgl. dazu: C. Flohrer: Messung der Betondeckung und Ortung der Bewehrung, Deutsche Gesellschaft für Zerstörungsfreie Prüfung, Fachtagung Bauwerksdiagnose – Praktische Anwendung Zerstörungsfreier Prüfungen, DGZfP-Berichtsband 66-CD, Vortrag 4, München 1999.

6 Susan MacDonald (Ed.): Concrete – Building Pathology, Oxford (UK) 2003, S. 142.

7 Susan MacDonald (Ed.): Preserving Post-war Heritage: The Care and Conservation of Mid-twentieth Century Architecture, English Heritage, The Historic Buildings and Monuments Commission for England, Donhead Publishing, Dorset 2001, Seite 106.

8 American Society for Testing and Materials (ASTM), Standard Test Method for Half-Cell Potentials of Uncoated Reinforcing Steel in Concrete, Designation: C 876, West Conshohocken (US) 1999.

9 Gudrun Simon: Die Erhaltung der Stahlbetonkonstruktion des Erbbegräbnisses Wissinger auf dem Südwest-Kirchhof in Stahnsdorf. Untersuchungen zur Auswahl einer geeigneten Injektionsmasse zur Schließung von Rissen, Diplomarbeit, FH Potsdam 2004.

10 Peggy Zinke: Ein Kunststeinrelief aus dem 19. Jahrhundert am Haus Friedrichstraße 2 in Bamberg, Untersuchung, Konzeption und Durchführung der Restaurierung, Diplomarbeit, FH Köln 2005, download unter www.steinrestauratorin.de möglich.

11 Ebd., Seite 75, ermittelt im Zuge einer Testreihe von jeweils 3-5 Prüfkörpern, Kennwerte können durch abweichende Herstellungsbedingungen (Luftporengehalt etc.) differieren.

Motorenfabrik Oberursel

Dr. Gisela Kniffler, Dipl.-Rest. Matthias Steyer

1. Bauliche und baugeschichtliche Einordnung

Das Verwaltungsgebäude der „Motorenfabrik Oberursel" wurde zwischen 1916 und 1918 errichtet. Der Entwurf stammt von dem Offenbacher Architekten Philipp Hufnagel. Die Bauausführung lag vermutlich in den Händen der Philipp Holzmann AG, Frankfurt/Main.

Abb. 1: Motorenwerke Oberursel während der Erbauung

Das Verwaltungsgebäude, ein Teil der Fertigungshallen und das Straßenbahnhäuschen stehen seit 2.7.1980 als Sachgesamtheit gem. §2, Abs. 1 des Hessischen Denkmalschutzgesetzes unter Denkmalschutz. Die Denkmaleigenschaft wird im Denkmalbuch wie folgt begründet: „Qualitätvolles, in der Baugestaltung repräsentatives Verwaltungsgebäude, dessen anspruchsvolle Architekturformen sich in der Einfriedung, dem Straßenbahnwartehäuschen und der Fassadengestaltung der Fabrikationshallen auswirken."[1]

Der bislang noch unveröffentlichte Inventarband des Hochtaunuskreises präzisiert den Denkmalwert der Anlage: „... Die Architektursprache des Verwaltungsgebäudes ist der Repräsentation verpflichtet. Vorgezogener Mittelrisalit, Segmentgiebel, Mansarddach und große Ordnung sind Grundzüge des barocken Schlossbaus, wobei hier an Stelle der korinthischen die gravitätische dorische Ordnung gewählt wurde, die den Geist des Ortes kennzeichnet. Zeitgemäße Baugedanken spiegeln sich etwa in der Auflösung der Wandflächen in den Interkolumnien wider. Das Eingangsportal verbindet Elemente des Neobarock und des Jugendstils ...[2]"

Abb. 2: Eingangssituation mit den verschiedenen Kunststeinmaterialien

Die ungewöhnliche Bauzeit des architektonisch und bautechnisch äußerst aufwändigen Neubaus in den letzten Jahren des Ersten Weltkriegs hatten ihren Grund in der expandierenden Kriegsproduktion des Unternehmens. In Oberursel wurden neben Motoren aller Art vor allem Flugzeugmotoren hergestellt. Jagdflieger wie Richthofen, Boelcke und Immelmann hatten in ihren Fokker-Kampfflugzeugen Motoren aus Oberursel.

Das Unternehmen wurde zu dieser Zeit vom Bankhaus Strauß in Karlsruhe geführt.

Mit dem Bau eines repräsentativen Verwaltungsgebäudes beauftragte die Firmenleitung einen weitgehend unbekannten Architekten, der vor allem in seiner Heimatstadt Offenbach durch den Bau spätgründerzeitlicher Villen aufgefallen war. Der einzige bis dahin bekannte Industriebau, die Eisenbahnfahrzeugfabrik in Frankfurt/Main (1912 bis 1913), den Hufnagel schuf und der nicht mehr erhalten ist, blieb trotz einer verwandten Architekturauffassung baugestalterisch weit hinter dem Oberurseler Bau zurück.[3]

Dem hohen, auf Repräsentation angelegten Anspruch seiner Bauherrschaft entsprechend entwarf Hufnagel in Oberursel ein Verwaltungsgebäude, dessen Architektur dem Neobarock verpflichtet ist. Die ausgeprägte Axialität der aneinandergereihten Bauglieder, wie Hauptbau, Mittelrisalit und Seitenflügel, bestimmt in traditioneller Weise das Erscheinungsbild. Gemindert wird die gedrängte Baumasse durch die Neuinterpretation von Tragen und Lasten. Die im Ansatz spürbare Auflösung des überlieferten Geschossbaues zeigt durch die Kolossalordnung der Säulen und Säulenbündel sowie durch die durchlaufenden Fensterbänder mit den offenen Balusterbrüstungen Merkmale des modernen Industriebaus.

Mit der sich zunehmend abzeichnenden Veränderung in der Architekturauffassung ging eine neue Bautechnik einher. Beton, Glas und Stahl fanden Einzug in die Architektur. In diesem Zuge erhielt das Verwaltungsgebäude der Motorenfabrik Oberursel eine komplette Kunststeinfassade.

2. Voruntersuchung

Die restauratorische Untersuchung im Jahr 1999, die durch die Firma Steyer[4] durchgeführt wurde, fand auf Wunsch der derzeitigen Firmenleitung, Rolls-Royce Deutschland, statt.

2.1. Fassadengestaltung

Die Kunststeinfassade der Motorenfabrik Oberursel AG imitiert eine Mauerwerksfassade aus Natursteinquadern, im Sockelgeschoss einen grauen Granit und in den darüberliegenden Geschossen einen Tuffstein mit beige- bis ockerfarbenem Grundton.

Der Beton weist eine strukturelle und visuelle Nähe zu Tuff auf, der sich aus der vulkanischen Ablagerung unterschiedlicher Gesteinstrümmer und feinkörniger Aschen gebildet hat. Durch die Wahl einer warmtonigen Matrix aus Bindemittel und Feinzuschlägen sowie der Verwendung geeigneter Zuschläge ist eine in der Fernwirkung sehr überzeugende Imitation dieses Gesteins gelungen, das sich zur Erbauungszeit großer Beliebtheit erfreute.

Ein Motiv für diese Materialimitation statt der Verwendung natürlichen Tuffgesteins dürften die konstruktiven Beschränkungen sein, die natürlicher Tuff aufgrund seiner geringen mechanischen Festigkeit auferlegt. Die am Bauwerk gegebenen Spannweiten zwischen den Stützen sind im Natursteinbau sinnvoll nur mit Bogenkonstruktionen zu lösen, während hier die Geschosse und der Architrav des Hauptgesimses ohne Bogenkonstruktion, scheidrechten Sturz oder technischen Gesteinsverband waagerecht in einem Stück überspannt werden. Auch das Verblenden einer Betonkonstruktion mit natürlichem Tuff in einem Stück ist bei dem vorliegenden Achsabstand im Sturzbereich nicht möglich. Nur mit dem Werkstoff Beton war die vorliegende Fassadengestaltung technisch zu realisieren.

2.2. Werktechniken und Umsetzung am Baukörper

Naturstein imitierende massive Fassaden können in drei verschiedenen Werktechniken ausgeführt werden:

1. Anfertigung von Betonwerksteinen in entsprechend geformten Schalungen, mit oder ohne Armierungen, und deren anschließende steinmetzmäßige Oberflächenüberarbeitung in der Werkstatt. Diese Werkstücke werden nachfolgend wie Natursteinquader versetzt.

2. Anfertigung von Bauteilen in situ mittels Schalung (Ortbeton), mit oder ohne Armierung und mit nachfolgender Oberflächenüberarbeitung.

3. Aufbringen eines Steinputzes auf eine Unterkonstruktion aus Beton oder Mauerwerk, anschließend steinmetzmäßige Überarbeitung in situ.

Die beabsichtigte Wirkung der Natursteinimitation wird bei allen drei Techniken durch Verwendung von Natursteinkörnungen und geeigneter Bindemittel erreicht.
Die Werktechniken 1 und 2 können entweder über den gesamten Querschnitt mit einem den Naturstein imitierenden Beton oder zweischich-

tig mit Vorsatz- und Kernbeton ausgeführt werden. Die zweilagige Anfertigung bietet Kostenersparnis durch die Verwendung preiswerterer Zuschläge im Kernbeton. Der Herstellungsprozess selbst ist aber aufwändiger und eine gute Abstimmung der beiden Betonmassen in ihren mechanischen und hygrischen Eigenschaften notwendig.

Am Bauwerk sind die Werktechniken 1 und 2 nachweisbar. Es lässt sich ein Schema erkennen, welche Bauteile in welcher Werktechnik ausgeführt wurden. Allerdings sind mitunter Abweichungen von diesem Schema zu beobachten, die wahrscheinlich zur Behebung von Planungsmängeln dienten.

Die nach Punkt 1 hergestellten Betonwerksteine zeichnen sich meist durch eine besonders gute Verarbeitung hinsichtlich Verdichtung und Konsequenz der Oberflächenbearbeitung aus. Dies liegt in den besseren Arbeitsbedingungen bei einer werkstattmäßigen Anfertigung begründet. Es handelt sich bei diesen Werkstücken um die Kolossalsäulen der Seitenflügel, sämtliche Fensterlaibungen und -pfosten, alle Architrave und darüberliegenden Gesimsglieder des Hauptgesimses (nicht jedoch das abschließende Profilglied der Sima), die Stürze des 1. und 2. Obergeschosses, alle Sohlbänke, die Brüstungsplatten des 1. Obergeschosses, sämtliche Teile der Pavillons, sämtliche Teile der Balustrade (Postamente, Zwischenpfeiler, Baluster und Abdeckungen), im Attikageschoss die Kapitelle und Fenstereinfassungen, das Attikagesims, sowie das Abschlussgesims und die Füllung der segmentbogenförmigen Attikabekrönung.

Die gemäß Punkt 2 in Ortbeton angefertigten Bereiche weisen Verdichtungsfehler, charakteristische, nicht der Logik des Steinschnitts folgende Rissbilder, eine z.T. abweichende Farbigkeit und Zusammensetzung auf. Gelegentlich bilden sich die Stöße der Schalungsbretter ab. Außerdem sind Absätze infolge der abschnittsweisen Betonierung erkennbar. In einigen schwer zugänglichen Bereichen fehlt eine steinmetzmäßige Oberflächenbearbeitung. In dieser Technik sind die Kolossalsäulen des Hauptbaus und die anschließenden, um die Ecke führenden glatten Wandflächen, die glatten Wandflächen, die im Zwickelbereich zwischen Hauptbau und Seitenflügel liegen, ferner jene glatten Wandflächen der Seitenflügel, die an die verputzten Nebenbauten anschließen, des Weiteren alle Flächen des Granit imitierenden Sockelgeschosses, das daran anschließende Tuff imitierende Sockelband, auch die Sima des Hauptgesimses und die Pilaster der Attika, schließlich die Säulen und die seitlichen Abschlüsse des Balkons hergestellt.

Abb. 4: Ortbeton mit herstellungsbedingten Rissbildungen

Die unter Punkt 3 aufgeführte Steinputztechnik konnte nicht nachgewiesen werden. Es ist jedoch nicht völlig auszuschließen, dass einzelne Flächen in der Sockelzone oder andere der Werktechnik 2 zugeordneten Bauteile in Steinputztechnik hergestellt wurden.

Aufgrund der exemplarischen Untersuchung der Fassade mit einem Bewehrungssuchgerät war es möglich, Armierungen bis in eine Tiefe von 10 cm Tiefe aufzufinden und die armierten Bauteile der Fassade zu benennen. Es sind dies die Fensterpfosten und einige Fensterlaibungen des 1. und 2. Obergeschosses, die Architravbalken des Hauptgesimses, die Stürze der Sockelzone sowie im Portalbereich die beiden freistehenden Säulen und die Balkonumrandung. Ferner sind die Baluster, die Balustradenzwischenpfeiler und die Balustradenabdeckungen armiert. An den Kolossalsäulen und –halbsäulen der Fassade sowie den glatten aufgehenden Mauerflächen der Sockelzone und der seitlichen Gebäudeteile konnte keine Armierung nachgewiesen werden. Eine Bewehrung der Fensterstürze des 1. und 2. Obergeschosses konnte durch Messungen nicht eindeutig nachgewiesen werden, sie wird aber als sehr wahrscheinlich angenommen.

Die Bewehrung im Fassadenbereich liegt durchschnittlich in einer Mindesttiefe von 6 cm. Die kleinste gemessene Überdeckung betrug etwa 4 cm. Offensichtlich geringer ist sie im Bereich der Fensterstürze im Sockel und an den Balkonseiten. Alle Befunde jener Fassadenbereiche, die Tuffstein imitieren, sprechen dafür, dass die Armierungen im Kernbeton eingebettet sind und normalerweise nicht im Vorsatzbeton liegen.

Hiervon ausgenommen sind die ohne Kernbeton hergestellten Baluster. Bei diesen differierten Ausführung und Stärke der Bewehrung stark, wobei auch ungeeignete Materialien wie Rohre verwendet wurden. Der Einbau erfolgte überdies oft nicht zentrisch. Hierdurch ergaben sich bei den Balustern teilweise sehr geringe Überdeckungen.

Das vorliegende Fugenbild ist im Wesentlichen an den technischen Erfordernissen eines Natursteinverbandes ausgerichtet. Allerdings ist ein großer Teil der Fugen als Scheinfuge, durch V-förmiges Einnuten durchgehender Betonwerksteine oder von Ortbeton, ausgebildet worden. Es liegt hier also kein echtes Aneinandergrenzen separater Bauteile vor. Die "echten" Fugen wurden zum Teil aus ästhetischen Gründen mit unterschiedlichen Kunststeinmassen vermörtelt, die dem Betonwerkstein sehr ähneln. In der Kombination der Scheinfugenausführung und der Verfugungsausführung entsteht eine sehr geschlossene, einheitliche Wirkung der Fassade. Hierdurch ist die Unterscheidung zwischen "echter" Fuge und Scheinfuge bereichsweise nur schwer zu treffen.

Auffallend ist zudem der Verzicht auf eine Ausbildung von Fugen, die Dehnungsbewegungen aufnehmen können, an jenen Bauteilen, die vor Ort hergestellt wurden, beispielsweise bei der Sima des Hauptgesimses, den Kolossalsäulen des Hauptbaus, dem "Granit" und dem "Tuff"-Sockel.

Trotz des recht einheitlichen Eindruckes, den die Fassade im Gesamten bietet, variieren die verwendeten Massen sowohl im Sockelgeschoss als auch in den Obergeschossen in Farbe, Größe und Mengenanteil der verwendeten Körnung, in geringerem Maße auch in der Farbe der Matrix aus Bindemittel und Feinstanteilen des Zuschlags. Offensichtlich gab es während der Bauzeit Schwankungen in der Zusammensetzung der Kunststeinmassen. Besonders auffallend sind solche Farbunterschiede an den Seitenflächen des Gebäudes, wo einheitliche Bereiche glatter Wandflächen, die in Ortbetontechnik hergestellt sind, sich im Farbton kühler oder wärmer von den in Betonwerksteintechnik hergestellten angrenzenden Partien abheben. Eine gestalterische Absicht ist hierin nicht zu erkennen.

Während die glatten und profilierten Fassadenflächen einschließlich der kannelierten Säulen und der Kapitelle eine sehr regelmäßige Hiebstruktur aufweisen, sind an den Balustern – abgesehen von den Plinthen – kaum Hiebspuren nachweisbar. An vielen Balustern ist die Gussnaht, an der die beiden Formteile zusammentrafen, noch abzulesen. Es ist offensichtlich, dass die Baluster weniger intensiv überarbeitet wurden, als die anderen Bauteile. Durch den geringeren Materialabtrag wurden die gröberen Zuschlagsfraktionen nur zu kleinem Teil freigelegt bzw. angeschnitten, die Bindemittelmatrix und die feinere Natursteinkörnung nehmen relativ großen Raum ein. Hierdurch kann der unzutreffende Eindruck entstehen, dass die Kunststeinmasse für die Baluster eine andere, feinkörnigere Zusammensetzung habe.

Wurde zu einem frühen Zeitpunkt, an dem das Bindemittel noch keine hohe Festigkeit erreicht hat, scharriert, so springen einzelne harte Zuschlagskörner aus der noch weichen Matrix. Der hierdurch erzielte Effekt gleicht der Oberflächenstruktur eines scharrierten Tuffs, bei dem ebenfalls harte Gesteinstrümmer bei der Bearbeitung aus der weichen Grundmasse herausbrechen.

2.3. Zusammenfassung der Untersuchung

Die restauratorische Untersuchung im Jahr 1999 ergab, dass die Kunststeinfassade in ihrem Bestand fast unverändert erhalten geblieben war. Die sich daraus ableitende denkmalpflegerische und restauratorische Vorgabe war es, so wenig wie möglich in die intakte Kunststeinfassade einzugreifen.

Abb. 5: Rissbildungen mit Sinterkrusten

Die Schäden aus der Vergangenheit waren in Relation zur Größe des Baukörpers relativ gering. Risse zeigten sich hauptsächlich an jenen Fassadenteilen, die in Ortbetontechnik hergestellt wurden. Zum Teil starke Kalksinterbeläge, durch eine unzureichende Wasserführung entstanden, und Rostsprengungen waren an einigen Elementen zu verzeichnen. Vor allem die Mehrzahl der Baluster wies durch Rostsprengung (kriegsbedingte Verwendung von Rohren und Teilen eines Staketenzauns) verursachte Risse, Hohlstellen und Abplatzungen bis hin zum Auseinanderbrechen auf. Die Balustradenpostamente zeigten alle ein etwa handgroßes Rissnetz. Die Vorsatzschichten lagen großflächig hohl und lösten sich vom Kernbeton. Ebenso waren durch Spannungen hervorgerufene Verschiebungen von mehreren Zentimetern vorhanden.

Abb. 6: Rissbildungen im Sockelbereich

Aufgrund dessen ergab sich ein Handlungsbedarf zur Erneuerung von verschiedenen Balustradenelementen. Hierfür wurden einige Baluster geborgen, um Muster und Belegexemplare aus dem originalen Baubestand zu erhalten.

3. Probeentnahmen und Materialuntersuchungen

Es fanden verschiedene Untersuchungen an Bohrkernen und Prismen des Originalmaterials statt. Neben der Druckfestigkeit wurden die Biegezugfestigkeit, der dynamische Elastizitätsmodul, der masse- und der volumenbezogene Wasseraufnahmegrad der verschiedenen Kunststeinmassen getestet. Ebenso wurde eine Mörtelanalyse durchgeführt, auf deren Basis und unter Berücksichtigung der physikalischen Eigenschaften eine geeignete Mörtelrezeptur für die Ergänzungen entwickelt werden sollte.

Nach einer chemischen und röntgenographischen Untersuchung[5] der Mörtelproben wurde festgestellt, dass es sich um einen Zement mit mittleren hydraulischen Anteilen handelt. Bei den verwendeten Zuschlagsstoffen kamen unter anderem Bims, Basalt und Sandstein zum Einsatz. Sie liegen in Größen von 0,063 ->20 mm in unterschiedlichen Masseanteilen vor.

Abb. 7: Balustradenpostament mit typischem Rissnetz

Die Druckfestigkeit der imitierenden Kunststeinmasse entspricht mit durchschnittlich 61,8 N/ mm² der höchsten Betonfestigkeitsklasse B 55. Die Biegezugfestigkeit weist eine größere Streuung der Einzelwerte auf und beträgt etwa ein Zehntel der Druckfestigkeit. Der dynamische E-Modul zeigt ebenfalls beträchtliche Abweichungen vom Mittelwert. Zusammenfassend können beide Kunststeinmassen als schwach saugend charakterisiert werden. Dagegen sind die wasserzugänglichen Porenvolumina und die Wasseraufnahmegrade im Vergleich zu heutigen Anforderungen an Beton relativ hoch. Aufgrund der niedrigen kapillaren Saugspannung dürfte die Durchfeuchtungszone der Fassade bei beiden Kunststeinsorten auch während längerer Schlagregenbeanspruchung eine sehr geringe Tiefe kaum überschreiten.

Abb. 8: Überblick über die verwendeten Zuschlagstoffe

4. Mörtelrezepturentwicklung

Für die Rekonstruktion der Kunststeinkomposition an der Motorenfabrik in Oberursel wurden, basierend auf der vorliegenden Mörtelanalyse, verschiedene Rezepturen entwickelt und mit dem originalen Probenmaterial aus Oberursel verglichen. Neben den allgemeinen optischen Anforderungen musste auch die Verarbeitung, das Stampfen in Formen, und das sich daraus ergebende Erscheinungsbild vergleichbar sein. Des Weiteren musste gewährleistet werden, dass auch bei einer hohen Stückzahl, die sich durch die Menge der verbauten Baluster und Handläufe ergibt, die jeweiligen Elemente eine gleich bleibende Qualität besitzen. Ebenso musste eine steinmetzmäßige Überarbeitung der Neuteile möglich sein.

Die Abbildung 8 zeigt die verwendeten Zuschlagsstoffe mit ihren unterschiedlichen Korngrößenverteilungen.

In variierenden Kombinationen wurden aus diesen Zuschlagstoffen nachfolgende Probekörper erstellt.

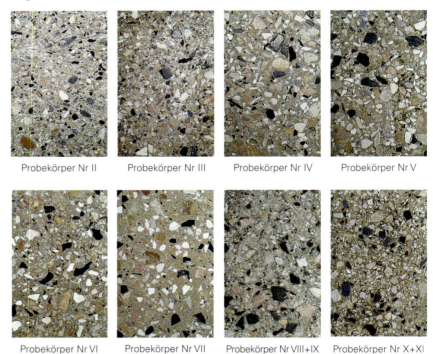

Probekörper Nr II · Probekörper Nr III · Probekörper Nr IV · Probekörper Nr V

Probekörper Nr VI · Probekörper Nr VII · Probekörper Nr VIII+IX · Probekörper Nr X+XI

Abb. 9: Überblick über einige verschiedene Zusammensetzungen der geschliffenen Probekörper

Probekörper Nr. X+XI Komponenten:	Einwaage in Gramm	Bemerkung/Modifizierung:
Bims	18g	Mischung
weisser Kalkstein	25g	Mischung
gelber Kalkstein	230g	Mischung
brauner Kalkstein	5g	verona rosso, Mischung
roter Kalkstein	30g	Mischung
schwarzer Kalkstein	28g	‚nero ebano', Mischung
Sandstein	2g	grüner Sandstein
Tonstein	10g	‚nero ebano', Mischung
Quarz	5g	Quarz
Summe	353,00g	200g CEM III/A + 2g Bayferrox 3950 + 2g 415

Tab. 1: Mischungsverhältnis der verschiedenen Zuschläge

Unter makroskopischen und verarbeitungstechnischen Gesichtspunkten wurde die Rezeptur der Probekörper X und XI favorisiert. Sie setzte sich wie folgt zusammen.

Nachfolgend werden die einzelnen Körnungszuschläge für die Mischung aufgeführt.

Abb. 10: Detailansicht des originalen Kunststeines

Probekörper Nr. X+XI	Mischungszusammensetzung						
Komponenten	fein	0,5-1mm	1-2 mm	2-4 mm	3-4 mm	4-6 mm	> 4 mm
Bims			45 g			45 g	
weisser Kalkstein		240 g	96 g		20 g		
gelber Kalkstein	75 g	50 g		75 g			30 g
rosso verona		35 g	30 g				15 g
roter Kalkstein		50 g	40 g	10 g			
nero ebano							28 g
grüner Sandstein		50 g	50 g				
nero ebano		20 g	80 g				
Quarz		je 50 g					

Tab. 2: Körnungszuschlagsverhältnis der favorisierten Mischung

5. Restaurierung der Fassadenflächen

Zunächst wurde die gesamte Fassadenfläche mit Heißwasser gereinigt. Die vorhandenen Kalksinterkrusten im Bereich der undichten Balkone und Terrassen wurden, nach verschiedenen Vorversuchen, mechanisch reduziert.

Verschmutzungen, die durch Bitumenabdichtmaterial entstanden sind, konnten mittels Testbenzinkompressen angelöst und entfernt werden.
Die Risse im Kunststein wurden mit Microdur RN der Firma Dyckerhoff verpresst und die Rissoberfläche mit einer kieselsolgebundenen Antragmasse mit farblich angepasster Natursteinkörnung geschlossen. Schäden im Bereich der Fugen wurden, entsprechend dem Bestand, mit der rezeptierten Kunststeinmasse, die eine Maximalkorngröße von 4 mm hat, geschlossen.

Noch restaurierbare Balustradenteile wurden gereinigt und vorhandene Risse mit Mikrozement verpresst. Die Verklebung einzelner gebrochener Elemente erfolgte mit einem Kleber auf der Basis eines wasseremulgierbaren Epoxydharzes. Die Bruchteile wurden, angepasst auf die Bauteilgröße, mit unterschiedlich starken V4a- Armierungen verstärkt.
Bauseits erfolgte zudem die Abdichtung der Balkone und sonstige bauerhaltende begleitende Maßnahmen.

6. Reproduktion der Kunststeinbalustrade

Die Balustrade wurde bereits vor Beginn der Maßnahmen bauseits vollständig entfernt. Da die Werkteile durch rostende Metallarmierungen vollständig, zum Teil sehr kleinteilig zerrissen waren, konnten sie nur in Bruchstücken eingelagert werden. Aufgrund dessen musste die Balustrade zu 90% durch Neuteile ergänzt werden.

Zunächst wurden für die Erstellung der Negativformen die verschiedenen Bauteile zusammengefügt, entsprechend ergänzt und abgeformt.

Der gesamte Formenbau wurde dabei auf die Verarbeitung von erdfeuchten Stampfmassen und auf eine hohe Stückzahl ausgelegt. Insgesamt mussten 92 Baluster, 43 abgerundete Rechteckpfeiler und 40 Obergurte neu hergestellt werden.

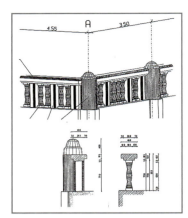

Abb. 11: Zeichnerische Aufnahme eines Teils der Kunststeinbalustrade

Abb. 12: Negativform für die Herstellung von Balustern

Abb. 13: Baluster in der Fassadengestaltung

Die Kunststeinmasse wurde mit Hilfe von Vibrationsstampfern in die Negativformen eingebracht und verdichtet. Nach drei Tagen wurden die Werkstücke ausgeschalt. Die sich anschließende Oberflächenbearbeitung erfolgte nach 7-10 Tagen.

Die Neuteile wurden vor Ort eingebleit. Die Werksteine der Obergurte wurden mithilfe von V4a- Klammern verbunden. Fugen und Klammern wurden mit Blei vergossen und verstemmt.

Am Ende der Arbeiten belief sich der Gesamtverbrauch von Terrazzokörnungen und Sanden auf 15 Tonnen.

Fast 10 Jahre nach Abschluss der Instandsetzung präsentiert sich das Gebäude in einem nahezu unveränderten Zustand. Die rekonstruierten Baluster, sowie die Ausbesserungen im Kunststein fügen sich auch bei unterschiedlichen Witterungsbedingungen in die Fassade ein. Dies ist im Wesentlichen der auf restauratorischen Arbeitsweisen basierenden, in materialtechnischer wie ästhetischer Hinsicht exakten Nachstellung des originalen Kunststeines zu verdanken.

Abbildungsnachweis

Abb.1 aus: Architekt Philipp Hufnagel, Bauten, Entwürfe, Arbeiten, Festschrift zum 25-jährigen Arbeitsjubiläum, Wuppertal-Elberfeld, 1928.

Alle übrigen Abbildungen: Matthias Steyer, Dipl.-Rest., Bezirksstraße 1, 65817 Eppstein.

---

1. Denkmalbuch des Landes Hessen, Band III, Seite 163. Philipp Hufnagel war zur Zeit der Eintragung als ausführender Architekt noch nicht bekannt.
2. Eva Rohwedder, Unveröffentlichtes Inventar des Hochtaunuskreises, Kulturdenkmäler in Hessen, o.D.
3. Architekt Philipp Hufnagel, Bauten, Entwürfe, Arbeiten, Festschrift zum 25-jährigen Arbeitsjubiläum, Wuppertal-Elberfeld, o.D.
4. Matthias Steyer, Dipl.-Rest., Bezirksstr. 1, 65817 Eppstein.
5. Prof. Dr. G. Strübel: Untersuchungsbericht über Bindemittelart, Bindemittelanteil und Sieblinie der Kunststeinproben von Oberursel 1998.

Restauratorische Betoninstandsetzung –
eine Alternative zur klassischen Betonsanierung

Rochus Michnia, Dipl.-Restaurator (FH)
Am Weißen Kreuz 35, 53639 Königswinter
r.michnia@kalk-kontor.de

Einleitung

Mit der restauratorischen Instandsetzung der Fassadenflächen aus Sichtbeton am Rechenzentrum der Rheinisch-Westfälischen Technischen Hochschule Aachen (RWTH) soll hier ein aktuelles Projekt vorgestellt werden, bei dem im Vorfeld heftig um die Frage – Restaurierung oder klassische Instandsetzung – gerungen wurde. Dabei wurde deutlich, dass der Bauherr immer wieder genötigt wurde, sich doch an die Vergaberichtlinien für das Land Nordrhein-Westfalen zu halten, die eine verbindliche Instandsetzung nach den Richtlinien des deutschen Betonvereins voraussetzen. Der Bauherr hat sich aber in diesem Fall dazu entschieden, sich über diese „Vorschriften" hinwegzusetzen, da die klassische Betoninstandsetzung einen CO_2-dichten, vollsynthetischen Anstrich vorschreibt, der den Sichtbetoncharakter des Bauwerks zunichte gemacht hätte. Gerade aber auf den Sichtbetoncharakter legte der Bauherr besonderen Wert. Im Folgenden wird das Spannungsfeld zwischen den Wünschen der Bauherren, Architekten und Denkmalpfleger auf der einen Seite und den gängigen Sanierungsempfehlungen auf der anderen Seite beleuchtet. Dabei wird ein Lösungsansatz vorgestellt, der neben den restauratorisch-handwerklichen Leistungen auch die Bereiche Monitoring sowie Abrechnungs- und Baufortschrittskontrolle beinhaltet. Hier wurden für die Betoninstandsetzung neue Wege gegangen, die richtungweisend sein können.

Abb. 1: Das Rechenzentrum der RWTH Aachen vor der Restaurierung

Richtlinientreue oder Denkmalpflege?

Bei der traditionellen Behebung von Schädigungen bei Sichtbetonbauwerken wurden und werden vielfach standardisierte Kunstharzmörtel oder stark kunstharzmodifizierte Zementmörtel verwendet, die weder in Farbe noch Struktur dem umgebenden Sichtbeton angepasst sind. Da die damit gemachten Ausbesserungen sich sehr stark von der Umgebung absetzen, wird eine ganzflächige Beschichtung mit Dispersionsspachteln und/oder Dispersionsfarben notwendig. Die ganzflächige mehrfache Beschichtung mit vollsynthetischen Farben wird mittlerweile in den meisten Fällen sogar vorgeschrieben, da sie den CO_2-Zutritt zum Beton verhindern und diesen somit am Karbonatisieren hindern könne. Damit wiederum würde der Bewehrungsstahl in alkalischem Milieu vor Korrosion geschützt. Diese gängige Sanierungsmethode verspricht eine große Sicherheit für den Bauherren, macht aber sämtliche Intentionen des Architekten und des Bauherren bezüglich der gewünschten Sichtbetonästhetik zunichte. Alle Gestaltungsmittel in Form von Materialität, Farbigkeit und Oberflächenstruktur und damit wesentliche Informationen des Bau- oder Kunstwerkes sind damit oftmals unwiederbringlich verloren.

Abb. 2: Verlust der gestaltenden Oberfläche durch ganzflächige Spachtelung und deckenden Farbanstrich am Beispiel der katholischen Kirche St. Mariä Empfängnis in Siegburg-Stallberg

Dagegen stehen restauratorische Ansätze, die ich mit meiner Restaurierungswerkstatt seit nunmehr über 10 Jahren in der Praxis anwende. Ziel dabei ist die uneingeschränkte Erhaltung der Sichtbetonästhetik mit einer maximal erreichbaren Dauerhaftigkeit des Bauwerks und all seiner materialtechnischen, architektonischen und handwerklichen Informationen.

Abb. 3: Wandfläche (vergl. Abb. 2) mit Abzeichnung der Gerüstlagen und glänzender Bereiche einer herkömmlichen Betonbeschichtung

Abb. 4: Detail der neu geschaffenen Oberfläche, die mit der ursprünglichen Gestaltung keinerlei Ähnlichkeiten aufweist (vergl. Abb. 2).

Abb. 5: Detail der ursprünglichen Oberflächengestaltung, wie sie nur noch im Innenraum der Kirche zu sehen ist.

Abb. 6: Ein Küsterhaus in Düsseldorf-Eller nach einer nicht zufrieden stellenden Sanierungsmaßnahme.

Abb. 7: Das gleiche Küsterhaus nach vollendeter Instandsetzung nach restauratorischen Grundsätzen.

Dazu wurden Konservierungskonzepte erarbeitet, die eine denkmalgerechte Erhaltung von Sichtbetonoberflächen erlauben und dem Stand der Technik entsprechen.

Der Vorteil restauratorischer Arbeitsweisen liegt neben der erreichbaren Authentizität des Gebäudes auch in der hohen Akzeptanz der instand gesetzten Gebäude in der Bevölkerung. Schlecht sanierte oder zugespachtelte und gestrichene Betongebäude werden oftmals als Zumutung empfunden. Dies zeigte sich nicht zuletzt am Beispiel der Kirche St. Mariä Empfängnis in Siegburg-Stallberg, an deren Fassade erst nach der Sanierung die ersten Graffitty auftauchten.

Sorgfältig instand gesetzte Gebäude dagegen werden von der Bevölkerung tatsächlich wertgeschätzt und erfahren auch erheblich seltener Vandalismusschäden.

Vorbereitung einer Instandsetzung: Zustandserhebung

Wie Naturstein oder Verputze unterliegt auch der Sichtbeton der Verwitterung. In den Schadensbildern gibt es zunächst viele alte Bekannte, so das Absanden, den biogenen Aufwuchs, Verschmutzung, mechanische Beschädigungen, unsachgemäße Nachbesserungen, Salzeffloreszenz und vieles Andere.

Hinzu kommt jedoch ein Schadensbild, dass in der Regel den Hauptschadensfaktor an Sichtbetonbauten darstellt: Absprengungen und Schalenbildungen durch Rostsprengung. Herstellungsbedingt werden in Sichtbeton Stahlstäbe, -körbe und Stahlmatten eingelegt, die Zug- und Scherbelastungen des Baukörpers aufnehmen sollen. Diese sollten mit einem Abstand von mindestens 4 cm unterhalb der Betonoberfläche liegen, damit der sie umgebende Zementmörtel durch seine hohe Alkalität einen ausreichenden Korrosionsschutz darstellt. Ist der Abstand zu gering, so wird mit zunehmender Karbonatisierung des Betons die Alkalität und damit auch der Korrosionsschutz abgebaut. Als Folge davon fängt der Stahl partiell an zu korrodieren und mit der damit verbundenen Volumenvergrößerung werden kleinere und größere Partien der Betonoberfläche abgesprengt. Dieser Schadensmechanismus kann konstruktionsbedingt verstärkt oder abgeschwächt werden. An frei beregneten Gebäudekanten und Bereichen mit stehendem Wasser geht die Karbonatisierung deutlich schneller vonstatten, sodass hier der Schadensverlauf erheblich schneller abläuft, als an geschützten Vertikalflächen.

Um einen Eindruck vom Ausmaß der Schädigungen und vor allem vom Ausmaß potentiell gefährdeter Bereiche mit geringer Betonüberdeckung zu bekommen, werden neben der Schadenskartierung auch Untersuchungen zur Betonüberdeckung der Armierungsstähle durchgeführt. Hier werden über ein magnetisches Verfahren die Ortung von Armierungseisen und zugleich auch Aussagen zur Überdeckungsstärke des Betons ermöglicht.

Die Kartierung der Bewehrungslagen und deren Überdeckung ist besonders wichtig zur Einschätzung der Instandsetzungsfähigkeit eines Objektes nach restauratorischen Kriterien. Als Beispiel mag hierfür die Kirche St. Reinhold in Düsseldorf dienen, bei der eine große Fensterrose in der Hauptfassade zur Instandsetzung anstand. Nach Anfertigung der Überdeckungskartierung kamen wir zu dem Schluss, dass eine partielle restauratorische Maßnahme ohne korrosionshemmende Maßnahmen (Korrosionsprophylaxe) keinen Einfluss auf den Schadensverlauf hätte, da gut 70% der Fassade als stark gefährdet (Überdeckung <20 mm) oder bereits stark geschädigt eingestuft wurden.

In einer weiteren Untersuchung wird festgestellt, wie tief der Beton von der Oberfläche her bereits karbonatisiert ist und damit keinen alkalischen Korrosionsschutz mehr darstellt. Dazu wird – möglichst an einer Ausbruchstelle – der Beton bis in eine Tiefe von 2-3 cm zurückgearbeitet. Mit einer Phenolphtalein-Lösung in Ethanol wird die Stelle bestrichen oder besprüht und die Violettfärbung als Indikator für ausreichende Alkalität genutzt.

Die kapillare Wasseraufnahmefähigkeit des Sichtbetons ist eine Größe, die vielfach schwierig zu ermitteln ist. Durch Rückstände von Schalöl und anderen Substanzen kann die Aussagefähigkeit der Untersuchung stark eingeschränkt sein. Sichtbeton ist im Normalfall ein kapillares System, wobei sich die Wasseraufnahmeraten erfahrungsgemäß bei 2-4 Vol.-% einpendeln.

Abb. 8: Korrosionsbedingte Absprengungen und Substanzverluste.

Untersuchungen zur Betonfestigkeit sind für Restaurierungsmaßnahmen im Normalfall nicht immer aussagekräftig, sind allerdings für konstruktive, in die Statik eingreifende Sanierungen unabdingbar.
Ein Novum in der Sichtbetonrestaurierung stellt die Nutzung in der Konservierung gängiger Kartierungssoftware dar, im vorliegenden Projekt das Programm metigo®MAP. Hiermit kann bereits im Vorfeld einer Ausschreibung das Schadensausmaß relativ genau erfasst und die zu bearbeitenden Flächen festgelegt werden. Diese Kartierungen werden im Laufe einer Restaurierung als Maßnahmenkartierungen weiter geführt und können so zur Kontrolle bei der Ausführung, wie auch als Abrechnungsgrundlage genutzt werden.

Maßnahmen

Die Fassadenflächen weisen eine starke Verschmutzung auf und wurden zunächst mit Wasserhochdruck gereinigt. Dabei wurde darauf geachtet, die Oberfläche nicht unnötig auszuwaschen.

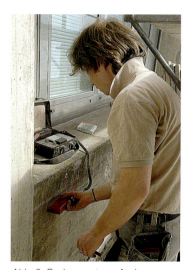

Abb. 9: Rechenzentrum Aachen: Bewehrungsuntersuchung

Die Schadstellen wurden an den Rändern ca. 3 cm senkrecht zur Oberfläche vertieft. Dabei wurden die Ausmaße und Formen der Ausbrüche beibehalten. Diese Arbeitsweise hat zwei Vorteile: zum einen werden so wenig originale Oberflächen wie möglich zerstört, zum anderen lassen sich die so herausgearbeiteten Flächen erheblich einfacher in das Gesamtbild einfügen, als dies mit rechtwinklig herausgestemmten Flächen möglich ist.

Korrodierte Eisen, die keine statische Funktion hatten wurden in Absprache mit einem Statiker herausgetrennt. Verbleibende Eisen wurden blank entrostet und mit zementgebundenen Korrosionsschutzschlämmen satt eingeschlämmt.

Abb. 10: Rechenzentrum der RWTH Aachen: Kartierung der Bewehrungslagen.

Als Ergänzungsmörtel kamen ein relativ grober standardisierter Ausgleichsmörtel und ein etwas feinerer rein zementärer Deckmörtel als Baustellenmischung zum Einsatz.

Die wesentlichen Anforderungen an die Ergänzungsmörtel waren eine Druckfestigkeit zwischen 15 und 20 N/mm^2, eine Biegezugfestigkeit von 2–5 N/mm^2, eine Haftzugfestigkeit von 0,4–1 N/mm^2, eine kapillare Wasseraufnahme von 4-10 Gew.% und eine gute Verwitterungsresistenz gegenüber Frost-Tau-Wechseln. Darüber hinaus wurden keinerlei zusätzliche synthetische Bindemittel und keine hydrophobierenden Zusätze verwendet. Der Deckmörtel sollte möglichst ohne Retusche eine der Umgebung angepasste Farbigkeit und Struktur ergeben.

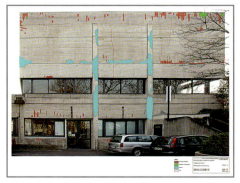

Abb. 11: Rechenzentrum der RWTH Aachen: Schadenskartierung mit metigo®MAP.

Abb. 12: Rechenzentrum der RWTH Aachen: Fassadenecke vor der Restaurierung.

Abb. 13: Rechenzentrum der RWTH Aachen: Fassadenecke nach der Restaurierung.

Abb. 14: Rechenzentrum der RWTH Aachen: Wandfläche vor der Restaurierung

Abb. 15: Rechenzentrum der RWTH Aachen: Wandfläche nach der Restaurierung

Gängige Mörtelsysteme zur Betoninstandsetzung scheitern zumeist bereits an den Mindestanforderungen. Daher mussten speziell für dieses Objekt geeignete Mörtelrezepturen erarbeitet werden.

Die Wahl des Bindemittels ist zunächst die wichtigste Frage. Die in allen gängigen Saniermörteln verwendeten Portlandzemente scheiden zumeist allein aufgrund ihrer grau bis graugrünlichen Eigenfarbe aus. Auch ist die Ausblühneigung mancher Zementsorten für eine partielle Instandsetzung ein großes Problem. Der Ortbeton wurde in den 1970er Jahren mit einem Hochofenzement angefertigt. Dieser eher beigefarbene Zement wurde im weiteren Verlauf der Restaurierung ebenfalls als Bindemittel verwendet.

Als Füllstoffe wurden verschiedene örtliche, gewaschene Grubensande und Grubenkiese verwendet.

Als Ergänzungsmörtel wurden im Wesentlichen zwei Mörtel verwendet, die den beiden Hauptfarbigkeiten, einer bräunlichen und einer umbrafarbenen Varietät Rechnung trugen.

Die Fehlstellen wurden in maximal zwei Schichten verfüllt. Wichtig ist dabei, dass vor Auftrag des Grundmörtels die gesamte Fehlstelle mit dem verdünnten Zementmörtel vorgeschlämmt und der Grundmörtel vor dem Auftrag des Deckmörtels vollflächig nachgekratzt wird.

Nach dem „Anziehen" des Deckmörtels wurde die Oberfläche entsprechend nachbearbeitet, um Farbigkeit und Struktur der Ergänzung an die Umgebung anzupassen.

Von größter Wichtigkeit ist die Nachsorge der Reparaturstellen. Sie müssen unter allen Umständen nach Applikation für eine Zeit von mindestens einer Woche täglich mehrmals nachgenässt werden. Sollte dies unterbleiben, ist mit Flankenabrissen und in der Folge mit dem Herausfallen der Kittungen zu rechnen.

Maßnahmenkartierung und Abrechnung

Die größte Schwierigkeit bei der Abrechnung einer Sichtbetonrestaurierung ist die Verifizierung der durchgeführten Maßnahmen. Insbesondere die Herstellung einer prüffähigen Abrechnung stellt in der Regel ein kaum lösbares Problem dar. In dem vorgestellten Projekt wurden sämtliche Maßnahmen in Form einer Kartierung mit metigo®MAP dokumentiert. Da die Kartierungsgrundlage eine maßstabsgerechte Zeichnung oder ein maßstabsgerecht entzerrtes Foto ist, können alle eingezeichneten Einzelmaßnahmen auch in ihren flächigen Abmessungen dargestellt werden. Die Einzelmaßnahmen können wiederum entsprechend dem Leistungsverzeichnis in Gruppen gebündelt und in Form einer Excel-Liste ausgeworfen werden. Diese wird dann den ausführenden Firmen als Abrechnungsgrundlage zur Verfügung gestellt.

Dieses aufwändige Verfahren hat deutliche Vorteile bei der Projektkontrolle und -abrechnung, da jede Maßnahme sowohl bildlich als auch als Liste dargestellt ist, kann einfach und schnell eine Rechnung erstellt werden und vom Auftraggeber eine Überprüfung erfahren. Lange und aufwändige Rechnungsprüfungen entfallen damit. Auch der Missbrauch unübersichtlicher Positionen ist damit vorbei. Im vorliegenden Projekt konnten die Kosten nicht nur gehalten, sondern sogar unterschritten werden.
Des Weiteren wird sich die Maßnahmenkartierung auch nach Ablauf der Restaurierung im Projektmonitoring als unschätzbar erweisen, da hiermit sehr einfach und schnell neue Schäden eingeordnet werden können. Sind innerhalb der Garantiefristen Schäden an bearbeiteten Flächen ent-

standen, so greift die Gewährleistung. Sind Schäden an nicht bearbeiteten Flächen entstanden, so kann eine Wartungskampagne gestartet werden.

Zusammenfassung und Ausblick

Die Restaurierung der Sichtbetonflächen am Rechenzentrum der RWTH Aachen hat gezeigt, dass die restauratorische Instandsetzung einer Sichtbetonfassade eine sehr gute Alternative zur klassischen Betonsanierung darstellt. Die Sichtbetonflächen konnten in ihrer Aussagefähigkeit durch Materialität, Farbigkeit und Struktur nachhaltig erhalten werden.

Abb. 16: Rechenzentrum der RWTH Aachen: Maßnahmenkartierung mit metigo®MAP.

Notwendig war hierfür ein Umdenken in Bezug auf die Anwendbarkeit geltender Vergabevorschriften für herausragende Sichtbetonarchitektur. Es gilt zu bedenken, wann ein Verlust der ursprünglichen Intention und Aussage des Architekten bezüglich der Bauwerksoberflächen hingenommen werden kann und wann er unter allen Umständen zu vermeiden ist.

Die klassische Betonsanierung bietet keine Optionen für den Erhalt von Sichtbetonoberflächen. Ganz im Gegenteil opfert sie die Oberflächenaussagen eines Bauwerks und schafft neue, künstliche und ästhetisch minderwertige Oberflächen. Für erhaltenswerte und herausragende Sichtbetonarchitektur wird man auch in der Zukunft sensiblere, restauratorische Vorgehensweisen in Anspruch nehmen müssen.

Abb. 17: Rechenzentrum der RWTH Aachen vor der Instandsetzung.

Eine handwerklich saubere und sorgfältige Arbeit wie auch eine gute Nachsorge tragen maßgeblich für den Erfolg einer restauratorischen Betoninstandsetzung bei. Daher kann sie in der Regel nicht unter gängigen Wettbewerbsbedingungen durchgeführt werden, da Qualität und Nachhaltigkeit darunter zu leiden hätten. Das wiederum ist bekanntlich mittel- bis langfristig erheblich teurer, als eine gute Arbeit. Wichtiger erscheint hier die Einbindung qualifizierter und erfahrener Restauratoren bereits in der Vorbereitung, Voruntersuchung, Konzeptfindung, Musterlegung und Ausschreibung.

Die Erhaltung von Sichtbeton sollte in der Ausbildung von Restauratoren in der Zukunft ein größeres Gewicht bekommen, damit die steigende Zahl an erhaltungsbedürftigen Sichtbetonbauten denkmalgerecht bearbeitet werden kann. Hier gilt es Vorbehalte gegen Sichtbeton abzubauen und neue Standards für eine restauratorische Bearbeitung herauszuarbeiten.

Abb. 18: Rechenzentrum der RWTH Aachen nach der Instandsetzung.

In dem vorgestellten Verfahren sind in den letzten 10 Jahren bereits einige Sichtbetonbauten mit Erfolg restauriert worden. Es hat sich gezeigt, dass es insbesondere der Ausbildung und Erfahrung eines Restaurators bedarf, um die große Vielfalt an gegebenen Strukturen, Materialien und Farbigkeiten nachzuarbeiten. Industriell vorgefertigte Materialien können hier nur untergeordnet zum Einsatz kommen, da sie meist auf Masseneinsatz konzipiert sind und kaum den individuellen Anforderungen einer denkmalwürdigen Instandsetzung gerecht werden können. Hier wird man nicht umhin können, speziell für ein Projekt konzipierte Materialien verwenden zu müssen.

In der Zukunft wird es immer häufiger zu Entsanierungen kommen, bei denen die ganzflächigen Spachtelungen und Anstriche älterer Sanierungen entfernt werden, damit die ursprüngliche Oberflächengestaltung wieder zur Geltung kommt. In den letzten Jahren wurden immer wieder derartige Projekte bearbeitet.

Abb. 19: Neuss-Büttgen, Sankt Antonius: Sichtbetonoberflächen nach erfolgter Entfernung alter Spachtelungen und Anstriche.

Abb. 20: Neuss-Büttgen, St. Antonius: Sichtbetonflächen am Giebelfeld nach erfolgter Entsanierung.

Aus unseren Erfahrungen heraus wäre es ratsam, wenn vor der Entscheidung, ein öffentliches oder kirchliches Gebäude zu beschichten, die Kosten einer möglichen Rückführung der Maßnahme oder aber zumindest die Wartungskosten bedacht würden. Oftmals wäre die restauratorische Instandsetzung durch die kostengünstigeren Wartungen erheblich preiswerter, als die im ersten Blick billigere Standardsanierung.

Es lohnt sich, den Blick von den gängigen Sanierungsempfehlungen zu wenden und angepasstere, dem Objekt zuträglichere Instandsetzungsverfahren ins Auge zu fassen.

Autor:

Rochus Michnia, geb. Strotmann (1963)
Dipl. Restaurator (FH)
Seit 1993 selbstständiger Diplom Restaurator für Wandmalerei- und Steinkonservierung.
Seit 1995 mit der Sichtbetonrestaurierung befasst.

Am Weißen Kreuz
53639 Königswinter
Tel.: 0170-865 41 41
Email: r.michnia@kalk-kontor.de

Erhaltung, Konservierung und Reparatur von Betonwerkstein, Steinputz und Edelputz
am Beispiel der Lessing-Loge in Peine von 1926

Marko Götz, Ivo Hammer

Vorbemerkung

Gegenstand des Beitrages sind die materialfarbigen Außenfassaden der Lessing-Loge ‚Druidenorden e.V.' in Peine von 1926 (siehe Abb. 1 und 2). Das Gebäude wurde nach den Plänen von Alwin Genschel[1] in historistischen Formen für die Zwecke dieser Loge konzipiert und als massiver Ziegelbau mit Edelputz, Steinputz und Betonwerkstein errichtet, hinsichtlich Design, Materialqualität und Präzision der Ausführung ein besonders qualitätsvolles Beispiel der Verwendung von Portland-Zement zur Inkrustation von Fassaden[2]. Auch wenn die Fassade auf den ersten Blick gut erhalten scheint, zeigen sich bei näherem Hinsehen erhebliche Verwitterungsphänomene. Die Putzoberflächen sind nicht nur stark verschmutzt, sondern auch vergipst. Trotz der hohen Dichte der Putzmaterialien ist die Oberfläche teilweise erheblich abgewittert. Ein weiteres Problem stellt die Korrosion bewehrter Baustahlarmierungen dar. Nach der restauratorischen Befundsicherung haben wir im Rahmen der HAWK (Hochschule für angewandte Wissenschaft und Kunst) in Hildesheim in Zusammenarbeit mit dem Niedersächsischen Landesamt für Denkmalpflege Hannover sowie der Denkmalbehörde Peine zur Erhaltung der gesamten Fassade ein Konzept zur Reinigung und Gipsreduzierung und zur Reparatur des Beton-Stahl-Verbundes erarbeitet. Methodische Prämissen des Konzepts waren nicht nur die Behandlung der Ursachen der Schäden, sondern auch die Wirtschaftlichkeit der Maßnahmen.

Bestand/Material/Technologie

Das Logengebäude hat sich bis heute in seiner materialsichtig konzipierten Putzoberfläche erhalten. Auf dem Ziegelmauerwerk liegen ein zementhaltiger Vorbereitungsmörtel und ein zementhaltiger Grundputz. Der Sockel aller Gebäudeseiten ist mit Steinputz (siehe Abb. 5) mit horizontalen rechteckigen Fugen gestaltet und anschließend in Steinmetzmanier präzise scharriert (siehe Abb. 3). Die leicht hervortretende und großzügig angelegte Fläche zwischen dem Sockel und der Fensterreihe des 1. Obergeschosses und an den Giebelseiten des Nordteiles ist mit einem sehr grobkörnigen Kratzputz beschichtet (siehe Abb. 4). Die Säulen, Pilaster und Stuck wurden teilweise mit Baustahl bewehrt, in einzelnen Formteilen aus Betonwerkstein (Vorsatz- und Kernbeton) vorgefertigt und in situ zusammengesetzt. Die einzelnen Formstücke wurden bereits vor dem Versetzen mittels Scharrieren gestaltet (siehe Abb. 6).

Die Analyse der ursprünglichen Verputze ergab für den Betonwerkstein (Vorsatzbeton), den Steinputz und für den Kratzputz eine Mörtelmischung, die in ihren überwiegenden Bestandteilen aus Portlandzement, Steinmehlen, Kalksteinklasten (Travertin, Osnabrücker Muschelkalk), etwas Quarzsand sowie vereinzelten Holzstückchen und Ziegelsplitt besteht[3].

Die Oberflächen weisen durch die Zugabe von Steinmehlen eine nahezu vollflächig dichte Matrix und kaum eine kapillare Wasseraufnahmefähigkeit auf. Der Kratzputz ist etwas poröser, da Weißkalkhydrat als Bindemittel überwiegt. Die Putzsysteme können als Natursteinkonglomerate unterschiedlicher Kornabsiebung angesehen werden (siehe Abb. 8 bis 11).

Abb. 1: Peine, Lessing-Loge: Historische Aufnahme des Gebäudes aus der Entstehungszeit (um 1927). Das Gebäude stand über einen längeren Zeitraum freistehend in einem neu erschlossenen Baugebiet (Quelle: Lessing-Loge).

Abb. 2: Peine, Lessing-Loge: Ansicht von Nordwest, heutiger Zustand (Foto: Götz, 2007).

Abb. 3: Peine, Lessing-Loge: Ostfassade: Repräsentative Einteilung der Putzflächen und Gestaltung durch wechselnde Scharrierung der Oberflächen (Foto/Grafik: Götz, 2007).

Abb. 4: Peine, Lessing-Loge, Westfassade: Detailaufnahme der Kratzputzoberfläche.
(Foto: Götz, 2007)

Abb. 5: Peine, Lessing-Loge, Ostfassade, Sockel: Detailaufnahme der Steinputzoberfläche.
(Foto: Götz, 2007)

Abb. 6: Peine, Lessing-Loge, Ostfassade: Wechselnde Scharrierung am Betonwerkstein der Fenstereinfassung mit kompakt erhaltener Oberfläche.
(Foto: Götz, 2007)

Abb. 7: Peine, Lessing-Loge, Westfassade: Betonwerkstein mit verwitterter und sandender Oberfläche.
(Foto: Götz, 2007)

Erhaltungszustand/Schadensphänomene/Schadensfaktoren

Die Verwitterung durch physikalische und chemische Prozesse zeigt sich an ca. 80% der gesamten Fassadenoberfläche in Form von Absanden und Abrieseln. Dort, wo Schlagregen und Traufwasser die Putzmatrix direkt angreifen konnte, ist die Oberfläche stärker geschädigt (siehe Abb. 7).

An der Westfassade, vor allem am Steinputzsockel und an den Baukonstruktionsteilen, wurde die Gestaltung zum größten Teil unwiederbringlich zerstört. Hier ist die Oberfläche sehr löchrig und die einzelnen Zuschlaganteile treten deutlich hervor. Nur in geschützten Bereichen (Fensterlaibungen) hat sich die ursprüngliche Oberfläche noch gut erhalten können. Hier ist sie sehr fest, kompakt und wirkt verdichtet. Am Kratzputz ist das Schadensbild aufgrund der rauen und unregelmäßigen Oberflächenbeschaffenheit nicht so klar aufzuzeigen wie beim Steinputz. Der Substanzverlust führte hier nicht zu einer deutlichen Veränderung der Oberflächenstruktur, jedoch entstanden auch hier gelbliche Verfärbungen.

1980 wurden die Gesimse mit Zinkblech abgedeckt. Damit hat man zwar die Infiltration von außen eingeschränkt, aber die thermische Kondensation ist nach wie vor wirksam. Die thermische Kondensation tritt an einer Fassade, wie wir wissen, fast jede Nacht und nach jedem Niederschlag auf.[4] Durch die geringe Fähigkeit zur kapillaren Wasseraufnahme trocknet die Oberfläche des Zementputzes langsamer. Dies begünstigt die Verschmutzung und die Vergipsung des Bindemittels. Durch die Wassereinlagerung in den Gipskristallen und einhergehend mit den hydrophilen Eigenschaften der Verschmutzung wird an der Oberfläche vermehrt Feuchtigkeit aufgenommen und damit die Verwitterung der Oberfläche beschleunigt. Durch die Abgase einer in der Nähe südwestwärts gelegenen Fabrik, die bis in jüngere Zeit in Betrieb war, war die Fassadenoberfläche besonders stark mit schwefeligen Substanzen belastet. Die Vergipsung wirkt als Verdichtung der Oberfläche, als Kruste und damit als Trocknungsblockade (siehe Abb. 12). Thermische Dilatation führt gegenüber der nicht vergipsten Putzmatrix zu Scherspannungen.

An den bewehrten Baukonstruktionsteilen, vor allem an der Stuckeinfassung des Eingangsbereichs kam es durch elektrochemische Korrosionsvorgänge und Carbonatisierung des Betons zu Rissbildungen und Ausbrüchen. Das ästhetische Erscheinungsbild und der Materialeindruck der Fassaden sind durch die Regenablaufspuren, Auswaschungen und Verfärbungen stark verfälscht und beeinträchtigt. Die Schadensprozesse und ihre Dynamik und die Veränderung des Erscheinungsbildes der Fassade seit der Bauzeit werden im Vergleich von Fotos ersichtlich. Auf dem bauzeitlichen Foto (ca.1927) sind schon Regenablaufspuren und Auswaschungen erkennbar (siehe Abb. 13/14). Im Jahre 1973 zeigte sich an der Nord- und Ostfassade im Vergleich zum heutigen Zustand bereits ein Erhaltungszustand, der dem heutigen bezüglich der Wasserläufe ähnlich war.

Die schädlichen Veränderungen betreffen also im Wesentlichen drei Faktoren:
– Verschmutzung
– Vergipsung
– Teilverlust der Oberfläche durch Absanden

Konservierungskonzept

Ansetzend an den dargestellten Schadensphänomenen und deren Ursachen haben wir ein nachhaltiges Konservierungskonzept zur Behandlung der Fassadenoberflächen erarbeitet.

Reinigung/Erfahrungsbericht

Mit der Reinigung und der Gipsumwandlung sollte der weitere Verlust an ursprünglicher Putzoberfläche verhindert und die physikalischen Eigenschaften der Oberfläche weitestgehend wiederhergestellt werden. In diesem Zusammenhang sollte gleichzeitig auch das ästhetisch gestörte Erscheinungsbild der Fassade verbessert werden. Im Vorwege wurden verschiedene Methoden der Reinigung getestet: Dampfreinigung, Kompressenanwendungen mit und ohne Tensidzusatz[5], Reinigung mit Mikrofeinstrahlgerät[6], Reinigung mit Ammoniumcarbonat und Hirschhornsalz.[7]

Die Tests mit Dampfreinigung, Wasserkompressen mit und ohne Tensidzusatz brachten keinen Erfolg. Mit dem Mikrofeinstrahlgerät wurden die Oberflächen gut gereinigt, wenngleich mit der Einschränkung, dass die instabilen ockerfarbenen Bestandteile sehr schnell angegriffen wurden. Es erwies als schwierig, mit dem bis dahin gearbeiteten Kompressenmaterial einen ausreichenden Kapillarkontakt zur Oberfläche, vor allem an der rauen Kratzputzfläche herzustellen. Daraus folgernd wurden die Kompressenmaterialien verfeinert. Erprobt wurde eine Reinigungspaste bestehend aus Hirschhornsalz und Methylcellullose, Tylose MH 1000 ® als Trägermaterial nach Hammer[8], die anschließend an der Reinigung einer Pilotfläche verwendet wurde (siehe Tab. 1 und Abb. 15).

Tab. 1: Rezeptur der Reinigungspaste

1 l Wasser	oder	100 GT
40 g Ethyl-Methyl-Hydroxy Cellulose, Tylose MH 1000®	oder	4 GT
200 g Hirschhornsalz	oder	20 GT

Die zu Beginn der Arbeit festgelegten Oberflächenbereiche wurden mit der Reinigungspaste zügig eingestrichen. Die Schichtdicke der Paste betrug ungefähr 5 mm. Die Paste wurde täglich neu angesetzt, da die Konsistenz der anquellverzögerten Tylose MH 30000 ® nach einem Tag Standzeit für einen Auftrag mit dem Pinsel zu fest wurde. Nach der bewährten Einwirkzeit von 15 Minuten wurde die Paste mit einem Hochdruckreiniger[9], bei dem der Druck des Wasserstahles der Empfindlichkeit der Oberfläche angepasst werden konnte, abgenommen. Das Entfernen der Paste war jedoch mit dem Wasserstrahl allein nicht durchführbar. Nach ungefähr 20 Minuten war die Tylose® deutlich angetrocknet und ein mechanisches Aufschäumen der Tylose® mit Hilfe von Bürsten wurde unumgänglich. Es stellte sich heraus, dass mindestens drei kombinierte Durchgänge (Aufschäumen und Abspülen) notwendig waren, um die Paste rückstandslos entfernen zu können. Die Überprüfung auf Celluloserückstände konnte optisch sehr gut untersucht werden, indem die Oberfläche im Streiflicht auf Glanzstellen hin überprüft wurde. Es ist anzumerken, dass die Abnahme und letztendlich auch der Reinigungsprozess durch den Einsatz geeigneter Maschinen mit entsprechenden Bürstenaufsätzen wesentlich effektiver und kräfteschonender durchgeführt werden kann. In Anbetracht vereinzelter Schmutznester in den Vertiefungen der Kratzputzoberflächen wurde zur restlosen Entfernung der Verschmutzung ein zweiter Reinigungsdurchgang durchgeführt. Am Kranzgesims, in Bereichen des Fenstersturzes und in den Fugen am Sockel konnten sehr starke Verschwärzungen und Verkrustungen selbst in einem zweiten Reinigungsdurchgang nicht entfernt werden. Um diese Bereiche reinigen zu können, wurde die Reinigungspaste modifiziert (siehe Tab. 2). Einer 4%igen Tylose® wurde statt Hirschhornsalz eine 20%ige Ammoniumcarbonatlösung und 50 g Buchencellulose Arbocel BC 200® beigefügt.[10]

Abb. 8: Steinputz: Probe/Transversalschicht im Auflicht/Tageslicht mit Unterputz und anhaftendem Setzputz. (Foto: Götz, 2007)

Abb. 9: Steinputz: Probe/Transversalschicht im Auflicht/Tageslicht.

Abb. 10: Betonwerkstein: Probe/Transversalsicht unter Auflicht/Tageslicht mit Kern (1) – und Vorsatzbeton (2). (Foto: Götz, 2007)

Abb. 11: Kratzputz: Probe/Transversalsicht unter Auflicht/Tageslicht. Bei den weiß, gräulichen kristallinen Klasten handelt es sich um Travertin. Die grauen Zuschlagmaterialien zeigen vermutlich Osnabrücker Muschelkalk mit eingeschlossenen eisenoxidhaltigen Ankeritbestandteilen, die typisch sind für ein gelbliches Anwittern der Oberfläche (Foto: Götz, 2007)

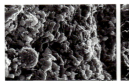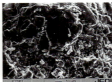

Abb. 12: Peine, Lessing-Loge, Ostfassade, Steinputz/Probe: Beide Abbildungen zeigen große getäfelte Gipskristalle.
(Foto: Meinhardt-Degen, 2007).

Tab. 2: Rezeptur der modifizierten Reinigungspaste

1 l Wasser	oder 100 GT
40 g Ethyl-Methyl-Hydroxy Cellulose, Tylose MH 1000®	oder 4 GT
200 g Ammoniumcarbonat	oder 20 GT
50 g Buchencellulose, Arbocel BC 200®	oder 5 GT

Es konnte mit der Reinigungspaste eine gute und gleichmäßige Reinigung der Oberflächen erzielt werden (siehe Abb. 16-20). Im Verhältnis zur Kompressenanwendung mit Ammoniumcarbonat ist diese Methode wesentlich ökonomischer und um 1/10 günstiger in der Anschaffung. Zudem ist die Paste zügig verarbeitbar und garantiert einen guten und ausreichenden Kapillarkontakt zur Oberfläche. Durch die Abnahme der Verschmutzung und die Umwandlung des Gipses konnten die physikalischen Eigenschaften der Putzoberfläche weitestgehend wiederhergestellt werden. Der Reinigungserfolg wurde materialkundlich überprüft (Nachweis zur Gipsreduzierung, Sulfatnachweis nach Matteini).

Korrosionsschutz/Korrosionsschutzsysteme

Die Behandlung korrodierter Bewehrungen bezieht sich auf wenige Bereiche der Stuckeinfassung des Eingangbereiches und der Säulen aus Betonwerkstein.

Beschichtungen mit Bleimennige
Die Beschichtung mit Bleimennige war lange Jahre das Standardkorrosionsmittel. Aufgrund ihrer Toxizität wurde sie verboten bzw. ihr Gebrauch stark eingeschränkt. Bleimennige als Korrosionsschutzbeschichtung wirkt sehr gut auf Metalloberflächen im Außenbereich. Im alkalischen Verbund jedoch besteht die Gefahr der Verseifung des organischen Bindemittels (Ölanstrich).[11] Über die Hydrolysebeständigkeit der Bleimennige als Öl- oder Alkydharzanstrich liegen uns heute keine Forschungsergebnisse bzw. Langzeitstudien vor. Ein weiterer Nachteil besteht in der Potentialdifferenz, der Wechselspannung zwischen Blei und Eisen. Durch die elektrochemischen Potentiale und Spannungen beginnt der Stahl unter dem Anstrich erneut zu rosten. Die Verarbeitung der Bleimennige wird gegenüber mineralischen Systemen eingeschränkt, weil hier nur der Stahl beschichtet werden darf und längere Trockenzeiten zwischen den Anstrichen eingeplant werden müssen.

Mineralischer Korrosionsschutz – POLYMER– CEMENT – CONKRET– SYSTEME (PCC)
Betonsanierungssysteme entwickelten sich in den 1970er Jahren als massive Schäden an Betonbauten auftraten. In den letzten Jahren werden verstärkt Polymer CEMENT CONKRET Systeme® (PCC) in der Betonsanierung angewandt. Bei den Betonsanierungssystemen handelt es sich um einen mineralischen Korrosionsschutz. Dieser besteht aus einem kunststoffmodifizierten Werktrockenmörtel auf Zementbasis. Als Korrosionsblocker werden dem Mörtel Zinkstaubpartikel zugesetzt. Das Betonsanierungskonzept ist eine Mischung aus Korrosionsschutzbeschichtung und Repassivierung. Diese Systeme kamen u.a. bei der Sanierung des Einsteinturmes in Potsdam (1997-1999),[12] erbaut von dem Architekten Erich Mendelsohn in den Jahren 1920-1921, und bei der Sanierung des Rothehornparkturmes in Magdeburg (1922)[13], erbaut von Albin Müller im Jahre 1927, zur Anwendung.

Abb. 13/14: Peine, Lessing-Loge: Die beiden Abbildungen aus dem Jahre 1973 zeigen die Nord- und Ostfassade. Die Oberflächen sind stark verschmutzt. An den Kratzputz- und Sockelflächen sind Verwitterungsspuren deutlich zu erkennen.
(Foto: Unrein, 1991)

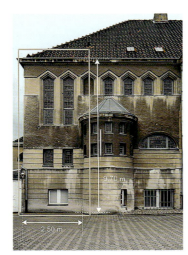

Abb. 15: Peine, Lessing-Loge, Ostfassade: Position, Abmessungen und Vorzustand der Pilotfläche.
(Foto: Götz, 2007)

Die Passivierung, der Schutz des Baustahls im mineralischen Verbund, wird durch die natürliche Alkalität (pH-Wert 12-13) gewährleistet.[14] Die Passivierung besteht solange, bis der Carbonatisierungsprozess abgeschlossen ist. Die Carbonatisierung des Betons dauert bei optimaler Herstellung des Betons bis zu 50 Jahren oder länger[15]. Die Absenkung der Alkalität in den neutralen Bereich (pH-Wert 9) nennt man Depassivierung. Wenn der alkalische Rostschutz aufgehoben ist, tritt als Folge Korrosion ein.[16] Der Vorteil des mineralischen Schutzes gegenüber der Bleimennige ist die bessere und schnellere Verarbeitung sowie eine leichtere Handhabung des Materials, da die vorgeschriebene zweimalige mineralische Beschichtung auf die ganze Ausbruchstelle, also Stahl und flankierende Putzbereiche, aufgebracht werden kann.[17] Der Korrosionsschutz wirkt in doppelter Hinsicht: erstens durch den Zinkstaub und zweitens durch die natürliche Alkalität der Zementschlämme und des Zementmörtels.[18] Die Nachteile des Systems liegen darin, dass die Hersteller die Inhaltsstoffe nicht genau angeben, es besteht aufgrund der Kunststoffmodifizierung keine Materialkompatibilität mit dem bauzeitlichen Putz und die Verseifungs- und Hydrolysebeständigkeit der Kunststoffzusätze wurde bislang nicht ausreichend überprüft.

Realkalisierung mit Zementmörtel
Eine hinreichende Zementputzabdeckung ist erfahrungsgemäß in der Lage, Korrosionsvorgänge am Baustahl über einen großen Zeitraum zu verhindern.[19] Je dichter der Beton oder Zementputz eingestellt wird und je höher das Wasserrückhaltevermögen ist, umso größer ist die Zeitspanne der Carbonatisierung bei gleichzeitigem Passivierungsschutz. Mit einem eigens entwickelten Reparaturmörtel auf Zementbasis kann die Realkalisierung des Stahl-Beton-Verbundes, ohne Fremdsysteme (Kunststoffe) in den Materialverbund einzubringen, umgesetzt werden.

Auswertung
Von den behandelten Korrosionsschutzsystemen kann die alkalische Repassivierung durch einen Reparaturmörtel auf Zementbasis für die Behandlung der korrodierten Baustahlbewehrungen empfohlen werden. Mit der Verwendung eines Zementmörtels kann ein langjähriger alkalischer Schutz aufgrund des hohen pH-Wertes erzielt werden, zudem entspricht Zement dem bauzeitlichen Bestand. Die Einschränkung beim Zement ist darin zu sehen, dass bauschädliche Substanzen (lösliche Alkalien, Gips) in das System eingetragen werden können. An der Außenfassade ist dies jedoch unerheblich, da bauschädliche Salze mit hoher Wahrscheinlichkeit an der Oberfläche abgewaschen werden.

Erarbeitung eines Reparaturmörtels – Realkalisierung
Basierend auf dem entwickelten Konzept für den Korrosionsschutz der Baustahlarmierung, sowie auf der Grundlage der restauratorischen Befundsicherung der Materialien und der physikalischen Eigenschaften der Oberfläche wurde ein Reparaturmörtel entwickelt, der sich am historischen Bestand orientiert, den Stahl-Beton-Verbund längerfristig durch eine alkalische Passivierung schützt, für alle Putzoberflächen anwendbar ist und ggf. durch das Abmischen mit farbigen Sanden lokal eingestimmt bzw. leicht modifiziert werden kann (siehe Abb. 21-23). Die Auswahl des Bindemittels und der Füllstoffe orientierte sich am historischen Bestand des Betonwerksteines und des Steinputzes.

Herstellung der Probeflächen und Mörtelrezeptur
Die Farbigkeit und Struktur des Reparaturmörtels wurde an Probekörpern simuliert.[20] Die Absiebung der Materialien wurde im Vergleich zur historischen Absiebung etwas feiner eingestellt, um später am Objekt in den Randbereichen einen guten Anschluss zum Altmaterial herstellen zu können. Nach dem Antragen eines Grundputzes[21] wurde nach ausreichender Erhärtung der Oberputz aufgebracht. Durch leichtes Klopfen mit der Spachtel lagerten sich die Kalksteinklasten mit der gleichmäßigeren bzw. flacheren Seite oberflächenparallel ab. Zur Simulation des verwitterten Zustandes wurden Teile des Bindemittels und der feinen Zuschlagstoffe mit einem leicht befeuchteten Naturschwamm von der

Abb.16: Peine, Lessing-Loge, Ostfassade, Sockel: Gereinigte Oberfläche. (Foto: Götz, 2007)

Abb.17: Peine, Lessing-Loge, Ostfassade, Kratzputz: Gereinigte Oberfläche. (Foto: Götz, 2007)

Abb.18: Peine, Lessing-Loge, Ostfassade, Kratzputz: Detail der der gereinigten Oberfläche. Durch die Reinigung wurde die verwitterte Struktur und gelbliche Verfärbung der Oberfläche erkennbar. (Foto: Götz, 2007)

Abb.19: Peine, Lessing-Loge, Ostfassade, Sockel: Detailoberfläche des Fenstersturzes. Verkrustungen und Verschwärzungen in den Randbereichen trotz zweimaliger Reinigung. (Foto: Götz, 2007)

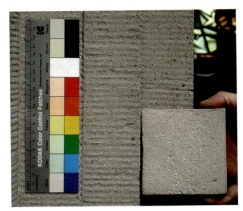

Abb. 21: Entwickelter Reparaturmörtel im Vergleich mit dem bauzeitlichen Betonwerkstein an der Stuckeinfassung des Eingangsbereiches. (Foto: Götz, 2007)

Abb. 22: Peine, Lessing-Loge, Westfassade, Eingangsbereich/Stuckeinfassung. Fehlstelle im Betonwerkstein. Die Korrosionsprodukte an der Eisenbewehrung wurden mit dem Sandstrahlgerät entfernt. (Foto: Götz, 2007)

Abb. 23: Peine, Lessing-Loge, Westfassade, Eingangsbereich/Stuckeinfassung. Zustand nach der Reparatur. Der Reparaturputz passte sich farblich und strukturell sehr gut an den ursprünglichen Bestand an. (Foto: Götz, 2007)

Putzoberfläche abgenommen. Nach der Auswertung der verschiedenen Probekörper erwies sich die nachstehende Mörtelrezeptur (siehe Tab. 3) für eine materialidentische Reparatur und für die Realkalisierung des Betonsystems als am besten geeignet. Der Mörtel besitzt gute Verarbeitungseigenschaften und die Materialien sind unproblematisch über den Handel beziehbar.

Tab. 3: Rezeptur des Reparaturmörtels

1,5	VT Portlandzement
1,5	VT Travertinklasten, 0 – 0,125 mm
2	VT Sand gelb B, 0 – 0,125 mm
0,5	VT Sand, Werk Nordstemmen bei Hildesheim, 0 – 0,125 mm

Korrosionsbehandlung

Die Korrosionsprodukte (Rost) wurden mittels Sandstrahlen mit dem Strahlgut Edel-korund®, 110 µm (Al_2O_3) entfernt. Die Randbereiche des flankierenden Putzmörtels wurden hierbei mit bearbeitet um sicherzustellen, dass keine Korrosionsprodukte am Eisen bzw. am Putz anhafteten. Anschließend erfolgte die gründliche Reinigung des Bereiches mit Druckluft um Staub und Sandstrahlpartikel zu entfernen.

Behandlung korrosionsbedingter Risse

Durch die Rissverpressung mit einem Injektionsmörtel auf Zementbasis kann auf schonende Weise ein Neuverbund und ein sekundärer Rostschutz durch alkalische Repassivierung geschaffen werden.

Rissverpressung nach dem SYSTEM KAISER – Putzfixierung – Sekundärer Korrosionsschutz

Bei dem System Kaiser handelt es sich um eine speziell entwickelte Applikationsform für Injektionsmassen. Das System sieht vor, dass Injektionspacker auf die Risse geklebt und in einem anschließenden Arbeitsgang Injektionspacker und Risse abgedichtet werden. Danach erfolgt der Injektionsvorgang, wobei der Mörtel mittels abgedichteter Spritzen durch optimale Druckausnutzung über die Packer injiziert wird.[22] Die Reparatur sollte auf den Stahl-Beton-Verbund ausgerichtet werden. Im Sinne einer materialidentischen Reparatur sollte sich die Injektionsmasse am vorliegenden ursprünglichen Materialsystem orientieren und daher ähnliche physikalische und technische Parameter aufweisen. Getestet wurden verschiedene Suspensionen auf Zementbasis. Der Zement wurde regional vom Teutonia-Zementwerk Höfer (Nds.) bezogen. Als Füllstoffe wurden Travertinmehl, Quarzmehl und Quarzsand, 0,063 mm, Millisil® in verschiedenen Volumenanteilen verwendet. Die einzelnen Suspensionen wurden intensiv dispergiert.[23] Nach der Überprüfung der physikalischen und optischen Parameter wurde folgende Rezeptur ausgewählt (siehe Tab. 4).

Tab. 4: Rezeptur der Injektionsmasse

2	VT Portlandzement
1	VT Travertinmehl, 0-0,125 mm
1	VT Quarzsand, 0,063 mm
1	VT Quarzmehl, 0-0,125 mm
3	VT Wasser
2	VT Ethanol

Diskussion der Anwendung einer Interventionsschicht auf der Basis von Kalk zur nachhaltigen Pflege/Theoretischer Hintergrund[24]

Seit Jahrtausenden werden Tünchen auf der Basis von Kalk zur Reparatur, zur Verschönerung, zur nachhaltigen Pflege und zum Schutz von Fassadenputzen aufgebracht. Nur durch die nachhaltige Pflege von Fassadenoberflächen als technologisches Prinzip und als handwerkliche Tradition und der Reparatur und Erneuerung haben sich historische Architekturoberflächen bis heute erhalten können „Jede neue Beschichtung mit Kalk als Reparatur der Fassadenoberfläche erzeugt zugleich die Reparatur der vorausgehenden Schichten."[25] Bei normaler Verwitterung repariert sich der Kalk durch den bekannten Sinterprozess. Die Nachhaltigkeit ergibt sich aus der periodischen Pflege der Oberflächen, der Pflegefähigkeit, die jederzeit wiederholbar ist, der ästhetischen Integrität und der langfristig günstigen Pflegekostenbilanz.

Im Zuge neu entwickelter Technologien im ersten Drittel des 20. Jh. wurden historische Fassadenoberflächen nach handwerklicher Tradition nur noch selten gepflegt. In der Praxis wurden die Putze häufig abgeschlagen und gänzlich erneuert oder sie wurden mit den falschen Materialien gepflegt, die mit dem historischen System der porösen Baumaterialien nicht kompatibel sind. Die Gründe dafür sind komplex, zu den wesentlichen Faktoren gehören kurzfristige Kalkulation bei der Reparatur ohne Beachtung der Folgekosten, herrschende ästhetische Normvorstellungen, ungeeignete Baunormen, verkürzte, wenn nicht irreführende bauphysikalische Vorstellungen und fehlende handwerkliche Ausbildung. Dem gegenüber wurden von der Beton-, Edel- und Steinputzindustrie ökonomische und „hygienische" Putzsysteme erarbeitet, die – so sahen es die Hersteller vor – durch Beschichtungen nicht mehr gepflegt zu werden brauchten. Auch diese Oberflächen waren verwitterungsanfällig und wurden und werden bis heute häufig mit unkompatiblen Anstrichsystemen gestrichen. Die Folge waren erneute Schäden. Vor dem Hintergrund dieser Erfahrungen wurden in der Denkmalpflege seit 1980 Methoden der Konservierung und Reparatur von verputzten Fassaden entwickelt, die materialkompatible Verfahren der Konservierung von Wandmalerei mit der handwerklichen Tradition zur Pflege und zum Schutz historischer Oberflächen verbinden.

Situation am Objekt/ Vergleich mit Gebäuden aus dem ersten Drittel des 20. Jh. in Peine

Die Fassadenoberflächen sind nach 80 Jahren stark verwittert. Von den ursprünglich geglätteten Oberflächen sind kaum noch Bereiche erhalten. Die Zuschlagmaterialien treten deutlich hervor. Zum überwiegenden Teil kreiden die Oberflächen infolge von Kohäsionsmängeln. Durch eine Reinigung mit Hirschhornsalz wird die spezifische Oberfläche und die Porosität erhöht und dadurch die Fassadenoberflächen verwitterungsanfälliger. Zum Schutz der Oberflächen und zur nachhaltigen Pflege ist daher eine Beschichtung auf Kalkbasis erforderlich. Eine pflegende Kalktünche stellt zudem aber immer einen gravierenden Eingriff und eine optische Veränderung der Oberfläche dar. Die Situation vor Ort muss jedoch so eingeschätzt werden, dass die Fassadenoberflächen ohne Beschichtung unakzeptabel schnell verwittern würden. Das Konzept der Materialfarbigkeit und die Materialgestaltung würde durch einhergehende Schadensprozesse und durch die materialtypischen Verwitterungseigenschaften der verwendeten Mörtel ästhetisch weiter stark verfälscht werden. Die pflegende Kalktünche wird also mit der konkreten Situation am Objekt begründet, nicht als allgemein gültiges Prinzip statuiert. Bei anderen Gebäuden in Peine aus dem ersten Drittel des 20. Jh., an denen Steinputz und Betonwerkstein verwendet wurden, sind derartige massive Schadensphänomene und Schadensprozesse nicht zu beobachten.[26] Diese Oberflächen sind in ihrer Struktur wesentlich besser erhalten. Eine Schutzbeschichtung wäre hier indiskutabel.

Abb. 24: Peine, Lessing-Loge, Ostfassade, Pilotfläche, Tünche A, B und C. (Foto: Götz, 2007)

Abb. 25: Peine, Lessing-Loge, Ostfassade, Zustand nach dem Auftragen der Interventionsschicht. (Foto: Götz, 2007)

Kalktünche zur nachhaltigen Pflege/Technologisches Prinzip

Durch den Auftrag einer feinen Kalktünche als hauchdünne Membran wird die Verwitterungszone in die Kalktünche verlagert und so die historischen Putzoberflächen geschützt.[27] Die freiliegenden und tonhaltigen Zuschlagmaterialien sowie die löchrig freigewitterte Oberfläche werden geschlossen. Auch bei der Verwitterung der Tünche ist ein Schutz in den Vertiefungen noch gewährleistet. Die Kalktünche zur nachhaltigen Pflege der Fassadenoberfläche ist eine aus konservatorischer Sicht unverzichtbare Maßnahme als Schutz- und Verwitterungsschicht an der Fassade.[28]

Auswahl der Materialien/Pilotfläche

Dem Sumpfkalk wurden als Zuschlagstoffe die Feinaufschlämmungen lokaler Sande beigefügt (siehe Tab. 5). Durch die feinpigmentierten Bestandteile des Sandes wurde der Kalk gleichzeitig eingefärbt. Hierdurch wurde die gelbliche und in geringeren Maße die gräuliche Tönung des Kalkes erreicht. Mit der Zugabe von Muschelkalkmehl und rheinischem Trasskalk wurde der Kalk gräulich in der Materialfarbe des Putzes getönt. Durch die Verwendung dieser Materialien sollte ein hauchdünner und feinstofflicher Anstrich an der Oberfläche erzielt werden, der lediglich die freigewitterten Teile schließt und generell die spezifische Oberfläche verringert, aber nicht die Struktur der Oberfläche verändert. Der Trasskalk und die tonigen Anteile und Feinsilikate im Sand bewirken, dass der Kalk auch hydraulisch abbinden und erhärten kann. Damit die Kalktünche besser verarbeitet werden konnte, wurde ungefähr 1 % Leinölfirnis hinzugegeben.[29] Das feinmolekular zwischengelagerte Leinöl wird durch das stark basische Calciumhydroxid relativ schnell verseift. Aus diesem Grunde besitzt das Leinöl lediglich eine temporäre Sperrwirkung. Die Tünche wurde auf die gut vorgenässte Oberfläche wie eine hauchdünne Membran einmalig aufgebürstet.

Tab. 5: Rezeptur der Kalktünche.

10 RT Sumpfkalk®
9 RT Trasskalk®
4 RT Muschelkalkmehl
4 RT grauer Sand, Werk Nordstemmen
6 RT gelber Sand, Werk Berkum

Die Struktur und die Stofflichkeit der Kalktünche passten sich sehr gut an die Struktur der Oberfläche an. Die verwitterte Oberfläche konnte sehr gut geschlossen werden. Die architektonische Gliederung war wieder als Einheit wahrnehmbar und der optische Eindruck der Farbigkeit wurde wieder durch die unterschiedliche Struktur des Steinputzes und der Kratzputzoberfläche bestimmt (siehe Abb. 24 und 25).

Dank

Bedanken möchten wir uns für die gute Zusammenarbeit bei: Univ. Prof. Dr. dott. Thomas Danzl, BDA Wien; Erhard Wittkop, Keith Stewart stellvertretend für die Mitglieder der Lessing-Loge Peine; Dr. Hendrik Visser, ZMK Hannover; Dipl. Rest. Bettina Achhammer, Bernhard Recker, Dipl. Lab. Chem. Rolf Niemeyer, NLD Hannover; Univ. Prof. Dr. Roland Vinx, Universität Hamburg; Dr. Jeannine Meinhard-Degen, IDK Halle; Dipl. Rest. Christel Meyer Wilmes und Dipl. Rest. Annelie Ellisatt, HAWK Hildesheim.

Literaturverzeichnis

Bauakte Lessing – Loge (1926), Bahnhofstraße 27, Peine, archiviert im Hochbauamt Peine.

Danzl, T. (2003), Kunstputz (Edelputz) – Kunststein (Betonwerkstein) – Kunststeinputz (Steinputz), Die Bedeutung und Erhaltungsproblematik materialfarbiger Gestaltungen an Putzfassaden des 19. und 20. Jahrhunderts, in: Jürgen Pursche (Hrsg.), Historische Architekturoberflächen. Kalk – Putz – Farbe, ICOMOS Hefte des Deutschen Nationalkomitees 39, S. 146-159.

Götz, M. (2007) Die materialfarbigen Fassadenoberflächen der Lessing –Loge in Peine von 1926 mit Edelputz-Steinputz-Betonwerkstein Entwicklung eines Konservierungs- und Restaurierungskonzeptes zur Erhaltung und nachhaltigen Pflege mit einer praktischen Umsetzung in einer Pilotfläche und Überlegungen zur Erhaltungsperspektive, unpubl. Diplomarbeit, Prüfer: Ivo Hammer und Thomas Danzl, HAWK Hildesheim.

Hammer, I. (1980), Historische Verputze. Befunde und Erhaltung, in, Österreichische Sektion des IIC (Hrsg.), Restauratorenblätter 4, Wien., S. 86-97.

Hammer, I. (1988), Sinn und Methodik restauratorischer Befundsicherung. Zur Untersuchung und Dokumentation von Wandmalereien und Architekturoberfläche, in: Österreichische Sektion des IIC (Hrsg.): Wandmalerei/ Sgraffito/ Stuck, Restauratorenblätter, Bd. 9, Wien, S.34-58.

Hammer, I. (1996 a), Salze und Salzbehandlung in der Konservierung von Wandmalerei und Architekturoberfläche (Bibliographie gemeinsam erstellt mit Christoph Tinzl), in: Salzschäden an Wandmalereien, Arbeitshefte des Bayerischen Landesamtes für Denkmalpflege, Band 78, München, S. 81-106.

Hammer, I. (1996 b), Symptome und Ursachen. Methodische Überlegungen zur Erhaltung von Fassadenmalerei als Teil der Architekturoberfläche, in: Zeitschrift für Kunsttechnologie und Konservierung, Jg. 10, S. 63-86

Hammer, I. (2003), Bedeutung historischer Fassadenputze und denkmalpflegerische Konsequenzen. Zur Erhaltung der Materialität von Architekturoberfläche (mit Bibliographie und Liste von Konservierungsarbeiten), in: Jürgen Pursche (Hrsg.), Historische Architekturoberflächen. Kalk – Putz – Farbe, ICOMOS Hefte des Deutschen Nationalkomitees 39, S. 183-214.

---

1   Stadtbaurat Alwin Genschel, Hannover, siehe Götz, Marko (2007).

2   Siehe Thomas Danzl (2003).

3   Dünnschliffauswertung durch Dr. Henrik Visser (ZMK, Hannover), Dr. Jeannine Meinhardt-Degen (Institut für Diagnostik und Konservierung, Halle), Putzanalyse: Dipl. Lab. Chemiker Rolf Niemeyer (NLD, Hannover), Mineralogische und petrographische Untersuchung: Prof. Dr. Roland Vinx, Mineralogisches und petrografisches Institut, Universität Hamburg.

4   Ivo Hammer (1996 b).

5   Durchführung: Das Kompressenmaterial wurde ohne Zwischenlage ca. 1cm dick aufgebracht und, um ein vorzeitiges Austrocknen der Kompressen zu verhindern, mit Folie abgedeckt. Die Einwirkzeit der Kompressen betrug durchschnittlich 3 Stunden.

6   Getestet wurde das relativ harte Strahlmittel Edelkorund mit einer von Korngröße 10 µm.

7   Siehe Ivo Hammer (2003), Abb. 14 (Krems, Ursulakapelle um 1300, Hirschhornsalzkompressen 1991).Durchführung der Probeflächen in Peine: Einfassung mit einer 5 cm breiten Neutralkompresse aus Zellstoff und demineralisiertem Wasser, .Mit der Neutralkompresse sollten Schleierbildungen und Salzausblühungen verhindert und der starken Saugwirkung der Oberfläche entgegen gewirkt werden. Die Kompresse wurde ca. 4 Stunden auf der Oberfläche belassen.
Nach der Abnahme der Kompresse wurde eine Salzverminderungkompresse aus Buchenzellstoff 4-lagig aufgebracht.
Der Name Hirschhornsalz stammt aus früherer Zeit, in der die Gewinnung des Salzes aus tierischem Ausgangsmaterial mittels „trockener Destillation" (trockenes Erhitzen) erfolgte. Heute wird es durch Sublimation (Umwandlung gasförmiger Stoffe unter Überspringen des wässrigen Zustandes in den festen Endzustand) einer Mischung von Ammoniumchlorid, Calciumcarbonat und Holzkohle erzeugt.
Das Salz entspricht etwa der Formel $NH_4 HCO_3 \times H_2N- COO- NH_4$ mit einem Gehalt an Ammoniak zwischen 21 - 23%.(CD Römpp- Chemie Lexikon) Hirschhornsalz wird als Backtriebmittel verwendet und ist preisgünstig (ca. 1,50 € /kg) über den Bäckergroßhandel zu beziehen.

8   Zusammensetzung: 100 GT Leitungswasser, 4 GT Ethyl-Methyl-Hydroxy Cellulose, Tylose MH 1000 ®, 20 GT Hirschhornsalz.

9   Firma Kärcher®.

10 Die Buchencellulose, Arbocel BC 200® fungierte als Absorber zur Wasserspeicherung und als Feststoffmedium. Die 80 GT Wasser wurden mit 10 GT Tylose und die 20 GT Hirschhornsalz wurden mit 20 GT Wasser angesetzt. Nach ausreichender Quellung der Tylose wurde die Salzlösung hinzugegeben. Dann wurden 5 GT Buchenzellstoff beigefügt. Die Komponenten wurden maschinell mit einem Stabrührer so lange miteinander vermischt bis eine spachtelmassenartige Konsistenz erreicht war.

11 Kohl, Arnold, 1942, S. 43 heißt es: „Nicht zulässig sind Ölung und Ölanstriche für Stahlteile, die direkt mit Mörtel oder Beton in Berührung kommen.

12 Pichler, Gerhard, 2000, S.100.

13 Freundliche Mitteilung von Karsten Boehm, Landesamt für Denkmalpflege und Archäologie Sachsen-Anhalt.

14 Unlegierter Baustahl bildet im alkalischen Milieu auf der Oberfläche spontan eine wenige Atomlagen dicke Passivschicht, die eine Korrosion verhindert. Freundliche Mitteilung von Herrn Volkwein, Technische Universität München.

15 Freundliche Mitteilung von Andreas Volkwein, Technische Universität München.

16 Einwirkung von aggressiven Anionen (Chloriden, Sulfaten). Verdrängung der passivierenden Hydroxydionen des Zementleimes an der Baustahlbewehrung.

17 Technisches Merkblatt Sto Crete TK, Mineralischer Korrosionsschutz, siehe Anhang.

18 Freundliche Mitteilung von Dipl. Rest. Heiko Brandner: „Als Schutz vor Korrosion wurde auf Baustellen frisch gelieferter Baustahl sofort mit einer Zementschlämme überzogen. Bei Winkler, 1952, S. 121, heißt es: „Den besten Rostschutz erhält man bei Eisen im alkalischen Verbund durch einen Anstrich mit einer Zementschlämme oder durch die Einbettung in einen feinen Zementmörtel.

19 Freundliche Mitteilung Prof. Dr. Thomas Thielmann, HAWK. Der Baustahl wird ohne jeglichen Rostschutz in den Beton eingelegt. Häufig sogar angerostet. Wäre die natürliche Passivierung nicht gegeben, müsste der Baustahl mit einem Rostschutzsystem vorbehandelt werden.

20 Der Putz wurde auf stark poröse Ziegelplatten im Format 15 x 15 cm aufgebracht. Die Ziegelplatten wurden zuvor ausreichend im Wasserbad getränkt.

21 Der Grundputz bestand aus Zement und Sand im Verhältnis 1:3 und wurde aufgebracht, damit der poröse Ziegeluntergrund das Anmachwasser nicht zu stark absorbiert.

22 Czarnietzki, Ralf, Vertrieb und Herstellung „System Kaiser", Injektionsvorgangbeschreibung, siehe Anhang B, S. 234.

23 Forschungsprojekt 2003-05 der HAWK in Hildesheim/Ivo Hammer in Zusammenarbeit mit der Univ. Florenz/CSGI-Piero Baglioni, Luigi Dei, mit Studienarbeiten, von Barbara Hentschel (www.hornemann-institut.de), Kathrin Jäger, Sigrid Engelmann, Damaris Venzlaff und Benno Vogler.

24 Hammer, Ivo, 2003.

25 Hammer, Ivo (1996 b), S.56.

26 Vgl. Götz, Marko (2007).

27 Hammer, Ivo (2003), S.187.

28 Ebenda.

29 Die Zugabe von Leinöl als temporärer Schutz und zur besseren Verarbeitung der Tünche entspricht handwerklicher Tradition.

Sichtbeton und Restaurierung
Architekturhistorische, materialtechnische und konservatorische Aspekte und die Möglichkeit der Belassung der Materialsichtigkeit

Bruno Maldoner
Bundesministerium für Unterricht, Kunst und Kultur
Concordiaplatz 2, 1010 Wien
Bruno.Maldoner@bmukk.gv.at

Ein anerkanntes Grundgebot der Denkmalpflege verlangt, Eingriffe an Objekten erst zu setzen, nachdem deren Bedeutung als Ganzes und im Detail erschöpfend diskutiert wurde und die Ergebnisse von Voruntersuchungen und Pilotarbeiten vorliegen. Bei so manchen Gebäuden und baulichen Strukturen aus der Wiederaufbauphase nach dem Zweiten Weltkrieg scheint wegen offensichtlicher „Simplizität" ein Vorgehen in Schritten überflüssig zu sein. Dem Druck nach ad hoc zu setzenden Maßnahmen zur Reparatur, Teil- oder Totalabbrüchen bzw. -veränderungen wird daher in vielen Fällen unreflektiert nachgegeben, zumal bei den in die Jahre gekommenen Bauten Schäden an Materialien und Konstruktionen nicht mehr zu übersehen sind. Begründet wird ein derartiges Vorgehen, besonders in den letzten Jahren, mit der Feststellung: „Hier handelt es sich nur um Wiederaufbau". Mit dem Argument beabsichtigt der jeweilige Gesprächspartner offensichtlich auszudrücken, dass in dieser Zeit entstandene Bauten oder Bauteile kaum schützenswert seien. Dem ist zu entgegnen, dass gerade hier besondere Sorgfalt angebracht ist, da bei derartigen Strukturen die historische, kulturelle und künstlerische Bedeutung im Ganzen und im Detail nicht auf den ersten Blick erkennbar ist.

Um neben der Erfüllung funktioneller und technischer Forderungen auch ästhetisch zufrieden stellende Ergebnisse zu erreichen, bedarf es besonderer Strategien bei der Intervention, und es sind spezielle Vorgehensweisen zu entwickeln. Planungs- und Baufirmen allein sind mit der Forderung nach adäquater Projektentwicklung, welche die Ästhetik sicherstellen und die Eingriffe in ausreichender Schärfe begleitend dokumentieren, überbeansprucht. Hier entsteht ein neues Einsatzgebiet für Restauratoren.

Diese generellen Feststellungen werden im Folgenden durch die Schilderung der Instandsetzung der in den ersten Nachkriegsjahren entstandenen Gebäude des Wiener Strandbades Gänsehäufel illustriert[1].

Die Entstehung des Strandbades

Das Strandbad Gänsehäufel (Plan in Abb. 1) befindet sich auf einer Insel im Knie des Altstrombettes der Donau, nördlich des durch Durchstich im 19. Jh. entstandenen Gerinnes bei Kaisermühlen im heutigen 22. Wiener Gemeindebezirk. Das Areal dient bereits seit mehr als hundert Jahren der Erholung. Am Anfang stand eine private Initiative. Der ehemalige Krankenpfleger Florian Berndl erreichte am Ende des 19. Jahrhunderts von der Stadtverwaltung und der Donauregulierungskommission, dass ihm der so genannte „Ganshaufen" mit der Begründung überlassen wurde, er wolle dort Edelweiden züchten. Florian Berndl war ein Wiener Original. Ein Foto mit nacktem Oberkörper und knielangen Hosen wurde jahrzehntelang in Zeitungen und Zeitschriften publiziert. Mit Freizeiteinrichtungen wie Hütten, Kegelbahnen, Turngeräten, Tischen und Bänken lockte er die Bevölkerung auf die Insel. Den feinen, durch die Sonne aufgeheizten Donausand auf der Insel verwendete er auch für Sandkuren. Nach einigen Skandalen zog sich Berndl auf den Bisamberg

Abb. 1: Lageplan des Strandbades Gänsehäufel nach Wiederaufbau (Rudolf J. Boeck: Städtisches Strandbad „Gänsehäufel", Buchreihe Der Aufbau, Bd. 7, 2. Aufl., Wien 1954)

Abb. 2: Pfeilerinstandsetzung, erste Musterarbeit, Korrosionsschutz (Foto: R. Kerschbaumer, um 2001)

Abb. 3: Pfeilerinstandsetzung, erste Musterarbeit, Reparaturmörtel (Foto: R. Kerschbaumer, um 2001)

zurück, und die Stadt übernahm das Bad und offenbar auch die Methode. 1912 spricht der Chefinspektionsarzt des Gänsehäufels, Dr. Viktor Udoutsch, von „bekannten Heilerfolgen in den Sandbädern" und sieht in den „braunen Häuten der Gänsehäufel-Stammgäste den direktesten Beweis für die gewaltige Intensität der Bodenerwärmung durch die Sonnenstrahlung". Bis zum Zweiten Weltkrieg wurde das Areal zu einem der bedeutendsten Strandbäder Europas ausgebaut und entwickelte sich zum populärsten Sommerbad in Wien. Der Slogan „Licht, Wasser und Luft" gilt bis heute als Inbegriff des Gänsehäufels.

Zerstörung und Wiederaufbau

Nach Kriegsende zählte man auf der Insel 130 Bombenkrater. Die aus Holz bestehenden Gebäude des Strandbades waren zur Gänze zerstört. Die zersplitterten hölzernen Reste fielen der Brennstoffnot der Zeit zum Opfer.

Die Wiedererrichtung des Gänsehäufels wurde bereits 1945/46 auf der Prioritätenliste ganz oben angesiedelt, um der durch die Entbehrungen der Kriegsjahre und das Leben in den Ruinen geplagten Bevölkerung Erholungsmöglichkeiten im Weichbild der Stadt zu verschaffen. Die Anlage ist bis heute mit öffentlichen Verkehrsmitteln leicht zu erreichen (Fahrtzeit heute von der Stadtmitte, also vom Stephansplatz, ca. 20 Minuten).

Nach einem 1946 ausgelobten und 1947 entschiedenen Wettbewerb wurde das Projekt von Max Fellerer und Eugen Wörle zur Realisierung gebracht, da deren Entwurf dem Ziel entsprach, das Bad auch für Individualisten wieder attraktiv zu machen. Mit einem Aufwand von damals 30 Mio. Schilling entstand zwischen 1948 und 1950 ein „ganz neues Gänsehäufel". Ein Mitglied der Jury war Franz Schuster[2], der nach seiner Rückkehr aus Frankfurt an der Hochschule für angewandte Kunst tätig war. Den Rang, den man in dieser Ära dem Projekt zubilligte, kann man erst beim Blick auf andere Wiederaufbauprojekte ermessen: Beispielsweise wurden die Wiener Staatsoper und das Burgtheater erst 1955 wieder eröffnet. Man hat hier eine Anlage nach modernsten Gesichtspunkten geschaffen und sich dabei an den besten und nach jahrelanger politischer und kultureller Isolierung wieder zugänglichen internationalen Beispielen orientiert.

„Formkultur" - Ein weithin übersehener Aspekt des Wiederaufbaus

In der Wiederaufbauphase nach dem Zweiten Weltkrieg existierten mehrere Strategien bei Projekten nebeneinander[3]. Dazu zählte das Bemühen um einen neuen Anfang, um „Stil" als zeittypischen Ausdruck im baulichen Schaffen, wie dies der Wiener Architekt Franz Schuster formulierte: „Wenn es aber gelänge, mit diesem Wiederaufbau den Anfang zu einer solchen, alles künftig Geschaffene einheitlich einschließenden Formkultur zu machen, dann wäre dies ein verheißungsvolles Zeichen für die unversiegbare Ursprünglichkeit der geistigen und seelischen Gestaltungskraft der Welt, die durch Zerstörung und Untergang nicht gelähmt, sondern erstarkt die neue Zeit formen wird"[4]. Dieser Stil lässt sich nach Schusters Auffassung nur durch systematische Entwicklung auf moralischer Basis gewinnen. Schuster unterscheidet fünf Formstufen: „die Urform, die Grundform, die Feinform, die Zierform und die Trugform". Die von Schuster geprägten Stufen im Prozess von Formentwicklung können gut als Kriterien für eine werkorientierte Bedeutungsdefinition beim Gänsehäufel dienen, wobei die Grundform die Basis bilden muss. Franz Schuster hatte als akademischer Lehrer, als Konsulent der Stadt Wien für Architektur und Städtebau sowie als praktizierender Architekt in den Jahren nach dem Zweiten Weltkrieg großen Einfluss auf die Wiener Architekturentwicklung, der heute weithin übersehen wird.

Der Wiederaufbau

Das Wiederaufbauprojekt zeigt einige charakteristische Merkmale: Der Bebauungsplan vermeidet jede Massierung von Baumassen, um Individualisten weiterhin anzusprechen. Der Aucharakter an der Donau, der alte Baumbestand und die Gebäude mit den Badeanlagen bilden eine glückliche Symbiose. Die ausgedehnten Bauten für Kabinen, Kästchen und Versorgung finden wir in der Mitte der Insel konzentriert, einzig die Saisonkabinen befinden sich in Strandnähe. Die verwendeten Materialien unterscheiden sich von den früheren: Lediglich die Kästchen- und Kabinentüren bestehen wie die durchbrochenen Zugangstore zu den einzelnen Abteilungen noch aus Holz. Anstatt dieses Materials finden wir bei den Kabinenbauten nunmehr Stahlbeton und Ziegelmauerwerk. Bei der Ausführung in Sichtbeton legte man größten Wert auf sorgfältig gestaltete architektonische Details und Oberflächen. Diese Oberflächen sind ein wesentlicher Teil der baukünstlerischen Aussage. Überliefert ist, dass die Architekten auf Schalungspläne achteten und die Abstimmung der Maserung bei der Herstellung der Schalung verlangten. Es wurde für alle Bauglieder „möglichste Natürlichkeit und Zartheit" angestrebt[5]. Der Uhrturm bildet nicht nur die räumliche Mitte, sondern stellt auch in gestalterischer Hinsicht die Spitze dar. Das Gänsehäufel wurde bereits 1955 der „Europäischen Architektur" zugerechnet[6].

Abb. 4: Pfeilerinstandsetzung, erste Musterarbeit, Reprofilierung mit dem Original angeglichenem Material (Foto R. Kerschbaumer, um 2001)

Bestandsaufnahme, Schadensfeststellungen und bei der Instandsetzung der Bauten und Anlagen anzustrebende Ziele: Verbesserungen, Ausgleich funktioneller Defizite, Reparatur und Restaurierung

Eine in den späten 1990er Jahren durchgeführte bautechnische Bestandsaufnahme und Überprüfung zeigte unbarmherzig Schäden durch Alterung, Verwitterung, Badebetrieb und unsensible Eingriffe nach einem halben Jahrhundert des Bestehens auf. Zudem wurden gravierende Mängel an Teilen der Stahlbetonkonstruktion, und hier besonders bei der Einbindung von Stiegenläufen in Laufplatten festgestellt.

Abb. 5: Stiegenträger mit teilweise ergänzter Oberfläche, bei aufmerksamer Betrachtung deutlich erkennbar (Foto Autor, 2002)

Als ein Anliegen für die Instandsetzung wurden funktionelle Verbesserungen für körperlich benachteiligte Personen formuliert. Den gestiegenen Anforderungen an Sicherheit, Hygiene und Energieeinsparung sollte durch technische Maßnahmen begegnet werden. Alle Eingriffe sollten unter maximaler Berücksichtigung denkmalpflegerischer Auflagen erfolgen[7]. Die Erhaltung bzw. Wiedergewinnung der ästhetischen Qualitäten der Anlage sollte durch sorgfältige Instandsetzung neben der Korrektur von Zeitschäden gesichert werden, dabei bedurften die vielen exponierten Stahlbetonteile besonderer Aufmerksamkeit. Die baukünstlerische Qualität der Anlage sollte wieder deutlich ablesbar werden. Nachdem akzeptiert wurde, dass die Sichtbetonoberflächen einen konstitutiven Teil der baukünstlerischen Aussage bilden, mussten zur Erhaltung von deren Authentizität Methoden entwickelt werden, welche konservatorische Ansprüche in hohem Maß erfüllten.

Das bautechnische Projekt

Nachdem der Zustand des Stahlbetons durch Technologen untersucht und dessen Reparaturfähigkeit grundsätzlich festgestellt worden war, bestand die Aufgabe im Zusammenwirken von Ingenieuren und Restauratoren in der theoretischen und praktischen Untersuchung möglicher Methoden zur Intervention: Reinigung, Freilegung von Schadstellen, Reparatur der Schadstellen, Reprofilierung und Konservierung der Bauteile.

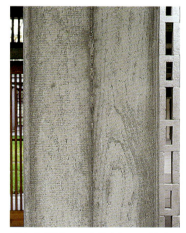

Abb. 6: Pfeiler nach Reinigung, Hydrophobierung und dreijähriger Exposition (Foto Autor, Winter 2007/08)

Von der originalen Substanz der Betonbauteile und Sichtbetonoberflächen war also so viel wie möglich zu erhalten. Daher wurde als Vorgabe

Abb. 7: Nach Bestand angefertigte, durchbrochene Holztüren eines Umkleidetraktes; man beachte den Zusammenklang der Materialwirkungen (Foto: Autor, Winter 2007/08)

Abb. 8: Kabinenblock nach Instandsetzung (Foto: Autor, Winter 2007/08)

Abb. 9: Uhrturm nach Reinigung und Instandsetzung (Foto: Autor, Winter 2007/08)

an die Durchführung formuliert, dass bereits bei der Reinigung der Sichtbetonoberflächen nach restauratorischen Kriterien vorzugehen war. Betonausbesserungen und Estrich auf dem Laufsteg (der zur Vermeidung von weiteren Schäden an der darunter liegenden Laufplatte wasserdicht sein muss) waren dem umgebenden Bestand in Material, Struktur, Textur und Farbe anzugleichen. Eine von den bautechnischen Normen vorgesehene deckende Beschichtung als Karbonatisierungsbremse war aus ästhetischen Gründen auszuschließen. Auch die vorgeschlagene großflächige Neuherstellung von Oberflächen war zu verwerfen. Kleinflächen waren durch Restauratoren zu ergänzen.

Statisch erforderliche Verstärkungen waren auf das unbedingt notwendige Maß zu begrenzen und in den Bestand einzuarbeiten. Bei den Eisenteilen waren die Einbindungen zu reparieren und der Anstrich in technisch richtiger Weise zu erneuern.

Da der Einsatz von Inhibitoren nicht zu den erwünschten Ergebnissen führte, wurden die Betonoberflächen nach ihrer Instandsetzung lediglich hydrophobiert.

Ausblick

Auch bei Bauten des Wiederaufbaus ist die Denkmalpflege bei der Erhaltung der originalen Substanz zur Spurensuche und Spurensicherung auf zwei Ebenen aufgefordert: Zum ersten geht es um das Auffinden und Lesen der Spuren am Bauwerk. Zum zweiten sind auch hier Recherchen nach zeitgenössischer Literatur und relevantem Archivmaterial sowie sorgfältige Sichtung und Analyse unverzichtbar. Denn erst nach Kenntnis möglichst aller erreichbaren Fakten kann verantwortlich eine Strategie der Intervention auch bei relativ jungen Baudenkmalen konzipiert und verfolgt werden.

Bei der Projektentwicklung durch Pilotarbeiten zeigte sich die Stärke des zugezogenen Restaurators: Seine Art und Weise der Annäherung an die Probleme muss grundsätzlich mit „kongenial" charakterisiert werden. Kongenial bedeutet hier, dass die Phantasie arbeiten muss, um eine passende Lösung zu finden. Man muss sich auf den ursprünglichen schöpferischen Gedanken einlassen und einen Ehrgeiz für die optimale Lösung entwickeln. Architekten sind angesichts der Ansprüche des sich in verschiedenen Alterungszuständen befindlichen Materials überfordert. Architekten müssen daher bei derartigen Projekten ihre Arbeitsweise verstärkt in Richtung Koordinierung von Spezialisten und Zusammenschau entwickeln. Hier gilt weiterhin, was Max Fellerer, einer der Architekten des Gänsehäufels, bereits vor fünf Jahrzehnten formulierte: „Das Charakteristische am Beruf des Architekten ist die zusammenfassende, zusammenschauende Tätigkeit auf Grund seiner Kenntnis des Lebens und der materiellen Voraussetzungen"[8]. Bei der Qualitätssicherung gewinnt das Mehraugenprinzip, zunehmend unter Zuziehung von Restauratoren, an Bedeutung. Darunter fallen nicht nur die Erstellung von Instandsetzungsprojekten, sondern auch die nochmalige und sorgfältige Nachkontrolle der Projektierungen sowie die begleitende Kontrolle während der Realisierung.

Unverzichtbar sind die nach Abschluss der Instandsetzung einsetzende laufende Kontrolle und Betreuung der Bauwerke und baulichen Anlagen in Weiterführung der bei der Intervention regierenden konservatorischen Ansprüche, um neuerlich auftretende Schäden so früh wie möglich sachgerecht behandeln zu können.

1 Der Autor dankt den Mitarbeitern der Wiener Städtischen Bäder und den beteiligten Firmen für bereitwillige Unterstützung.
2 Der Aufbau, Bd. 1, 1946, S. 141.
3 Vgl. Winfried Nerdinger/ Inez Florschütz: Architektur der Wunderkinder. Aufbruch und Verdrängung in Bayern 1945 – 1960. Anton Pustet, Salzburg – München 2005.
4 Franz Schuster: Der Stil unserer Zeit. Anton Schroll, Wien 1948, S. 9.
5 Karl Jost: Das Strandbad „Gänsehäufel" gestern und heute. Der Aufbau, 6. Jg., Wien 1951, S. 287.
6 Eduard F. Sekler: Europäische Architektur seit 1945. Der Aufbau, 10. Jg., Wien 1955, S. 486.
7 Die Anlage wurde mit Bescheid vom 3. Dezember 1993 definitiv unter Denkmalschutz gestellt.
8 Max Fellerer: Aufgaben des Architekten in der heutigen Zeit. Der Bau, 7. Jg., H. 5/6, Wien 1952, S. 97.

Die Restaurierung des Schüttbetons an der Kirche Maria Königin des Friedens in Kassel-Bad Wilhelmshöhe

Petra Egloffstein
Institut für Steinkonservierung
Große Langgasse 29, 55116 Mainz
egloffstein.ifs.mainz@arcor.de

Kurzfassung

Immer mehr Gebäude aus Beton werden aufgrund ihrer inzwischen erkannten Denkmaleigenschaften unter Denkmalschutz gestellt. Häufig ist die Sichtbetonoberfläche dabei ein herausragendes Kriterium. Als häufigste Schadensursache entstehen durch die Korrosion des Bewehrungsstahls Abplatzungen an der Betonoberfläche. Betroffen sind davon auch bereits angelegte, noch nicht sichtbare Schadstellen. Ziel einer Instandsetzung solcher Gebäude muss es daher sein, so wenig als möglich einzugreifen und die vorhandene Oberfläche so weit als möglich zu erhalten.

Bei der heutigen Instandsetzung für die Wiederherstellung der Integrität der Betonstruktur wird auf diese besonderen Randbedingungen wenig Rücksicht genommen. Der Sichtbeton, vormals oft mit hohem Aufwand hergestellt, wird durch massive Eingriffe in die Bausubstanz grundlegend verändert. Bei der Auswahl der Reparaturmaterialien wie der Reparaturtechniken wird weder ausreichend auf die bauphysikalischen Eigenschaften des Bestands, noch auf die Erhaltung der denkmalgeschützten und architektonisch bedeutsamen Oberflächenstruktur geachtet.

Ausgehend von dieser Diskrepanz zwischen der heute üblichen Instandsetzungspraxis und der Forderung nach einem möglichst sensiblen Umgang mit denkmalgeschützten Sichtbetonoberflächen ergibt sich eine Reihe von Fragestellungen, die dem DBU-Projektvorhaben am Beispiel der Fatimakirche von Gottfried Böhm in Kassel-Bad Wilhelmshöhe zugrunde gelegt werden sollen:

Aufbauend auf den Stand der Technik sollen mögliche Sanierungsalternativen für die am häufigsten auftretenden Schäden an Sichtbetonoberflächen entwickelt, im Labormaßstab erprobt und an Musterflächen getestet werden. Die Applikation und die Evaluation der vorgenannten Reparaturmaterialien wie Reparaturtechniken sollen überprüft werden.

1. Einleitung

Beton, Eisen, Stahl und Glas waren die neuen Baustoffe des 20. Jahrhunderts und werden auch im 21. Jahrhundert das Bauen prägen. Beton bestimmt – je nach Konstruktion und künstlerischer Idee – in vielfältigster Art die Erscheinung wichtiger Denkmäler der 1920er bis 1970er Jahre.

Beton ist, wie wir trotz anderer Versprechungen erfahren mussten, nicht ewig. Er altert wie jeder andere Baustoff, aufgrund seines konstruktiven Verbunds mit Eisen und Stahl, in oft unvorhersehbarer Art.

Leider sind die bisher von der Industrie entwickelten Standardinstandsetzungsverfahren kaum dazu angetan, Betonkonstruktionen und Betonfügungen als Ausdruckswerte unserer Denkmale so instand zu setzen, dass ihr Alters- und historischer Wert erhalten bleibt. Kunststoffvergütete Beschichtungen und Spachtelungen vernichten das Erscheinungsbild des Denkmals, verfälschen seine künstlerische Aussage, sind weder alterungsfähig noch in der Regel dauerhaft.

Instandsetzungsmodelle alternativer Art haben gezeigt, dass man Beton als Werkstoff und Oberflächen bestimmendes, alterungsfähiges Material in punktueller Reparatur so instand setzen kann, dass er weiter als ein den Denkmalwert oft wesentlich konstituierendes, ästhetisches wie technologisches Element, gerettet werden kann. Die Methode der punktuellen Reparatur muss weiter experimentell und praktisch erforscht und in ihrer dauerhafteren Wirkung beobachtet werden.

2. Pfarrkirche St. Marien (Fatima-Friedenskirche 1957 - 1959)

Drei Besonderheiten erinnern Gottfried Böhm noch heute als prägend für die Kirche St. Marien in Kassel - Bad Wilhelmshöhe: ihre Lage, Konstruktion und ihre besondere Stofflichkeit.

Die Lage auf einem sanft steigenden damals noch freien, unbebauten Hügel veranlasste ihn, das Elementare des Weges, des Kommens und Findens zu verkörpern: durch eine Allee setzt sich der Weg über eine dreifach gegliederte Treppenanlage, durch einen gesockelten Eingang in die Kirche fort – bis hin zum sechsstufigen Marien-Altar aus weißem Marmor, Abschluss und Ziel der „Prozession". Erschließung und Raumerlebnis folgt den Vorbildern einschiffiger, flach geschlossener Saalkirchen.

Abb. 1: Pfarrkirche St. Marien (Fatima-Friedenskirche in Kassel – Bad Wilhelmshöhe 1957 - 1959)

Zur zweiten Besonderheit wird die Tragkonstruktion des Kirchendaches: ein mächtiger Vierendeel-Sichtbetonträger ypsilonförmigen Querschnitts überspannt, getragen jeweils von gedoppelten Eingang- und Abschluss-Portalen, in Längsachse – Tiefe und Achse betonend – den Raum. Aus dem im den Jahren zuvor erprobten Gewebedecken wird Böhms erstes Faltwerk – ein Vorläufer der kristallinen Faltungen der folgenden Jahre, gipfelnd in der expressiven Architekturskulptur der Wallfahrtskirche von Neviges. So schließt und eröffnet St. Marien mit ihrer im guten Sinne monumental, einfachen Baufigur mit seitlichen Konchen und seitlich freigestelltem mehr als 45 m hohen Campanile über quadratischen Grundriss Böhms Dekade der 50er Jahre, in der er sich der Tragkraft des väterlichen Erbes ebenso versichert, wie er die Zeichenhaftigkeit der zentralen Elemente des kirchlichen Bauens neu erkundet. St. Marien steht am Ende einer Reihe – schließt sie ab und eröffnet mit ihrer Stoff betonenden monolithischen Körperlichkeit aus schalungsrauem Sicht- und Ziegelsplittbeton Böhms Weg in die 1960er Jahre.

Die Fatimakirche zählt zu den wichtigsten und schlüssigsten Lösungen des Kirchenbaus der späten 1950er Jahre in Deutschland und es ist eine besondere Herausforderung für die Denkmalpflege, diesen Bau in seiner besonderen Stofflichkeit möglichst unversehrt zu bewahren. In Abbildung 1 ist die Kirche bildlich dargestellt.

Bauweise:	Schüttbetonbauweise, Sichtbeton
Materialien:	Längswände aus rotem Ziegelsplittbeton (Verwendung von Trümmerschutt als Gesteinskörnung für Beton) Stirnseiten, Sockel und Turm aus grauem Normalbeton
Oberflächengestaltung:	durch steinmetzmäßige Oberflächenbearbeitung raue Oberflächen- und sichtbare Betonstruktur; Verlauf der Schalungsfugen erkennbar; wellenartiger Verlauf der Arbeitsfugen zwischen den Betonierabschnitten erkennbar
Farbwirkung:	rötliche Färbung durch die Verwendung von roten Ziegelsplittkörnern und Ziegelmehlen

3. Untersuchungsmethoden

Im Labor sowie am Bauwerk wurden unterschiedliche Untersuchungen durchgeführt. In Tabelle 1 sind diese Untersuchungen stichwortartig aufgeführt.

Abb. 2: Betonoberfläche: Gesteinskörner: uneben, schwach sandend, stellenweise fehlender Zementstein, Hohlräume zwischen den Gesteinskörnern

Abb. 3: Betonoberfläche ist uneben, stellenweise haufwerksporige Bereiche (Foto: A. Keil)

Abb. 4: Stark geschädigte Konche mit starken Abplatzungen und Abwitterungen im Bereich der Bewehrung

Untersuchungen am Bauwerk	Untersuchungen im Labor
visuelle Begutachtung der Fassadenflächen und des Glockenturms	Ermittlung der mechanischen und physikalischen Kennwerte des Ziegelsplittbetons
Kartierung der augenscheinlich erkennbaren Schäden	Chemisch-mineralogische Untersuchung des Ziegelsplittbetons
Stichprobenartige Ermittlung der Bewehrungslage und der Betondeckung mit dem Bewehrungssuchgerät	Bestimmung des Gehalts an bauschädlichen Salzen im Ziegelsplittbeton und Erstellung von Salzprofilen
Bohrkernentnahme im Ziegelsplittbeton an der Nord- und Südseite (jeweils drei Kerne) und stichprobenartige Ermittlung der Carbonatisierungstiefe an den entnommenen Bohrkernen	Betonzusammensetzung

Tab. 1: Untersuchungen am Bauwerk und im Labor

4. Ergebnisse

4.1. Zustandsuntersuchung am Bauwerk

Als Verwitterungsbild am Bauwerk sind Abwitterungen (Abb. 2) als schwaches Absanden der Oberfläche und Schmutzablagerungen erkennbar. Zum Teil sind großflächig auftretende Entmischungen, haufwerksporige Bereiche zu sehen. Die Entmischungen (Abb. 3) sind ursprünglich durch unzureichende Verdichtung beim Einbringen des Frischbetons entstanden.

Die Betondeckung an der Fassade beträgt zwischen 20 und 50 mm. Stellenweise ist sie auch > 50 mm nachweisbar. An den Konchen aus Ziegelsplittbeton ist eine deutlich geringere Betondeckung (10–20 mm) erkennbar. Hier kommt es zu großflächigen Abplatzungen auf der geneigten Kegeloberfläche. Die freiliegende Bewehrung ist stark korrodiert. Zudem zeigt der Beton eine haufwerksporige Struktur des tiefer liegenden Betongefüges. Dies begünstigt stellenweise einen starken Moosbewuchs. Ebenfalls sind im Koncheninnenraum Aussinterungen erkennbar.

Da Durchfeuchtungen an den Wandflächen im Bereich von Kiesnestern beobachtet wurden, wurde anhand einer Schlagregensimulation eine starke Durchfeuchtung herbeigeführt. Es zeigt sich, dass die Betonierfugen wasserdurchlässig sind. Die Durchfeuchtung reicht bis in den Innenraum, welche visuell und mit Aufnahmen der Wärmebildkamera bestätigt wurden.

4.2. Ergebnisse der Laboruntersuchung

Es wurden die mechanischen, physikalischen und chemischen Kennwerte untersucht. Ferner wurden Gefügeuntersuchungen durchgeführt. In Tabelle 2 sind die Ergebnisse mit Anmerkungen bzw. Klassifizierungen dargestellt.

Die Schadenskartierung sowie alle Untersuchungen am Bauwerk und im Labor sind detailliert in der Semester- und Diplomarbeit von Frau Keil [1, 2] dargestellt.

5. Nachstellungen des Reparaturmaterials Zement

Der Zementstein des Originalbetons besitzt eine hellgrau bis hellbeige Farbe, die aufgrund der Verwendung von Ziegelmehlen auch Rotanteile enthält. Um eine möglichst gute Anpassung der Zementsteinfarbe des Instandsetzungsbetons an den Originalbeton zu gewährleisten, sollte der verwendete Zement eine möglichst hellgraue Farbe aufweisen, die ggf. durch die Verwendung von Weißzement noch weiter aufgehellt werden kann. In der Diplomarbeit von Sabine Heise [3] wurden zahlreiche

Zemente im nicht carbonatisierten (Abb. 6) und carbonatisierten (Abb. 7) Zustand untersucht.

Mechanische Kennwerte		Anmerkung/Klassifizierung
Dynamischer E- Modul	17000–18000 N/mm²	Werte liegen unterhalb der für diese Festigkeitsklasse angegebnen Rechenwerte
Druckfestigkeit	35 – 40 N/mm² (ofentrocken)	Mindestens LC 25/28
Oberflächenzugfestigkeit	Südseite: 1,29 – 3,24 N/mm² Nordseite: 0,1 – 0,87 N/mm²	Werte für Nordseite sind nicht repräsentativ
Physikalische Kennwerte		
Rohdichte	1850 – 1930 kg/m³	Leichtbeton
Wasseraufnahmekoeffizient	Südseite: 1,7 – 2,4 kg/(m²*√h) Nordseite: 1,0 - 2,4 kg/(m²*√h)	saugend bis stark saugend, Werte liegen in etwa in dem Bereich für Normalbeton bzw. etwas darüber
Wasseraufnahme unter Atmosphärendruck	9 MA.- % 16 - 17 Vol.- %	
Gesamtporosität (offene Porosität)	25 – 28 Vol.- %	Höhere Porosität gegenüber ausreichend nachbehandeltem Normal-Beton
Chemische Kennwerte		
Carbonatisierungstiefe	40 – 70 mm	Bewehrungslage ist größtenteils erreicht
Nitratgehalt	0,004 - 0,007 MA.- %	unbelastet
Chloridgehalt bezogen auf Zementgehalt	0,01 – 0,02 MA.- % 0,07 – 0,14 MA.- %	gering belastet
Sulfatgehalt	0,36 – 0,55 MA.- %	belastet im oberflächennahen Bereich
Gefügeuntersuchungen		
Verbundzone zwischen Gesteinskörnern und Zementsteinmatrix	keine bzw. nur vereinzelte Störungen in der Kontaktzone erkennbar, puzzolanische Reaktion zwischen Ziegel und Bindemittel erkennbar	guter Verbund
Schwindrisse	vereinzeltes Auftreten	
Luft- und Verdichtungsporen	stellenweise (dargestellt in den Plänen der Schadenskartierung)	

Tab. 2: Ergebnisse der Laboruntersuchungen

Zuschlag

Durch die steinmetzmäßige Oberflächenbearbeitung ist auf den Sichtbetonoberflächen die Zuschlagskörnung deutlich sichtbar. Diese tragen entscheidend zum Erscheinungsbild der Oberfläche bei, so dass die Gesteinskörnung des Instandsetzungsbetons in Bezug auf die Korngrößenverteilung, die Zusammensetzung (Kies/Ziegel-Verhältnis), den Ziegelmehlgehalt und die Farbe dem Originalbeton anzupassen ist. Hinsichtlich der Farbanpassung ist zu berücksichtigen, dass der im Originalbeton verwendete Ziegelsplitt verschiedene Rottöne aufweist. Um die Spritzfähigkeit des Betons zu gewährleisten, sollte das Größtkorn auf 16 mm begrenzt werden.

Neben der optischen Anpassung des Zements und Zuschlags muss ein kompatibles Verformungsverhalten zwischen Original- und Instandsetzungsbeton erreicht werden. Dabei sollte eine Anpassung der Festigkeit und des dynamischen E-Moduls an die Kennwerte des Originalbetons vorgenommen werden. Dadurch wird die Gefahr der Entstehung von Rissen und Ablösungen oder ähnlichen Schäden an den instand gesetzten

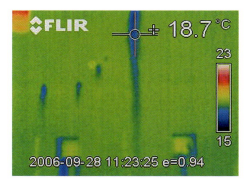

Abb. 5a - d: Schlagregensimulation an der Kirche (Außen- und Innenbereich)

Abb. 6: Zement CEM I 42,5 R (Phönix-Zement), w/z-Wert 0,5 - trocken, nicht carbonatisiert

Abb. 7: Zement CEM I 42,5 R (Phönix-Zement), w/z-Wert 0,5 - trocken, carbonatisiert

Bereichen infolge unterschiedlicher Verformungsverhalten minimiert. Darüber hinaus sollte der Beton eine geringe Schwindneigung aufweisen, damit ein dauerhafter Haftverbund mit dem Untergrund gewährleistet ist. In Tabelle 3 sind die Eigenschaften mit ihren Anforderungen und Einsatzzielen an das Reparaturmaterial dargestellt

Eigenschaft	Anforderung	Einsatzziel
Druckfestigkeit	Festigkeitsklasse LC 25/28	Vermeidung von Rissen und Abplatzung infolge unterschiedlicher Verformungen
E-Modul	15000 N/mm²	
Zementart	HS- Zement, möglichst helle Farbe	Vermeidung von Ettringitbildung
Mindestzementgehalt nach DIN 1045-2 [4]	280 kg/m³	Gewährleistung einer ausreichenden Dauerhaftigkeit hinsichtlich des Korrosionsschutzes und des Frostwiderstands
w/z- Wert nach DIN 1045-2 [4]	≤ 0,6	Gewährleistung einer ausreichenden Dauerhaftigkeit hinsichtlich des Korrosionsschutzes und des Frostwiderstands
Konsistenz	dem Spritzverfahren angepasst	zur Gewährleistung einer ausreichenden Haftung des Frischbetons am Untergrund
Schwindmaß nach Rili SIB [5]	$\varepsilon_s \leq 0,9$ ‰ nach 28 Tagen	Gewährleistung eines dauerhaften Haftverbunds zwischen Originalbeton und Instandsetzungsbeton
Wasseraufnahmekoeffizient nach Rili SIB [5]	W24 ≤ 0,5 kg/(m²*h$^{-0,5}$)	ausreichender Widerstand gegen das Eindringen von Feuchtigkeit; dieser Wert wird vermutlich mit einem Ziegelsplittbeton nicht erreichbar sein
Gesteinskörnung	Größtkorn 16 mm, Angepasste Farbe und Kies/Ziegel- Verhältnis	optische Anpassung
Ziegelmehl	gelb /rot	Farbanpassung des Zementsteins, Verbesserung des Zusammenhaltevermögens des Frischbetons
Microsilika	weiß	Verbesserung des Zusammenhaltevermögens des Frischbetons, weiße Farbe zur Verhinderung eines Einflusses auf die Farbwirkung des Zementsteins, ggf. Erstarrungsbeschleunigende Wirkung, Reduzierung des Rückpralls

Tab. 3: Anforderungen an das Reparaturmaterial

Bei der Herstellung von Probekörpern im Labor konnte eine sehr gute optische Übereinstimmung (Abb. 8) mit dem Originalbeton erreicht werden.

Um die Einsetzbarkeit der Reparaturmaterialien an der Baustelle zu überprüfen, wurden Spritzversuche an der Fassade durchgeführt. Hierbei wurde zum Schutz der Fassade Schaltafeln angebracht. Die Spritzunterlage bestand aus Holzwolleleichtbauplatten, um den Rückprall zu reduzieren. Es wurde eine spritzraue, gestrahlte, „geigelte" und gestockte Oberfläche (Abb. 10) hergestellt. Die eingesetzten Bindemittel waren CEM I, CEM III B und CEM II B-S. Als Zuschläge wurden ein örtlicher Sand, Ziegelmehl und -splitte verwendet. In der Abbildung 9 und 10 sind die Spritzversuche mit den Musterflächen dargestellt.

6. Optimierung der Betonrezeptur

Wie an den Musterflächen ersichtlich entsprach die Zementsteinfarbe des Spritzbetons noch nicht der Farbe des Originalbetons. Die Probefläche, welche unter der Verwendung von Weißzement hergestellt wurde, entsprach bezüglich der Helligkeit annähernd dem Originalbeton. Der Farbton des Originalbetons wirkte jedoch auf Grund eines geringen Beige-Anteils im Beton deutlich wärmer. Auch die Verwendung von zwei Zementen, einem Weißzement und einem Hochofenzement, erzielte nicht das gewünschte Ergebnis.

Abb. 8a + b: Farbvergleich „alt" – „neu"

Obwohl es Bedenken bezüglich des bei Hüttensandzementen anfänglich vorhandenen Blaustiches gab, wurde sich für einen Hochofenzement der Firma Cemex entschieden.

Folgende Gründe sprachen für diese Entscheidung: Der Hochofenzement erzielte einen deutlich helleren Farbton als vergleichbare Portlandzemente, zudem hatte der Hochofenzement der Firma Cemex einen sehr hellen Beigeton, der von keinem vergleichbaren Zement erzielt wurde. In Bezug auf die Instandsetzung war auch die langsamere Festigkeitsentwicklung des hüttensandhaltigen Zementes von Vorteil. So konnten durch eine gute Nachbehandlung ein guter Verbund zum Altbeton erzielt und Schwindrisse durch eine zu schnelle Hydratation vermieden werden.

Abb. 9: Spritzversuche auf Schaltafeln.

An den Musterflächen wurde ersichtlich, dass die Gesteinskörnung nicht der Originalsubstanz entsprach. Da kein Fuldakies mehr abgebaut wird, wurde für den Spritzbeton ein Kies von der Weser verwendet. Dieser zeichnet sich auch durch einen hohen Sandsteinanteil in der Gesteinskörnung aus, und entsprach weitgehend dem damals verwendeten Kies. Vorteilhaft war bei diesem Kies auch der geringe Anteil an gelben Bestandteilen.

Zur Reduzierung des Rottons im Zementstein wurde letztendlich auf die Verwendung von Ziegelmehl verzichtet, da die verwendeten Kornfraktionen genügend Feinstanteile besaßen.

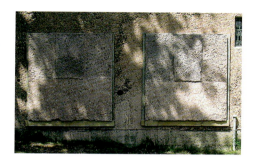

Abb. 10: Musterflächen mit anschließender Oberflächenbehandlung.

Die Spritzfähigkeit des Betons wurde durch die Reduktion des Mehlkornanteils nicht maßgeblich beeinflusst, jedoch konnte so eine Reduktion der Druckfestigkeit erzielt werden, die in den anfänglichen Versuchen noch sehr hoch war.

Bezüglich der ersten Spritzversuche wurde der Zementgehalt in der Betonzusammensetzung von 400 kg/m³ auf 380 kg/m³ gesenkt. Als Gesteinskörnung wurde Ziegel und Weserkies im Verhältnis 30:70 verwendet.

7. Instandsetzung der Konchen

Da insbesondere die Kegelflächen der Konchen durch Abwitterungserscheinungen, Korrosion und damit einhergehenden Abplatzungen stark geschädigt waren, wurden diese durch den in Tabelle 4 beschriebenen Spritzbeton instand gesetzt werden.

Vor den eigentlichen Spritzbetonarbeiten, musste der schadhafte Beton abgetragen werden, die Bewehrung entrostet bzw. wenn statisch unbedenklich entfernt und durch eine Oberflächenbehandlung vor weiterer Schädigung geschützt werden (Abb. 11).

Abb. 11: Freiliegende Bewehrung von der Kegelfläche der Konche auf der Südseite, Betonabtrag erfolgte durch Sandstrahlen, erkennbar ist, dass die Bewehrung sehr stark korrodiert ist. [6]

Der Abtrag des Betons und die Entrostung der Bewehrung erfolgte durch Sandstrahlen bis auf die Tiefe der Bewehrungslage an den Kegelflächen und vereinzelt an den schadhaften Stellen der Mantelflächen der Konchen.

Die Bewehrung der Konchen war über den Zeitraum der Jahre sehr stark korrodiert. Um weitere Korrosion und mögliche Abplatzungen des neu aufgetragenen Betons zu verhindern, wurde die Bewehrung entrostet bzw. in Bereichen mit starker Querschnittsreduzierung durch neue Bewehrungseisen ersetzt.

Abb. 12: Auftragung des Instandsetzungsbetons im Trockenspritzverfahren, das Spritzen des Betons erfolgt lagenweise. [6]

Abb. 13: Örtliche Ausbesserung einer Fehlstelle in der Mantelfläche der Konche, die bläuliche Färbung verliert sich nach der Carbonatisierung des Betons [6]

Abb. 14: Vergleich der Oberflächenstrukturen des Betons der Wand und des Instandsetzungsbetons der Konche; der farbliche Unterschied resultiert aus der frischen Betonoberfläche, die noch nicht carbonatisiert ist. [6]

Abb. 15: Verwendetes Stemmwerkzeug [6]

Material	Eignungsgrund und Einsatzziel
Zement	
Hochofenzement CEM III/A 42,5 der Firma Cemex	- hellbeiger Farbton - hoher Sulfatwiderstand aufgrund eines hohen Hüttensandgehalts (ca. 75%) - langsamerer Hydratationsgeschwindigkeit als Portlandzement zur Vermeidung von Schwindrissen
Microsilika	
Elkem Microsilica Grade 940	- als Erstarrungsbeschleuniger, da der CEM III/A lange Erstarrungszeiten aufweist - als Stabilisator - zur Reduzierung des Rückpralls beim Spritzen
Gesteinkörnung	
Sand und Kies von der Weser	- Nachstellung der Kornzusammensetzung und Farbwirkung des Originalbetons
Ziegelsplitt in den Fraktionen 0/2, 2/8 und 8/16 von der Firma Dispo	- Nachstellung der Kornzusammensetzung und Farbwirkung des Originalbetons

Tab. 4: Verwendete Ausgangstoffe für den Instandsetzungsbeton

Die Wiederherstellung der Betonschicht erfolgt mit dem zuvor beschrieben Beton im Spritzbetonverfahren (Abb.12). Auf Grund der Größe der Instandsetzungsflächen und der Geometrie des Bauteils wurde das Trockenspritzverfahren angewandt. Ein Vorteil dieses Verfahren ist, dass die Wasserzugabe erst an der Spritzdüse erfolgte und je nach Haftung auf dem Untergrund von dem Spritzenführer angepasst werden konnte.

Abweichend von der ursprünglichen Planung wurde auf Anraten der Denkmalpflege nur die Kegelfläche der Konchen mit Spritzbeton instand gesetzt. Die fehlerhaften Stellen an zylindrischen Flächen wurden nach der ebenfalls erfolgten Oberflächenreinigung durch Sandstrahlen nur örtlich ausgebessert (Abb. 13) und ansonsten in ihrer ursprünglichen Form belassen. In Abbildung 14 ist der Vergleich der frisch hergestellten Spritzbetonoberfläche und des Originalbetons zu erkennen. Der bläuliche Farbstich ist durch den noch nicht carbonatisierten Beton zu erklären.

7.1.1. Oberflächenbearbeitung

Bereits an den Musterflächen wurden verschiedene Oberflächenbearbeitungsmethoden untersucht und mit der Oberflächenstruktur des Originalbetons verglichen.

Die Oberflächenstruktur ist gekennzeichnet durch die verwendete Brettschalung und die steinmetzmäßige Bearbeitung der Oberflächen.

Nach dem Auftragen des Spritzbetons auf die Konchen, wurde dieser per Stemmen nachbearbeitet. Dies musste innerhalb von drei Tagen nach dem Auftragen erfolgen, wenn der Beton noch nicht vollkommen ausgehärtet war. Je weiter der Erhärtungsprozess fortgeschritten ist, umso schwieriger wird eine zerstörungsarme Oberflächenbearbeitung.

Bei dem Werkzeug das hierfür eingesetzt wurde handelt es sich um einen 2 cm breiten Flachmeißel (Abb. 15). Mit ihm wurden zuerst halbkreisförmige Vertiefungen eingearbeitet. Diese erwiesen sich jedoch als zu eindeutig und hatten wenig mit der Bearbeitungstechnik der ursprünglichen Herstellung zu tun (Abb. 16). Aus diesem Grund wurde dieser Arbeitsschritt durch nachträgliche Überarbeitung wieder egalisiert. Ein abschließendes Sandstrahlen der Oberfläche sollte den roten Ziegelsplitt noch stärker hervorheben. Diese Anpassung des Reparaturmaterial ist besonders gut an den Spitzen der Konchen zu erkennen, die nicht vollständig bis oben mit Spritzbeton instand gesetzt wurden (Abb. 17).

In Abbildung 18 ist die fertig gestellte Konche dargestellt. Der leichte Blaustich wird sich in der folgenden Zeit verändern und die Konche sich noch besser in das Gesamtbild mit einfügen.

8. Injektionsarbeiten an der Nordfassade

Die in der Fassade aufgetretenen Risse und feuchtigkeitsdurchlässigen Schüttlinien bzw. Kiesnester wurden per Injektion abgedichtet. Hierfür wurden in einem bestimmten Raster Löcher für die Verpressanker (Abb. 19) gebohrt und über diese von außen mit einer rot eingefärbten Zement-Suspension die Nordfassade injiziert. Um die Fassade vor einem eventuellen Austreten der Suspension zu schützen, wurden die Injektionsbereiche mit Cyclododekan abgedichtet (Abb. 20). Das Abdichtungsmaterial verflüchtigt sich durch die Einwirkung von UV-Licht selbstständig, je nach Sonneneinstrahlung innerhalb von einigen Tagen und braucht somit nicht mehr nachträglich entfernt zu werden. Die Injektion erfolgte druckgesteuert in das mittlere Drittel der Wandfläche.

Abb. 16: Oberflächenstruktur des bearbeiteten Spritzbeton [6]

Um ein möglichst natürliches Bild zu erhalten, wurden die Injektionslöcher nicht genau im Raster gebohrt und nach der Injektion mit einem Grobkorn und der Zementmischung des Spritzbetons wieder verschlossen.

In der Abbildung 21 ist die fertig gestellte Nordseite der Kirche zu erkennen.

9. Fazit

Neben der Schadenserfassung und Ermittlung der Schadensursachen am Bauwerk wurden die mechanischen, physikalischen und chemischen Kennwerte des Originalmaterials untersucht. Dadurch konnten im Labor gut übereinstimmende Reparaturmaterialien mit modernen Materialien für den originalen Ziegelsplittbeton hergestellt werden. Bei den Spritzauftragungen des Reparaturbetons an den Konchen der Fatimakirche wurde eine gute Übereinstimmung mit dem Originalbeton erreicht. Durch nachträgliche Oberflächenbearbeitung der Sichtbetonflächen wurde das Reparaturmaterial an die originale Oberfläche angepasst.

Abb. 17: Spitze der Konche nach der Instandsetzung [6]

Eventuelle Farbabweichungen werden durch die Verwitterung der Oberflächen und der damit verbundenen Carbonatisierung des Betons im Laufe der Zeit verschwinden und sich dem Originalbeton anpassen.

Durch gezielte partielle Injektionstechnik in den mittleren Wandflächen des Kirchenschiffs konnte eine Sanierung gegen eindringendes Wasser erreicht werden.

Insgesamt konnte mit der Restaurierung des Schüttbetons an der Kirche Maria Königin des Friedens in Kassel-Bad Wilhelmshöhe eine dauerhafte und denkmalgerechte Betoninstandsetzung demonstriert werden.

Abb. 18: Konche der Südseite nach der Instandsetzung

Abb. 19: Bohrlöcher mit Injektionspacker [6]

Abb. 20: Ansicht bearbeiteter Nord-West-Fassade [7]

Abb. 21: Sanierte Nordseite der Fatima Kirche, Kassel- Bad Wilhelmshöhe [7]

[1] Allessandra Keil: Projektarbeit III: Aufnahme und Dokumentation des Bauwerkzustands der Fatimakirche in Kassel – Bad Wilhelmshöhe, 2004 – 2005.

[2] Allessandra Keil (2005): Diplomarbeit: Instandsetzung denkmalgeschützter Sichtbetonbauwerke – Durchführung von Untersuchungen und Erarbeitung eines Sanierungskonzeptes am Beispiel Fatimakirche in Kassel, Jan. – April 2005.

[3] Sabine Heise (2006): Diplomarbeit: Instandsetzung denkmalgeschützter Sichtbetonbauwerke – Durchführung zur Bestimmung der Farbigkeit von Zementen. Abgabe 22.03.2006.

[4] DIN 1045-2: Tragwerke aus Beton, Stahlbeton und Spannbeton. Beton – Festlegung, Eigenschaften, Herstellung und Konformität. Juli 2001.

[5] DAfStb- Richtlinie: Schutz und Instandsetzung von Betonbauteilen (Instandsetzungs-Richtlinie). Teile 1 bis 4, Deutscher Ausschuss für Stahlbeton, Ausgabe Oktober 2001.

[6] Allessandra Keil & Susanne Fröhlich: Fatimakirche: Materialuntersuchungen und Instandsetzungskonzept, Institut für Steinkonservierung e. V. • Bericht Nr. 30 – 2008.

[7] Jan Rassek & Uwe Rubba: Spritzbeton und Injektionstechnik am Beispiel der Fatimakirche, Institut für Steinkonservierung e. V. • Bericht Nr. 30 – 2008.

Zum Umgang mit korrosionsbedingten Schäden an der Fassadenmalerei „Dorothea Erxleben" (1971) auf Stahlbeton von Hannes H. Wagner in Halle-Neustadt

Entwicklung einer Verfahrenstechnik zur lokalen Wandbildabnahme, Entfernung oberflächennaher korrodierter Verankerungen und Wiederanbringung der Wandmalereifragmente[1]

Dipl.-Rest. (FH) Stefanie Dannenfeldt
Markelstraße 12, 12163 Berlin
s.dannenfeldt@gmx.de

Einleitung

Halle-Neustadt zählt zu den größten und modernsten städtischen Neugründungen der DDR und galt als Prototyp einer modernen sozialistischen Stadt. Ziel war die Errichtung einer industriell vorgefertigten, modernen Fertigteilstadt. Die Gebäude sind als Typenbauten in Betonplattenbauweise errichtet. Seit Beginn der Planung von Halle-Neustadt war die Integration architekturbezogener Kunst wesentlicher Bestandteil der Stadtgestaltung. Obgleich die Realisierung einer Vielzahl geplanter Kunstobjekte aus konzeptionellen und finanziellen Gründen scheiterte, sind zwischen 1969 und 1989 eine Reihe von Kunstwerken für den Innen- und Außenraum entstanden. Die Kunstobjekte im Freiraum umfassen monumentale Wandplastiken, Wandbilder, figürliche Freiplastiken und Brunnenanlagen. Häufig wurde Beton als Werkstoff verwendet. Die Mehrzahl dieser Kunstwerke blieb erhalten. Einige sind aufgrund ihres schlechten Erhaltungszustandes eingelagert. Andere gingen durch Vandalismus oder Eigentümerwechsel verloren. In der breiten Öffentlichkeit fehlt es bisher an Akzeptanz für das baukulturelle Erbe und die architekturbezogene Kunst der DDR. So ist auch in Halle-Neustadt weiterhin mit Abriss einzelner Bauwerke und dem schleichenden Verfall von Kunst am Bau zu rechnen.

Abb.1: Gesamtansicht des Innenhofes mit der Fassadenmalerei an der südlichen Außenwand zur Entstehungszeit (Foto: Hannes H. Wagner, 1971)

Dem großen Engagement von Univ. Prof. Dr. Thomas Danzl – 1998 bis 2007 Leiter der Abteilung Restaurierung am Landesamt für Denkmalpflege Sachsen-Anhalt – ist es zu verdanken, dass der Zustand der bisher nicht denkmalgeschützten Fassadenmalerei „Dorothea Exleben" im gleichnamigen Ärztehaus von Halle-Neustadt Anlass zu umfangreichen Untersuchungen und zur Entwicklung eines Konservierungskonzeptes gab. Der vorliegende Beitrag kann nur auf einen Ausschnitt der Untersuchungsergebnisse und der aus konservatorischer Sicht notwendigen Erhaltungsmaßnahmen eingehen, soll aber gleichzeitig auf die Notwendigkeit einer Konservierung hinweisen.

Die Fassadenmalerei „Dorothea Erxleben"

Die Fassadenmalerei „Dorothea Erxleben" des Hallenser Künstlers Hannes H. Wagner entstand 1971 im Auftrag des Beirates für bildende Kunst und Baukunst im Innenhof des gleichnamigen Ärztehauses in Halle-Neustadt (siehe Abbildung 1 und Abbildung 2). Das Ärztehaus wurde während der Bauzeit des Wohnkomplexes II zwischen 1966 und 1970 von der Stadt Halle/Saale unter der Leitung des Chefarchitekten von Halle-Neustadt Richard Paulick errichtet.[2] Der Bau ist eingeschossig und von quadratischem Grundriss. Die Fassadenmalerei befindet sich an der südlichen Außenwand, im Innenhof des Ärztehauses. Die Malerei erstreckt sich über die gesamte Fassadenlänge von ca. 17,80 m. Der weiß gestrichene Sockel begrenzt die Darstellung nach unten. Im oberen Bereich schließt

Abb. 2: Gesamtansicht der Fassadenmalerei „Dorothea Erxleben" (1971) von Hannes H. Wagner (Foto: S. Dannenfeldt, 2007)

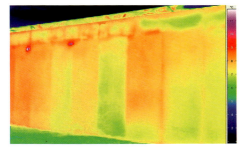

Abb. 3: IR-Thermographie-Aufnahme (Foto: Dr. J. Meinhardt-Degen/ IDK, 2007)

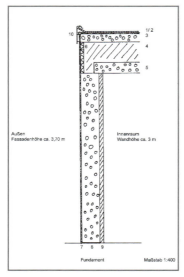

Abb. 4: Wandquerschnitt:
1 Dachpappe (bauzeitlich),
2 Dachpappe (erneuert),
3 Spannbeton-Dachelement,
4 Ortbeton,
5 Spannbeton-Deckenelement,
6 Zementgebundene Holzwolleleichtbauplatte (HWL-Platte),
7 Außenputz,
8 Stahlbeton-Wandelement,
9 Innenputz,
10 Veränderter Dachüberstand,
(Zeichnung: S. Dannenfeldt, 2007)

die Malerei direkt an das Flachdach an. In der Darstellung sind Szenen aus dem Leben der Dorothea Erxleben (1715-1762) verbildlicht. D. Erxleben als Tochter eines Arztes in Quedlinburg geboren, promovierte 1754 in Halle als erste deutsche Frau in Medizin.

Konstruktiver und technologischer Aufbau

Konstruktiver Aufbau
Die tragende Konstruktion der Fassade besteht aus geschosshohen, nebeneinander stehenden Stahlbeton-Wandelementen (110 cm Breite, 300 cm Höhe, 30 cm Tiefe) (siehe Abbildung 3 und Abbildung 4). Bei der so genannten Montagebauweise bilden großformatige Wand- und Deckenelemente ein räumliches Tragwerk ohne Skelett. Zwischen Fundament und Wandelement wurde eine Horizontalsperre aus besandeter Bitumenpappe nachgewiesen (siehe Abbildung 4). Bei den einschichtigen Wandplatten handelt es sich um einen Leichtbeton aus Hochofenschlacke.[3] In einer Tiefe von 49 bis 122 mm wurden für jede Wandplatte zwei Traganker ermittelt, die sowohl statische Funktion haben, als auch zur Montage der Platte notwendig waren.[4] Vor die Stirnflächen der aufliegenden Spannbeton-Deckenelemente sind zementgebundene Holzwolleleichtbauplatten, so genannte HWL-Platten, auf Niveau der Wandelemente gesetzt (siehe Abbildung 3 und 4). Zur Fixierung der HWL-Platten wurden Stahlnadeln und -klammern nachgewiesen (siehe Abbildung 9 und Abbildung 13). Wie die Detektierung von Metall zeigte, erfolgte die Fixierung in unregelmäßigen Abständen im oberen sowie im unteren Drittel der Platten (siehe Abbildung 14). Über den Verankerungen wurde eine Deckschicht aus Putz von 18 bis 68 mm ermittelt.

Putz
Bei dem Malschichtträger handelt es sich um einen zweilagigen 2,0 bis 2,5 cm starken Kalkputz. Das Bindemittel ist ein leicht magnesiumhaltiger, mergeliger Kalk, dem man eine proteinhaltige Substanz zugesetzt hat. Bei dem Zuschlag handelt es sich im Wesentlichen um Quarz.[5] Nach mündlicher Information von Hannes H. Wagner wurde der bauzeitliche Zementputz im Sommer 1971 in seinem Auftrag entfernt und die Fassade daraufhin mit dem Kalkmörtel neu verputzt.[6]

Grundierung
Auf dem Putzträger liegt eine weiße Grundierung, die im Anschliff eine vielfache Stärke der Malschicht zeigt (siehe Abbildung 5). Sie ist gemäß Bindemittelanalyse im Wesentlichen mit Protein gebunden. Weiterhin ergab die Analyse einen Zusatz von Bariumsulfat, Calciumcarbonat und Tonmineral (Kaolin-Typ).[7]

Malschicht
Die figürliche Komposition ist mit einer braunen Pinselzeichnung auf der Grundierung angelegt, welche teilweise während des Malprozesses nochmals mit Schwarz konturiert wurde (siehe Abbildung 6 und Abbildung 15). Die Malerei zeigt einen mehrschichtigen Aufbau aus Lasuren und zum Teil pastos aufgetragenem Inkarnat und Höhungen. Als Bindemittel wurde Kieselgel nachgewiesen.[8] Die verwendeten Silikatfarben (Silikatfarben 66) stammen nach mündlicher Information von Hannes H. Wagner vom VEB Berlin Chemie/Berlin-Grünau.[9]

Überzug

Das heutige Erscheinungsbild der Fassadenmalerei ist durch einen flächig aufgetragenen kunstharzgebundenen Überzug geprägt. Der Auftrag erfolgte in den 1980er Jahren. Nach den Analysenergebnissen besteht dieser aus einem Kunstharz auf der Basis von homopolymerem Polyvinylacetat.[10] Es handelt sich um eine aufliegende 20 bis 100 μm starke Polymerschicht, wobei nahezu kein PVAC in die Malschicht penetriert ist (siehe Abbildung 7).

Erhaltungszustand und Schadensbild

Entgegen dem ersten Eindruck wiesen die durchgeführten Untersuchungen nach, dass der Erhaltungszustand der Fassadenmalerei sehr bedenklich ist. Als Schadensphänomene sind sich unterschiedlich auswirkende Risse im Verputz, Deformationen des Verputzes, Hohlstellen, Substanzverlust des Verputzes, Krakelee in der Malschicht, Deformationen der Malschicht und partielle Fehlstellen in der Malschicht zu verzeichnen. Über die gesamte Wandfläche ist eine intensive mikrobiogene Besiedlung sichtbar. Feuchteuntersuchungen belegen kritische oberflächennahe Feuchtegehalte im Bereich zwischen 50 bis 250 cm über dem Boden. Die Tiefenmessung zeigte hingegen unproblematische Feuchtegehalte.[11] Die Malereioberfläche ist infolge des Polymerüberzuges weitestgehend hydrophob. Eine Salzbelastung konnte ausgeschlossen werden.[12] Pilzkulturen belegen die Aktivität mikrobiologischer Abbauprozesse, wobei das Protein der Grundierung bevorzugt verwertet wird, aber auch das PVAC den Organismen als Substrat dient. Mikrobiogene Beläge konnten als Algen und Moose identifiziert werden.[13]

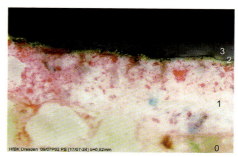

Abb. 5: Schichtenabfolge im Querschliff. Anfärbung mit Ponceau S auf Proteine, VIS Licht (Foto: Prof. Dr. Ch. Herm/ HfBK Dresden, 2007)

Schadensursachen und Schadensdynamik

Auf Grundlage der Schadbildanalyse und der Ergebnisse naturwissenschaftlicher und bauphysikalischer Untersuchungen konnten Schadensursachen benannt und daraus Erklärungsmodelle zum Schadensprozess und dessen Dynamik entwickelt werden. Als eine der Hauptschadensursachen weisen die Untersuchungen die Metallkorrosion oberflächennaher Verankerungen zur Fixierung der HWL-Platten im oberen Malereibereich nach. Durch die Erstellung einer Schadenskartierung wurde die Verteilung von Hohlstellen, Putzblasen, Putzschalen, Totalverlust und freiliegendes Metall visuell dargestellt (siehe Abbildung 14). Die grafische Darstellung verdeutlicht, dass sich die kartierten Schadensphänomene auf den oberen Wandbereich konzentrieren, während in der mittleren Bildzone ein verhältnismäßig guter Erhaltungszustand zu verzeichnen ist. Die verstärkte Schädigung betrifft exakt die Bildzone, in der HWL-Platten als Putzträger nachgewiesen wurden. In diesem Bereich sind zahlreiche Metallverankerungen detektiert worden, die unmittelbar unter dem Kalkputz liegen. Es ist eine Kohärenz des Schadbildes und des lokalisierten Metalls zu verzeichnen. Die Schadensausbildung steht in direktem Zusammenhang mit der Metallkorrosion infolge einer Depassivierung des Stahls. Die gravierende substanzielle Schädigung durch den Sprengdruck rostender Verankerungen kann mittelfristig als alarmierend eingestuft werden. Über die gesamte Höhe der Wandelemente aus Schlackebeton sind keine Schadensphänomene zu beobachten, die auf eine Korrosion der Stahleinbauteile schließen lassen. Eine Passivierung der Verankerungen ist wahrscheinlich, da eine Betondeckung von durchschnittlich 80 mm nachgewiesen wurde und eine Chloridbelastung des Betons auf Grundlage der Salzanalysen ausgeschlossen werden konnte.

Abb. 6: Aufnahme während der Entstehung der Fassadenmalerei. Hannes H. Wagner legte die Bildkomposition mit einer braunen Pinselzeichnung auf der weißen Grundierung an. Zum Teil wurde diese Vorzeichnung während des Malprozesses nochmals mit Schwarz konturiert.
Foto: Heidi Wagner-Kerkhof, 1971)

Weiterhin stellt der aufliegende synthetische Polymerfilm eine wesentliche Rolle im Schadensprozess der Fassadenmalerei dar. Abgesehen von einer optischen Beeinträchtigung der Malerei durch Farbvertiefung und Glanzbildung verdichtet der Polymerfilm die mineralische Oberfläche und führt somit zu einer Veränderung der Durchlässigkeit von Wasser in gasförmiger und flüssiger Form. Die Behinderung des Feuchtestroms und

Abb. 7: Malschicht und Polymerschicht im Querschliff. Anfärbung mit KJ3 zur Visualisierung des aufliegenden PVAC-Überzugs, VIS-Licht (Foto: S. Dannenfeldt, 2007)

Abb. 8: Konvex aufgewölbter Putzbereich. Der Sprengdruck infolge Metallkorrosion führt zunächst zu Rissen im Putzgefüge, zum Kohäsionsverlust und schließlich zum Aufwölben des Putzes.
(Foto: S. Dannenfeldt, 2007)

Abb. 9: Ausbruch der gesamten Putzstärke über der korrodierten Metallnadel.
(Foto: S. Dannenfeldt, 2007)

Abb. 10: Fortschreitender Verlust angrenzender Putzbereiche.
(Foto: S. Dannenfeldt, 2007)

der Trocknung des porösen Systems Wandmalerei ist als maßgeblicher Auslöser schadensdynamischer Prozesse zu bewerten. Die mikrobielle Besiedlung innerhalb des Polymerfilm, der Malschicht und der Grundierung ist eine Folge des reichhaltigen Nahrungsangebotes durch die organischen Substanzen in der Grundierung sowie im Überzug und ausreichender Feuchtigkeit. Besonders in den Rissbereichen ist eine intensive Besiedlung von Algen und Moosen zu verzeichnen. Bedingt durch die Volumenvergrößerung beim mikrobiellen Wachstum entsteht eine Gefügeschädigung, die im weiteren Schadensverlauf zur Verformung von Rissflanken und letztlich zum Substanzverlust der deformierten Scholle führt. Neben der substanziellen Schädigung der Wandmalerei gibt das Alterungsverhalten von Polyvinylacetat Anlass zur Beunruhigung. Degradationsprozesse führen im Laufe der Zeit zur Vergilbung und Versprödung des Polymerfilms. Infolge auftretender Scherspannungen besteht eine potenzielle Gefährdung der Malschicht. Partiell zeigt die Malschicht bereits Schollenbildung, schüsselförmige Abhebungen bis hin zu lokalen Verlusten.

Besondere Problemstellung – Metallkorrosion

Wie bereits angedeutet, haben umfangreiche Untersuchungen ergeben, dass eine Reihe von Schadensbildern in direktem Zusammenhang mit der Korrosion oberflächennaher Verankerungen steht. Die Stahlverklammerungen und -nadeln zur Fixierung der HWL-Platten liegen ohne Betonüberdeckung zwischen Träger (HWL-Platte) und Verputz (Kalk-Mörtel), der an einigen Bereichen lediglich eine Stärke von 15 mm aufweist (siehe Abbildung 9 und Abbildung 13). Die Verankerungen sind in vielen Bereichen nicht einsehbar, die Interpretation ihres Zustandes ist deshalb als hypothetisch anzusehen. Die defektive Passivierung des Stahls infolge der Karbonatisierung des Kalkputzes führt jedoch zu der Annahme, dass sich das Metall in einem fortgeschrittenen Korrosionszustand befindet. Zum Schutz von Metall gegenüber Korrosion muss die Dichte und Dicke der Überdeckung so ausgeführt sein, dass die Karbonatisierungsfront die Oberfläche der Bewehrungsstähle nicht erreicht.[14] Frischer Kalkmörtel verhindert eine Rostbildung, solange er nicht erhärtet ist. Diese nur kurzfristige Schutzwirkung beruht darauf, dass Kalk – im Gegensatz zum Zement – nach dem Erhärten kein $Ca(OH)_2$ absondert und infolge seiner größeren Porosität durchlässig für Luft und Feuchtigkeit ist. Die für die Korrosion notwendige Zufuhr von Feuchtigkeit wurde am Objekt durch die freie Bewitterung, den nicht ausreichenden Dachüberstand und die Bildung von Schwindrissen begünstigt. Ein Korrosionsschutz der Verankerungen war vermutlich schon nach wenigen Monaten nicht mehr gegeben. Die Dynamik der Metallkorrosion ist nur schwer abschätzbar. Ein Vergleich von Fotografien aus den Jahren 2001 und 2007 zeigt auf, dass innerhalb von nur sechs Jahren ein kontinuierlich fortschreitender Schadens-prozess zu verzeichnen ist. Es ließen sich unterschiedliche Ausprägungen von Deformationen im Putz differenzieren, die als chronologische Stadien im Schadensverlauf zu bewerten sind und Grund zu der Annahme geben, dass mittel- bis langfristig mit Veränderungen zu rechnen ist, die letztlich zum Totalverlust der Originalsubstanz führen.

Putzblasen
Die Ausbildung von blasenförmigen Aufwölbungen konnte Bereichen mit rostenden Stahlnadeln unter der Deckschicht aus Kalkputz zugeordnet werden. Im Anfangsstadium des Schadensverlaufs sind Hohlstellen ausschließlich durch Perkussion feststellbar. Die Volumenzunahme des rostenden Stahls führt zu einer nachträglichen Verformung und räumlichen Erhebung der Deckschicht und zur verstärkten Ausbildung von Rissen (siehe Abbildung 8). Am Ende des Schadensprozesses führt die Sprengwirkung zum Verlust der Deckschicht (siehe Abbildung 9 und Abbildung 10).

Putzschalen

Die Ausbildung von Putzschalen konnte mit korrodierten Stahlverklammerungen unter der Deckschicht aus Kalkputz in Verbindung gebracht werden. Die Sprengwirkung führt zu einem Abscheren des Putzes, da die Kohäsion zum Untergrund nicht mehr gewährleistet ist (siehe Abbildung 11). Im weiteren Schadensverlauf kommt es zum partiellen und schließlich vollständigen Verlust der Putzschale (siehe Abbildung 12 und Abbildung 13).

Konservierungskonzept

Um den langfristigen Erhalt der Fassadenmalerei sicherzustellen, bedarf es dringend Maßnahmen, die auf lange Sicht eine Stabilisierung des Zustandes bewirken. Es wurde ein Konzept zur Deaktivierung schadenauslösender Faktoren und zur nachhaltigen Konservierung entwickelt. Eine der wichtigsten Maßnahmen bildet die Entfernung bzw. die Substitution korrodierter Verankerung im oberen Wandbereich. Auf Grundlage einer Klassifizierung der Schadensphänomene in vier Schadenskategorien wurde eine Konservierungsstrategie entwickelt, die partiell eine lokale Wandbildabnahme als konservatorisch notwendigen Zwischenschritt vorsieht. An einer Pilotfläche wurde die Arbeitstechnik zur Wandbildabnahme, zum Korrosionsschutz und zur Reapplizierung des gesicherten Wandmalereifragmentes erprobt.

Abb. 11: Hohlliegender, konvex verwölbter Putzbereich mit Bruchkante. Der Sprengdruck infolge Metallkorrosion führt zunächst zu Rissen im Putzgefüge, zum Kohäsionsverlust und schließlich zum Abscheren des Putzes.
(Foto: S. Dannenfeldt, 2007)

Darüber hinaus erfolgten Testreihen zur homogenen und effektiven Reduzierung des aufliegenden synthetischen Polymerfilms, um eine Öffnung von Kapillarporen zu erzielen. Die Reduzierung des Polymerfilms erwies sich schwierig und nur als eingeschränkt möglich. Von einer großformatigen Freilegungsfläche wurde bisher abgesehen. Im Hinblick auf geplante Interventionen ist partiell eine Stabilisierung der Malschicht in Form einer strukturellen Festigung des Untergrundes sowie einer Fixierung der Malschicht am Untergrund notwendig. Weiterhin ist vereinzelt eine Hinterfüllung von Hohlstellen mit einem Injektionsmörtel durchzuführen. Risse sollten mit einem Feinkittmörtel geschlossen werden, wenn sie eine Rissbreite von mehr als 1,5 mm aufweisen. Aufgrund der intensiven Besiedlung durch Mikroorganismen, sollte Materialien, die ein potentielles Nährmedium darstellen, ein geeignetes Biozid bei ihrer Verwendung zugesetzt werden.

Korrosionschutz

Abb. 12: Partieller Verlust der Putzschale. Die stark korrodierte Metallverklammerung ist sichtbar.
(Foto: S. Dannenfeldt, 2007)

Zur Sicherung und präventiven Stabilisierung des Bestandes ist im Bereich der HWL-Platten eine Entfernung bzw. Substitution oberflächennaher Verankerungen dringend erforderlich, um weiteren Verlust der Originalsubstanz zu verhindern. Es galt, einen behutsamen denkmalpflegerischen Ansatz zu finden, der einen maximalen Erhalt an Originalsubstanz ermöglicht. Angesichts der Schadensdynamik sollten sich die Maßnahmen jedoch nicht auf freiliegendes Metall beschränken, sondern im Sinne einer präventiven Konservierung kurz- bis mittelfristig gefährdete Bereiche mit einbeziehen. Ziel war die Entwicklung einer Konservierungsstrategie, die eine Erhaltung der bemalten Oberfläche gewährleistet. Im Hinblick auf die konkrete Zielsetzung wurden Instandsetzungsverfahren und Produkte aus dem Bereich der Betonkonservierung auf ihre Qualifikation und Praxistauglichkeit für die Anwendung an der Wandmalerei überprüft. Angesichts der fehlenden Betondeckschicht und der stark fortgeschrittenen Metallkorrosion scheidet die Injektion einer Zementsuspension zur Repassivierung des Stahls aus. Ein großflächiger Abtrag des bemalten Putzes bis in mehrere Zentimeter Tiefe zur anschließenden Passivierung des Stahls war ebenfalls nicht diskutabel. Um die Anforderungen zu erfüllen, kommen hier ausschließlich partielle Reparaturen für lokal begrenzte Bereiche in Betracht. Im Hinblick auf die Wirksamkeit und Dauerhaftigkeit des Korrosionsschutzes ist ein Entfernen der stark korrodierten Stahlnadeln und –verklammerungen bis auf die

Abb. 13: Totalverlust der Putzschale.
(Foto: S. Dannenfeldt, 2007)

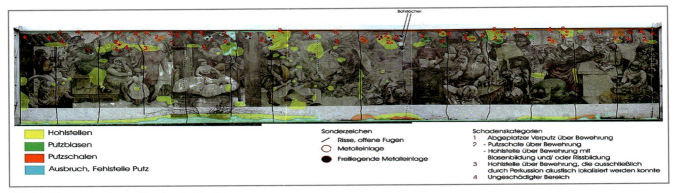

Abb.14: Schadenskartierung. Die visuelle Darstellung verdeutlicht, dass das Schadensbild im oberen Wandbereich in direktem Zusammenhang mit oberflächennahen Verankerungen steht. (Kartierung: S. Dannenfeldt, 2007)

Abb.15: Östlicher Teil der Malerei. Bereichskennzeichnung der Pilotfläche. (Foto: S. Dannenfeldt, 2007)

Betonoberfläche notwendig. Der Querschnitt des verbleibenden Stahls ist in geeigneter Weise vor erneuter Korrosion zu schützen. Nach gründlichen theoretischen Überlegungen bezüglich der Vor- und Nachteile eines Korrosionsschutzes durch Beschichtung der Stahloberfläche und einer Repassivierung der Stahloberfläche wurde zugunsten letzterer Methode entschieden. Die erneute Passivierung wird durch das Herstellen eines alkalischen Milieus erreicht. Nach Abtragen der Korrosionsprodukte mittels Mikrosandstrahlgerät soll eine Deckschicht von Zementmörtel appliziert werden. Der Korrosionsschutz dürfte bei ausreichender Schichtdicke des Mörtels über einen längeren Zeitraum bestehen bleiben. Durch die Prüfung eines Statikers muss abgeklärt werden, ob aus statischer Sicht eine Substitution der Verankerungen durch korrosionsfreie Produkte zur Fixierung HWL-Platten erforderlich ist.

Wandbildabnahme

Angesichts der aus konservatorischer Sicht notwendigen Entfernung oberflächennaher korrodierter Verankerungen stellt die Sicherung der Malerei einen wichtigen Schwerpunkt des Konservierungskonzeptes dar. Aus technischen Gründen ist eine Erhaltung der Malerei in situ nicht möglich. Zur Konzeptfindung gehörte damit die Auseinandersetzung mit einer möglichen Wandbildabnahme und einer Wiederanbringung in den originalen Kontext. Die Abnahme stellt einen technologisch notwendigen Zwischenschritt zur Entfernung korrodierter Verankerungen dar. Bezugnehmend auf die Objektsituation wurden verschiedene Varianten von Wandmalereiabnahme aus technologischer, ethischer und ästhetischer Sicht diskutiert. Eine Abnahme des gesamten oberen Malereibereiches wurde ausgeschlossen, da sich der Gesamtzustand der Malerei relativ gut darstellt und eine Wandmalereiübertragung über eine Fläche ca. 18,00 x 0,70 m zu nicht vorhersehbaren Komplikationen führen kann. Die abgenommenen Flächen hätten auf eine biegesteife Unterlage gebracht werden müssen, um eine Rückführung an die Fassade zu ermöglichen. Die Konstruktion einer Vorsatzschale wäre unter bauphysikalischen Aspekten sehr bedenklich. Es sollte eine Verfahrenstechnik entwickelt werden, die eine Abnahme in definierten Bereichen ermöglicht. Nach der Entfernung bzw. Substitution der Verankerungen soll eine Replatzierung der Wandmalereifragmente in den originalen Kontext erfolgen. Die geringe Größe der zu sichernden Malereibereiche (Ø 20 x 20 cm) ermöglicht eine Rückführung der Fragmente in den originalen Kontext, ohne die Malerei auf einen neuen Träger aufbringen zu müssen. Um die physikalischen Eigenschaften des mineralischen Systems zu bewahren, soll die Reapplizierung in ein mineralisches Mörtelbett erfolgen.

Aus der konkreten Zielsetzung ergab sich bereits die Entscheidung der Abnahmemethode zugunsten der so genannten Stacco-Technik, bei der die Malerei mitsamt dem Verputz oder zumindest dem Intonaco (Feinputz) vom Träger abgelöst wird. Die Stacco-Methode hat den Vorteil, dass Malschicht und Verputz erhalten bleiben. Da der Putz in den betreffenden Bereichen nur eine schwache Verbindung mit dem Träger (HWL-Platten) aufweist bzw. bereits großflächig gelöst ist, ist eine Trennung ohne großen Substanzverlust theoretisch möglich.

Konservierungsstrategie
Auf Grundlage einer Klassifizierung der Schadensphänomene (chronologischer Verlauf) in Schadenskategorien wurde eine Konservierungsstrategie entwickelt, die ein differenziertes Vorgehen vorsieht. Insgesamt wurden 31 Bereiche nachgewiesen, die konservatorische Maßnahmen erfordern (siehe Abbildung 14).

– In 6 Bereichen mit freiliegenden Verankerungen sollten unmittelbar Maßnahmen zum Korrosionsschutz erfolgen.

Abb.16: Pilotfläche im Ausgangszustand. Konvex verwölbte Putzschale mit geringem Verbund zum angrenzenden Verputz. (Foto: S. Dannenfeldt, 2007)

– In 25 Bereichen ist eine unmittelbare Intervention nicht möglich, da das Metall vom malereitragenden Verputz überdeckt ist. In diesen Bereichen, in denen kurz- bis mittelfristig ein Verlust der Deckschicht droht, ist als konservatorischer Zwischenschritt eine lokale Wandbildabnahme erforderlich.

– Für Bereiche mit relativer Gefährdung, d.h. solche mit depassiviertem Metall aber intakter Oberfläche wird ein Monitoring vorgeschlagen. Der Schadensverlauf wird somit beobachtet und das Konservierungskonzept kann auf seine Wirksamkeit und Dauerhaftigkeit überprüft werden.

Technologie und Verlauf der Musterrestaurierung

Im Juni 2007 erfolgte die Erprobung von Teilaspekten des Konservierungskonzeptes an der Fassadenmalerei. Es wurde ein Bereich ausgewählt, der eine konvex verwölbte Putzschale aufwies und als akut gefährdet eingestuft wurde (siehe Abbildung 15 und Abbildung 16). Die Detektierung von Metall wies darauf hin, dass als Schadensursache die Korrosion einer oberflächennahen Verankerung anzunehmen war. Der Arbeitsablauf umfasste die Abnahme und Sicherung der Putzschale, die Entfernung der korrodierten Verankerung, die Repassivierung des verbleibenden Stahls und die Replatzierung des Wandfragmentes.

Abb.17: Zustand unmittelbar nach Abnahme der Putzschale. Die stark fortgeschrittene Korrosion der freigelegten Stahlklammer wird deutlich. (Foto: S. Dannenfeldt, 2007)

Abnahme der akut gefährdeten Putzschale
Die Malereioberfläche wurde trocken mittels wish-up Schwamm und Microfasertuch gereinigt. Aufgrund des stabilen Malereizustandes war vor der Applikation der Kaschierung keine Konsolidierung oder Fixierung der Malschicht notwendig. Die Kaschierung aus 2 Lagen Gaze und einer Lage Leinen, welche mittels 4%iger Tylose® MHB 30.000 appliziert wurden, zeigte eine ausreichende Verklebung mit dem Untergrund. Orientierend am Rissverlauf erfolgte die Trennung des abzulösenden Bildteiles von der sich anschließenden Malerei mit Hilfe eines Diamantsägeblattes. Die bereits abscherende Putzschale wurde mit einem Flacheisen mühelos von der Wand getrennt (siehe Abbildung 16 und Abbildung 17). Es war kein Verlust an Malerei zu verzeichnen.

Repassivierung des Stahls
Durch die Abnahme der Putzschale war es zum ersten Mal möglich, umfangreichere Informationen über den Zustand der bis dahin nicht einsehbaren Verankerung zu erhalten. Die Stahlverklammerung zeigte sich, zahlreiche Hinweise bestätigend, in einem stark fortgeschrittenen Korrosionszustand (siehe Abbildung 17). Die Festigkeit des Putzes war - ausgenommen der angrenzenden Bereiche zum Metall - sehr gut. Eine strukturelle Putzfestigung war daher nicht erforderlich. Die Stahlklammer wurde bis auf die Betonoberfläche in einer Tiefe von 6 bis 8 cm entfernt (siehe Abbildung 18). Der verbleibende Querschnitt des Metalls ist mittels Stahlverfahren metallisch blank entrostet worden.[15] Im Anschluss erfolgte die örtliche Ausbesserung mit einem alkalischen Mörtel zur Repas-

Abb.18: Zustand nach Entfernung der Stahlklammer bis auf die Betonoberfläche. In die HWL-Platte wurden Löcher geschnitten.
(Foto: S. Dannenfeldt, 2007)

Abb.19: Die Pilotfläche im Endzustand. Bei einem Vergleich gegenüber dem Ausgangszustand auf Abb.16 wird erkennbar, dass die Abnahme und Wiederanbringung sehr positiv verlief. In der Malerei ist kein Versatz erkennbar. Im Bereich der Schnittkante ist eine farbliche Retusche empfehlenswert.
(Foto: S. Dannenfeldt, 2007)

sivierung des Stahls. In Anlehnung an die Instandsetzungsrichtlinie des DafStb[16] wurde ein Weißzement der Firma Dyckerhoff Weiss (CEM I 42,5 R) gewählt. Als Zuschlag zur Herstellung einer geeigneten Mischung wurde ein Quarzsand mit einer Korngröße von 0 bis 4 mm verwendet. Das Bindemittel-Zuschlag-Bindemittelverhältnis wurde mit 1:3,5 festgelegt. Der Putzauftrag erfolgte in drei Antragsphasen: Zweimaliges Schlämmen der Oberfläche, Putzantrag in ca. 4 cm Stärke und ca. 2 cm unter Niveau der Malereioberfläche. Der Putzantrag erfolgte feucht in feucht.

Replazierung der gesicherten Putzschale

Im Hinblick auf die Replatzierung der abgenommenen Putzschale erfolgte ein rückseitiger Putzabtrag auf ca. 15 mm an der stärksten Stelle. Die Rückseite wurde anschließend geschlämmt und es erfolgte der Auftrag eines Ausgleichsmörtels in einer Schichtstärke von 0,3 bis 1,2 cm.
Die Wiederanbringung der gesicherten Putzschale erfolgte in ein frisches Mörtelbett. Es erwies sich ein Mörtel, bestehend aus Sumpfkalk und Weißzement (0,8:0,2), Quarzsand (Korngröße 0 bis 1 mm) und einem Primal/Wassergemisch als Anmachwasser als geeignet. Das Bindemittel-Zuschlag-Verhältnis wurde mit 1:2,5 empirisch ermittelt, wobei Weißzement zu 0,2 Anteilen im Bindemittel enthalten war. Da keine ausreichende Luftzufuhr zur Kabonatisierung eines reinen Kalkmörtels gegeben ist, ist eine hydraulische Komponente in der Mörtelmischung notwendig, um eine gute Festigkeitsentwicklung zu gewährleisen und Calciumhydroxid-Ausblühungen zu vermeiden. Durch den Kunststoffzusatz soll die Biegezugfestigkeit des Mörtels erhöht, der Elastizitätsmodul verringert und der Haftverbund zwischen Setzmörtel und Putzgrund bzw. Rückseite des gesicherten Malereifragmentes verbessert werden. Der Putzantrag erfolgte auf den vorgenässten Untergrund ca. 2 cm unterhalb des Malereiniveaus. Die Kaschierung konnte nach 24 Stunden mit wässrigen Zellstoffkompressen gut entfernt werden und die Malschicht zeigte keine Schädigung. Im Weiteren wurde die Schnittkante mit einem Feinkittmörtel bestehend aus Sumpfkalk und Quarzmehlen im Verhältnis 1:3 geschlossen (siehe Abbildung 19).

Schlussbetrachtung

Mit der Entwicklung eines Konservierungskonzeptes auf der Grundlage einer umfangreichen Befundsicherung wurde die Vorraussetzung für eine Konservierung der substanzgefährdeten Fassadenmalerei geschaffen. Im Hinblick auf die Erhaltungsperspektive der Malerei ist eine Ausweisung zum Denkmal dringend erforderlich. Konservatorische Maßnahmen, insbesondere die Entfernung bzw. Substitution oberflächennaher stark korrodierter Verankerungen, sind für die langfristige Erhaltung der Fassadenmalerei notwendig. Eine partielle Wandbildabnahme ist als technologisch notwendiger Zwischenschritt zu bewerten. An zwei ausgewählten Bereichen der Wandmalerei konnte die Verfahrenstechnik erprobt werden, welche auf die übrigen Bereiche übertragbar sein sollte. Allerdings sollte vor einer Intervention in jedem Bereich eine erneute Bewertung des Erhaltungszustandes erfolgen, um festzustellen, ob konservatorische Maßnahmen vor einer Abnahme erfolgen müssen. Zusammenfassend lässt sich festhalten, dass sich die Verfahrenstechnik als praxistauglich erwies. Das Endergebnis ist positiv zu beurteilen. Es sind keine Verluste der Malschicht und kein Versatz in der Malerei zu verzeichnen (vgl. Abbildung 16 und Abbildung 19). Angesichts der Deformation der Putzschale muss jedoch partiell ein leichter Niveauversatz akzeptiert werden. In Bezug auf die ästhetische Präsentation der Fassadenmalerei sollte diskutiert werden, in welchem Umfang eine farbliche Integration von Putzergänzungen und Kittungen durch Retusche erfolgen soll. Insbesondere durch die Schnittkanten, die durch eine partielle Wandbildabnahme in etwa 25 Bereichen entstehen werden, würde sich ohne farbliche Integration eine ästhetische Beeinträchtigung der Malerei ergeben. Weiterhin muss die Entfernung bzw. Reduzierung des PVAC Überzugs neu diskutiert werden. Als präventive Maßnahme sollte der Dachüberstand verlängert werden, um eine Belastung der Malerei durch Schlagregen zukünftig zu vermeiden.

---

1 Der Beitrag basiert auf Teilen der Diplomarbeit von Stefanie Dannenfeldt: Die mit Kunstharz überzogene Wandmalerei von Hannes H. Wagner (1971) im Innenhof des Ambulatoriums in Halle/ Sachsen-Anhalt. Entwicklung eines Konzeptes zur nachhaltigen Konservierung und Präsentation auf der Grundlage einer vertieften restauratorischen Befundsicherung. Diplomarbeit, HAWK Fachhochschule Hildesheim/ Holzminden/ Göttingen, Fachbereich Konservierung und Restaurierung, Hildesheim 2007.

2 Büro für Städtebau und Architektur des Rates des Bezirkes Halle (Hrsg.): Halle-Neustadt, Plan und Bau der Chemiearbeiterstadt, VEB Verlag für Bauwesen, Berlin 1972.

3 Die Röntgenanalyse des Betonzuschlags (RDA) erfolgte durch Dr. J. Meinhardt-Degen/ IDK Sachsen-Anhalt.

4 Zur Lokalisierung von Metalleinlagen in der Trägerkonstruktion wurde die Malereioberfläche mit einem Bewehrungssucher/ Profometer der Firma Proceq abgesucht.

5 Die Mörtelanalyse erfolgte durch Dr. J. Meinhardt-Degen/ IDK Sachsen-Anhalt.

6 Freundliche Mitteilung von Hannes H. Wagner während eines Interviews im Februar 2007.

7 Die Bindemittelanalyse der Grundierung erfolgte durch Prof. Dr. Ch. Herm/ HfBK Dresden.

8 Die Bindemittelanalyse der Malschicht erfolgte durch Prof. Dr. Ch. Herm/ HfBK Dresden.

9 Freundliche mündliche Mitteilung von Hannes H. Wagner während eines Interviews im Frebruar 2007.

10 Die naturwissenschaftliche Untersuchung des Überzugs erfolgte durch Prof. Dr. E. Jägers.

11 Die Feuchteuntersuchungen erfolgten durch Dr. J. Meinhardt-Degen/ IDK Sachsen-Anhalt.

12 Die Salzanalyse erfolgte durch Dr. J. Meinhardt Degen/ IDK Sachsen-Anhalt.

13 Die mikroskopische Pilzartbestimmung erfolgte durch Dipl.-Biologe U. Fritz/ HAWK Hildesheim.

14 Nach DIN 1045 wird eine Mindestbetonüberdeckung von ≥ 20 bis 25 mm gefordert.

15 Als Strahlgut wurde Edelkorund 44-74 mµ/ Körnung 220 verwendet (Bezugsquelle Deffner & Johann).

16 Deutscher Ausschuss für Stahlbeton – DafStb im DIN Deutsches Institut für Normung e.V. (Hrsg.): Richtlinie - Schutz und Instandsetzung von Betonbauteilen (Instandsetzungsrichtlinie), Teile 1 und 2, Berlin 10/ 2001.

Arbeitsblätter

Alle Arbeitsblätter sind bei der Geschäftsstelle Vereinigung erhältlich sowie im Internet abrufbar:
www.denkmalpflege-forum.de

Allgemeines

Nr. 1	Charta von Venedig (Internationale Charta über die Konservierung und Restaurierung von Denkmälern und Ensembles) (1964)
Nr. 5	Wartburg-Thesen zur Denkmalpflege (1990)
Nr. 9	Resolution zur Rekonstruktion von Baudenkmalen (1991)
Nr. 20	Braunschweiger Empfehlungen (2001)

Bauforschung

Nr. 15	Bauforschung in der Denkmalplege (2001)

Bautechnik

Nr. 3	Zur Verwendung neu entwickelter Ersatzstoffe bei der Instandsetzung von Baudenkmälern (1989)
Nr. 7	Ausbau von Dachräumen in historischen Gebäuden (1991)
Nr. 8	Hinweise für die Behandlung historischer Fenster in Baudenkmälern (1991)
Nr. 11	Anwendung der Wärmeschutzverordnung bei Baudenkmälern (1995)
Nr. 12	Haustechnische Anlagen. Grundsätze für Planung und Einbau in Baudenkmälern (1995)
Nr. 13	Brandschutz bei Baudenkmälern (1997)
Nr. 25	Stellungnahme zur Energieeinsparverordnung (EnEV) und zum Energiepass (2005)
Nr. 27	Die novellierte Energieeinsparverordnung (EnEV 2007)

Gartendenkmalpflege

Nr. 10	Grundsatzpapier Gartendenkmalpflege in den Denkmalämtern (1993)

Inventarisation

Nr. 24	Inventarisation der Bau- und Kunstdenkmäler (2005)

Restaurierung

Nr. 14	Orientierungshilfe zur Untersuchung und Dokumentation in der Restaurierung (1999)
Nr. 19	Kupfergalvanoplastik im Freien (2003)
Nr. 21	Merkblatt zum Umgang mit historischen Glasmalereien (2001)
Nr. 22	Graffitientfernung und Graffitiprophylaxe an denkmalgeschützten Objekten (2004)
Nr. 23	Zum restauratorischen Umgang mit Kunstgegen-ständen und Denkmälern aus Eisen (2005)

Städtebauliche Denkmalpflege

Nr. 2	Denkmäler und kulturelles Erbe im ländlichen Raum (1988)
Nr. 4	Straßen und Plätze in historisch geprägten Ortsbereichen (1990)
Nr. 6	Zur Erneuerung historischer Stadtbereiche (1990)
Nr. 17	Denkmalpflegerische Prüfung von Bebauungsplänen im Rahmen der Beteiligung als Träger öffentlicher Belange (Neubearbeitung 2005)
Nr. 16	Denkmalpflege und Kulturlandschaft (2001)
Nr. 18	Denkmalpflegerische Prüfung von Flächennutzungsplänen im Rahmen der Beteiligung als Träger Öffentlicher Belange (Neubearbeitung 2005)
Nr. 26	Denkmalpflegerische Belange in der Umweltverträglichkeitsprüfung (UVP), der Strategische Umweltprüfung (SUP) und der Umweltprüfung (UP)

Geschäftsstelle:
Vereinigung der Landesdenkmalpfleger in der Bundesrepublik Deutschland
c/o Landesamt für Denkmalpflege Hessen
Schloss Biebrich
65203 Wiesbaden

Ansprechpartnerin: Dr. Katrin Bek
Telefon: 0611/6906-174, Fax: 0611/6906-140
E-Mail: k.bek@denkmalpflege-hessen.de

Berichte zu Forschung und Praxis der Denkmalpflege in Deutschland

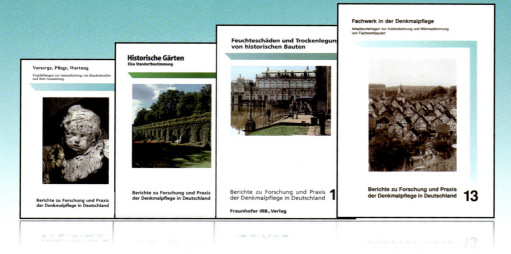

VEREINIGUNG DER
LANDESDENKMALPFLEGER
IN DER BUNDESREPUBLIK
DEUTSCHLAND

Band 1 (vergriffen)
Inventarisation in Deutschland, 1990

Band 2 (vergriffen)
Steinkonservierung, 1990

Band 3 (ISBN 3-927879-57)
Historische Theaterbauten: Westliche Bundesländer, 1991

Band 4 (ISBN 3-927879-55-X)
Historische Theaterbauten: Östliche Bundesländer, 1994

Band 5 (ISBN 3-927879-62-2)
Instrumente der Städtebaulichen Denkmalpflege, 1995

Band 6 (ISBN 3-931185-29-X)
Gefährdete Kirchen in Vorpommern, 1996

Band 7 (ISBN 3-931185-37-0)
Gefährdete Kirchen in Mecklenburg, 1998

Band 8
Alleen – Gegenstand der Gartendenkmalpflege, 2000

Band 9
Ensembleschutz und städtebauliche Entwicklung, 2001

Band 10 (ISSN 1617-3147)
Vorsorge, Pflege, Wartung. Empfehlungen zur Instandhaltung von Baudenkmälern und ihrer Ausstattung, 2002

Band 11 (ISBN 3-89541-161-2)
Historische Gärten: Eine Standortbestimmung, 2002

Band 12 (ISBN 3-8167-6438-X)
Feuchteschäden und Trockenlegung von historischen Bauten, 2004

Band 13 (ISSN 1612-7536)
Fachwerk in der Denkmalpflege, 2004

Band 14 (ISBN 978-3-86568-449-3)
Denkmalpflegerischer Umgang mit großflächigem Einzelhandel, 2008

Band 15 (ISBN 978-3-86568-450-9)
Rekonstruktion und Gartendenkmalpflege, 2008

Band 16 (ISBN 978-3-86568-451-6)
Denk-mal an Beton!, 2008